A relação terapêutica nas terapias cognitivo-
-comportamentais

A Artmed é a editora oficial da FBTC

R382 A relação terapêutica nas terapias cognitivo-comportamentais :
       prática clínica e aspectos transteóricos / Organizadores,
       Aline Duarte Kristensen, Christian Haag Kristensen. – Porto
       Alegre : Artmed, 2024.
       xvii, 310 p. ; 25 cm.

       ISBN 978-65-5882-187-8

       1. Psicoterapia. 2. Terapia cognitivo-comportamental.
       I. Kristensen, Aline Duarte. II. Kristensen, Christian Haag.

                                                    CDU 616.8-085.851

Catalogação na publicação: Karin Lorien Menoncin – CRB 10/2147

Aline Duarte **Kristensen**
Christian Haag **Kristensen**
(orgs.)

A relação terapêutica nas terapias cognitivo-comportamentais

prática clínica e aspectos transteóricos

Porto Alegre
2024

© GA Educação Ltda., 2024.

Gerente editorial
Letícia Bispo de Lima

Colaboraram nesta edição:

Coordenadora editorial
Cláudia Bittencourt

Editor
Lucas Reis Gonçalves

Capa
Paola Manica | Brand&Book

Preparação de originais
Gabriela Dal Bosco Sitta

Leitura final
Nathália Bergamaschi Glasenapp

Editoração
Ledur Serviços Editoriais Ltda.

Reservados todos os direitos de publicação ao
GA EDUCAÇÃO LTDA.
(Artmed é um selo editorial do GA EDUCAÇÃO LTDA.)
Rua Ernesto Alves, 150 – Bairro Floresta
90220-190 – Porto Alegre – RS
Fone: (51) 3027-7000

SAC 0800 703 3444 – www.grupoa.com.br

É proibida a duplicação ou reprodução deste volume, no todo ou em parte, sob quaisquer formas ou por quaisquer meios (eletrônico, mecânico, gravação, fotocópia, distribuição na Web e outros), sem permissão expressa da Editora.

IMPRESSO NO BRASIL
PRINTED IN BRAZIL

Autores

Aline Duarte Kristensen (Org.). Psicóloga. Especialista em Psicoterapias Cognitivo-comportamentais pela Wainer Psicologia Cognitiva. Especialista em Terapia Sistêmica pelo Centro de Estudos da Família e do Indivíduo (Cefi). Formação em Terapias Cognitivas pelo Beck Institute.

Christian Haag Kristensen (Org.). Psicólogo. Professor titular do Programa de Pós-graduação em Psicologia da Pontifícia Universidade Católica do Rio Grande do Sul (PUCRS). Especialista em Neuropsicologia pelo Conselho Regional de Psicologia – 7ª região. Mestre em Psicologia e Doutor em Psicologia do Desenvolvimento pela Universidade Federal do Rio Grande do Sul (UFRGS). Formação em Terapia Cognitiva pelo Beck Institute. Atua no Conselho de Diretores da International Society for Traumatic Stress Studies (ISTSS). Bolsista de produtividade em pesquisa do Conselho Nacional de Desenvolvimento Científico e Tecnológico (CNPq) – nível 1C.

Adriana Lenzi Maia. Psicóloga clínica. Psicoterapeuta, professora e supervisora da Wainer Psicologia Cognitiva, do Instituto Insere e do Instituto Paranaense de Terapia Cognitiva. Especialista em Terapia de Casal e Famílias pela Sociedade de Estudos de Família (Sefam), em Psicodrama pela Federação Brasileira de Psicodrama (Febrap), em Terapia Cognitivo-comportamental pelo Instituto Catarinense de Terapia Cognitiva (ICTC) e pela Federação Brasileira de Terapias Cognitivas (FBTC), em Terapia do Esquema pela Wainer Psicologia Cognitiva e pelo International Society of Schema Therapy (ISST) e em Terapia Comportamental Dialética pelo Linehan Institute.

Angela Donato Oliva. Psicóloga. Professora adjunta de Psicologia da Universidade do Estado do Rio de Janeiro (UERJ) e da Universidade Federal do Rio de Janeiro (UFRJ). Mestra em Psicologia Cognitiva pela Fundação Getúlio Vargas (FGV). Doutora em Psicologia da Aprendizagem e do Desenvolvimento Humano pela Universidade de São Paulo (USP). Pós-doutorado em Psicologia na USP.

Avi Davis. Médico. Residente em Psiquiatria no Tower Health – Phoenixville Hospital, Estados Unidos.

Bernard Rangé. Psicólogo. Terapeuta cognitivo certificado pela FBTC. Professor do Programa de Pós-graduação do Instituto de Psicologia da UFRJ. Especialista em Terapia Cognitivo-comportamental pelo Beck Institute. Mestre em Psicologia Teórico-experimental pela Pontifícia Universidade Católica do Rio de Janeiro (PUC-Rio). Doutor em Psicologia pela UFRJ.

Bruno Luiz Avelino Cardoso. Psicólogo. Supervisor da prática clínica e professor do Departamento de Psicologia e do Programa de Pós-graduação em Psicologia: Cognição e Comportamento da Universidade Federal de Minas Gerais (UFMG). Treinamento em Ensino e Supervisão, TCC para Casais e TCC Afirmativa pelo Beck Institute. Formação em Terapia do Esquema pela Wainer Psicologia Cognitiva e pelo New York Institute of Schema Therapy. Especialista em Terapia Cognitivo-comportamental (TCC) pela Wainer Psicologia Cognitiva e em Sexualidade Humana pelo CBI of Miami. Mestre em Psicologia: Processos Clínicos e da Saúde pela Universidade Federal do Maranhão (UFMA). Doutor em Psicologia: Comportamento Social e Processos Cognitivos pela Universidade Federal de São Carlos (UFSCar).

Callie Rose Goodman. Psicóloga e graduada em Educação. Doutoranda em Psicologia Clínica na Palo Alto University, Estados Unidos.

Carolina Altimir. Psicóloga clínica. Professora assistente e diretora de Pós-graduação e Pesquisa da Faculdade de Psicologia da Universidad Alberto Hurtado. Mestra em Psicologia Clínica pela Pontificia Universidad Católica de Chile. Doutora em Psicoterapia. Pesquisadora associada do Instituto Milenio de Investigación en Depresión y Personalidad (MIDAP). Diretora da Red Latinoamericana de Investigación en Psicoterapia. Membro da Sociedad de Investigación en Psicoterapia (SPR).

Caroline Santa Maria Rodrigues. Psicóloga. Professora assistente da Escola de Ciências da Saúde e da Vida da PUCRS. Especialista em Psicologia Hospitalar pelo Conselho Federal de Psicologia (CFP). Mestra em Medicina: Ciências Médicas pela UFRGS. Máster en Counseling en Intervención en Urgencias, Emergencias y Catástrofes pela Universidad de Málaga, Espanha.

Charles J. Gelso. Educador. Professor emérito e docente sênior do Departamento de Psicologia da University of Maryland, Estados Unidos. Doutor em Aconselhamento Psicológico pela Ohio State University, Estados Unidos.

Daniela Schneider. Psicóloga. Professora da Especialização em Terapia Cognitivo-comportamental da PUCRS. Terapeuta do Esquema certificada pela ISST. Especialista em Terapia Cognitivo-comportamental pela Universidade do Vale do Rio dos Sinos (Unisinos). Mestra e Doutora em Psicologia do Desenvolvimento pela UFRGS. Pós-doutorado em Psicologia na Universidade Estadual de Londrina (UEL).

Débora C. Fava. Psicóloga. Doutora em Psicologia Clínica pela Unisinos.

Débora S. de Oliveira. Psicóloga clínica. Terapeuta individual, de família e de casais. Formação em Terapia Focada nas Emoções para Casais pelo Cefi. Especialista em Terapia de Família, de Indivíduo e de Casal pelo Instituto da Família de Porto Alegre (Infapa). Mestra e Doutora em Psicologia pela UFRGS.

Donna M. Sudak. Psiquiatra. Professora de Psiquiatria e vice-presidente de Educação do Departamento de Psiquiatria da Drexel University, Estados Unidos. Diretora de Residência e Treinamento do Tower Health-Phoenixville Hospital, Estados Unidos.

Eliane Mary de Oliveira Falcone. Psicóloga. Professora do Programa de Pós-graduação em Psicologia Social da UERJ. Professora associada do Instituto de Psicologia da UERJ. Especialista em Terapias Cognitivas pelo Beck Institute. Mestra em Psicologia Clínica pela PUC-Rio. Doutora em Psicologia Clínica pela USP. Pós-doutorado em Psicologia Experimental na USP e em Psicologia Clínica na PUCRS. Ex-presidente da FBTC (2003-2005).

Eugénia Ribeiro. Psicóloga. Professora auxiliar com agregação da Escola de Psicologia da Universidade do Minho, Portugal. Pesquisadora do Centro de Investigação em Psicologia da Universidade do Minho (CIPsi) e coordenadora do Grupo de Investigação em Relação Terapêutica do CIPsi. Especialista em Psicologia Clínica e da Saúde pela Ordem dos Psicólogos Portugueses. Doutora em Psicologia Clínica pela Universidade do Minho, Portugal.

Evlyn Rodrigues Oliveira. Psicóloga. Psicoterapeuta, supervisora clínica em consultório particular e docente em pós-graduações. Especialista em Terapia Cognitivo-comportamental pela Cognitivo/Fadisma e em Psicologia Positiva pela PUCRS. Mestra e Doutora em Psicologia Social pela UERJ.

Fernanda Barcellos Serralta. Psicóloga. Especialista em Psicologia Clínica pelo CFP. Mestra em Psicologia Clínica pela PUCRS. Doutora em Ciências Médicas: Psiquiatria pela UFRGS.

Fernanda Corrêa Coutinho. Psicóloga clínica. Professora do Programa de Pós-graduação em Psicologia da PUC-Rio. Coordenadora do Curso de Formação em Terapia Cognitivo-comportamental do Centro de Atendimento em Terapia Cognitiva (CATC). Especialista em Terapia Cognitivo-comportamental pela UFRJ. Mestra em Psicologia Clínica e Doutora em Saúde Mental pela UFRJ.

Gabriela Baldisserotto. Psiquiatra. Treinamento intensivo em Terapia Comportamental Dialética pelo Linehan Institute.

Joee Zucker. Psicóloga. Doutoranda em Psicologia Clínica na Palo Alto University, Estados Unidos.

Julio Carlos Pezzi. Psiquiatra. Mestre em Ciências Médicas: Psiquiatria pela UFRGS. Doutor em Ciências da Saúde: Psicogeriatria pela Universidade Federal de Ciências da Saúde de Porto Alegre (UFCSPA).

Kanan Barot. Médica. Residente em Psiquiatria no Tower Health – Phoenixville Hospital, Estados Unidos.

Laura Teixeira Bolaséll. Psicóloga. Psicóloga assistencial do Hospital Moinhos de Vento (HMV). Especialista em Luto pelo Cefi e em Psicologia Hospitalar pelo HMV. Mestra e doutoranda em Cognição Humana na PUCRS.

Leonardo Mendes Wainer. Psicólogo. Diretor executivo da ISST. Especialista em Terapia Cognitivo-comportamental, com Formação Avançada em Terapia do Esquema pela Wainer Psicologia Cognitiva e pelo New York Institute of Schema Therapy. Mestre e doutorando em Psicologia Clínica na PUCRS.

Lucianne J. Valdivia. Psicóloga. Professora da Especialização em DBT, Infância e Adolescência e Família no Instituto VilaELO. Membro do time de consultoria DBT PoA. Formação em Terapia Comportamental Dialética pelo Behavioral Tech, em Terapia Focada na Compaixão pelo Compassionate Mind Foundation/UK, Mindfulness e Compaixão pelo Respira Vida Breathworks/UK. Especialista em Psicologia Clínica e Mestra em Psiquiatria e Ciências do Comportamento pela UFRGS.

Luiziana Souto Schaefer. Psicóloga clínica e jurídica. Perita criminal do Departamento Médico-Legal do Instituto Geral de Perícias do Rio Grande do Sul (IGP-RS). Especialista em Psicologia Jurídica pelo CFP e em Psicoterapia Cognitivo-comportamental pela Wainer Psicologia Cognitiva. Mestra em Psicologia: Cognição Humana e Doutora em Psicologia pela PUCRS. Pós-doutorado em Medicina Legal e Ciências Forenses na Universidade do Porto, Portugal.

Maria Amélia Penido. Psicóloga. Professora do Departamento de Psicologia e coordenadora da Especialização em Terapia Cognitivo-comportamental da PUC-Rio. Doutora em Psicologia Clínica pela UFRJ.

Martha Rosa. Psicóloga clínica. Professora e supervisora de cursos de pós-graduação em TCC. Formação em Terapia do Esquema pela Wainer Psicologia Cognitiva. Especialista em Terapias Comportamentais Contextuais pelo Cefi, em Terapia Cognitivo-comportamental na Infância e na Adolescência e em Psicoterapia e Intervenções Familiares pelo Instituto VilaELO. Mestra em Psiquiatria e Ciências do Comportamento pela UFRGS.

Megan Neelley. Doutoranda em Psicologia Clínica na Palo Alto University, Estados Unidos.

Mira An. Mestra em Aconselhamento e Psicologia Clínica pela Sogang University, Coreia do Sul. Doutoranda em Aconselhamento Psicológico no Departamento de Aconselhamento, Educação Superior e Educação Especial da University of Maryland, Estados Unidos.

Mirian Porciúncula Moreira Cuchiara. Psicóloga clínica. Especialista em Terapia Cognitivo-comportamental e Formação em Terapia do Esquema pela Wainer Psicologia Cognitiva. Mestra em Psicologia: Cognição Humana pela PUCRS.

Rafaela Petroli Frizzo. Psicóloga clínica. Supervisora e professora convidada para cursos de especialização e formação em Terapia do Esquema em todo o Brasil. Coordenadora do Curso de Formação em Relação Terapêutica e do Curso de Formação em Supervisão Clínica, ambos em parceria com a Wainer Psicologia Cognitiva. Certificação como Supervisora em Terapia do Esquema e Certificação Avançada em Terapia do Esquema pela ISST. Especialista em Terapia Cognitivo-comportamental, com Formação em Terapia do Esquema pela Wainer Psicologia Cognitiva. Mestra em Psicologia Clínica pela Unisinos.

Ramiro Figueiredo Catelan. Psicólogo. Pesquisador de Pós-doutorado do Instituto de Psiquiatria da UFRJ. Formação em Psicoterapia Baseada em Evidências pelo Instituto de Psicologia Baseada em Evidências (InPBE). Treinamento intensivo em Terapia Comportamental Dialética pelo Behavioral Tech. Especialista em Terapia Cognitivo-comportamental pelo Cefi. Mestre em Psicologia Social e Institucional pela UFRGS. Doutor em Psicologia pela PUCRS.

Renata Brasil Araujo. Psicóloga. Professora de Terapia Cognitivo-comportamental das Especializações em Terapia Cognitivo-comportamental do Núcleo de Estudos e Atendimentos em Psicoterapias Cognitivas (NEAPC), da Wainer Psicologia Cognitiva, do Instituto de Neurociências e Terapias Cognitivas (INTC), do ICTC e do Instituto Paranaense de Terapia Cognitiva (IPTC). Professora do Aperfeiçoamento em Terapia Cognitivo-comportamental e da Formação em Terapia do Esquema da Wainer Psicologia Cognitiva. Coordenadora e supervisora dos Programas de Dependência Química e Terapia Cognitivo-comportamental do Hospital Psiquiátrico São Pedro. Diretora da clínica Modus Cognitivo. Aperfeiçoamento Especializado em Dependência Química pela Cruz Vermelha Brasileira. Formação em Terapia do Esquema pela ISST/NEAPC. Mestra em Psicologia Clínica e Doutora em Psicologia pela PUCRS. Ex-presidente da Associação Brasileira de Estudos do Álcool e Outras Drogas (Abead) e da Associação de Terapias Cognitivas do Rio Grande do Sul (ATC-RS).

Ricardo Wainer. Psicólogo. Diretor da Wainer Psicologia Cognitiva. Especialista com treinamento avançado em Terapia do Esquema no New Jersey/New York Institute of Schema Therapy. Terapeuta e supervisor credenciado pela ISST. Mestre em Psicologia Social e da Personalidade e Doutor em Psicologia pela PUCRS.

Robert D. Friedberg. Psicólogo certificado pelo American Board of Professional Psychology. Doutor em Psicologia Clínica. Diretor da Ênfase em Saúde Comportamental Pediátrica e do Centro de Estudo e Tratamento de Jovens Ansiosos da Palo Alto University, Estados Unidos.

Rodrigo Grassi-Oliveira. Psiquiatra. Professor titular de Psiquiatria da Escola de Medicina da PUCRS.

Rodrigo Pereira Pio. Psiquiatra. Especialista em Dependência Química pelo Hospital de Clínicas de Porto Alegre (HCPA).

Runze Chen. Doutorando em Psicologia no PGSP-Stanford PsyD Consortium da Palo Alto University, Estados Unidos.

Sara Mateo. Médica. Residente em Psiquiatria no Tower Health – Phoenixville Hospital, Estados Unidos.

Wilson Vieira Melo. Psicólogo. Coordenador do Curso de Especialização e Formação On-line em Terapia Comportamental Dialética do Instituto VilaELO. Mestre em Psicologia Clínica pela PUCRS. Doutor em Psicologia pela UFRGS/University of Virginia, Estados Unidos. Presidente da FBTC (2019-2021/2021-2023).

Prefácio

A experiência clínica de mais de duas décadas atendendo às mais variadas demandas terapêuticas corrobora aquilo que as pesquisas recentes que avaliam os resultados e os processos em psicoterapias têm demonstrado: é a relação terapêutica a grande força motriz do processo psicoterapêutico. As palavras tocam, as teorias atribuem significado e orientam o uso das técnicas como instrumentos valiosos em todos os processos, mas sua eficácia é balizada pelo contexto relacional no qual elas ocorrem. Isso significa que a relação terapêutica acolhe o potencial terapêutico de todas as intervenções. E, por isso, os fenômenos contidos na dupla terapeuta-paciente merecem ser estudados e compreendidos em todas as suas dimensões e magnitudes, de forma a regular os impactos que podem causar.

Este livro foi construído aliando teoria, pesquisa e prática, e tem por objetivo instrumentalizar os psicoterapeutas para melhor acolher, cuidar e tratar os seus pacientes. Fizeram parte de todo o processo criativo as nossas principais referências em relação terapêutica: nossos estimados pacientes, com os quais construímos relações reparadoras, e nossos colegas, que muito nos inspiram e que, sendo referência em suas áreas, dedicaram seu tempo e esforço para a construção de vários capítulos desta obra. Em especial, dedicamos este livro à nossa amada Elma Kristensen, mãe, sogra, ex-terapeuta e falecida colega psicóloga, que foi inspiração máxima para nós dois no que diz respeito aos efeitos curativos que uma relação terapêutica pode proporcionar.

Na maior parte dos capítulos aqui reunidos, optamos por utilizar o termo "aliança" para nos referirmos, em sentido amplo, a construtos diferentes: aliança terapêutica (*therapeutic alliance*), aliança de trabalho (*working alliance*) e aliança de ajuda (*helping alliance*). Esses construtos adquiriram aspectos conceituais distintos a partir do trabalho seminal de Elizabeth Zetzel, na década de 1950, e dos desenvolvimentos posteriores realizados por Ralph Greenson, Lester Luborsky e Edward Bordin, nas décadas seguintes. Para uma melhor compreensão das diferenças teóricas entre os termos, sugerimos a leitura do Capítulo 3 desta obra, elaborado por Fernanda Barcellos Serralta, Carolina Altimir e Eugénia Ribeiro. Para o leitor que deseja aprofundar essa discussão, indicamos ainda os trabalhos de Horvath (2011), Horvath et al. (2018) e Flückiger et al. (2018).

A aliança pode ser definida genericamente como os aspectos colaborativos holísticos do relacionamento terapeuta-paciente (Flückiger et al., 2018). Optamos por privilegiar o uso do termo "aliança" para favorecer a padronização da terminologia entre os capítulos ou até em um mesmo capítulo. No entanto, tendo em vista que o Capítulo 1 deste livro apresenta ao leitor brasileiro o modelo tripartido de relação terapêutica, desenvolvido por Charles J. Gelso, optamos por manter nesse capítulo a expressão "aliança de trabalho", a fim de preservar a consistência teórica desse modelo.

Uma ruptura é uma deterioração na aliança que se evidencia, entre outros aspectos, por desacordos entre a dupla terapêutica sobre as metas da psicoterapia (Eubancks et al., 2018). Para o sucesso do processo terapêutico, é fundamental que as rupturas possam ser identificadas e trabalhadas. O manejo das rupturas é aprofundado nos Capítulos 3 e 8, mas em vários outros capítulos esse aspecto é retomado. Utilizamos de forma intercambiável, nesta obra, os termos "resolução", "reparação", "reparo" e "manejo" das rupturas. Por fim, embora a tradução mais literal da expressão *therapeutic relationship* seja "relacionamento terapêutico", o leitor vai encontrar ao longo dos capítulos o uso intercambiável de relação/relacionamento terapêutico. Ainda que "relacionamento" compreenda mais adequadamente a ligação afetiva ou emocional entre pessoas, optamos por empregar "relação terapêutica" — inclusive no título do livro — por entendermos que no nosso país essa é uma expressão de uso corrente entre psicoterapeutas.

Ainda que este seja um livro primariamente direcionado a psicoterapeutas cognitivo-comportamentais, acreditamos que psicoterapeutas de todas as abordagens poderão encontrar nestas páginas elementos enriquecedores para a sua prática clínica. Fizemos um esforço para que os capítulos das Partes II e III pudessem ter um adequado balanço entre os fundamentos teóricos e os aspectos práticos. Esperamos que nossos colegas psicoterapeutas, em diferentes estágios de sua formação, possam encontrar nas vinhetas clínicas ilustrações ricas dos fenômenos da relação terapêutica. Se este livro puder contribuir para a reflexão sobre a complexidade e a singularidade das relações que mutuamente estabelecemos com nossos pacientes, teremos cumprido nosso propósito.

Aline Duarte Kristensen
Christian Haag Kristensen

REFERÊNCIAS

Eubanks, C. F., Muran, J. C., & Safran, J. D. (2018). Alliance rupture repair: A meta-analysis. *Psychotherapy, 55*(4), 508-519.

Flückiger, C., Del Re, A. C., Wampold, B. E., & Horvath, A. O. (2018). The alliance in adult psychotherapy: A meta-analytic synthesis. *Psychotherapy, 55*(4), 316-340.

Horvath, A. O. (2018). Research on the alliance: Knowledge in search of a theory. *Psychotherapy Research, 28*(4), 499-516.

Horvath, A. O., Del Re, A. C., Flückiger, C., & Symonds, D. (2011). Alliance in individual psychotherapy. *Psychotherapy, 48*(1), 9-16.

Sumário

Prefácio ... xi
Aline Duarte Kristensen e Christian Haag Kristensen

PARTE I PRINCÍPIOS E FUNDAMENTOS TEÓRICOS DA RELAÇÃO TERAPÊUTICA

1 Fundamentos transteóricos: as três faces da relação terapêutica ... 3
Charles J. Gelso e Mira An

2 A pessoa do terapeuta ... 19
Aline Duarte Kristensen e Rafaela Petroli Frizzo

3 Avaliando a relação terapêutica ... 35
Fernanda Barcellos Serralta, Carolina Altimir e Eugénia Ribeiro

PARTE II A RELAÇÃO TERAPÊUTICA NAS ABORDAGENS COGNITIVO-COMPORTAMENTAIS

4 A relação terapêutica na terapia cognitivo--comportamental ... 53
Aline Duarte Kristensen

5 A relação terapêutica na terapia do esquema ... 75
Aline Duarte Kristensen e Daniela Schneider

6 A relação terapêutica na terapia comportamental dialética 89
Wilson Vieira Melo, Lucianne J. Valdivia, Gabriela Baldisserotto e Ramiro Figueiredo Catelan

PARTE III — A RELAÇÃO TERAPÊUTICA NA PRÁTICA CLÍNICA

7 A construção e a manutenção da relação terapêutica com o paciente 105
Aline Duarte Kristensen e Rafaela Petroli Frizzo

8 A relação terapêutica na psicoterapia *on-line* 123
Mirian Porciúncula Moreira Cuchiara, Aline Duarte Kristensen e Christian Haag Kristensen

9 A relação terapêutica na terapia cognitivo-comportamental com jovens: uma única abordagem não contempla todos os casos 139
Robert D. Friedberg, Joee Zucker, Megan Neelley, Runze Chen e Callie Rose Goodman

10 A relação terapêutica na prática clínica com adolescentes 155
Martha Rosa e Débora C. Fava

11 A relação terapêutica na prática clínica com casais e famílias 171
Adriana Lenzi Maia e Bruno Luiz Avelino Cardoso

12 A relação terapêutica nos transtornos de ansiedade 185
Bernard Rangé, Fernanda Corrêa Coutinho e Maria Amélia Penido

13 A relação terapêutica na terapia cognitivo-comportamental para transtornos do humor 199
Donna M. Sudak, Avi Davis, Kanan Barot e Sara Mateo

14 A relação terapêutica na prática clínica com pacientes dependentes químicos 217
Renata Brasil Araujo e Rodrigo Pereira Pio

15 A relação terapêutica na prática clínica com pacientes sobreviventes de traumas 231
Christian Haag Kristensen e Luiziana Souto Schaefer

16 A relação terapêutica na prática clínica com pacientes com transtornos da personalidade 249
Eliane Mary de Oliveira Falcone, Angela Donato Oliva e Evlyn Rodrigues Oliveira

17 A relação terapêutica na prática clínica ante o processo
de morte e de luto 263
*Caroline Santa Maria Rodrigues, Débora S. de Oliveira e
Laura Teixeira Bolaséll*

18 A relação terapêutica na psiquiatria clínica 281
Julio Carlos Pezzi e Rodrigo Grassi-Oliveira

19 Perspectivas futuras da relação terapêutica no contexto
das psicoterapias 295
Ricardo Wainer e Leonardo Mendes Wainer

Índice 307

PARTE I

Princípios e fundamentos teóricos da relação terapêutica

1

Fundamentos transteóricos:
as três faces da relação terapêutica

Charles J. Gelso
Mira An

Terapeutas de virtualmente todas as orientações teóricas concordam que a qualidade da relação existente entre os terapeutas e seus pacientes é um elemento importante, talvez essencial, da experiência psicoterapêutica. Relações positivas parecem gerar processos e resultados desejáveis, enquanto relações negativas não produzem mudança efetiva e, em alguns casos, podem até conduzir à deterioração. Essas afirmações são baseadas num amplo corpo de evidências empíricas, reunido ao longo de muitos anos (ver Norcross & Lambert, 2019; Wampold & Imel, 2015).

Mas o que exatamente é a relação terapêutica? E como ela pode ser diferenciada das técnicas usadas pelo terapeuta? Quais são os elementos da relação terapêutica? E como esses elementos se inter-relacionam? Essas são as questões que vamos explorar brevemente neste capítulo.

O CONCEITO DE RELAÇÃO

Dada a ênfase, na ciência, em definições claras, é surpreendente quão pouco trabalho tem sido realizado ao longo dos anos para definir precisamente o que constitui a relação terapêutica. Algumas vezes, essa relação parece ser tomada como sinônimo da aliança de trabalho. Tal uso parece insuficiente, na medida em que, como discutiremos subsequentemente, a aliança de trabalho é mais bem descrita como apenas um elemento da relação terapêutica (ainda que um elemento importante). Embora tipicamente sem justificativa, às vezes a relação terapêutica também é definida tacitamente como as famosas condições facilitadoras de Carl Rogers, a empatia, a aceitação incondicional e a genuinidade do terapeuta. O problema dessa definição é que ela só considera um lado da relação terapêutica, a contribuição do terapeuta, mas todos os relacionamentos entre duas pessoas são profundamente relacionais e bipessoais.

Quando os autores efetivamente definem a relação, uma definição geral adotada com frequência (p. ex., Norcross & Lambert, 2019) é a oferecida por Gelso e Carter (1994 citado por Gelso, 2019): *os sentimentos e as atitudes que o terapeuta e o paciente têm um em relação ao outro, e a maneira como eles são expressos*. Essa definição é bastante ampla (como deveria ser), bipessoal e transteórica e inclui tanto a experiência interna dos participantes quanto a expressão dessa experiência. Essa é a definição que será o pano de fundo do restante deste capítulo.

A relação e a técnica

Um primeiro passo necessário à exploração da relação terapêutica consiste em diferenciá-la das técnicas empregadas pelo terapeuta, ou da parte técnica da terapia. Ambas, relação e técnicas, podem ser consideradas elementos fundamentais de qualquer psicoterapia. As técnicas do terapeuta podem ser definidas como *as operações usadas por ele para levar o tratamento adiante e promover mudanças* (Gelso, 2019). As técnicas derivam da teoria do terapeuta sobre como facilitar o progresso numa sessão e a mudança no paciente. Por exemplo, em termos de técnicas verbais (ver Hill, 2020), o terapeuta centrado na pessoa pode privilegiar a prática de reflexão de sentimentos; o terapeuta da abordagem processual-experiencial, as técnicas da cadeira vazia e das duas cadeiras; o terapeuta psicodinâmico, a interpretação; e o terapeuta cognitivo-comportamental, técnicas que envolvam a orientação direta de uma forma ou de outra. Mesmo teorias que evitam técnicas, como a terapia centrada na pessoa, têm suas técnicas prediletas. De fato, o que diferencia uma teoria da outra é a técnica.

Embora seja importante diferenciar conceitualmente a técnica da relação, na prática é difícil separá-las. Elas são profundamente sinérgicas, com uma influenciando a outra. Por exemplo, o conteúdo, o tom, a profundidade, a precisão, a duração e, por fim, o impacto da técnica psicanalítica da interpretação dependerão, em grande medida, dos sentimentos e das atitudes que o terapeuta e o paciente têm um em relação ao outro e do modo como eles são expressos (o elemento da relação). Você deve manter essa conexão profunda em mente ao focarmos, no restante deste capítulo, a relação terapêutica.

AS TRÊS FACES DA RELAÇÃO

Nas últimas quatro décadas, o primeiro autor deste capítulo e seus colaboradores têm buscado delinear o que poderiam ser os elementos universais de todas as relações terapêuticas, elementos que estão relacionados à orientação teórica do terapeuta, mas a transcendem. Nós teorizamos o que é referido como "modelo tripartido", que considera que todas as relações são constituídas por três elementos ou componentes: uma relação real, uma aliança de trabalho e uma configuração de transferência-contratransferência. Cada um desses três elementos tem suas raízes na psicanálise, mas a teoria e as evidências empíricas apontam para a sua existência e a sua importância em todas as terapias. Vamos começar com quatro proposições sobre esses elementos, que ampliam aquelas descritas por Gelso (2019, p. 4-5).

1. Os três elementos (relação real, aliança de trabalho e configuração de transferência-contratransferência) estão presentes desde os primeiros momentos da terapia, sendo até mesmo anteriores à primeira interação efetiva entre terapeuta e paciente, na forma de pensamentos e fantasias do paciente sobre o seu possível terapeuta.
2. Os três elementos se desdobram e se relacionam ou interagem uns com os outros de formas complexas ao longo do curso de todas as terapias.
3. O modo específico como os elementos se manifestam e se desdobram ao longo da terapia depende, numa medida considerável, da teoria terapêutica adotada pelo terapeuta, das características do paciente e da qualidade emergente da relação terapêutica (como definida na primeira seção).
4. Os três elementos devem ser alvo de atenção para que terapias de qualquer orientação sejam bem-sucedidas ao máximo, embora a maneira como esses elementos são abordados varie de acordo com a teoria adotada pelo terapeuta e as características do paciente.

A seguir, definimos e descrevemos cada um dos três elementos do modelo tripartido e discutimos brevemente seu papel na terapia.

Relação real: o alicerce da terapia

A ideia de uma relação real entre terapeutas e pacientes tem uma longa história na psicoterapia, embora até agora tenha sido abordada apenas eventualmente na nossa literatura. A relação real pode ser encarada como a conexão pessoa a pessoa entre o terapeuta e o paciente. Ela tem pouco a ver com o trabalho realizado na terapia e muito a ver com o relacionamento pessoal entre duas pessoas. Não se trata apenas de uma parte de todo relacionamento: ela tem sido considerada parte de toda e qualquer comunicação verbal e não verbal estabelecida entre terapeutas e pacientes (Gelso, 2011).

Em termos teóricos, a relação real consiste em dois elementos-chave: realismo e genuinidade (Gelso, 2011, 2019; Gelso & Carter, 1985, 1994; Gelso & Hayes, 1998). Então, podemos definir a relação real como *a conexão pessoa a pessoa caracterizada pelo grau em que o terapeuta e o paciente são genuínos um com o outro (genuinidade) e experienciam/percebem um ao outro de modo condizente (realismo).*

Para compreender plenamente esse conceito, precisamos dividir o realismo e a genuinidade em dois construtos adicionais: *magnitude* e *valência*. A magnitude diz respeito ao quanto a relação real existe em qualquer tratamento em um dado momento. A valência, por outro lado, reflete o nível de positividade *versus* negatividade dos sentimentos e das atitudes de cada participante em relação ao outro. Uma relação real consistente é caracterizada por uma alta magnitude de realismo e genuinidade, bem como por sentimentos e atitudes em grande medida positivos de um participante em relação ao outro. Para deixar ainda mais claro: é a força do relacionamento real que é tipicamente teorizada e mensurada em estudos empíricos.

Algo precisa ser dito sobre o conceito de positividade na relação real. Certamente, sentimentos negativos surgem com frequência tanto no paciente quanto no terapeuta. Eles são parte de qualquer relacionamento e estão comumente associados à transferência e à contratransferência, como discutiremos posteriormente. Entretanto, para a relação real ser consistente, é importante que tanto o paciente quanto o terapeuta tenham em maior medida sentimentos positivos um pelo outro, enraizados na sua genuinidade e em suas percepções realistas um do outro.

Tipicamente, a relação real é forte desde o início do tratamento, embora existam, é claro, muitas exceções a essa generalização. Além disso, evidências indicam que, em tratamentos bem-sucedidos, a relação real continua a se fortalecer conforme o trabalho avança (Gelso et al., 2012).

O que os terapeutas podem fazer para fortalecer a relação real? De certo ponto de vista, a relação real simplesmente existe, e não há muito que possa ser feito para fortalecê-la. O paciente e o terapeuta são quem são, e suas personalidades vão se conectar de várias formas e em diferentes graus. Contudo, de outra perspectiva, há maneiras de fortalecer a relação real (ver discussões mais aprofundadas em Gelso, 2019; Gelso & Silberberg, 2016). Por exemplo, a relação real pode ser fortalecida se o terapeuta: (1) estiver empaticamente sintonizado com o paciente e a sua experiência interior; (2) demonstrar consistência e constância de uma sessão a outra; (3) manejar as reações de contratransferência (ver a subseção "Contratransferência e seu manejo", mais adiante neste capítulo); e (4) for transparente ou, em outros termos, "abrir o jogo". Ser transparente não significa compartilhar todos os pensamentos e sentimentos com o paciente. Significa não enganar nem mentir para o paciente, além de compartilhar as razões para se manter reservado. O primeiro autor deste capítulo se lembra do caso de uma paciente de quem ele gostava e a quem admirava, de modo que aguardava suas sessões com expectativa. Contudo,

> [...] quando a paciente me pressionou, como fazia com todos próximos a ela, a dizer que eu me importava com ela, em vez disso eu falei que simplesmente não achava que isso iria ajudá-la de modo duradouro. O que parecia mais importante, eu disse, era explorar e trabalhar para descobrir por que ela precisava tão desesperadamente que todo mundo lhe dissesse aquilo e por que tais expressões de cuidado a confortavam apenas por alguns segundos. Apesar de eu não ter exposto meus sentimentos a essa paciente, tenho certeza de que ela percebeu, corretamente, que eu estava sendo genuíno (Gelso, 2011, p. 159).

Nos últimos anos, evidências empíricas sobre a importância de uma relação real consistente entre pacientes e terapeutas se acumularam. Esse acúmulo tem sido associado à criação de medidas convenientes tanto da perspectiva do terapeuta (Gelso et al., 2005) quanto da do paciente (Kelley et al., 2010). Metanálises indicam que a força da relação real está associada ao desfecho do tratamento

(Gelso et al., 2019) e que a relação real está tão fortemente conectada com o sucesso terapêutico quanto a aliança de trabalho, que vamos discutir a seguir (Vaz et al., 2023).

Aliança de trabalho: o catalisador

Nas últimas décadas, a aliança de trabalho tem sido um dos construtos mais intensamente estudados na psicoterapia. Embora tenha sido originada nos primeiros tempos da teoria psicanalítica, a pesquisa sobre a aliança viu sua popularidade virtualmente explodir com (1) o trabalho de Bordin (1979), que teorizou a aliança de trabalho como um construto panteórico, e (2) a criação de medidas confiáveis e convenientes da perspectiva do paciente e do terapeuta (ver Flückiger et al., 2019).

Assim como a relação real, a aliança de trabalho é um construto profundamente bipessoal, invariavelmente moldado tanto pelo terapeuta quanto pelo paciente em sua interação. Chamamos esse componente de "catalisador da relação" porque é difícil imaginar uma terapia bem-sucedida na ausência de uma aliança sólida. É essa aliança, mais do que qualquer outra coisa, que literalmente conduz o trabalho da terapia. Em certo sentido, a aliança de trabalho é um artefato da terapia. Ela existe apenas para que o trabalho seja realizado, enquanto a relação real existe porque duas pessoas se uniram. A relação real e a aliança de trabalho têm sido encaradas como conceitos-irmãos, altamente inter-relacionados, mas com cada um contribuindo independentemente para os resultados do tratamento (Gelso, 2014; Gelso & Kline, 2019; Vaz et al., 2023).

Há muitas definições de aliança de trabalho. A que preferimos é esta: "[...] o alinhamento ou associação entre o *self* ou ego razoável do paciente e o *self* ou ego analítico ou terapêutico do terapeuta com o propósito de realizar o trabalho da psicoterapia" (Gelso, 2019, p. 8). Seguindo a formulação de Bordin (1979), como causa e efeito dessa associação, os dois têm um sólido vínculo de trabalho, um acordo sobre os objetivos gerais do tratamento (sejam eles explícitos ou não) e um acordo sobre as tarefas necessárias para alcançar tais objetivos (sejam elas explícitas ou não). Segundo Flückiger et al. (2019), a característica mais distinta das conceitualizações panteóricas modernas da aliança de trabalho é uma ênfase na colaboração e no consenso. A imagem clínica dessa ênfase é aquela de duas pessoas trabalhando com objetivos e tarefas compartilhados, confiantes de que juntas serão capazes de realizar o trabalho da terapia.

Um elemento da aliança que tem recebido atenção considerável é o que tem sido chamado de "ruptura e reparação". Também proveniente originalmente do trabalho de Bordin (1979), essa ideia remete ao fato de que, em muitas ou na maioria das terapias, tensões e desentendimentos (chamados de "rupturas") emergirão entre o terapeuta e o paciente. As rupturas podem ser marcadas pelo retraimento sutil ou óbvio do paciente ou por um confronto efetivo do terapeuta com relação ao desentendimento. Um exemplo do modo mais sutil de distanciamento ocorreu com uma paciente, Aditi, que o primeiro autor deste capítulo atendeu por dois anos em terapia psicanalítica, ao longo dos quais a paciente progrediu consideravelmente. A mudança parecia ter se estabilizado, e o terapeuta abordou a ideia de possivelmente estabelecer uma data de término três meses à frente.

> A resposta de Aditi foi na verdade uma não resposta. Ela disse: "Bem, talvez" e mudou de assunto. Seu humor também mudou ligeiramente, e sua voz ficou um pouco monótona. Essas alterações foram sutis. A sessão chegou ao fim. A sessão seguinte começou com Aditi se engajando em uma narrativa. Depois de vários minutos, eu questionei como ela se sentira com relação à minha abordagem, na nossa última sessão, do término de sua terapia. Nesse ponto, ela explorou seus sentimentos de mágoa e eventualmente foi capaz de relacioná-los com suas experiências prévias de ter sido afastada por outras pessoas importantes. A transferência era óbvia, mas eu não explorei esses sentimentos como transferência naquele momento. Em vez disso, eu disse a ela que não estava tentando encerrar nosso trabalho e que de fato o apreciava. Eu deixei mais claro por que eu tocara no assunto do término. Isso pareceu reparar a ruptura, e então começamos a explorar as reações de transferência, obtendo novo material sobre separação e perda (Gelso, 2019, p. 65).

Como ilustrado no caso de Aditi, as rupturas, se efetivamente abordadas e reparadas, podem ser oportunidades para uma exploração mais profunda (Eubanks et al., 2018). Há muitos modos de abordar as rupturas: o terapeuta pode esclarecer de onde elas vêm, pode pedir desculpas, pode explorar os sentimentos do paciente relativos à ruptura e, quando o momento for adequado, pode ajudá-lo a conectar seus sentimentos a temas centrais em sua vida (ver Eubanks et al., 2019).

Nos últimos anos, uma atenção considerável foi destinada ao modo como o terapeuta pode desenvolver e fortalecer a aliança de trabalho. Como já indicamos, a aliança de trabalho pode ser desenvolvida e fortalecida por meio da definição conjunta de objetivos e tarefas, de vínculos de trabalho fortes e da abordagem das rupturas quando elas aparecem. Ademais, a aliança é facilitada, primeiro, pela compreensão, por parte do terapeuta, do que exatamente o fortalecimento da aliança significa para cada paciente, na medida em que diferentes pacientes têm noções muito distintas do que desejam da relação terapêutica (Bachelor, 1995). Em segundo lugar, a aliança é facilitada quando o terapeuta realmente é competente, isto é, quando faz reflexões de sentimentos acuradas, sugestões viáveis e apropriadas, interpretações sólidas, etc. Acreditamos que, ironicamente, esse é um ingrediente frequentemente esquecido. Em terceiro lugar, preocupar-se com o paciente e compreender empaticamente suas experiências internas é um modo muito potente de estimular uma boa aliança de trabalho. Em quarto lugar, a manutenção da paciência é outro ingrediente muitas vezes esquecido na construção da aliança. Em uma época de soluções rápidas, os terapeutas jovens, na realidade, precisam ser treinados para ser pacientes e para se dar conta de que a mudança é necessariamente mais lenta do que os livros-texto sobre terapia breve parecem implicar. Por fim, uma forma óbvia de fortalecer a aliança consiste em auxiliar as sessões a se manterem nos trilhos e progredirem. Os pacientes naturalmente se desviam de suas questões principais às vezes, e gentilmente ajudá-

-los a perceber esses desvios (e entendê-los) contribui para que o trabalho continue avançando e a aliança de trabalho, se fortalecendo.

Como sabemos, para além de impressões clínicas, que a aliança de trabalho é importante? A esta altura, décadas de pesquisa empírica indicam que a aliança tem um efeito positivo no sucesso do tratamento (ver a metanálise de Flükiger et al., 2019). Diversos estudos consistentemente sugerem que o tamanho do efeito é moderado, embora se tenha argumentado que, dadas todas as variáveis concorrentes e ocultas, esse tamanho do efeito é, de certa forma, subestimado (Gelso, 2019).

Transferência e contratransferência: conflito e projeção

A configuração de transferência-contratransferência consiste em dois componentes que estão enraizados na personalidade, nos padrões relacionais, nos conflitos não resolvidos e/ou nas vulnerabilidades tanto do terapeuta quanto do paciente. Embora a transferência do paciente e a contratransferência do terapeuta estejam inter-relacionadas e interajam, elas são conceitos distintos que fazem contribuições únicas à relação e aos resultados terapêuticos. Assim, vamos abordar esses componentes separadamente, a fim de apreender suas respectivas características e significância.

Transferência

A noção de transferência foi introduzida por Freud no início do século XX. Desde então, debates conceituais sobre a sua definição continuam a ser travados dentro e fora do campo da psicanálise. A controvérsia em torno dessa definição no domínio psicodinâmico/psicanalítico com frequência está relacionada ao grau em que a transferência reside somente no paciente ou é coconstruída por terapeuta e paciente.

Na análise clássica, a transferência se refere a uma distorção no modo como o paciente percebe e experiencia o terapeuta, a qual se origina exclusivamente das primeiras experiências do paciente, em especial do período edípico, com seus primeiros cuidadores. Com a emergência de teorias terapêuticas dentro e fora das escolas de pensamento psicanalíticas/psicodinâmicas, contudo, a noção de transferência evoluiu e se ampliou. A teoria do apego de Bowlby (1982), por exemplo, propõe que a transferência decorre de modelos internos de funcionamento do paciente relacionados à disponibilidade e à responsividade de seus primeiros cuidadores, e esses modelos internos começam a se formar em um estágio de desenvolvimento muito precoce. Além disso, a transferência envolve uma gama de defesas, sentidos e motivações relacionados a dinâmicas precoces com outras pessoas importantes (McWilliams, 1999).

Os psicoterapeutas intersubjetivos/relacionais contemporâneos acreditam que a transferência é um fenômeno coconstruído para o qual tanto o terapeuta quanto o paciente contribuem. Então, eles se concentram, em parte, nos aspectos realistas das reações dos pacientes ao terapeuta e podem considerar todas as reações do paciente ao terapeuta e sobre o terapeuta como transferência. Contudo, essa visão totalizadora da transferência pode perder sentido e significância conceitual, na medida em que se torna difícil distinguir o que é transferência do que não é. Como é frequentemente reconhecido pela maioria dos terapeutas psicodinâmicos/analíticos, as manifestações específicas da transferência podem ser, em parte, atribuídas ao que o terapeuta aporta ao relacionamento. Entretanto, consideramos que, no âmago da transferência, está o tema geral do paciente, advindo de seu passado.

Integrando pontos de vista analíticos clássicos com concepções intersubjetivas/relacionais mais modernas, a transferência pode ser definida como

> [...] a experiência e as percepções do paciente em relação ao terapeuta que são moldadas pelas estruturas psicológicas e pelo passado do próprio paciente, envolvendo a continuidade e o deslocamento para o terapeuta de sentimentos, atitudes e comportamentos do paciente legitimamente pertencentes e originados de relacionamentos anteriores significativos (Gelso, 2019, p. 11).

Deve-se reconhecer que há um grau de realismo ou acurácia nas reações transferenciais e que o terapeuta contribui para isso. Entretanto, o elemento fundamental da transferência é uma percepção ou uma expectativa distorcida sobre o terapeuta, a qual não se baseia principalmente na realidade do terapeuta ou no que ele faz ou experiencia, mas advém dos relacionamentos significativos primários dos pacientes. Particularmente, a transferência é com frequência movida por e baseada nas primeiras questões não resolvidas do paciente, em parte numa tentativa de resolvê-las ou de proteger-se da dor emocional concomitante. Então, a transferência pode ser resistente à resolução e requerer tempo e esforço significativos para ser modificada e resolvida. Além disso, a transferência pode ser polarizada positiva e/ou negativamente e está tipicamente para além da consciência. O paciente talvez perceba ou experiencie o terapeuta de maneiras positivas e/ou negativas que não condizem com os sentimentos e comportamentos do terapeuta. Todavia, o paciente muitas vezes não está consciente de que esses sentimentos relativos ao terapeuta são, ao menos em parte, projeções. De fato, ajudar o paciente a reconhecer e compreender a conexão transferencial é central para o trabalho em algumas terapias.

A transferência existe em todas as psicoterapias, independentemente da orientação terapêutica do terapeuta e das características do paciente (Gelso & Bhatia, 2012). Ela pode até ocorrer em relacionamentos fora da terapia. Contudo, a maneira de lidar com ela na terapia depende da orientação e da duração da terapia. Na maioria das terapias psicanalíticas/psicodinâmicas, as conexões da fonte de transferência, a relação terapêutica e os relacionamentos do paciente fora da terapia recebem atenção deliberada. O terapeuta psicodinâmico geralmente permite que a transferência emerja, mantendo um grau saudável de neutralidade empática ou ambiguidade. Ele então auxilia o paciente a entender as projeções da transferência sobre eles e a explorar como sua relação terapêutica particular contribui para manifestações específicas da transferência. Espera-se que o *insight* obtido na conexão de contratransferência beneficie o tratamento. Por sua vez, terapeutas humanistas tendem a não usar a transferência em seu tratamento, pois eles acreditam que atitudes empáticas, respeitosas e genuínas dos terapeutas permitiriam que qualquer transferência eventualmente desaparecesse (Rogers, 1942, 1951). Em contraste, terapeutas experienciais têm prestado atenção crescente à transferência. Por exemplo, os terapeutas da Gestalt encaram a transferência como um fenômeno coconstruído e buscam ajudar o paciente a experienciar e entender a transferência manifestada no aqui e agora da terapia (Murdock, 2013). Ainda que os terapeutas cognitivo-comportamentais não estejam tipicamente interessados na transferência, alguns deles na verdade têm prestado atenção à relevância da transferência há décadas. Goldfried e Davison (1994), por exemplo, discutiram a importância da transferência na terapia comportamental. Sua compreensão da transferência se aproxima daquela dos terapeutas psicanalíticos interpessoais, mas eles não acreditavam que a transferência seria bem tratada por meio de interpretação e *insight*. Em oposição, consideravam a transferência um comportamento que poderia ser modificado por meio de técnicas comportamentais.

Embora as pesquisas sugiram que o trabalho de transferência não é um pré-requisito para uma terapia bem-sucedida, elas também apontam para os benefícios de explorar e compreender a transferência na terapia (Gelso, 2014). Então, sugerimos que, independentemente de orientações terapêuticas, os terapeutas jovens precisam aprender sobre a transferência e estar prontos para trabalhar com ela, particularmente quando a transferência é negativa. Mesmo a transferência negativa pode proporcionar um grande benefício ao tratamento, na medida em que o paciente passa a entender sua projeção de relações passadas significativas sobre o terapeuta. Ignorar a transferência que prejudica o processo terapêutico e/ou afeta a vida do paciente fora da terapia geralmente provoca a insatisfação do paciente e pode comprometer a terapia como um todo.

Contratransferência e seu manejo

Similar à transferência, a contratransferência é considerada universal e potencialmente benéfica em todas as terapias, independentemente da orientação ou da modalidade terapêutica. Ela tem múltiplas definições, o que gera uma considerável confusão quanto ao seu sentido e ao modo de usá-la para favorecer o trabalho.

O conceito de contratransferência se originou da psicanálise e foi definido como as reações do terapeuta experienciadas em contexto terapêutico e enraizadas nos conflitos neuróticos não resolvidos do próprio terapeuta. De acordo com essa definição clássica, a contratransferência prejudica o progresso terapêutico e deve ser evitada. No entanto, como surgiram diferentes escolas de pensamento psicanalítico/psicodinâmico em resposta às limitações da visão clássica, essa definição evoluiu e foi ampliada. Todavia, essa abordagem totalizadora põe em risco o significado conceitual da contratransferência, na medida em que falha em estabelecer limites claros entre a contratransferência e as reações gerais do terapeuta. Ela também pode tirar o foco dos conflitos e das vulnerabilidades do próprio terapeuta que podem estar em ação no seu processo reativo. Isso pode criar lacunas no autoconhecimento do terapeuta e, em consequência, dificultar o manejo da contratransferência. Reconhecidamente, todas as reações do terapeuta devem ser estudadas e compreendidas por terapeutas. Contudo, acreditamos que é clinicamente importante e cientificamente produtivo conceitualizar a contratransferência como as reações dos terapeutas nas quais seus próprios conflitos e vulnerabilidades desempenham um papel central.

De uma perspectiva que integra a concepção clássica à totalizadora, e tomando por base trabalhos anteriores (Gelso & Hayes, 2007), a contratransferência pode ser definida como "as reações internas ou externas do terapeuta moldadas por suas vulnerabilidades e seus conflitos emocionais passados ou presentes" (Gelso, 2019, p. 16). Essa perspectiva integradora não ignora que os comportamentos e as características do paciente podem desencadear ou estimular as vulnerabilidades e os conflitos não resolvidos do terapeuta. Contudo, ela enfatiza que a contratransferência emana fundamentalmente de questões não resolvidas e vulneráveis do terapeuta.

A manifestação específica da contratransferência depende da interação entre os aportes do terapeuta e os do paciente ao seu relacionamento. Por exemplo, um paciente pode dizer ou fazer algo que toca em pontos sensíveis do terapeuta:

> A paciente é uma cientista política de 40 anos que está há dois anos em psicoterapia psicanalítica uma vez por semana. Mary é esforçada e fez progressos significativos, mas é atormentada pelo sentimento de que nunca tem o suficiente, advindo de uma infância em que foi amada por seus pais, mas em que eles pareciam não sentir empatia. Sua única maneira de obter atenção compassiva deles era ficar fisicamente doente ou desmoronar emocionalmente. Naturalmente, essa sensação de nunca receber o suficiente, de às vezes ficar emocionalmente desnutrida, é transportada para a terapia de Mary. Apesar da boa aliança de trabalho, durante um período, suas queixas de que o terapeuta (um experiente clínico de 52 anos, de orientação analítica) não fornecia apoio suficiente despertaram nele sentimentos muito antigos de falhar em ser o que as pessoas esperavam dele, de ser uma decepção. Esse senso de falha criou uma ansiedade que o terapeuta inconscientemente buscava dissipar por meio de sentimentos de raiva e do desejo de dizer à paciente quão competente ele era e quão boa era a terapia que ela estava fazendo (Gelso & Hayes, 2007, p. 26).

Por um lado, quando um terapeuta experiencia reações aos comportamentos ou à personalidade de um paciente em particular, como no caso apresentado, as reações contratransferenciais tendem a ser acentuadas. Por outro lado, o próprio contexto terapêutico ou de ajuda, em vez de estimular comportamentos específicos do paciente, pode estimular a contratransferência. A reação habitual que um terapeuta experiencia em relação a seus pacientes em geral tende a ser crônica.

A contratransferência usualmente envolve reações desviantes das respostas internas e externas típicas de um terapeuta. Os terapeutas experienciam a contratransferência internamente, por meio de seus pensamentos, suas emoções e suas sensações físicas, ou externamente, por meio de comportamentos explícitos ou sutis (por exemplo, fala excessiva, atraso ou cochilo), dentro ou fora das sessões de terapia. Além disso, as reações contratransferenciais tendem a ser exageradas, minimizadas, muito positivas e/ou muito negativas em comparação com o estilo geral de resposta do terapeuta.

A contratransferência que não é compreendida e manejada pelo terapeuta prejudica a aliança e o trabalho terapêutico. Todavia, a literatura teórica e empírica também mostra o benefício potencial da contratransferência no processo terapêutico (Gelso & Hayes, 2007). Isto é, se a contratransferência impede ou beneficia o trabalho depende de como os terapeutas a reconhecem, a manejam e a utilizam.

Terapeutas de todas as orientações teóricas têm pontos sensíveis que podem interferir em seu trabalho. Logo, todos os terapeutas precisam aprender a manejar a sua contratransferência com sabedoria. Constatou-se que certos fatores facilitam o manejo eficaz da contratransferência. Em primeiro lugar, a autoconsciência do terapeuta fundamenta e auxilia no melhor uso da contratransferência. Quando suas reações parecem sem fundamento ou inadequadas, terapeutas autoconscientes fazem uma pausa e refletem sobre o que está acontecendo dentro deles, ou tentam identificar de onde suas reações estão emergindo, o que conduz a um melhor manejo da sua contratransferência. O segundo fator facilitador é a autointegração do terapeuta. Quando o terapeuta tem um senso de *self* consistente e é capaz de estabelecer limites claros em seu relacionamento com os pacientes, ele pode dar um passo atrás e observar suas próprias reações e sua participação. O terceiro fator na contratransferência é a empatia. A empatia permite que os terapeutas se concentrem no paciente sem ser absorvidos ou sobrecarregados por suas próprias questões, bem como que estejam sintonizados e sejam responsivos às experiências dos pacientes, em vez de agir baseados em suas próprias necessidades. O manejo da ansiedade é o quarto elemento-chave do manejo da contratransferência. Terapeutas que buscam estar em contato, entender e regular sua ansiedade podem compreender a contratransferência. Por fim, as habilidades de conceituação são elementos cruciais da contratransferência. Com conhecimento aprofundado e aplicações acuradas da teoria, o terapeuta pode entender as dinâmicas do paciente e da relação terapêutica e, com base nisso, pode fazer um trabalho melhor para compreender e manejar suas próprias reações. Evidências empíricas apontam de forma consistente para o valor dessas qualidades de manejo da contratransferência (Hayes et al., 2018).

INTERAÇÃO DOS COMPONENTES NA PRÁTICA CLÍNICA

Uma das proposições que apresentamos anteriormente neste capítulo foi a de que os três componentes da relação terapêutica se desdobram e interagem uns com os outros desde o início da terapia. A experiência clínica sugere que os componentes se alternam entre figura e fundo ao longo do curso do tratamento. Por exemplo, no início do trabalho, tanto a aliança de trabalho quanto a relação real ganham centralidade. Ainda que elas não sejam abordadas em profundidade, o terapeuta costuma checar com o paciente como estão se saindo juntos e se ele sente que está obtendo aquilo de que precisa. Se as coisas estão indo bem, a aliança de trabalho e a relação real vão para o segundo plano, embora sua força silenciosa sustente o trabalho. Entretanto, a aliança de trabalho e a relação real voltam ao primeiro plano quando rupturas ocorrem. Como dissemos, nesse contexto, é importante que o terapeuta busque reparar as rupturas (ver Eubanks et al., 2018). Rupturas na aliança de trabalho, como indicado anteriormente, são em geral reparáveis, e o processo de ruptura e reparação tende a beneficiar o trabalho. Rupturas na relação real, contudo, são mais problemáticas; mas, se elas ocorrem, são um sinal vermelho indicando ao terapeuta que a reparação é urgentemente necessária. Após as reparações, a aliança de trabalho e a relação real retrocedem novamente ao segundo plano conforme o trabalho terapêutico prossegue. Na fase final, as coisas mudam mais uma vez, e a relação real ou pessoal entre o terapeuta e o paciente se torna central enquanto os participantes se preparam para terminar seu trabalho — e, em seguida, efetivamente o fazem (ver o estudo de Bhatia & Gelso, 2017).

A configuração de transferência-contratransferência parece seguir um caminho distinto. Embora a transferência ocorra desde o início — e mesmo antes do início, na forma de transferências pré-formadas (Gelso, 2019) —, tipicamente, as transferências negativas estão num nível mais baixo no começo do trabalho e se desenvolvem conforme ele progride (ver Gelso et al., 1997). Na verdade, seu desenvolvimento e sua resolução podem ser encarados como uma parte importante do tratamento, especialmente em uma abordagem psicodinâmica. Embora a transferência negativa tenda a emergir mais tarde no trabalho, ela pode se manter silenciosa ao longo dele ou pode emergir imediatamente. Lembramo-nos de um caso em que, durante a primeira sessão, em resposta ao questionamento da terapeuta sobre o que estava se passando na sua mente, a paciente respondeu: "Você não deveria saber disso?". Em seguida, ela disse à terapeuta (uma pessoa gentil e amável): "Eu sei que você parece amável e preocupada, mas, quando olho nos seus olhos, vejo uma piranha crítica e maldosa". A paciente então seguiu falando sobre a sua mãe pelo restante da primeira sessão desse tratamento longo e bem-sucedido.

A contratransferência também ocorre inevitavelmente ao longo do trabalho e, como assinalamos, se bem manejada, ela beneficia o trabalho, na medida em que a compreensão do analista sobre essas reações pode dar a ele uma noção do funcionamento interpessoal do paciente. Entretanto, as evidências empíricas indicam de forma consistente que, se a contratransferência for mal manejada, ela tenderá a prejudicar o trabalho (Hayes et al., 2018).

Há algumas relações entre os componentes documentadas empiricamente. Como esperado, a relação real e a aliança de trabalho estão fortemente relacionadas e podem até ser encaradas como conceitos-irmãos (Gelso & Kline, 2019). Ainda assim, recentemente descobrimos que sessões nas quais a relação real é mais forte são seguidas por um fortalecimento da aliança de trabalho (Hill et al., no prelo). Então, parece que a relação real pode contribuir para uma aliança de trabalho mais forte. Contudo, o mesmo não pode ser dito sobre o papel da aliança de trabalho em prol da relação real. Parece que uma aliança fortalecida não resulta em uma conexão pessoa a pessoa mais forte. Há muitas explicações possíveis para essa descoberta, que nos surpreendeu, mas o ponto principal é que o assunto requer mais investigações.

Tanto a relação real quanto a aliança estão negativamente relacionadas com a transferência, especialmente a transferência negativa, e também com a contratransferência (Bhatia & Gelso, 2018; Hill et al., no prelo). Embora a transferência negativa e a relação real tendam a estar associadas negativamente, ambas podem ocorrer de modo simultâneo na mesma sessão ou até na mesma expressão. Um exemplo ocorreu com o primeiro autor deste capítulo após uma cirurgia bastante séria:

> John expressou preocupação perguntando "Como você está, parceiro?". Eu respondi honestamente: "Estou indo bem, obrigado". Assim que eu comecei a investigar em que medida parte da sua preocupação estava transferencialmente relacionada ao material com o qual estávamos trabalhando, John respondeu: "Bem, pode ser, mas eu também estava preocupado com você como pessoa". Conforme eu refletia, me parecia que essa única expressão era ao mesmo tempo rica em termos de transferência e um reflexo profundo de uma relação real (Gelso, 2019, p. 257).

Por fim, embora os três componentes da relação possam ser separados por razões teóricas, durante a sessão de terapia, eles compõem um todo, operando simultaneamente. Essa simultaneidade pode ser vista no caso de uma mulher de 41 anos em terapia psicodinâmica de longo prazo. A aliança de trabalho permaneceu forte ao longo do trabalho, inclusive na sessão relatada a seguir.

Durante a sessão, ela explora sua necessidade de se separar emocionalmente do pai provocador que vê em seu irmão se quiser ser capaz de aproveitar verdadeiramente a intimidade sexual com seu marido. Mas a ideia dessa separação necessária é assustadora e entristecedora. Ela expressa o desejo de que seu terapeuta (o primeiro autor deste capítulo) figurativamente segure sua mão durante o processo, e se dá conta de que o modo de segurar mãos que deseja mantém sua conexão disruptiva com seu pai — o terapeuta se torna o pai não confiável e provocador. Outro modo permite ao terapeuta, como uma pessoa real, juntar-se à paciente como a adulta que ela se tornou, ajudando-a a lidar com a perda envolvida nessa separação necessária.

Nessa sessão, vemos tanto a transferência quanto os desejos de relação real que a paciente experienciou.

> Ambos estavam presentes ao mesmo tempo, e ambos exerceram sua pressão sobre o terapeuta no nível da contratransferência e no nível de seus desejos na relação real. Então, a aliança de trabalho, a configuração de transferência e a relação real estão todas presentes nesse breve exemplo de terapia (Gelso & Hayes, 1998, p. 136).

RESUMO

- A relação terapêutica funciona em uma profunda sinergia com as técnicas para facilitar o processo de tratamento e a mudança do paciente. Entretanto, ela também é um conceito distinto das operações técnicas que os terapeutas utilizam.

- A relação terapêutica é um conceito multifacetado que inclui os sentimentos e as atitudes que o terapeuta e o paciente têm um em relação ao outro e a maneira como eles são expressos. Propomos que uma estrutura teórica para entender a relação terapêutica seja o modelo tripartido, que postula que todos os relacionamentos consistem em três componentes: uma relação real, uma aliança de trabalho e uma configuração de transferência-contratransferência.
- Uma relação real pode ser definida como uma conexão pessoa a pessoa que marca o grau em que o terapeuta e o paciente são genuínos um com o outro e experienciam/percebem um ao outro de maneiras condizentes.
- A aliança de trabalho se refere ao alinhamento ou à associação entre o *self* ou ego razoável do paciente e o *self* ou ego analítico ou terapêutico do terapeuta com o propósito de realizar o trabalho da psicoterapia. Ela pode ser implementada por meio da criação consensual de objetivos e tarefas, bem como de um forte vínculo de trabalho.
- A transferência pode ser definida como a experiência do paciente e as percepções do terapeuta, que são moldadas pela estrutura psicológica e pelo passado do paciente. A contratransferência pode ser definida como as reações internas ou externas do terapeuta, moldadas pelos conflitos e pelas vulnerabilidades emocionais anteriores ou atuais do terapeuta. Sua manifestação específica depende da interação entre o que o terapeuta e o paciente trazem para seu relacionamento.
- Esses três elementos emergem e interagem uns com os outros de forma complexa em todas as terapias e devem ser abordados para que a terapia tenha o máximo de sucesso. Especificamente, a forma como esses elementos são abordados e o grau em que são abordados variam de acordo com a teoria do terapeuta e as características do paciente.

REFERÊNCIAS

Bachelor, A. (1995). Clients' perception of the therapeutic alliance: A qualitative analysis. *Journal of Counseling Psychology, 42*(3), 323-337

Bhatia, A., & Gelso, C. J. (2017). The termination phase: Therapists' perspective on the therapeutic relationship and outcome. *Psychotherapy, 54*(1), 76-87.

Bhatia, A., & Gelso, C. J. (2018). Therapists' perspective on the therapeutic relationship: Examining a tripartite model. *Counselling Psychology Quarterly, 31*(3), 271-293.

Bordin, E. S. (1979). The generalizability of the psychoanalytic concept of the working alliance. *Psychotherapy: Theory, Research & Practice, 16*(3), 252-260.

Bowlby, J. (1982). Attachment and loss: Retrospect and prospect. *American Journal of Orthopsychiatry, 52*(4), 664-678.

Eubanks, C. F., Muran, J. C., & Safran, J. D. (2018). Alliance rupture repair: A meta-analysis. *Psychotherapy, 55*(4), 508-519.

Eubanks, C. F., Muran, J. C., & Safran, J. D. (2019). Repairing alliance ruptures. In J. C. Norcross, & M. J. Lambert (Eds.), *Psychotherapy relationships that work: Evidence-based therapist contributions* (pp. 549-579). Oxford University.

Flückiger, C., Del Re, A. C., Wampold, B. E., & Horvath, A. O. (2019). Alliance in adult psychotherapy. In J. C. Norcross, & M. R. Goldfried (Eds.), *Psychotherapy relationships that work* (Vol. 1, pp. 24-78). Oxford University.

Gelso, C. (2014). A tripartite model of the therapeutic relationship: Theory, research, and practice. *Psychotherapy Research, 24*(2), 117-131.

Gelso, C. J. (2011). *The real relationship in psychotherapy: The hidden foundation of change*. American Psychological Association.

Gelso, C. J. (2019). *The therapeutic relationship in psychotherapy practice: An integrative perspective*. Routledge.

Gelso, C. J., & Bhatia, A. (2012). Crossing theoretical lines: The role and effect of transference in nonanalytic psychotherapies. *Psychotherapy, 49*(3), 384-390.

Gelso, C. J., & Carter, J. A. (1985). The relationship in counseling and psychotherapy: Components, consequences, and theoretical antecedents. *The Counseling Psychologist, 13*(2), 155-243.

Gelso, C. J., & Carter, J. A. (1994). The relationship in counseling and psychotherapy: Components, consequences, and theoretical antecedents. *The Counseling Psychologist, 22*(1), 6-78.

Gelso, C. J., & Hayes, J. (2007). *Countertransference and the therapist's inner experience: Perils and possibilities*. Routledge.

Gelso, C. J., & Hayes, J. A. (1998). *The psychotherapy relationship: Theory, research, and practice*. Wiley.

Gelso, C. J., Kelley, F. A., Fuertes, J. N., Marmarosh, C., Holmes, S. E., Costa, C., & Hancock, G. R. (2005). Measuring the real relationship in psychotherapy: Initial validation of the therapist form. *Journal of Counseling Psychology, 52*(4), 640-649.

Gelso, C. J., & Kline, K. V. (2019). The sister concepts of the real relationship and the working alliance: On their development, rupture, and repair. *Research in Psychotherapy: Psychopathology, Process and Outcome, 22*(2), 142-149.

Gelso, C. J., Kivlighan, D. M., Jr, & Markin, R. D. (2019). The real relationship. In J. C. Norcross, & M. J. Lambert (Eds.), *Psychotherapy relationships that work: Evidence-based therapist contributions* (3rd ed., Vol. 1, pp. 351-378). Oxford University.

Gelso, C. J., Kivlighan, D. M., Jr., Busa-Knepp, J., Spiegel, E. B., Ain, S., Hummel, A. M., ... Markin, R. D. (2012). The unfolding of the real relationship and the outcome of brief psychotherapy. *Journal of Counseling Psychology, 59*(4), 495-506.

Gelso, C. J., Kivlighan, D. M., Wine, B., Jones, A., & Friedman, S. C. (1997). Transference, insight, and the course of time-limited therapy. *Journal of Counseling Psychology, 44*(2), 209-217.

Gelso, C. J., & Silberberg, A. (2016). Strengthening the real relationship: What is a psychotherapist to do? *Practice Innovations, 1*(3), 154-163.

Goldfried, M. R., & Davison, G. C. (1994). *Clinical behavior therapy, Exp*. John Wiley & Sons.

Hayes, J. A., Gelso, C. J., Goldberg, S., & Kivlighan, D. M. (2018). Countertransference management and effective psychotherapy: Meta analytic findings. *Psychotherapy, 55*(4), 496-507.

Hill, C. E. (2020). *Helping skills: Facilitating exploration, insight, and action* (5th ed.). American Psychological Association.

Hill, E. M., An, M., Kivlighan, D. M., Jr., & Gelso, C. J. (no prelo). The tripartite model of the therapeutic relationship: Interrelations among its components and their unfolding across sessions. *Psychotherapy*.

Kelley, T. M., Stack, J. S., Cangelosi, D., & Flückiger, C. (2010). Investigating the link between therapeutic alliance and patient motivation in individual therapy sessions. *Journal of Counseling Psychology, 57*(3), 318-328.

McWilliams, N. (1999). *Psychoanalytic case formulation*. Guilford.

Murdock, N. L. (2013). *Theories of counseling and psychotherapy* (3rd ed.). Pearson.

Norcross, J. C., & Lambert, M. J. (2019). *Psychotherapy relationships that work: Evidence-based therapist contributions* (Vol. 1). Oxford University.

Rogers, C. (1942). *Counseling and psychotherapy*. Houghton Mifflin.

Rogers, C. (1951). *Client-centered therapy*. Houghton Mifflin.

Vaz, A., Ferreira, L., Gelso, C., & Janeiro, L. (2023). The sister concepts of the working alliance and the real relationship: A meta-analysis. *Counselling Psychology Quarterly*, 1-22.

Wampold, B. E., & Imel, Z. E. (2015). *The great psychotherapy debate: The evidence for what makes psychotherapy work*. Routledge.

2

A pessoa do terapeuta

Aline Duarte Kristensen
Rafaela Petroli Frizzo

> *Aqueles que oferecem conforto e aconselhamento são geralmente alguns dos mais influentes "agentes" sobre a vida dos indivíduos.*
> Mahoney, 1998, p. 318.

Nos últimos anos, as pesquisas que medem a eficácia das psicoterapias têm evidenciado que algumas formas de ajuda são melhores do que outras. A pessoa do terapeuta e os aspectos não técnicos têm recebido notável atenção dos pesquisadores pelas suas implicações na melhora dos pacientes (Lambert, 1989). O conceito de "efeitos do terapeuta", utilizado por Barkham et al. (2017, p.19), tem sido objeto de um número crescente de pesquisas; ele se refere à "contribuição que pode ser atribuída aos terapeutas ao avaliar sua eficácia em uma intervenção psicológica". Tais efeitos dizem respeito à implicação do terapeuta nos resultados do processo terapêutico, bem como à variabilidade de tais resultados. As características de um terapeuta, seu estilo terapêutico e a condução da terapia por ele são capazes de produzir efeitos tanto positivos quanto negativos no processo terapêutico, e mais estudos têm sido realizados no intuito de compreender acuradamente a dimensão dos seus impactos (Barkham et al., 2017; Lambert, 1989).

Com o objetivo de explorar e compreender alguns dos aspectos já validados e em constante estudo sobre a pessoa do terapeuta e o seu impacto na construção do relacionamento terapêutico, este capítulo se propõe a explorar como o trabalho clínico influencia a vida pessoal do próprio terapeuta.

CARACTERÍSTICAS DO TERAPEUTA: ELEMENTOS TEÓRICOS

Se as características pessoais do terapeuta não fossem importantes para o processo terapêutico, todos os profissionais com formação semelhante teriam resultados igualmente semelhantes com seus pacientes, ou seja, não haveria variabilidade entre duplas terapêuticas. No entanto, as pesquisas existentes demonstram haver terapeutas mais eficazes do que outros, mesmo que ainda não consigam afirmar com unanimidade os exatos componentes que tornam alguns clínicos mais efetivos do que outros, nem indicar formas comprovadamente eficazes de avaliar isso na psicoterapia. Os resultados atuais já permitem demonstrar que o estilo pessoal do clínico, suas características de personalidade e suas competências profissionais estão mais correlacionados ao resultado dos processos terapêuticos do que às abordagens teóricas em si (Mahoney, 1998; Norcross & Wampold, 2018). Um estudo conduzido por Lambert (1989) apontou que a pessoa do terapeuta impacta oito vezes mais o tratamento do que o referencial teórico ou a técnica por ele utilizada.

Na busca por identificar as características pessoais positivas para o trabalho clínico, as pesquisas têm dado especial atenção aos terapeutas considerados eficazes e às suas intervenções, diferenciando-os daqueles considerados não eficazes (Barkham et al., 2017). O terapeuta é o principal agente para a construção e a manutenção de alianças fortes, que estão entre os principais fatores apontados como preditores das psicoterapias eficazes (Gelso, 2019; Lambert, 1989; Mahoney, 1998; Norcross & Wampold, 2018). Além disso, outros elementos que demonstram alto ou moderado impacto no relacionamento terapêutico também estão associados diretamente às competências do clínico, mais do que ao paciente em si ou à abordagem teórica utilizada na psicoterapia. Alguns desses elementos foram validados em uma força-tarefa realizada pela Associação Americana de Psicologia (APA — em inglês, American Psychological Association) e conduzida por Norcross e Wampold (2018). Entre eles, incluem-se: empatia, genuinidade no relacionamento real, autenticidade e consideração positiva, além de competência no manejo das rupturas na aliança. O estudo também ressaltou a crescente importância da flexibilidade do clínico para adequar a terapia e as suas características de personalidade às necessidades do paciente, considerando características culturais como raça, etnia e religiosidade (Norcross & Wampold, 2018).

Tais resultados levam à conclusão inequívoca de que o terapeuta pode impactar o tratamento de ambas as formas, tanto positiva como negativamente, visto que a pessoa do profissional influencia a pessoa do paciente e vice-versa, de modo que a complexidade do relacionamento terapêutico se reflete no resultado da psicoterapia (Mahoney, 1998). Corroborando esses achados, um dos grandes teóricos atuais da relação terapêutica aponta o *relacionamento real* da díade terapeuta-paciente — ou seja, a forma realista e genuína como paciente e terapeuta percebem e se relacionam um com o outro — como o elemento central do processo terapêutico, impactando diretamente o seu resultado (Gelso, 2019).

Um estudo clássico que evidencia a importância das características pessoais do terapeuta foi realizado por Ricks (1974). Nesse estudo, o autor demonstrou na prática o efeito que um terapeuta pode ter sobre um paciente. Ele avaliou um grupo de meninos adolescentes que sofriam com sintomas de ansiedade, vulnerabilidade, sentimentos de irrealidade e isolamento. Esses pacientes foram avaliados por dois terapeutas, denominados terapeuta A e terapeuta B. A *performance* e o desempenho desses terapeutas não foram diferentes no atendimento a essa população específica, o que também se aplica aos seus resultados avaliados em longo prazo. Entretanto, foram identificadas diferenças significativas em seus estilos e suas posturas terapêuticas. Dessa forma, o autor identificou como bem-sucedido o terapeuta A, mas não o terapeuta B.

Na análise dos resultados do tratamento, identificou-se que o terapeuta A dedicava mais tempo aos pacientes mais difíceis, enquanto o terapeuta B fazia o oposto, evitando esses pacientes. Além disso, o terapeuta A fez uso de recursos fora da sessão, sendo firme e direto na orientação aos pais e estimulando nos pacientes a autonomia e a resolução de problemas, por exemplo. Enquanto isso, o terapeuta B parecia assustado com a patologia dos pacientes, mantendo uma postura de afastamento. Ele se sentia frustrado e deprimido ao se deparar com os casos refratários. Além disso, adotava como prática terapêutica a condução dos pacientes para vivências de situações profundas na sessão, sem prepará-los anteriormente para lidar com a ansiedade e a disforia experimentadas nesses processos. O autor sugere que isso pode ter agravado o quadro desses pacientes, com alguns relatos de episódios psicóticos subsequentes. Um paciente relatou ainda que o terapeuta B não conseguiu acolhê-lo em sua dor, reforçando sua sensação de rejeição.

Portanto, assim como a psicoterapia pode levar a uma melhora da saúde mental, ela também pode levar à piora do quadro sindrômico do paciente. Esse estudo exemplifica de forma clara como os processos contratransferenciais influenciam a capacidade do psicoterapeuta de ser efetivo com seus pacientes. Ademais, ele ressalta o poder terapêutico que as características e a autenticidade do terapeuta podem ter no processo de terapia.

Na próxima seção deste capítulo, abordaremos características e competências do terapeuta que demonstram contribuir para as boas psicoterapias, fazendo uma interface entre os aspectos teóricos que as fundamentam e a sua aplicação na prática clínica. Entre elas, estão a flexibilidade e a personalidade da pessoa do terapeuta, que parecem atuar de forma conjunta para a adaptação da terapia e do terapeuta ao paciente, condição *sine qua non* para o bom início de uma relação terapêutica eficaz. A empatia, a capacidade do clínico de cuidar e a presença do afeto e da regulação emocional em sessão são consideradas essenciais para o exercício e a manutenção das psicoterapias eficazes. Não menos importantes, o *self* do terapeuta e o estresse pessoal vivido por ele ao testemunhar de forma íntima tantas vidas humanas são elementos que impactam não apenas a qualidade do seu serviço, mas também ele mesmo. Por isso, as práticas de autocuidado têm sido consideradas o implemento fundamental dos clínicos maduros para a proteção pessoal contra os efeitos danosos que a atividade clínica pode causar, contribuindo de forma efetiva para uma atuação profissional saudável e produtiva.

PRÁTICA CLÍNICA E INTERVENÇÕES

Flexibilidade

À medida que avançam os estudos sobre os elementos que contribuem para a eficácia das psicoterapias, torna-se notável a necessidade de flexibilização do clínico para se adaptar e adaptar a terapia às demandas e características do paciente que busca ajuda (Norcross & Wampold, 2018). A criação de uma psicoterapia que se ajuste a cada paciente está entre o presente e o futuro das práticas psicoterápicas eficazes, substituindo gradativamente os tratamentos com menor efetividade baseados na rígida aplicação de protocolos de tratamento para diagnósticos específicos, nos quais é exigido do paciente que se ajuste ao tratamento e ao profissional que o atende. Ao avaliar o paciente, no relacionamento com ele, o terapeuta deve reconhecer se é capaz de se ajustar às suas características e necessidades de forma a ser efetivo. Na prática clínica, isso envolve solicitações sistemáticas de *feedback* e monitoramento constante do humor do paciente na sessão (Beck, 2022).

É comum observarmos o não retorno do paciente à segunda sessão após a avaliação inicial, a interrupção prematura do processo terapêutico ou, ainda, a sua ineficácia quando a psicoterapia não atende adequadamente à demanda do paciente, ou quando as características do terapeuta não são compatíveis com as expectativas do paciente. Clínicos com traços de personalidade mais flexíveis terão mais facilidade em lidar com o *feedback* do paciente, viabilizando tanto a construção de uma terapia efetiva quanto as adaptações necessárias ao longo do processo devido à conquista dos objetivos, às desejáveis transformações do paciente e ao avanço da terapia.

Os ajustes descritos são de responsabilidade do terapeuta. Ainda que a abordagem teórica escolhida pelo profissional possa ser utilizada com diversos pacientes, ela deve ser ajustada a cada caso singularmente. Por isso, uma das competências mais importantes que o terapeuta deve desenvolver para oferecer uma psicoterapia eficaz é a acurada conceitualização do caso, que deve estar associada à definição de um plano de tratamento baseado nas particularidades de cada paciente. O terapeuta deve se questionar sobre suas hipóteses diagnósticas, e os tratamentos indicados devem ser baseados em evidências. Ele também deve considerar o que precisa oferecer no relacionamento terapêutico para o paciente, em termos das suas necessidades emocionais, no intuito de ser reparador para ele. Embora exista uma variedade de técnicas nas diferentes abordagens de psicoterapias, voltadas a cada tipo de psicopatologia e adoecimento psicológico, é responsabilidade do terapeuta avaliar o quê, quando e de que forma aplicar cada intervenção, realizando as modificações necessárias para adaptar cada terapia a cada paciente. Gelso (2019) afirma ainda que a técnica e a relação terapêutica não são separáveis, uma vez que se constroem conjuntamente para cada paciente, constituindo-se como um fenômeno único. Sem uma avaliação acurada e sua aplicação adequada, uma intervenção técnica não atingirá os objetivos propostos na terapia.

> **VINHETA CLÍNICA**
>
> Um paciente se incomodava constantemente com o fato de o terapeuta se atrasar alguns minutos para o início das sessões de terapia. O terapeuta usualmente se desculpava com ele, mas não mudava o seu comportamento. Certo dia, o paciente externou seu descontentamento com os atrasos de forma explícita ao terapeuta, que reagiu com honestidade ao explicar sua limitação quanto ao cumprimento do horário. A dupla decidiu conjuntamente pelo encaminhamento do paciente a outro profissional competente que respeitasse a pontualidade com exatidão. Passados alguns meses, como o paciente não se adaptava ao estilo do novo profissional e sentia falta do relacionamento com seu antigo terapeuta, ele o procurou e pediu para retomarem as sessões. Ao recebê-lo de volta, o terapeuta se comprometeu a observar com mais precisão o horário de início das consultas, ao mesmo tempo que o paciente se mostrou mais tolerante aos seus eventuais atrasos.

Personalidade do terapeuta e seu estilo profissional

A construção do estilo terapêutico de cada terapeuta é permeada pelas suas próprias experiências pessoais e profissionais, bem como por suas características autênticas, seu temperamento e seu estilo de comunicação. A autenticidade do terapeuta na relação terapêutica está relacionada com a manifestação sincera da pessoa do terapeuta por meio de sua autoexpressão, de sua linguagem não verbal e de sua forma geral de se comunicar, considerando seus pensamentos, sentimentos e experiências na relação com o paciente (Heath & Startup, 2023). A congruência impacta diretamente a forma como o terapeuta se mostra e o modo como o paciente é capaz de percebê-lo de maneira realista (Gelso, 2019). Ela contribui para a identificação compatível das duplas terapêuticas, de modo a facilitar o vínculo e a construção de uma relação real com alta consideração positiva de um pelo outro.

Todos temos preferências, necessidades e expectativas para os relacionamentos, e não é diferente no relacionamento terapêutico. Portanto, o estilo do terapeuta deve ser compatível com as características do paciente e ajustado às suas necessidades. A autenticidade do profissional impactará a magnitude e a valência do relacionamento real construído pela dupla terapêutica, sendo preditiva tanto da qualidade da aliança quanto das mudanças experimentadas pelo paciente no tratamento (Gelso, 2019). Como exemplo, podemos citar os terapeutas com perfil mais sério e austero que se utilizam de uma linguagem mais formal para se comunicar, enquanto outros têm um estilo pessoal mais casual e optam pela informalidade na comunicação e no manejo com o paciente, podendo inclusive fazer uso do humor nas sessões.

É importante destacar que os terapeutas mais eficazes são aqueles que têm consciência e identificam o seu estilo pessoal, mas o discernem das expectativas, necessidades e preferências dos pacientes, modificando-o e adaptando-o de acordo com cada um deles (Norcross & Wampold, 2018). Além disso, independentemente do estilo pessoal terapêutico adotado, existem algumas habilidades e competências comuns que deverão ser desenvolvidas pelos clínicos a fim de construir uma terapia eficaz (Kazantzis et al., 2017):

- a capacidade de se vincular e se comunicar de forma eficaz com o paciente;
- a flexibilidade psicológica ao lidar com e adaptar-se aos diferentes tipos de pacientes, considerando a relação terapêutica;
- a habilidade de construir a conceituação de caso;
- a capacidade de iniciar, manter e encerrar um processo terapêutico;
- a capacidade de utilizar as intervenções adequadas para cada caso;
- a habilidade de estruturar o atendimento, respeitando o ritmo do paciente durante o processo;
- a habilidade de manter-se motivado no atendimento do paciente.

Em resumo, existem habilidades e competências compartilhadas pelos terapeutas que são primordiais para um atendimento psicológico adequado e eficaz. Porém cada paciente escolhe seu terapeuta por diversos fatores que extrapolam a abordagem teórica, sobretudo pelas características que o aproximam dele. Elas incluem: o perfil pessoal do terapeuta, as primeiras impressões que ele causa no paciente em termos de confiabilidade e competência para ajudá-lo, a sua capacidade genuína para estabelecer conexão e empatia, a sua disponibilidade afetiva, além de outras características pessoais que o identifiquem e permitam uma vinculação confiável e segura. Dessa forma, a avaliação e a compatibilização entre o perfil clínico e as características do paciente são mais bem realizadas no contexto da relação terapêutica.

As características do terapeuta que aproximam e potencializam o sucesso do tratamento também podem ser os fatores que afastam o paciente do processo e impactam negativamente o resultado da psicoterapia. Cada dupla realizará a construção singular da aliança e da relação real, dois dos principais fenômenos da relação terapêutica que constituem o núcleo central da terapia (Gelso, 2019). Se as características da dupla são incompatíveis e inviabilizam o tratamento do paciente, o procedimento ético é o seu encaminhamento a um profissional que se adapte melhor a ele. Mas quando se trata de questões de menor valência para a construção de um relacionamento positivo, elas devem ser superadas conjuntamente na relação terapêutica, o que tornará a dupla mais forte para manejar os obstáculos emergentes.

> **VINHETA CLÍNICA**
>
> Um paciente buscou terapia para lidar com sua exigência excessiva consigo mesmo e seu medo constante de falhar no trabalho. Ele foi à primeira consulta vestindo terno e gravata, com gel no cabelo e sapato social. Era formal no modo de falar e se portar, mantinha a educação e certo distanciamento afetivo, mostrando-se mais racional nas sessões.

(Continua...)

> A terapeuta, com estilo mais afetivo, informal e casual, adaptou-o para sintonizá-lo com o do paciente. Tomava cuidado com o uso da linguagem ao se comunicar com ele e se mantinha atenta à sua forma de se portar durante a consulta. À medida que o relacionamento se estreitava com o avançar dos meses de tratamento, a terapeuta ia se sentindo mais à vontade para se expressar genuinamente com o paciente. Até que certo dia o paciente foi à consulta vestindo-se de forma não usual: cabelos desalinhados, calça *jeans* de estilo despojado e uma camiseta branca que deixava visível o seu braço inteiramente tatuado. A terapeuta percebeu e apontou espontaneamente para as vestimentas inusitadas, demonstrando surpresa e aprovação. O paciente, inicialmente constrangido, demonstrou alegria e satisfação pela forma genuína como a terapeuta validara seu estilo e se mostrou aberto a conversar sobre o assunto, afirmando que sua formalidade e sua exigência ao se vestir e se relacionar funcionavam como ferramentas de proteção social contra o medo da rejeição e do abandono, marcantes em sua história.
>
> Daquele momento em diante, a relação terapêutica inaugurou uma fase de maior intimidade, em que tanto terapeuta como paciente se sentiram mais seguros e confiantes para se revelar de forma genuína e autêntica na psicoterapia. Eles usaram o fenômeno descrito para refletir juntos sobre a forma como se relacionavam um com o outro na sessão, fazendo correlações com os motivos da busca pela terapia. O braço tatuado se tornou símbolo da dupla terapêutica para reforço da sua genuinidade, especialmente pela coragem do paciente de se mostrar genuíno e oportunizar a aceitação de si mesmo.

Empatia

A empatia é um ingrediente primordial da conexão emocional entre dois seres humanos e é fundamental à construção do relacionamento terapêutico. Um estudo de metanálise evidenciou que a empatia é um preditor moderadamente forte dos resultados das psicoterapias (Elliott et al., 2018). É difícil imaginar um psicoterapeuta competente que não trabalhe continuamente para compreender seus pacientes e comunicar compreensão genuína a eles. Embora o terapeuta possa experienciar carinho, compaixão e autenticidade em relação ao outro, a empatia não deve ser confundida com esses conceitos.

A empatia foi definida por Rogers (1959, citado em Gelso, 2019) como a possibilidade de o terapeuta perceber de forma precisa a estrutura interna do paciente (inclusive seus componentes emocionais e seus significados), compreendendo-a sem julgamentos, *como se* ele fosse a pessoa, mas sabendo não ser. O terapeuta empático comunica suas percepções sobre o paciente, incluindo as crenças e os sentimentos experienciados por ele em seu mundo interno, verificando continuamente a precisão dessas percepções. Guiado pelo *feedback* dado pelo paciente, o terapeuta se torna para ele um companheiro confiável na exploração do seu mundo interior, fazendo-o se sentir conhecido e compreendido, o que promove um efeito curativo sobre ele (Rogers, 1959, citado em Gelso, 2019; Rogers, 1980; Gelso, 2019). Não cabe ao terapeuta assumir que sua função empática é *ler a mente* do seu paciente ou mesmo prever suas interpretações de algo. A empatia deve ser construída com a comunicação contínua com o paciente e oferecida com humildade pelo terapeuta, que deve estar sempre pronto para ser corrigido. O paciente perceberá positivamente o modo como o terapeuta o compreende, ouve, respeita e atende (Elliott et al., 2018).

É comum os pacientes desabafarem com frases como "Então eu não estou louco" ao se perceberem compreendidos pelo terapeuta, o que se deve ao senso de conexão e pertencimento que a empatia promove. Em contrapartida, a falta de compreensão pode gerar no indivíduo um senso de desconexão e solidão, tal como ocorre nos transtornos psicóticos, ou na "loucura", quando a subjetividade de um indivíduo é tão profundamente desconhecida que o faz sentir-se incapaz de realizar interlocução com outra pessoa ou com a realidade compartilhada pelos demais. Recomenda-se, por fim, que os terapeutas ofereçam ao paciente empatia em um contexto de consideração positiva, autenticidade e cuidado, de modo que ela funcione como um ingrediente primordial para a construção de um relacionamento terapêutico saudável (Elliott et al., 2018).

> **VINHETA CLÍNICA**
>
> Uma paciente buscou terapia para trabalhar os efeitos negativos de ter experienciado inúmeras situações de violência psicológica, verbal e física praticada por seu pai ao longo da sua criação e de se ver negligenciada por sua mãe quando ela presenciava tais agressões. O terapeuta estimulou que a paciente expressasse suas emoções ao relatar algumas das suas experiências traumáticas com o pai ao longo da infância, e ia lhe comunicando suas percepções com falas de acolhimento e empatia: "Reconheço que você se percebia incompreendida e injustiçada pelo seu pai, e sentia muito medo das reações agressivas dele quando você fazia algo que o frustrava. É assim que você se sentia? Também me conecto com você e percebo que, ao pedir ajuda para sua mãe, você era tomada por um sentimento de solidão, desamparo e desesperança ao notar que ela não a protegia dele, fazendo-a se sentir ainda mais triste e assustada com tudo o que acontecia na sua casa".
>
> A paciente não conteve suas emoções e chorou copiosamente ao ser compreendida pelo seu terapeuta, sendo estimulada a se expressar em sessão. O terapeuta inclinou o corpo em direção à paciente no intuito de se mostrar mais próximo fisicamente e acolhê-la em sua dor. Ele se conectou com a história da paciente e com aquelas suas memórias de infância, que trouxeram à tona a criança assustada que cresceu em um contexto violento. O terapeuta, com seu estilo afetuoso e carinhoso, reforçou a sua presença, lamentou as experiências vividas pela paciente e garantiu seu apoio e seu acolhimento na terapia, demonstrando empatia para que ela pudesse processar e ressignificar suas vivências dolorosas.

Cuidado

O ato de cuidar efetivamente de um paciente, assim como o fato de ele se sentir genuinamente cuidado pelo terapeuta, promove o seu crescimento (Gelso, 2019). O relato de não terem se sentido bem atendidos em suas necessidades emocionais quando crianças acompanha parte significativa dos pacientes que buscam psicoterapia. Outros ainda carregam consigo a sensação de desamor e a impressão de serem insignificantes para seus pais. Por isso, o cuidado emocional da psicoterapia consiste em uma reparação da experiência de privação de cuidados primários. E, para que tal cuidado seja efetivo, o terapeuta precisa se importar de forma genuína com o paciente, sentindo por ele afetos positivos como carinho, afeição e consideração positiva, ao mesmo tempo que o atende de maneira consistente em suas necessidades e seus objetivos. No entanto, os sentimentos despertados no terapeuta ao cuidar do paciente também incluem os afetos negativos, como frustração, preocupação, desgosto e até mesmo raiva em alguns momentos do relacionamento, aceitáveis desde que ocorram com menor frequência do que os sentimentos positivos (Gelso, 2019). Como será descrito em mais detalhes na próxima seção, o manejo adequado dos sentimentos contratransferenciais do terapeuta é fundamental para a manutenção do relacionamento terapêutico (Norcross & Wampold, 2018), mas muitos desses sentimentos são previstos e estão implícitos no ato de cuidar de alguém.

Tamanha é a importância do cuidado do paciente pelo terapeuta para a promoção da sua melhora que, na abordagem da terapia do esquema (ver Capítulo 5, "A relação terapêutica na terapia do esquema"), o terapeuta é convidado a assumir a função parental substituta, oferecendo ao paciente, na relação terapêutica, o cuidado genuíno por meio da reparentalização das lacunas emocionais do seu desenvolvimento (Young et al., 2008). Os pacientes compreendem e aceitam melhor os cuidados recebidos, mesmo aqueles que lhes parecem difíceis e desprazerosos, quando percebem que o terapeuta realmente se importa com eles e intervém para promover o seu bem-estar.

> **VINHETA CLÍNICA**
>
> Certa vez, uma paciente com histórico de abandono na infância por ambos os pais compareceu a uma sessão se sentindo ansiosa por perder o afeto da terapeuta ao não cumprir sua parte nos acordos feitos na terapia. Consciente de que os resultados almejados por ela também dependiam da sua própria cooperação, ela se desculpou com a terapeuta por decepcioná-la. A paciente acreditava e sentia que a terapeuta se importava genuinamente com ela, por isso previa que ficaria triste por saber que ela estava se boicotando.
>
> Embora situações como a ilustrada nessa vinheta mereçam intervenções de manejo adequado a fim de promover a manutenção da aliança, o fato de a paciente se sentir importante e cuidada pela terapeuta fortalecia o vínculo real entre elas, ao mesmo tempo que reparava o núcleo de desamor, rejeição e desamparo experienciado na sua história de vida. A magnitude e a valência da relação real entre elas impactaram positivamente o tratamento, visto que um dos objetivos terapêuticos era que a paciente conseguisse aprender a cuidar melhor de si mesma. O cuidado genuíno e o vínculo afetivo da relação terapêutica lhe proporcionavam segurança emocional reparadora.

Afeto e regulação emocional

A capacidade de experienciar, comunicar e regular as próprias emoções é uma das competências necessárias para o psicoterapeuta na condução do relacionamento terapêutico. Estudos recentes têm demonstrado uma sólida e definitiva relação entre a expressão emocional, tanto pelo paciente como pelo terapeuta, e os resultados da psicoterapia (Peluso & Freund, 2018). Um estudo de metanálise concluiu que a expressão do afeto em sessão importa e está diretamente relacionada aos progressos do paciente. Cabe ao psicoterapeuta encontrar oportunidades para que as emoções sejam manifestadas e processadas, sendo receptivo a essas expressões (Peluso & Freund, 2018). Da mesma forma, o clínico deve evitar críticas, supressões ou interpretações negativas de tais manifestações emocionais, pois essas atitudes podem promover o afeto defensivo na terapia, prejudicando o processo terapêutico. A expressão emocional do terapeuta também é importante na sessão, e os clínicos que enfatizam o seu efeito produtivo na psicoterapia são aqueles que mais experimentaram o afeto na relação terapêutica com seus pacientes. A emoção precisa ser usada, validada e trabalhada diretamente na terapia, e seu uso produtivo promove experiências emocionais corretivas no paciente (Mahoney, 1998; Peluso & Freund, 2018).

A habilidade para intervir efetivamente no *setting* terapêutico depende do manejo adequado das emoções presentes. A literatura discute amplamente o fenômeno da contratransferência no que diz respeito às reações do terapeuta, e debate-se se esse conceito é suficiente para explorar as dificuldades dos terapeutas em lidar com suas reações negativas aos pacientes em sessão. Os estudos apontam que um dos fenômenos comuns associados ao comportamento ineficaz dos terapeutas são seus conflitos não resolvidos, que podem ser desencadeados por gatilhos dos pacientes em sessão (suas características ou reações). No intuito de avaliar esses aspectos, Van Wagoner et al. (1991) criaram um instrumento que avalia os fatores da contratransferência, denominado Inventário de Fatores da Contratransferência. Eles definiram conceitos-chave em termos de qualidades do terapeuta que mereciam destaque nessa avaliação: autopercepção, autointegração (relacionada à capacidade do clínico de reconhecer seus limites pessoais), empatia, controle da ansiedade e capacidade de conceituar um caso. Constatou-se, com essa pesquisa, que aqueles terapeutas habilidosos em identificar suas questões pessoais acionadas em sessão pela história do paciente, compreensivos com suas reações pessoais e capazes de contextualizá-las com o comportamento e a história do paciente conseguiam obter resultados superiores no manejo dessas situações contratransferenciais. A autoconsciência do clínico sobre seu próprio funcionamento contribui de forma positiva para o manejo dessas emoções, bem como para o aumento da sua capacidade de regulá-las.

Outro componente importante relacionado ao manejo das emoções contratransferenciais é o estilo de apego do terapeuta. As primeiras experiências de apego em nossa vida impactam a forma como enxergamos e nos relacionamos com o outro, influenciando também o modo como respondemos às situações que despertam emoções disfóricas. Os clínicos com estilo de apego seguro demonstram saber lidar de maneira mais satisfatória com suas dificuldades pessoais na psicoterapia, enquanto terapeutas com outros tipos de apego tendem a manejar de modo menos satisfatório suas próprias questões. Por exemplo, um terapeuta com apego desorganizado pode se mostrar instável no vínculo com seus pacientes, deixando-os pouco seguros de que estará disponível emocionalmente para que eles se vulnerabilizem. Já um terapeuta com apego inseguro pode sentir-se facilmente ameaçado de abandono pelo paciente (Muran & Eubanks, 2020), tornando-se hiper-reativo e excessivamente submisso a ele, a fim de evitar o abandono temido. Tais exemplos demonstram que a capacidade do terapeuta de estar consciente do seu estilo de apego, de suas emoções e de seus conflitos pode ajudá-lo a desenvolver e empregar esforços para sua própria regulação emocional.

O manejo adequado das emoções experienciadas pelo clínico em sessão é de extrema importância, devido ao seu impacto nos resultados do processo terapêutico. Nesse sentido, estudos realizados por Castonguay et al. (2010) descreveram, a partir de análises qualitativas, a complexidade do impacto negativo que as ações equivocadas de um terapeuta podem gerar. Entre as consequências, destacam-se: a resistência do paciente à terapia; a dificuldade dele de se vulnerabilizar e trazer à tona sentimentos negativos; as dificuldades do terapeuta em reconhecer os sentimentos do paciente; e os desafios associados ao manejo de tais sentimentos no *setting* terapêutico.

Os estilos de apego interferem também na capacidade afetiva do clínico. É mais provável que um terapeuta seja capaz de experimentar e compartilhar afeto genuíno com o paciente quando ele mesmo experimentou, e continua a experimentar, o afeto dos outros, como assinala Mahoney (1998). Terapeutas que têm relacionamentos pessoais mais satisfatórios e que se engajam em atividades para o autocuidado e a autoconsciência terão condições de prestar seus serviços como clínicos com mais qualidade. O segundo ponto salientado pelo autor é que o afeto não é uma mercadoria, e sim um processo, produto do desenvolvimento de uma relação. Tal processo afetivo implica o conhecimento respeitoso do outro, a sensibilidade ao ritmo do seu desenvolvimento, o compromisso com a confiança e a honestidade mútuas, o aprendizado contínuo e o profundo desejo e compromisso de ajudá-lo em seu desenvolvimento, promovendo sua satisfação e sua autorrealização (Mahoney, 1998).

> **VINHETA CLÍNICA**
>
> Um jovem paciente se preocupava com o fato de ser só mais um paciente para sua terapeuta. Ele buscava terapia por conflitos de rejeição e desamor por parte da figura materna, sendo o quinto entre os oito irmãos da sua família. O paciente sempre se sentiu preterido pela mãe e queria ser especial para sua terapeuta. Ele frequentemente se sentia inseguro diante da ideia de que a terapeuta se cansaria dele e, em algum momento, o rejeitaria e decidiria encerrar a psicoterapia.

(Continua...)

> Quando esse paciente levou suas angústias para o *setting*, a terapeuta o acolheu e o estimulou a expressar as emoções sentidas na relação terapêutica, sem julgamentos. De forma igualmente autêntica, a terapeuta expressou seu carinho e sua aceitação por ele, salientando apreço por várias características realistas da sua personalidade. À medida que se expressavam, eles se conectaram genuinamente um com o outro. A terapeuta reforçou seu interesse autêntico em ajudá-lo e declarou o quanto se importava com ele, dirimindo suas fantasias sobre um possível abandono prematuro e garantindo-lhe que estaria ali semana após semana, assim como estava para os outros pacientes, sem que o preterisse em favor de nenhum deles. O jovem paciente se sentiu acolhido nos seus sentimentos, ao mesmo tempo que foi reconhecido em suas necessidades de aceitação, validação, reconhecimento e estabilidade no vínculo com a terapeuta, o que contribuiu para o aumento da sua segurança emocional. Por sua vez, a terapeuta compreendeu o desejo do paciente de ser especial para ela como uma estratégia compensatória à sua crença de rejeição, oriunda da distribuição desigual do afeto e da atenção em casa. À medida que a terapia evoluiu, o paciente sentiu-se gradualmente mais seguro e acolhido pela terapeuta, que tinha um jeito afetivo, disponível e estável de se relacionar com ele.

Self do terapeuta — estresse e autocuidado

A atuação como psicoterapeuta implica o desafio de lidar com o fato de ser pessoal e profundamente influenciado por suportar o testemunho das narrativas de muitas vidas humanas (Mahoney, 1998). Os efeitos do estresse psicológico e da angústia experimentados pelo próprio clínico podem afetar sua capacidade de exercer o cuidado de seus pacientes, reduzindo a qualidade dos seus serviços. Há um constante paradoxo no envolvimento do psicoterapeuta com seus pacientes: a experiência dos afetos na relação terapêutica é um fator importante para auxiliar o outro, mas isso significa que os terapeutas mais efetivos serão justamente aqueles que, comparados aos seus colegas menos engajados, estarão mais vulneráveis ao estresse em seu trabalho (Mahoney, 1998).

Para além desse fato, o terapeuta tem sua própria história, seus traumas e suas experiências negativas, e esses fatores também adentram a psicoterapia e afetam a qualidade dos atendimentos. Entre as questões pessoais enfrentadas pelos profissionais de saúde mental, conforme Mahoney (1998), constam: dificuldades de relacionamentos interpessoais, depressão, abuso de substâncias e tentativas de suicídio. Em virtude da soma de fatores de estresse profissionais e pessoais, ao tratarem seus pacientes, os clínicos podem experimentar momentos de significativa ambivalência: ora sentem que oferecem muito pouco, ora se sentem exauridos pelo tanto que se doam aos seus pacientes. Não é raro encontrarmos terapeutas esgotados emocionalmente ou em processo de *burnout* (Heath & Startup, 2023; Simpson et al., 2019). No entanto, alguns estudos demonstram que clínicos experientes têm uma resistência aumentada ao estresse do trabalho, tornando-se mais capazes de manter um afeto de alta qualidade na sua prática profissional mesmo quando experienciam um humor pessoal negativo (Gurman, 1973, citado em Mahoney, 1998). Tal constância pode se dar tanto pela habilidade de regular suas emoções como pelo engajamento em práticas de autocuidado pessoal.

A necessidade de o psicoterapeuta buscar seu autocuidado para evitar situações de estresse, fadiga de compaixão e *burnout* na profissão é corroborada pela pesquisa de Heath e Startup (2023). Uma vez que o terapeuta se encontra em estado de esgotamento emocional, aumenta a probabilidade de ele usar estratégias de enfrentamento desadaptativas. Ainda que o autocuidado possa parecer uma tarefa primordial da prática do psicoterapeuta, a literatura assinala a dificuldade que muitos clínicos ainda têm de praticá-lo automaticamente (Heath & Startup, 2023). A seguir, descrevemos as ações recomendadas pela literatura para a promoção do autocuidado do terapeuta.

- Conscientização das crenças: é de suma importância que o terapeuta esteja atento ao acionamento de suas emoções e de sua história. O desenvolvimento dessa autoconsciência pode ocorrer tanto no treinamento profissional quanto na terapia pessoal. Observar seus acionamentos, em especial durante os atendimentos, fornece um mapa para antecipar enfrentamentos desadaptativos e utilizar ferramentas adaptativas de manejo.
- Hábitos de autocuidado: ter consciência das próprias dificuldades não é suficiente para a promoção de autocuidado. Por isso, faz-se necessário implementar estratégias para criar um "programa de autocuidado". Esse programa precisa ser personalizado e atender às demandas pessoais de cada clínico. A escolha das atividades para o terapeuta baseia-se em suas necessidades e objetiva tanto o descanso como o abastecimento de prazer e satisfação pessoal. Além disso, trabalhar para a aceitação dos seus erros com a diminuição do autocriticismo faz parte do processo de cuidado pessoal.
- Espaços de reflexão profissional: muitas crenças e traumas de terapeutas de uma mesma cultura são compartilhados. Promover e frequentar *settings* destinados às reflexões acerca dessas questões pode ser uma forma de autocuidado do terapeuta. Exemplos disso são as participações em congressos, grupos operativos e espaços destinados à supervisão individual ou grupal com colegas de profissão. Tais espaços, além de possibilitar a exploração dos casos e seu adequado manejo, favorecem a construção de estratégias para o gerenciamento das emoções e do estresse, viabilizam a reflexão conjunta sobre a própria prática profissional na cultura em que ela é exercida e ainda evitam a reprodução dos padrões disfuncionais internalizados e reforçados pelo contexto.

A complexidade de ser psicoterapeuta está inerentemente relacionada ao papel do cuidador. Ao se tornar agente do cuidado do outro, o profissional destina seu olhar, seu tempo e sua energia ao atendimento das demandas desse outro, estando privado do cuidado de si. Por essa razão, destinar parte do seu tempo e da sua energia ao cuidado de si mesmo, de forma a se sentir igualmente atendido e cuidado nas suas necessidades, não é só desejável, mas fundamental para que o terapeuta possa oferecer um atendimento de qualidade e evitar seu estresse emocional.

A pessoa por trás do psicoterapeuta

Muitas são as razões para alguém se tornar psicoterapeuta, mas quaisquer generalizações precisam levar em conta a pessoa e as circunstâncias de vida do clínico (Mahoney, 1998). As motivações podem variar desde questões de ordem econômica, filosófica e humanitária até anseios emocionais, como o desejo de construir intimidade com alguém, o de se autorrealizar e o de obter autocompreensão e "autocura". Outra razão complexa para a escolha dessa atividade profissional seria a utilização das habilidades de psicoterapeuta para atender às próprias demandas pessoais. Quando exerce sua profissão de forma ética e compatível com as demandas dos pacientes, o psicoterapeuta os auxilia em seu desenvolvimento e seu bem-estar emocional. No entanto, por meio de uma prática profissional menos ética, ele utiliza a atividade clínica para reduzir seu próprio senso de vulnerabilidade pessoal.

A literatura sobre o tema aponta a "metáfora do curador ferido" como um fenômeno importante. Ela está associada à ideia, que atravessa milênios e diversas culturas, de que os escolhidos ou autoproclamados "curadores" teriam poderes terapêuticos sobre os demais por terem eles mesmos lutado com o próprio sofrimento psicológico, tornando-se assim mais qualificados para aconselhar os outros nas suas próprias lutas (Mahoney, 1998). A "ferida" da angústia emocional poderia facilitar a conexão do psicoterapeuta com aquele que sofre, aumentando a sensibilidade e a empatia utilizadas pelo profissional para o aconselhamento. O fato de os curadores terem sobrevivido à dor serviria ao paciente como encorajamento à luta e à esperança de cura.

A metáfora do curador ferido implica também a consciência de um estado constante de vulnerabilidade dos psicoterapeutas, aludindo à imperfeição da condição humana. Em vez de tentar assumir uma posição irrealista de perfeição, como se estivesse livre de lutar ele mesmo com as próprias questões pessoais, o clínico responsável é consciente das suas próprias feridas e se engaja de forma contínua em seu desenvolvimento pessoal. Somente dessa forma ele se torna atento para não conspirar com a própria angústia nem falhar em aprender com seus erros na prática terapêutica com seus pacientes (Mahoney, 1998). Assim, torna-se um modelo realista para o paciente no que diz respeito ao enfrentamento da dor emocional — que inclui a prática contínua do autocuidado aliado à psicoterapia —, agindo para a melhora do bem-estar geral e para a promoção da saúde mental.

CONSIDERAÇÕES FINAIS

Ser um psicoterapeuta real implica a aceitação corajosa e genuína da sua condição humana de vulnerabilidade. A pessoa do psicoterapeuta, com suas características profissionais e pessoais, impacta de forma direta o relacionamento construído com o paciente e os resultados da psicoterapia. O clínico empático, cuidador, genuíno e capaz de estimular a experiência afetiva em sessão também precisa ser flexível para se adaptar e adaptar a terapia ao estilo e às demandas singulares do paciente. Assim, ele terá mais possibilidades de exercer sua influência de forma positiva no tratamento, em comparação com psicoterapeutas com déficits nessas qualidades.

O exercício ético e qualificado da atividade profissional também é afetado pela saúde emocional e pela qualidade de vida do clínico. Por essa razão, o psicoterapeuta precisa adquirir consciência das próprias questões emocionais, praticar o autocuidado e construir estratégias de regulação emocional para realizar o enfrentamento adequado de situações mobilizadoras durante seus atendimentos, a fim de manter a aliança com o paciente. A efetividade da relação terapêutica possibilitará ao paciente sentir-se cuidado pelo psicoterapeuta, cuja empatia, consideração positiva e boa vontade também terão seus efeitos curativos sobre ele. Cabe considerar que, na história de (quase) todo psicoterapeuta engajado em ajudar os seus pacientes, há registros de o próprio profissional ter sido afetado por seus atendimentos — e de ter sido transformado, de forma inesperada e positiva, como consequência da relação construída com seus pacientes. Afinal, a "cura emocional" não é um fenômeno estanque, e sim o resultado de uma relação contínua do indivíduo consigo mesmo e com o outro em meio aos inexoráveis desafios da condição humana.

RESUMO

- O terapeuta é o principal agente da construção e da manutenção de alianças fortes, sendo esse um dos preditores das psicoterapias eficazes.
- A empatia é um ingrediente primordial da conexão emocional entre dois seres humanos e é fundamental à construção do relacionamento terapêutico.
- Os pacientes aceitam melhor o cuidado quando percebem que o terapeuta realmente se importa com eles e intervém para promover o seu bem-estar.
- A flexibilidade é uma habilidade imprescindível para o terapeuta na promoção de um tratamento eficaz e adequado a cada paciente.
- O estímulo à expressão emocional está relacionado aos resultados da psicoterapia. Os clínicos que enfatizam o seu efeito produtivo na psicoterapia são aqueles que mais experimentaram o afeto na relação terapêutica com seus pacientes.
- Os terapeutas mais eficazes são aqueles que têm consciência e identificam o seu estilo pessoal, mas o diferenciam das expectativas, necessidades e preferências do paciente, modificando-o e adaptando-o a cada atendimento.
- Os efeitos do estresse psicológico e da angústia experimentados pelo próprio terapeuta podem afetar a sua capacidade de exercer o cuidado de seus pacientes, reduzindo a qualidade dos seus serviços.
- O autocuidado do psicoterapeuta é fundamental à prevenção do estresse emocional e à manutenção da qualidade dos seus serviços.
- Por fim, o clínico responsável é consciente das suas próprias feridas emocionais e se engaja de forma contínua no seu desenvolvimento pessoal, percebendo suas angústias e exercitando a autorregulação emocional.

REFERÊNCIAS

Barkham, M., Lutz, W., Lambert, M. J., & Saxon, D. (2017). Therapist effects, effective therapists, and the law of variability. In L. G. Castonguay & C. E. Hill (Eds.), *How and why are some therapists better than others?: Understanding therapist effects* (pp. 13-36). American Psychological Association.

Beck, J. S. (2022). *Terapia cognitivo-comportamental: Teoria e prática* (3. ed.). Artmed.

Castonguay, L. G., Boswell, J. F., Constantino, M. J., Goldfried, M. R., & Hill, C. E. (2010). Training implications of harmful effects of psychological treatments. *American Psychologist, 65*(1), 34-49.

Elliott, R., Bohart, A. C., Watson, J. C., & Murphy, D. (2018). Therapist empathy and client outcome: An updated meta-analysis. *Psychotherapy, 55*(4), 399-410.

Gelso, C. J. (2019). *The therapeutic relationship in psychotherapy practice: An integrative perspective.* Routledge.

Heath, G., & Startup, H. (Orgs.). (2023). *Métodos criativos na terapia do esquema: Avanços e inovação na prática clínica.* Artmed.

Kazantzis, N., Dattilio, F. M., & Dobson, K. S. (2017). *The therapeutic relationship in cognitive-behavioral therapy: A clinician's guide.* Guilford.

Lambert, M. J. (1989). The individual therapist's contribution to psychotherapy process and outcome. *Clinical Psychology Review, 9*(4), 469-485.

Mahoney, M. J. (1998). *Processos humanos de mudança: As bases científicas da psicoterapia.* Artmed.

Muran, J. C., & Eubanks, C. F. (2020). *Therapist performance under pressure: Negotiating emotion, difference, and rupture.* American Psychological Association.

Norcross, J. C., & Wampold, B. E. (2018). A new therapy for each patient: Evidence-based relationships and responsiveness. *Journal of Clinical Psychology, 74*(11), 1889-1906.

Peluso, P. R., & Freund, R. R. (2018). Therapist and client emotional expression and psychotherapy outcomes: A meta-analysis. *Psychotherapy, 55*(4), 461-472.

Ricks, D. F. (1974). Supershrink: Methods of a therapist judged successful on the basis of adult outcomes of adolescent patients. In D. F. Ricks, M. Roff, & A. Thomas (Eds.), *Life history research in psychopathology* (Vol. 3, pp. 275-297). University of Minnesota Press.

Rogers, C. R. (1980). *A way of being.* Houghton Mifflin.

Simpson, S., Simoniato, G., Smout, M., van Vreeswijk, M. F., Hayes, C., Sougleris, C., & Reid, C. (2019). Burnout amongst clinical and counselling psychologists: The role of early maladaptive schemas and coping modes as vulnerability factors. *Clinical Psychology and Psychotherapy, 26*(1), 35-46.

Van Wagoner, S. L., Gelso, C. J., Hayes, J. A., & Diemer, R. A. (1991). Counter- transference and the reputedly excellent therapist. *Psychotherapy: Theory, Research, Practice, Training, 28*(3), 411-421.

Young, J. E., Klosko, J. S., & Weishaar, M. E. (2008). *Terapia do esquema: Guia de técnicas cognitivo-comportamentais inovadoras.* Artmed.

Leitura recomendada

Safran. J. D. (2002). *Ampliando os limites da terapia cognitiva: O relacionamento terapêutico, a emoção e o processo de mudança.* Artmed.

3

Avaliando a relação terapêutica

Fernanda Barcellos Serralta
Carolina Altimir
Eugénia Ribeiro

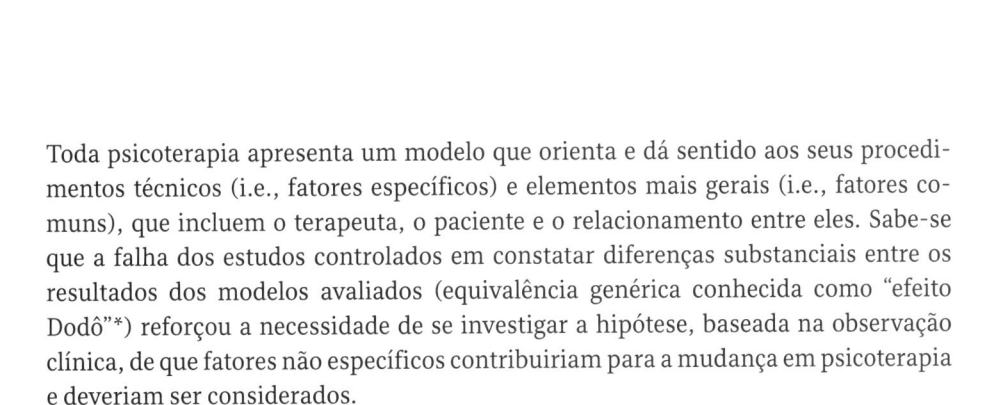

Toda psicoterapia apresenta um modelo que orienta e dá sentido aos seus procedimentos técnicos (i.e., fatores específicos) e elementos mais gerais (i.e., fatores comuns), que incluem o terapeuta, o paciente e o relacionamento entre eles. Sabe-se que a falha dos estudos controlados em constatar diferenças substanciais entre os resultados dos modelos avaliados (equivalência genérica conhecida como "efeito Dodô"*) reforçou a necessidade de se investigar a hipótese, baseada na observação clínica, de que fatores não específicos contribuiriam para a mudança em psicoterapia e deveriam ser considerados.

O relacionamento terapêutico funciona. Sua contribuição para os resultados é ao menos igual (e provavelmente maior) à contribuição do método ou da abordagem de tratamento utilizada. Essa é a conclusão das sucessivas forças-tarefa da Divisão 29, conhecida como Socicty for the Advancement of Psychotherapy, da Associação Americana de Psiquiatria (APA), incumbidas de identificar os fatores do relacionamento que apresentam suporte empírico na determinação dos resultados de psicoterapia. Os achados de décadas de pesquisa sobre fatores comuns, transversais às abordagens de psicoterapia, reforçam a sinergia entre relacionamento e técnica, enfatizando a contribuição do paciente, do terapeuta e do relacionamento entre ambos para a efetividade dos tratamentos (e.g., Norcross & Lambert, 2019; Norcross & Wampold, 2019).

---

* Em alusão à citação, feita originalmente em 1975 por Luborsky e colaboradores, e depois reproduzida por muitos, da passagem de *Alice no País das Maravilhas* em que o pássaro Dodô proclama, ao final de uma corrida sem vencedores: "Todos venceram e todos merecem prêmios".

O RELACIONAMENTO TERAPÊUTICO E SEUS COMPONENTES: ASPECTOS CONCEITUAIS E INSTRUMENTAIS

Genericamente, considera-se que o relacionamento terapêutico é o conjunto de sentimentos e atitudes existentes entre paciente e terapeuta, assim como dos modos como eles são expressos (Gelso, 2014). Sendo a psicoterapia um processo interpessoal, o relacionamento terapêutico é um dos seus aspectos mais centrais (Norcross & Lambert, 2019).

O interesse dos pesquisadores em entender melhor o papel e o peso dos fatores relacionais nos resultados do tratamento levou ao desenvolvimento de medidas padronizadas, válidas e confiáveis de aliança (o elemento mais estudado) e de outros aspectos da interação paciente-terapeuta. Ao longo das últimas décadas de pesquisa, diferentes escalas de autorrelato (respondido pelo paciente e/ou pelo terapeuta) e sistemas observacionais (avaliados por observadores externos à sessão) foram desenvolvidos para o estudo do relacionamento terapêutico, muitos dos quais traduzidos e adaptados para diversos idiomas e contextos.

Tais instrumentos não servem apenas à pesquisa. Na prática, os terapeutas tipicamente conjugam sensibilidade pessoal e experiência clínica para conquistar a confiança e a colaboração do paciente e avaliar as suas necessidades e capacidades psicológicas, bem como a qualidade da interação terapeuta-paciente, para, com base nesse complexo conjunto, intervir responsivamente ao paciente. Complementar a observação clínica com as informações obtidas por meio de medidas padronizadas pode ser muito útil na avaliação de pacientes individuais, diminuindo erros de avaliação. Em determinadas situações, inquirir o paciente sobre o relacionamento com o auxílio de uma escala pode ser terapêutico e constituir oportunidade ímpar para a exploração conjunta dos aspectos mais problemáticos da interação, ou, no caso de medidas repetidas, para a exploração das mudanças percebidas na qualidade da relação. O uso de medidas também pode ser um recurso na supervisão de jovens terapeutas, indicando vulnerabilidades do terapeuta e fragilidades da interação, por exemplo. Diferentemente das medidas de autorrelato, os sistemas observacionais, por sua complexidade, requerem treinamento prévio, tempo e recursos humanos para a sua aplicação. Ainda que sirvam mais diretamente à pesquisa do que à clínica, seus indicadores podem constituir pontos de ancoragem para uma avaliação mais acurada, baseada em evidências oriundas da própria prática.

Aliança

Ainda que desde a Antiguidade se considere a importância da relação entre paciente e cuidador, a centralidade do relacionamento no processo terapêutico é uma herança da psicanálise. Geralmente se considera que os primórdios do conceito de aliança decorrem da observação de Freud de que, antes de iniciar o trabalho terapêutico propriamente dito, é necessário estabelecer uma ligação positiva entre paciente e terapeuta. Coube a Zetzel, em 1956, o batismo dessa ligação como "aliança terapêutica", caracterizando-a como um aspecto consciente e racional do relacionamento, diferente da transferência. Greenson, em 1965, concebeu a aliança como uma "aliança de trabalho", diferenciando-a tanto da transferência como do relacionamento real entre as duas pessoas, paciente e terapeuta. Sua proposição de relacionamento terapêutico acentua a dimensão colaborativa da aliança ao mesmo tempo que valoriza a espontaneidade e as qualidades humanas do analista no processo terapêutico (Horvath, 2018; Ribeiro, 2019).

Na década de 1970, dois pesquisadores psicodinâmicos, Edward Bordin e Lester Luborsky, à sua maneira, reformularam o conceito de aliança, definindo-a como um fator genérico central que é comum às diferentes abordagens. O primeiro a denominou "aliança de trabalho"; o segundo, "aliança de ajuda". Ambas as concepções são "canônicas" (Horvath, 2018).

Bordin (1979) definiu a aliança de trabalho como o resultado de três dimensões distintas, mas interligadas: (a) os acordos implícitos ou explícitos sobre os objetivos do tratamento; (b) os acordos implícitos ou explícitos sobre a tarefa ou série de tarefas terapêuticas (o que a dupla faz para atingir os objetivos); e (c) os vínculos afetivos e de confiança entre a dupla. Tal aliança é "uma das chaves, se não *a* chave, para o processo de mudança" (Bordin, 1979, p. 252, tradução nossa). Sua força é uma função do tipo de aliança que é demandado e das características pessoais do paciente e do terapeuta. O autor salienta ainda que as abordagens de tratamento são distintas em relação ao tipo de demanda imposta ao paciente.

Luborsky et al. (1980) dividiram a aliança em dois tipos. O tipo I, proeminente no início do tratamento, envolve a percepção do paciente de que o terapeuta é afetuoso, prestativo e solidário para com ele. O tipo II ocorre em estágios posteriores e está baseado no senso de trabalho conjunto, na responsabilidade compartilhada em direção aos objetivos e no esforço para o entendimento, a exemplo do que faz o terapeuta.

A literatura mostra que existem dezenas de medidas do relacionamento, a maioria de avaliação da aliança na forma de autorrelato. Uma revisão de conceitos e medidas de aliança realizada por Elvins e Green (2008) encontrou mais de 60 escalas, a maioria delas de autorrelato. As escalas mais utilizadas e recomendadas são: *Working Alliance Inventory* (WAI), *Vanderbilt Therapeutic Alliance Scales* (VTAS), *California Psychotherapy Alliance Scale* (Calpas) e *Helping Alliance Questionnaire* (HAq).

- WAI (Horvath & Greenberg, 1986, 1989): o inventário original tem 36 itens, divididos em três subescalas de 12 itens (vínculos, tarefas e objetivos). Há três formas básicas, sendo duas de autorrelato: a do paciente/cliente e a do terapeuta. A terceira forma é observacional, preenchida por um juiz externo. Há versões abreviadas desenvolvidas a partir do WAI original, e a mais usada é a breve revisada (Hatcher & Gillaspy, 2006). As traduções em português do Brasil das versões do paciente (original e breve revisada) mostraram validade fatorial e consistência interna adequadas (Serralta et al., 2020). Estudos

ainda não publicados com as versões respondidas pelo terapeuta, realizados pela primeira autora deste capítulo e equipe, mostram resultados igualmente promissores.
- VTAS (Hartley & Strupp, 1983): a escala original apresenta 44 itens, distribuídos em três subescalas (contribuição do terapeuta, contribuição do paciente e interações paciente-terapeuta). Ela foi construída para a pontuação de juízes externos às gravações de sessões de terapia psicodinâmica. Posteriormente, o manual foi revisado para gerar classificações mais confiáveis e que refletem uma ampla variedade de terapias. A VTAS revisada (Krupnick et al., 1996) apresenta 37 itens. Há uma versão abreviada de cinco itens (Diamond et al., 1999). Não temos conhecimento de versões em português do Brasil dessas escalas.
- Calpas (Marmar et al., 1989): o instrumento apresenta 24 itens, distribuídos em quatro subescalas, que representam dimensões relativamente independentes da aliança. São elas: (a) comprometimento do paciente, que reflete a aliança terapêutica; (b) capacidade de trabalho, que indica a aliança de trabalho; (c) compreensão e envolvimento do terapeuta, que contempla a contribuição do terapeuta; e (d) acordo sobre as estratégias de trabalho, que reflete o consenso da díade em relação aos objetivos e procedimentos. Atualmente, a Calpas conta com versões respondidas pelo paciente, pelo terapeuta e por observador externo, além de versões para grupos, crianças e de avaliação do tipo transferência (Gaston & Marmar, 1993). A versão em português do Brasil, desenvolvida por Marcolino e Iacoponi (2001), apresenta boa confiabilidade.
- HAq (Alexander & Luborsky, 1986): as escalas HAq são parte do grupo de medidas Penn Helping. A HAq original (conhecida como HAq-I; Alexander & Luborsky, 1986) é uma medida de autorrelato de 11 itens que avaliam a força da aliança na perspectiva do paciente. A escala contempla os dois tipos de aliança descritos por Luborsky: tipo I (reconhecimento das capacidades do terapeuta) e tipo II (trabalho em equipe). Limitações identificadas nessa versão levaram à elaboração de uma versão revisada, a HAq II (Luborsky et al., 1996), com 19 itens, em dois formatos: paciente e terapeuta. Do nosso conhecimento, há uma versão brasileira da HAq desenvolvida pelo Grupo de Graduação e Pesquisa do Hospital de Clínicas de Porto Alegre. Contudo, não há dados psicométricos sobre essa versão disponíveis.

Relacionamento real

Seguindo a proposição de Greenson, Gelso (2014) diferencia três componentes do relacionamento terapêutico que estão presentes em qualquer abordagem de psicoterapia: configuração de transferência e contratransferência (modos de interação determinados pela experiência passada e pela estrutura psicológica de cada um dos elementos da díade), aliança de trabalho (alinhamento colaborativo, que é o agente catalisador do trabalho terapêutico) e relacionamento real (o fundamento universal dos relacionamentos humanos). Ainda que guardem muitas semelhanças, o relacionamento real e a aliança se diferenciam pelo tipo de vinculação que designam e pelos efeitos no processo. Enquanto a aliança se refere a um vínculo de trabalho em direção aos objetivos do tratamento e aos meios para atingi-los, o relacionamento real compreende aquilo que é universal e compõe a essência de qualquer relação humana. Em outras palavras, enquanto na aliança a conexão é de trabalho, no relacionamento real, é pessoal. Seus elementos-chave são o realismo (percepção realística do outro) e a genuinidade (abertura, honestidade). A força do relacionamento real depende da magnitude dos componentes (mais ou menos realismo e genuinidade) e da sua valência (positiva ou negativa). Presume-se que, à medida que o tratamento progredir, o relacionamento real se aprofundará e se fusionará ainda mais com a aliança.

O Inventário de Relacionamento Real (RRI, na sigla em inglês; Gelso et al., 2005; Kelley et al., 2010) é um instrumento de autorrelato (versões terapeuta e paciente) com 24 itens. Esses itens avaliam dois fatores: realismo (percepções e reações não distorcidas do terapeuta e do paciente um em relação ao outro) e genuinidade (capacidade e vontade de ser o que realmente é). A versão em português do Brasil do RRI (paciente) foi elaborada por Cuchiara (2021) e apresentou índices de confiabilidade e de validade adequados.

Transferência e contratransferência

Esses são conceitos psicanalíticos centrais que são ocasionalmente considerados de modo transteórico, com sua manifestação sendo investigada em terapias de diferentes orientações (Gelso, 2014). Classicamente, a transferência é considerada um deslocamento ou uma repetição de conflitos e padrões relacionais passados no relacionamento atual com o terapeuta. Historicamente, o conceito se ampliou, e hoje se considera que o terapeuta também pode ser experimentado como complemento do *self* do paciente (por exemplo, exercendo uma função parental que foi falha), assim como se entende que a pessoa real do terapeuta influencia a manifestação da transferência, facilitando determinado padrão relacional (Gabbard, 2005).

A noção de contratransferência, originalmente entendida como reedição conflitiva do passado do terapeuta (semelhante à transferência do paciente), também sofreu evoluções. A perspectiva pós-moderna do construto tende a incluir a totalidade das reações despertadas no terapeuta em razão da interação com o paciente, podendo constituir tanto um obstáculo como uma fonte de informações especial sobre o funcionamento interno do paciente, dependendo das condições em que se manifesta e do modo como é manejada (Gabbard, 2005; Sanchez & Serralta, 2019). Essa noção de contratransferência não deve, entretanto, ser entendida de modo independente dos conflitos do terapeuta, pois, ainda que a contratransferência seja acionada por características do paciente, a subjetividade e a vulnerabilidade do terapeuta estão necessariamente presentes e exercendo influência (Gelso, 2014). Numa perspectiva intersubjetiva, considera-se a existência de uma configuração de transferência-contratransferência (ou *enactment*).

O *Core Conflictual Relationship Theme* (CCRT) *method* (3ª edição; Luborsky & Crits-Christoph, 1998) é um sistema padronizado criado para o estudo da transferência e para guiar o terapeuta na formulação do caso e do julgamento clínico sobre o conteúdo do padrão central de conflito expresso nas sessões. Sua aplicação requer a transcrição literal da sessão (ou, alternativamente, uma entrevista narrativa relacional) para a identificação de episódios de relacionamento (narrativas da interação do paciente com outras pessoas, o terapeuta ou ele mesmo). Em cada um dos episódios de relacionamento, são identificados três componentes: (a) desejos, necessidades ou intenções do paciente em relação à outra pessoa; (b) respostas da outra pessoa (positivas ou negativas); (c) respostas do *self*. Em cada componente, identificam-se os tipos com maior frequência. Essa combinação, obtida em pelo menos 10 episódios de boa qualidade, constitui o CCRT. O manual apresenta categorias padronizadas obtidas por meio de validação empírica. O CCRT tem sido amplamente usado para avaliação de mudança terapêutica em relação aos aspectos relacionais/interpessoais.

A Escala para Avaliação da Contratransferência (EACT; Eizirik, 1997) é respondida pelo terapeuta e inclui 23 sentimentos contratransferenciais. Esses sentimentos são divididos em três grupos: sentimentos de aproximação (10 itens), sentimentos de distância (10 itens) e sentimentos de indiferença (três itens). O instrumento é respondido pelo terapeuta em uma escala Likert que varia de 0 (não senti) a 3 (senti muito) em relação à sua contratransferência no início, durante e ao final da sessão. O escore total representa a média desses três momentos. A escala já foi usada em diferentes amostras, com adequada consistência interna (Sanchez & Serralta, 2020).

A *Countertransference Management Scale* (Pérez-Rojas et al., 2017) apresenta 22 itens que avaliam a percepção do supervisor sobre o manejo contratransferencial. Os itens que refletem os componentes "*Insight* sobre si mesmo", "Habilidade de conceitualizar o caso" e "Empatia" integram a subescala "Compreendendo o *self* e o paciente", enquanto "Integração de *self*" e "Manejo da ansiedade" compõem a subescala "Integração de *self* e regulação". A escala não tem versão em português do Brasil.

Colaboração terapêutica

O conceito de colaboração terapêutica está estreitamente relacionado ao de aliança. Geralmente definida como um processo ativo e de envolvimento mútuo entre terapeuta e paciente no trabalho terapêutico, a colaboração favorece e se beneficia do consenso da díade quanto aos objetivos da terapia, às tarefas específicas a serem desenvolvidas no tratamento e à natureza do problema do paciente (Tryon et al., 2019).

Ribeiro et al. (2013) desenvolveram o modelo de colaboração terapêutica (MCT), definindo a colaboração terapêutica como o esforço conjunto da díade terapêutica para trabalhar dentro dos limites da zona de desenvolvimento proximal terapêutica (ZDPT) do paciente. A ZDPT é considerada a distância entre o nível de desenvolvimento real e o nível de desenvolvimento potencial do paciente, que poderá ser atingido progressivamente com o envolvimento mútuo dos elementos da díade. O modelo tem sido teoricamente assumido e empiricamente validado como transteórico.

O Sistema de Codificação da Colaboração Terapêutica (TCCS, na sigla em inglês), baseado na metodologia de análise da conversação, toma como unidade de análise a intervenção do terapeuta e a respectiva resposta do paciente, tal como observada nas transcrições ou nas videogravações de sessões (Ribeiro et al., 2013). A análise de cada interação leva em consideração o contexto da interação imediatamente anterior, assim como o contexto mais amplo de cada sessão avaliada. O processo exige o envolvimento de pelo menos dois codificadores treinados e um auditor. O TCCS inclui categorias e subcategorias para codificar as intenções/intervenções do terapeuta e os tipos de respostas e experiências do paciente (para mais detalhes, ver Ribeiro et al., 2013). O TCCS permite identificar 15 tipos de interações terapêuticas, que, por referência à ZDPT do paciente, são categorizadas como colaborativas, não colaborativas ou ambivalentes (dentro, fora ou no limite da ZDPT, respectivamente).

O TCCS tem apresentado bons níveis de confiabilidade, quer para as categorias de intervenção do terapeuta, quer para as categorias de resposta dos pacientes. A validade do sistema tem sido sustentada pela coerência dos princípios do MCT e pelos resultados da caracterização da colaboração terapêutica em casos clínicos de distintas abordagens terapêuticas e com diferentes resultados terapêuticos (Ribeiro, 2019).

Rupturas e resoluções da aliança

Jeremy Safran foi um dos primeiros a propor que a aliança fosse concebida, de modo mais dinâmico, como uma negociação contínua entre a dupla terapeuta-paciente. O programa de investigação desenvolvido por ele, Christopher Muran e outros colaboradores constitui uma referência inequívoca com três décadas de trabalho sobre a análise das rupturas da aliança. Estabelecendo um diálogo contínuo e interativo com a prática clínica, o programa permitiu o desenvolvimento de um modelo de tratamento focado na aliança com evidências empíricas (Muran et al., 2022).

Safran e Muran (2006) apontam que o conceito tradicional de aliança superenfatiza o papel da colaboração consciente entre paciente e terapeuta e subestima o papel de fatores inconscientes. Eles sugerem que é conceitualmente esclarecedor pensar a aliança em termos de negociação. Essa negociação é tanto interpessoal quanto intrapsíquica, ao mesmo tempo que apresenta dimensões conscientes e inconscientes. No plano interpessoal, há a negociação contínua entre as duas subjetividades (do paciente e do terapeuta). No plano intrapsíquico, a negociação é entre as necessidades de agência e relacionamento do paciente. As tensões, conscientes ou inconscientes, vivenciadas nesses planos se manifestam por meio de rupturas. Desse modo, rupturas podem representar falhas empáticas, falta de sintonia, *enactments* e outras interações dinâmicas problemáticas (Muran et al., 2022).

Rupturas são eventos em que há uma deterioração temporária do processo de comunicação e uma quebra da colaboração entre paciente e terapeuta. Elas são de dois tipos: confrontação e evitação. As rupturas de confrontação são mais diretas e implicam uma manifestação de desacordo ou preocupação com a terapia ou com o terapeuta. Já nas rupturas de afastamento ou evitação, o paciente se distancia do terapeuta ou do processo terapêutico, o que inclui esforços de isolamento ou tentativas de negar um aspecto de si mesmo a fim de apaziguar o terapeuta (Muran & Eubanks, 2020).

Pacientes que apresentam mais rupturas de evitação tendem a priorizar a necessidade de relacionamento sobre a agência. Por exemplo, o paciente pode mudar o assunto da conversa para não expressar diretamente um desacordo com o terapeuta e, assim, não colocar em risco a relação terapêutica. Já pacientes que apresentam mais rupturas de confrontação tendem a ter mais dificuldade em expressar suas necessidades de relacionamento e a favorecer suas necessidades de agência, movendo-se contra o terapeuta (Muran & Eubanks, 2020).

O sistema de codificação de rupturas e resoluções (3RS, do inglês *rupture resolution rating system*) descreve os marcadores específicos de rupturas em termos de comportamentos do paciente (embora sejam fenômenos diádicos), bem como as estratégias do terapeuta para melhorar a qualidade da interação e restituir a colaboração e o vínculo (Eubanks et al., 2015). Estudos realizados com uma amostra de terapeutas cognitivo-comportamentais mostram altas taxas de fidedignidade entre avaliadores treinados (Eubanks et al., 2019).

Os afastamentos podem ser expressos por meio de comportamentos de evitação, tais como: (a) negação, pelo paciente, de seus verdadeiros sentimentos em relação ao terapeuta ou ao trabalho terapêutico, ou da importância de certos relacionamentos ou eventos interpessoais relevantes para o trabalho terapêutico; (b) resposta mínima aos esforços do terapeuta para explorar e compreender a experiência do paciente; (c) comunicação abstrata por meio do uso de linguagem abstrata ou intelectualizada, global e vaga; (d) mudança de assunto e repetição de histórias elaboradas e tangenciais, tentando fugir do assunto em questão; (e) atitude excessivamente respeitosa ou apaziguadora, que busca evitar conflitos com o terapeuta; (f) dissociação conteúdo-afeto, em que o conteúdo da narrativa do paciente não condiz com sua expressão afetiva, sendo que o paciente muitas vezes usa afeto positivo para amenizar sentimentos de desconforto ou insatisfação; e (g) adoção de uma postura de autocrítica e/ou desesperança, que distancia o paciente da interação com o terapeuta, impedindo qualquer possibilidade de intervenção (Eubanks et al., 2015, 2019).

Nas rupturas de confrontação, por outro lado, o paciente se move contra o terapeuta, o que inclui movimentos de agressão ou controle, seja expressando raiva ou insatisfação com o terapeuta ou com algum aspecto da terapia, seja tentando controlar o terapeuta. Tais rupturas se manifestam como: (a) reclamações ou críticas ao terapeuta; (b) queixas sobre os parâmetros da terapia (como o tempo e a frequência das sessões); (c) reclamações ou críticas sobre o progresso da terapia ou o que foi alcançado nela; (d) reclamações ou desacordo sobre as atividades terapêuticas; (e) rejeição, pelo paciente, da intervenção do terapeuta (seu ponto de vista, sua interpretação ou seus esforços para intervir); (f) defesa contra o que o paciente percebe como uma crítica ao terapeuta; e (g) direcionamento de esforços para controlar ou pressionar o terapeuta (Eubanks et al., 2015, 2019).

As resoluções das rupturas permitem que a díade terapêutica retome o processo colaborativo e restaure ou fortaleça o vínculo emocional. As intervenções que o terapeuta usa para isso incluem: (a) esclarecer um mal-entendido; (b) mudar tarefas ou objetivos; (c) ilustrar as tarefas terapêuticas ou fornecer uma justificativa para o tratamento; (d) convidar o paciente a discutir pensamentos ou sentimentos com relação ao terapeuta ou algum aspecto da terapia; (e) reconhecer sua contribuição para uma ruptura; (f) revelar sua experiência interna da interação entre paciente e terapeuta; (g) ligar a ruptura a padrões interpessoais entre o paciente e o terapeuta; (h) ligar a ruptura a padrões interpessoais nas outras relações do paciente; (i) validar a postura defensiva do paciente; (j) responder a uma ruptura redirecionando ou reorientando o paciente (Eubanks et al., 2015, 2019).

A INVESTIGAÇÃO DO RELACIONAMENTO: PRINCIPAIS ACHADOS E SUAS IMPLICAÇÕES CLÍNICAS

Ao longo das últimas décadas, a pesquisa em psicoterapia foi orientada pelo paradigma da prática baseada em evidências (EBP, na sigla em inglês) e, mais recentemente, pelo paradigma emergente da evidência baseada na prática (PBE, na sigla em inglês). Enquanto o primeiro toma os estudos controlados do modelo médico como padrão-ouro para estudar, principalmente, os resultados de psicoterapias, o segundo preconiza que os processos e os contextos importam, sendo as melhores evidências aquelas oriundas da própria prática e obtidas por observações longitudinais, multivariadas e multimétodos. Embora sejam fundamentalmente diferentes, os paradigmas podem ser vistos também como complementares (Altimir et al., 2022).

Na pesquisa sobre o relacionamento terapêutico, identificam-se duas gerações. A primeira geração de estudos focalizou seu interesse principalmente no efeito da aliança no início do tratamento sobre os seus resultados. Nesse contexto, os pesquisadores também buscaram estimar quais fatores do paciente e do terapeuta estão associados ao desenvolvimento da aliança. A segunda e atual geração de estudos sobre o relacionamento terapêutico centra seu interesse na construção e na negociação do relacionamento. O pressuposto básico dos pesquisadores é de que a aliança é um processo que varia em intensidade ao longo do tratamento e, inclusive, ao longo de uma mesma sessão (Safran et al., 2011).

Diversas metanálises (revisadas em Norcross & Lambert, 2019) mostram a associação significativa entre aliança inicial e resultados, bem como entre aliança e abandono de tratamento, sugerindo que o estabelecimento precoce de uma boa aliança é crucial para o desfecho das psicoterapias. É importante notar, entretanto, que a consistente associação demonstrada ao longo de mais de 30 anos de estudo em diferentes abordagens e contextos não significa necessariamente causalidade. Sendo a aliança um processo proativo, colaborativo e interpessoal, o seu desenvolvimento e a sua manutenção supostamente são afetados por características e ações do terapeuta e do paciente, assim como pelo contexto interno e externo ao tratamento e pelos ganhos terapêuticos obtidos.

As habilidades interpessoais (e.g., empatia, abertura à experiência, conexão emocional) caracterizam os terapeutas mais efetivos, sugerindo como crucial o seu papel na negociação do trabalho terapêutico. Ao analisar os estudos sobre a relação aliança-resultados, constata-se que a variabilidade do terapeuta é mais significativa do que a do paciente, indicando que a habilidade do terapeuta para formar a aliança é mais relevante do que as características do paciente para prever o desfecho do tratamento (Del Re et al., 2021). Sabe-se também que há associação significativa entre a percepção do paciente sobre a empatia e a genuinidade do terapeuta e a sua percepção sobre a aliança (Gelso, 2014; Nienhuis et al., 2018). Esses tópicos são explorados em maior detalhe no Capítulo 2, "A pessoa do terapeuta".

Por outro lado, a revisão de Fluckinger et al. (2018) sugere que, embora a maior contribuição seja a do terapeuta, características do paciente também são relevantes para os resultados. Entre elas, destacam-se: confiança, processamento de atividades, capacidade de apego e vinculação e suporte social. A condição clínica também se mostra importante e deve ser considerada, havendo indícios de que pacientes com maior severidade de problemas e, em especial, com transtornos da personalidade apresentam maiores dificuldades para formar alianças.

Os estudos sobre o relacionamento real entre paciente e terapeuta são incipientes (Gelso, 2014). Em um estudo de metanálise, Gelso et al. (2018) observaram uma associação moderada entre o relacionamento real e o resultado da psicoterapia, $r = 0,38$ (95% CI [0,30; 0,44], $p < 0,001$, $d = 0,80$). Essa associação é independente do tipo de resultado examinado (resultado do tratamento, progresso no tratamento ou resultado na sessão) ou do tipo de medida (respondida pelo paciente ou pelo terapeuta). A conclusão é de que os terapeutas devem continuamente monitorar a força do relacionamento real e cultivá-lo ao longo do tratamento (Gelso et al., 2018). A literatura indica que somente uma pequena variabilidade do relacionamento real é explicada pelas autorrevelações do terapeuta, o que sugere que outras atitudes são mais importantes para influenciar a percepção do paciente sobre a genuinidade dele. A congruência entre os comportamentos verbal e não verbal possivelmente é uma delas (Gelso, 2014).

A contribuição da transferência e da contratransferência para a mudança e os resultados em psicoterapia também tem sido alvo de estudos. Embora os construtos representem processos muito similares em termos da sua dinâmica subjacente, são muito diferentes na sua expressão, uma vez que se referem aos papéis diferenciados dos dois atores, paciente e terapeuta (Gelso, 2014).

Em uma sequência de metanálises conduzidas por Hayes et al. (2018), foi constatado que as reações contratransferenciais são inversamente relacionadas com os resultados terapêuticos, que o manejo da contratransferência atenua as reações de contratransferência e que um manejo adequado da contratransferência está associado a melhores resultados. Tais achados apontam para a necessidade de os clínicos, independentemente da sua orientação teórica, tomarem consciência de seus próprios conflitos, trabalharem a sua saúde mental, prestarem atenção às reações emocionais despertadas na sessão e aos aspectos do paciente que as suscitaram (e por que motivo), bem como buscarem supervisão para melhor identificar e manejar essas reações.

Embora se constate que o trabalho sobre a transferência é mais específico às terapias psicodinâmicas/psicanalíticas, há indicativos de que, em etapas finais do tratamento de terapias cognitivo-comportamentais, as referências à transferência aumentam, ao contrário do que se observa na psicanálise, em que o aumento da transferência em etapas avançadas parece estar relacionado a casos de insucesso. Há ainda poucos estudos sobre a relação transferência-resultados, e os resultados são por vezes contraditórios, a depender do tipo de terapia. Além disso, os efeitos, quando observados, são modestos. Assim, ainda que se possa presumir um efeito da transferência sobre os resultados na sessão e no tratamento, tal efeito parece ser diferenciado em terapias analíticas e não analíticas, possivelmente por estar relacionado a outros processos, como o de *insight* (Gelso, 2014). Isso significa que mais estudos são necessários antes de que se possam estabelecer diretrizes clínicas transteóricas a partir dos estudos sobre esse componente, que, embora esteja presente em outras abordagens, é também um fator específico da abordagem psicanalítica, sendo a análise da transferência um importante veículo para o *insight*.

Dadas a complexidade e a diversidade dos elementos que compõem o relacionamento terapêutico, é compreensível que os maiores esforços se concentrem no estudo dos elementos claramente comuns e já suficientemente bem definidos de modo transteórico, como é o caso das flutuações no ciclo da aliança (rupturas e resoluções). Um estudo de metanálise mostrou que as rupturas da aliança são altamente prevalentes e preditivas do resultado do tratamento (Eubanks et al., 2018). Foi observada uma relação positiva moderada entre a resolução da ruptura e os resultados da terapia. Pacientes de terapeutas que realizaram treinamento/supervisão com foco na resolução das rupturas da aliança tiveram significativamente melhores resultados, ainda que o efeito observado tenha sido pequeno. Com base nesses e outros achados, os autores recomendam que os terapeutas estejam atentos aos sinais sutis de reações negativas de seus pacientes e tomem a iniciativa de explorar as rupturas na sessão, não agindo reativamente, validando a experiência do paciente e o ajudando a expressar melhor seus sentimentos. Conforme o tipo de terapia ou situação, pode ser útil modificar tarefas e objetivos, aprofundar a análise da ruptura ou ligar o evento a padrões interpessoais do paciente (Eubanks et al., 2018).

O modelo da colaboração terapêutica (Ribeiro et al, 2013) propõe que a mudança é promovida no contexto das interações colaborativas, sendo que a resposta de validação do paciente indica a natureza responsiva da intervenção do terapeuta. Estudos realizados com o TCCS têm elucidado o tipo de interação intrassessão que prediz a qualidade da aliança, assim como os padrões colaborativos que estão associados ao resultado da terapia. Numa síntese dos vários estudos de caso realizados com o TCCS até 2021, Ribeiro (2022) concluiu que, em casos clínicos de diferentes abordagens terapêuticas e com diferentes resultados terapêuticos, a proporção de interações terapêuticas colaborativas (i.e., que ocorrem dentro da ZDPT do paciente) tende a ser superior à proporção de interações terapêuticas não colaborativas. No entanto, ao contrário do que se observa nos casos de sucesso, que evoluem progressivamente para a zona de mudança potencial do paciente, nos casos de insucesso, as interações tendem a se concentrar ou numa zona de segurança e/ou fora da ZDPT do paciente, com aumento progressivo das não colaborativas, sugerindo um crescente clima terapêutico de maior ameaça/risco (Ribeiro et al., 2019). Essa tendência para um trabalho terapêutico não colaborativo crescente pode ser ainda mais acentuada em casos clínicos que desistiram da terapia (Ryttinger et al., 2023). Por outro lado, estudos com o TCCS sugerem que, em casos de sucesso, são as interações caracterizadas por intervenções terapêuticas de desafio validadas pelos pacientes as que melhor predizem uma boa qualidade da aliança (Ribeiro, 2022).

Assim, em geral, as implicações clínicas dos estudos desenvolvidos com o TCCS apontam para a necessidade de o terapeuta apoiar as suas decisões clínicas, momento a momento, nas respostas do paciente às suas intervenções, procurando identificar o que essas respostas significam em termos de prontidão para a mudança, bem como a ameaça ou o conforto que a sua proposta implica. Face a respostas de invalidação por parte do paciente, a decisão clínica de manter ou desistir da sua agenda terapêutica poderá ser distinta conforme a fase específica da terapia. Numa fase intermediária do processo terapêutico, as interações não colaborativas pontuais (quebras da colaboração) poderão ajudar a testar e a expandir a ZDPT do paciente. No entanto, é importante que o terapeuta se atente ao reestabelecimento apropriado da colaboração, de modo a garantir um clima de segurança e promoção de mudança. O reestabelecimento da colaboração exige do terapeuta competências como a imediaticidade e a flexibilidade, que permitam perceber quando a insistência ou a desistência da intervenção terapêutica, previamente invalidada, é produtiva e facilita a extensão e o avanço na ZDPT do paciente (Cardoso et al., 2023).

Outra recomendação clínica que emerge dos estudos realizados com o TCCS consiste em, desde a fase inicial da terapia, o terapeuta ser responsivo às necessidades e à prontidão do paciente para avançar na sua zona potencial (Ribeiro, 2022). Além de compreender a problemática do paciente, o terapeuta deverá estar atento às respostas dele (e.g., elaboração de novas ações, expressão de *insight*) que sugerem a utilidade de dirigir a intervenção para potenciais mudanças, favorecendo, assim, não só a aliança, mas também o processo de mudança do paciente.

CONSIDERAÇÕES FINAIS

As pesquisas sobre o relacionamento terapêutico, especialmente aquelas conduzidas sob o paradigma PBE, vêm progressivamente influenciando e transformando a prática da psicoterapia, uma vez que, de um lado, validam a relevância dos fatores comuns e, de outro, fornecem as bases para os terapeutas implementarem ações que visem a facilitar as condições interpessoais e intersubjetivas para favorecer o processo de mudança de seus pacientes. Salienta-se, portanto, que os terapeutas precisam desenvolver dois tipos de competências: a específica, relacionada à sua área e à sua abordagem de atuação, e a relacional, que inclui, entre outros aspectos, a capacidade de estabelecer e manter um relacionamento terapêutico "suficientemente bom". Isso significa, entre outros aspectos, ser capaz de estabelecer uma interação genuína e realística com o paciente e facilitar e monitorar a colaboração e a qualidade do vínculo, fazendo esforços para identificar e responder às suas quebras e flutuações por meio de intervenções responsivas e atitudes sintonizadas com as do paciente e a situação, a fim de promover e/ou restaurar o trabalho terapêutico conjunto. Instrumentos de avaliação do relacionamento, essenciais à pesquisa, podem servir também à clínica, provendo ao terapeuta informações preciosas que, de outra maneira, poderiam passar desapercebidas.

> **RESUMO**
>
> - O relacionamento terapêutico é um aspecto central para os resultados da psicoterapia, sendo constituído por diversos componentes inter-relacionados, que podem ser conceitualizados e medidos para o monitoramento do processo terapêutico.
> - O uso de instrumentos — para além da pesquisa em psicoterapia — pode contribuir efetivamente para a prática da psicoterapia, complementando a observação clínica.
> - A maior parte dos instrumentos publicados avalia a aliança e seus fenômenos, mas há medidas e sistemas observacionais disponíveis para avaliar também o relacionamento real, a transferência, a contratransferência, a colaboração terapêutica e as rupturas e resoluções.
> - O uso de instrumentos (como medidas de autorrelato e sistemas observacionais) pode contribuir para o terapeuta desenvolver a capacidade de estabelecer uma interação genuína e realística com o paciente, facilitar e monitorar a colaboração e a qualidade do vínculo e identificar e responder a situações de ruptura.

REFERÊNCIAS

Alexander, L. B., & Luborsky, L. (1986). The penn helping alliance scales. In L. S. Greenberg, & W. M. Pinsof (Eds.), The psychotherapeutic process: A research handbook (pp. 325-366). Guilford.

Altimir, C., Mantilla, C., & Serralta, F. (2022). Practice-based evidence: Bridging the gap between research and routine clinical practice in diverse settings. *Studies in Psychology, 43*(3), 415-454.

Bordin, E. S. (1979). The generalizability of the psychoanalytic concept of the working alliance. *Psychotherapy: Theory, Research & Practice, 16*(3), 252-260.

Cardoso, C., Ferreira, A., Pinto, D., & Ribeiro, E. (2023). Therapist's interventions immediately after exceeding the client's therapeutic zone of proximal development: A comparative case study. Psychotherapy Research, 33(1), 70-83.

Cuchiara, M. P. M. (2021). *Relação terapêutica na psicoterapia online.* [Dissertação de mestrado]. Pontifícia Universidade Católica do Rio Grande do Sul.

Del Re, A. C., Flückiger, C., Horvath, A. O., & Wampold, B. E. (2021). Examining therapist effects in the alliance–outcome relationship: A multilevel meta-analysis. *Journal of Consulting and Clinical Psychology, 89*(5), 371-378.

Diamond, G. M., Liddle, H. A., Hogue, A., & Dakof, G. A. (1999). Alliance-building interventions with adolescents in family therapy: A process study. *Psychotherapy: Theory, Research, Practice, & Training, 36*(4), 355-368.

Eizirik, C. L. (1997). *Rede social, estado mental e contratransferência: Estudo de uma amostra de velhos da região urbana de Porto Alegre* [Tese de doutorado]. Universidade Federal do Rio Grande do Sul.

Elvins, R., & Green, J. (2008). The conceptualization and measurement of therapeutic alliance: An empirical review. *Clinical Psychology Review, 28*(7), 1167-1187.

Eubanks, C. F., Lubitz, J., Muran, J. C., & Safran, J. D. (2019). Rupture resolution rating system (3RS): Development and validation. *Psychotherapy Research, 29*(3), 306-319.

Eubanks, C. F., Muran, J. C., & Safran, J. D. (2015). Rupture Resolution Rating System (3RS): Manual. *ResearchGate*, 1-16.

Eubanks, C. F., Muran, J. C., & Safran, J. D. (2018). Repairing alliance ruptures. In J. Norcross, & M. Lambert (Eds.), *Psychotherapy relationships that work* (3rd ed., pp. 549-579). Oxford University.

Fluckiger, C., Wampold, B., Del Re, A. C. & Horvath, A. (2018). The alliance in adult psychotherapy: A meta-analytic synthesis. *Psychotherapy, 1*(2), 1-25.

Gabbard, G. O. (2005). *Psicoterapia psicodinâmica de longo prazo: Texto básico*. Artmed.

Gaston, L., & Marmar, C. R. (1993). *Manual of California Psychotherapy Alliance Scales (CALPAS)*. University of California. https://www.traumatys.com/wp-content/uploads/2017/09/CALPAS-Manual.pdf

Gelso, C. (2014). A tripartite model of the therapeutic relationship: Theory, research, and practice. *Psychotherapy Research: Journal of the Society for Psychotherapy Research, 24*(2), 117-131.

Gelso, C. J., Kelley, F. A., Fuertes, J. N., Marmarosh, C., Holmes, S. E., Costa, C., & Hancock, G. R. (2005). *Real relationship inventory: Therapist Form (RRI-T)* [Database record]. APA PsycTests.

Gelso, C. J., Kivlighan, D. M., Jr., & Markin, R. D. (2018). The real relationship and its role in psychotherapy outcome: A meta-analysis. *Psychotherapy, 55*(4), 434-444.

Hartley, D. E., & Strupp, H. H. (1983). The therapeutic alliance: Its relationship to outcome in brief psychotherapy. In J. Masling (Ed.), *Empirical studies of psychoanalytic theories* (pp. 1-37). Analytic.

Hatcher, R. L., & Gillaspy, J. A. (2006). Development and validation of a revised short version of the Working Alliance Inventory. *Psychotherapy Research, 16*(1), 12-25.

Hayes, J. A., Gelso, C. J., Goldberg, S., & Kivlighan, D. M. (2018). Countertransference management and effective psychotherapy: Meta-analytic findings. *Psychotherapy, 55*(4), 496-507.

Horvath, A. O. (2018). Research on the alliance: Knowledge in search of a theory. *Psychotherapy Research, 28*(4), 499-516.

Horvath, A. O., & Greenberg, L. S. (1986). The development of the Working Alliance Inventory. In L. S. Greenberg, & W. Pinsof (Eds.), *The psychotherapeutic process: A research handbook* (pp. 529-56). Guilford.

Horvath, A. O., & Greenberg, L. S. (1989). Development and validation of the Working Alliance Inventory. *Journal of Counseling Psychology, 36*(2), 223-233.

Kelley, F. A., Gelso, C. J., Fuertes, J. N., Marmarosh, C., & Lanier, S. H. (2010). The real relationship inventory: Development and psychometric investigation of the client form. *Psychotherapy: Theory, Research, Practice, Training, 47*(4), 540-553.

Krupnick, J. L., Sotsky, S. M., Simmens, S., Moyer, J., Elkin, I., Watkins, J., & Pilkonis, P. A. (1996). The role of the therapeutic alliance in psychotherapy pharmacotherapy outcome: Findings in the National Institute of Mental Health Treatment of Depression Collaborative Research Program. *Journal of Consulting and Clinical Psychology, 64*(3), 532-539.

Luborsky, L., Barber, J. P., Siqueland, L., Johnson, S., Najavits, L. M., Frank, A., & Daley, D. (1996). The revised helping alliance questionnaire (HAq-II): Psychometric properties. *The Journal of Psychotherapy Practice and Research*, 5(3), 260-271.

Luborsky, L., & Crits-Christoph, P. (1998). *Understanding transference: The core conflictual relationship theme method*. American Psychological Association.

Luborsky, L., Mintz, J., Auerbach, A., Christoph, P., Bachrach, H., Todd, T., ... O'Brien, C. P. (1980). Predicting the outcome of psychotherapy: Findings of the Penn Psychotherapy Project. *Archives of General Psychiatry*, 7(4), 471-481.

Luborsky, L., Singer, B., & Luborsky, L. (1975). Comparative studies of psychotherapies. *Archives of General Psychiatry*, 32(8), 995-1008.

Marcolino, J. A. M., & Iacoponi, E. (2001). Escala de aliança psicoterápica da Califórnia na versão do paciente. *Brazilian Journal of Psychiatry*, 23(2), 88-95.

Marmar. C. R., Weiss, D. S., & Caston, L. (1989). Toward the validation of the California Therapeutic Alliance Rating System. *Psychological Assessment: A Journal of Consulting and Clinical Psychology*, 1(1), 46-52.

Muran, J. C., & Eubanks, C. F. (2020). *The science of the therapist under pressure*. American Psychological Association.

Muran, J. C., Lipner, L. M., Podell, S., & Reinel, M. (2022). Rupture repair as change process and therapist challenge. *Studies in Psychology*, 43(3), 482-509.

Nienhuis, J. B., Owen, J., Valentine, J. C., Winkeljohn Black, S., Halford, T. C., Parazak, S. E., ... Hilsenroth, M. (2018). Therapeutic alliance, empathy, and genuineness in individual adult psychotherapy: A meta-analytic review. *Psychotherapy Research*, 28(4), 593-605.

Norcross, J. C., & Lambert, M. J. (2019). Evidence-based psychotherapy relationships: The third task force. In J. C. Norcross, & M. J. Lambert (Eds.), *Psychotherapy relationships that work: Evidence-based therapist contributions* (pp. 1-23). Oxford University.

Norcross, J. C., & Wampold, B. E. (2019). Evidence-based psychotherapy responsiveness: The third task force. In J. C. Norcross, & B. E. Wampold (Eds.), *Psychotherapy relationships that work: Evidence-based therapist responsiveness* (pp. 1-14). Oxford University.

Pérez-Rojas, A. E., Palma, B., Bhatia, A., Jackson, J., Norwood, E., Hayes, J. A., & Gelso, C. J. (2017). The development and initial validation of the Countertransference Management Scale. *Psychotherapy*, 54(3), 307-319.

Ribeiro, E (2022). *Trajetórias de colaboração terapêutica: Contribuições para uma compreensão microanalítica da aliança terapêutica e da mudança em psicoterapia*. Lição de Agregação, apresentada à Universidade do Minho (Não publicada).

Ribeiro, E. (2019). *Aliança terapêutica: Da teoria à prática clínica* (2. ed. rev.). Psiquilíbrios.

Ribeiro, E., Ribeiro, A. P., Gonçalves, M. M., Horvath, A. O., & Stiles, W. B. (2013). How collaboration in therapy becomes therapeutic: The therapeutic collaboration coding system. *Psychology and Psychotherapy: Theory, Research and Practice*, 86(3), 294-314.

Ribeiro, E., Silveira, J., Senra, J., Azevedo, A., Ferreira, A., & Pinto, D. (2019). Colaboración terapéutica: Estudio comparativo de un caso de éxito y un caso de fracaso terapéutico de terapia constructivista. *Revista Argentina de Clínica Psicológica*, 2(28), 127-139.

Ryttinger, R., Serralta, F., Pires, N., Basto, I., Melo, G., & Ribeiro, E. (2023). Therapeutic collaboration in a comfort zone: A non-improved borderline patient psychotherapy case study. *Studies in Psychology*, 43(3), 639-665.

Safran, J. D., & Muran, J. C. (2006). Has the concept of the therapeutic alliance outlived its usefulness? *Psychotherapy: Theory, Research, Practice, Training*, 43(3), 286-291.

Safran, J. D., Muran, J. C., & Eubanks-Carter, C. (2011). Repairing alliance ruptures. *Psychotherapy*, 48(1), 80-87.

Sanchez, L. F., & Serralta, F. B. (2019). Contratransferência: Origem, evolução histórica do conceito e aplicabilidade clínica. *Aletheia*, 52(2), 147-156.

Sanchez, L. F., & Serralta, F. B. (2020). Associações entre contratransferência e características do paciente na psicoterapia psicanalítica. *CES Psicología*, 13(3), 162-179.

Serralta, F. B., Benetti, S. P. D. C., Laskoski, P. B., & Abs, D. (2020). The Brazilian-adapted Working Alliance Inventory: Preliminary report on the psychometric properties of the original and short revised versions. *Trends in Psychiatry and Psychotherapy*, 42(3), 256-261.

Tryon, G. S., Birch, S. E., & Verkuilen, J. (2019). Goal consensus and collaboration. In J. C. Norcross, & M. J. Lambert (Eds.), *Psychotherapy relationships that work: Evidence-based therapist contributions* (pp. 167-204). Oxford University.

PARTE II
A relação terapêutica nas abordagens cognitivo-comportamentais

4

A relação terapêutica na terapia cognitivo-comportamental

Aline Duarte Kristensen

Nas primeiras décadas após seu surgimento, as terapias cognitivo-comportamentais (TCCs) apoiaram-se na pesquisa empírica para se credibilizar como uma nova abordagem psicoterápica e atribuíram os bons resultados do processo terapêutico a variáveis específicas, especialmente aos aspectos ambientais e à aplicação eficaz das técnicas no tratamento das psicopatologias. Nessa "primeira onda" das TCCs, as variáveis inespecíficas (contexto interpessoal) não eram consideradas nos procedimentos pesquisados, tampouco constavam como parte do treinamento dos clínicos. A partir da década de 1970, no entanto, a comunidade científica passou a questionar a primazia das técnicas na eficácia dos resultados e a incluir outras variáveis na compreensão da psicopatologia e do tratamento: o sujeito e suas cognições, além da variação do contexto em que ele era inserido. Esse amadurecimento científico constituiu a "segunda onda" das TCCs, com as variáveis relacionais ganhando cada vez mais força. O amplo resgate dos aspectos subjetivos do paciente e do terapeuta, bem como da relação interpessoal estabelecida entre eles no processo terapêutico, foi constituindo a "terceira onda" das TCCs (Hayes, 2004). O fenômeno da relação terapêutica passou a ter protagonismo junto às técnicas, tornando-se foco tanto da pesquisa empírica como do treinamento e da formação dos psicoterapeutas.

Nos dias atuais, a importância da relação terapêutica é amplamente reconhecida, assim como a hipótese de que as intervenções e técnicas psicoterápicas são mediadas pela relação estabelecida entre o paciente e seu terapeuta, sendo seu impacto diretamente relacionado à qualidade desse vínculo. Ou seja, não são as técnicas ou abordagens teóricas específicas, mas o fator humano e a qualidade do vínculo estabelecido pelo paciente e seu terapeuta que vão nortear a eficácia de qualquer psicoterapia (Butler & Strupp, 1986; Norcross & Wampold, 2018; Safran, 2002).

ELEMENTOS TEÓRICOS DA RELAÇÃO TERAPÊUTICA NAS TERAPIAS COGNITIVO-COMPORTAMENTAIS

O fenômeno da relação terapêutica tem sido estudado há muitas décadas por diversas abordagens teóricas. Um dos conceitos transteóricos mais empregados utiliza a seguinte definição de relação terapêutica: forma como a mutualidade dos sentimentos e as atitudes se estabelecem e se expressam no vínculo terapeuta-paciente (Gelso & Carter, 1985). Com isso, as características pessoais do paciente, a qualidade pessoal do psicoterapeuta e a interação entre ambos vão constituindo de forma objetiva e subjetiva tal fenômeno (como explorado em profundidade no Capítulo 1).

Na última década, uma força-tarefa da Associação Americana de Psicologia (APA, do inglês American Psychological Association) liderada por Norcross e Wampold (2018) comparou os resultados de diferentes abordagens psicoterápicas, evidenciando que a relação terapêutica é o grande diferencial das "psicoterapias de boa-fé". Coerente com tal achado, a superioridade das abordagens de psicoterapia intermediadas por um psicoterapeuta em relação àquelas sem essa intermediação evidencia a importância da relação terapêutica. Logo, as características do clínico, incluindo os aspectos socioeconômicos, os traços da sua personalidade, a sua formação técnica e a sua competência para formar e manter alianças fortes, têm recebido ênfase como contribuintes para o resultado e o processo terapêutico, destacando-se mais, inclusive, do que as características do paciente. De fato, uma revisão de estudos sobre resultados em psicoterapia concluiu que a pessoa do terapeuta tem efeito oito vezes maior no sucesso de um processo terapêutico do que a abordagem teórica em si (Lambert, 1989).

Conforme descrito no Capítulo 1, o modelo teórico tripartido da relação entre o paciente e o psicoterapeuta inclui três fenômenos que interagem entre si: *aliança terapêutica*, *transferência* e *relação real* (Gelso & Carter, 1985, 1994). Tais conceitos também foram incorporados ao escopo das TCCs, e a aliança se tornou um dos pilares centrais de intervenção nessa abordagem.

A *aliança** é a parte consciente do contrato psicoterapêutico e define a habilidade do paciente e do terapeuta de trabalharem juntos de forma ativa e colaborativa para a obtenção dos resultados almejados. A *transferência*, por sua vez, é o fenômeno que compreende o conjunto de crenças e esquemas centrais disfuncionais do paciente (e do terapeuta), que vão interferir na relação terapêutica de modo a criar resistência ao processo terapêutico, com a repetição de conflitos pregressos do paciente vivenciados com pessoas significativas da sua história, bem como de suas respectivas respostas de enfrentamento. E, por fim, o último componente da relação terapêutica é a *relação real*, que abarca o conjunto de crenças, percepções e reações realistas do

---

* Neste capítulo, será utilizado o termo "aliança" para designar de forma intercambiável dois fenômenos que apresentam certa distinção teórica (aliança de trabalho e aliança terapêutica), como exposto na Introdução desta obra.

paciente e do terapeuta em sua relação, incluindo a expressão dos sentimentos autênticos de gostar, respeitar e confiar um no outro. Gelso e Carter (1985) afirmam que esses três componentes (aliança, transferência e relação real) estão presentes em todas as relações terapêuticas, independentemente da abordagem teórica na qual um processo psicoterapêutico está fundamentado.

Como mencionado, a importância atribuída à relação terapêutica nas TCCs foi se modificando ao longo do tempo. As abordagens da segunda onda passaram a valorizar a relação terapêutica como fator importante para a eficácia das intervenções técnicas e chamaram a atenção dos psicoterapeutas para a importância da construção de uma aliança forte com o paciente. O conceito de empirismo colaborativo, que tão bem caracteriza a relação terapêutica nas TCCs, estabeleceu maior horizontalização do vínculo profissional, aumentando o engajamento e a participação do paciente no processo terapêutico. O empirismo colaborativo implica que paciente e terapeuta trabalhem de forma igualmente ativa e colaborativa na identificação e na resolução dos problemas que originaram a demanda para a psicoterapia.

Nas TCCs, o terapeuta geralmente mantém seu papel de autoridade: é aquele que conhece a psicopatologia e os procedimentos protocolares para tratar os sintomas do paciente. Mas, desde a avaliação do caso, em um processo de constante revisão, suas hipóteses sobre o funcionamento psicológico do paciente são compartilhadas com ele (conceitualização cognitiva do caso). O paciente, por sua vez, costuma aceitar e receber com confiança as orientações do terapeuta, sendo cada vez mais estimulado a empreender os esforços necessários para sua melhora. Tais esforços incluem desde a participação responsiva na sessão e fora dela, o automonitoramento e a mudança ativa de pensamentos e de comportamentos problemáticos até a realização das tarefas de casa. A confiança do paciente no psicoterapeuta e o relacionamento estabelecido por ambos terão impacto na colaboração empírica e, por consequência, no resultado do processo terapêutico.

Já no tratamento dos transtornos da personalidade e das psicopatologias crônicas que incluem dificuldades nos relacionamentos interpessoais, o próprio relacionamento terapêutico passa a receber atenção maior do clínico. Para que sua influência seja aceita pelo paciente e as barreiras sejam transpostas, o psicoterapeuta empregará mais tempo observando os fenômenos presentes na relação individual estabelecida com cada paciente e as suas respectivas associações com as demandas por atendimento.

Assim, os fenômenos da transferência e da contratransferência passaram a ser incorporados pelas TCCs, tornando-se parte das intervenções terapêuticas para a construção de crenças mais saudáveis e estilos de enfrentamento mais adaptativos, em substituição aos estilos disfuncionais. O relacionamento construído entre terapeuta e paciente abre espaço para a autenticidade, a genuinidade e o realismo, características fundamentais da relação real que fortalece o vínculo entre a dupla terapêutica. Com o tempo, o psicoterapeuta vai se tornando uma espécie de conselheiro amistoso, desempenhando um papel exemplar que inspira e modela o paciente (Beck et al., 2005).

O domínio dos protocolos de intervenção não se mostra mais suficiente para o clínico, tampouco sua competência para a construção de uma aliança forte sustenta o vínculo por si só. É esperado que ocorram com mais frequência rupturas na relação terapêutica, e a própria manutenção da aliança passará por mais desafios, tanto devido à natureza do relacionamento entre terapeuta e paciente como pela psicopatologia do paciente, que se expressa na própria relação terapêutica. Em virtude disso, é desejável que o profissional desenvolva competência específica para o manejo da transferência e da contratransferência (conforme aprofundado nos Capítulos 1 e 3 deste livro), de modo a manter a aliança forte e aumentar a eficácia do processo terapêutico (Norcross & Wampold, 2018).

Algumas das "regras de ouro" da construção da relação terapêutica aplicadas à prática clínica se mostram essenciais para a eficácia dessa abordagem. Entre elas, Beck (2021) destaca: trate cada paciente em cada sessão como você gostaria de ser tratado se fosse paciente; use as técnicas rogerianas e adapte-as individualmente a cada paciente; seja colaborativo e peça *feedback*. É evidente que a pessoa do terapeuta, sua capacidade empática e seu alto grau de autenticidade, afeto e consideração positiva também são componentes essenciais para a construção de relações terapêuticas consistentes.

É interessante que a pessoa que desempenha o papel de terapeuta seja percebida pelo paciente como alguém real, com suas características de personalidade. A relação real construída exigirá que o terapeuta seja percebido pelo paciente de forma positiva — ou, nas palavras de Beck et al. (2005), como um bom ser humano. Suas boas habilidades relacionais, sua capacidade resolutiva, sua maturidade para gerenciar conflitos interpessoais e sua capacidade de expressar emoções e regulá-las, bem como um sólido conhecimento sobre a natureza das relações humanas, o tornarão mais competente para construir uma relação interpessoal real, afetiva e terapêutica com seu paciente. Além disso, vale ressaltar que a confiança e a empatia são os pilares centrais de todas as relações terapêuticas positivas, e, como afirma Sudak (2008), uma das formas mais importantes de demonstrar empatia é por meio da autenticidade. Os terapeutas que manifestam autenticidade são capazes de se comunicar verbal ou não verbalmente de maneira honesta, natural e emocionalmente conectada, mostrando aos pacientes que de fato entendem a situação (Wright et al., 2019).

Em pesquisa recente, Norcross e Wampold (2018) demonstraram que a genuinidade e a congruência do psicoterapeuta são variáveis relacionadas ao sucesso do tratamento e à construção de relações terapêuticas consistentes. Os achados também identificam a expressão emocional, as considerações e as expectativas positivas como variáveis provavelmente efetivas no processo terapêutico. Acrescenta-se ainda que os psicoterapeutas cognitivo-comportamentais devem ter postura aberta, cordial e ativa, bem como manter uma escuta ativa e o clima de harmonia com o paciente, mas sempre respeitando os limites éticos norteadores da natureza profissional do vínculo.

PRÁTICA CLÍNICA E INTERVENÇÕES

A construção da relação terapêutica e a sua manutenção constante constituem o principal preditor do sucesso de um tratamento. Portanto, seguirão os passos inerentes ao processo terapêutico das TCCs, com o acolhimento da demanda, a construção do *setting*, a conceitualização do caso, seguida das intervenções focadas nos objetivos terapêuticos, e a alta.

Setting

Desde os primeiros contatos, da marcação da consulta aos encontros iniciais, o clínico se engaja no acolhimento da demanda e na construção do vínculo, de forma sistemática e concomitante. A construção do *setting* exige do psicoterapeuta uma postura que seja mais objetiva na definição do contrato de trabalho e, ao mesmo tempo, subjetiva e sensível, visando a estabelecer uma conexão emocional com o paciente. O verdadeiro *setting* se propõe a criar as condições necessárias, ou ideais, para que o processo terapêutico ocorra. O paciente precisa confiar no profissional que vai atendê-lo, ao mesmo tempo que precisa se sentir à vontade e confortável para se abrir com ele.

O psicoterapeuta que tiver uma conduta cordial, amistosa, empática e de acolhimento terá mais facilidade de estabelecer o vínculo com o paciente. Tal postura norteia a forma como conduzirá a entrevista, direcionando ao paciente perguntas que possibilitem identificar demandas terapêuticas, levantar hipóteses diagnósticas e obter informações relevantes da história de vida relacionadas à queixa. À medida que vai obtendo essas informações, o terapeuta vai construindo a conceitualização do caso e, sistematicamente, oferecendo resumos ao paciente sobre os conteúdos explorados em sessão, de modo a reforçar positivamente o seu senso de conexão e compreensão emocional.

Ao final da avaliação, que pode se estender por um ou mais encontros, é fundamental que o clínico verifique com seu paciente se juntos formaram uma boa dupla terapêutica e estabeleceram uma boa aliança, acordando consensualmente os objetivos da terapia, tendo compatibilidade para trabalharem juntos, estabelecendo um contrato viável para ambos e verificando o grau de cooperação do paciente com o processo terapêutico. As sessões iniciais constituem a fase de compatibilização, em que o terapeuta deve ajustar seu estilo pessoal e suas intervenções às necessidades específicas de cada paciente para a construção da aliança.

> **VINHETA CLÍNICA**
>
> Ao fim da entrevista inicial, a terapeuta faz um resumo da demanda ao mesmo tempo que consolida a conexão emocional estabelecida na dupla terapêutica.

(Continua...)

> Terapeuta — Você está me dizendo que vem se sentindo constantemente angustiada no trabalho e, conforme fomos conversando, já conseguiu identificar que um dos gatilhos dessas emoções são as solicitações do seu chefe. Nesses momentos, você tem pensamentos de incapacidade, como "Não vou dar conta, essa tarefa é muito difícil para mim", seguidos do aumento dos sintomas de ansiedade, especialmente o aperto no peito, a falta de ar e a aceleração cardíaca, certo? Você relata estar tão desesperada por se sentir assim que resolveu buscar terapia. Eu compreendi bem o que você está vivendo? Eu percebo você bastante emocionada e ansiosa quando lembra e narra esses momentos para mim. E me senti muito compassiva com seu sofrimento e motivada a acolher e ajudar você a lidar com essas situações. Como você está se sentindo, aqui comigo, ao compartilhar essas experiências dolorosas e desafiadoras?

O estabelecimento de um contrato de trabalho exige a compatibilização da dupla terapêutica. Quando o terapeuta ou o paciente percebem que não são compatíveis por alguma razão — por exemplo, pela inexperiência do clínico com relação à demanda específica, ou porque o valor da consulta do profissional não cabe no orçamento do paciente —, é ético o encaminhamento a outro profissional mais adequado ao caso, como no exemplo a seguir.

> **VINHETA CLÍNICA**
>
> Terapeuta — Agradeço a sua confiança e sinto dizer que, ao avaliar a sua demanda, percebo que não sou a profissional mais adequada para atender você em psicoterapia. Mas gostaria de poder ajudar indicando um colega da minha confiança que tenha a competência necessária. Como você se sente em relação a isso?

Feedback

Uma das ferramentas usadas em todo o processo de construção desse relacionamento terapêutico, desde as consultas iniciais até a alta, passando por todo o tratamento, é a solicitação de *feedback*. Pedir *feedback* é uma ferramenta amplamente utilizada e consistentemente validada em pesquisas como forte aliada para a construção, a avaliação e a manutenção da relação terapêutica e dos progressos da psicoterapia (Norcross & Wampold, 2018). O psicoterapeuta cognitivo-comportamental deve solicitar *feedback* verbal direto sobre a sessão, ao mesmo tempo que observa as respostas verbais e não verbais do paciente. "Esse *feedback* informa ao terapeuta sobre as modificações e intervenções necessárias para garantir que o paciente permaneça sendo um participante envolvido e ativo" (Sudak, 2008, p. 41).

O terapeuta deve estimular o paciente a fornecer *feedback* de conteúdo tanto positivo quanto negativo a seu respeito e a respeito das suas intervenções. O clínico deve ter uma atitude aberta e humilde, estando disposto a receber críticas e a lidar com suas próprias falhas, fazendo a autorreflexão quanto à sua postura. Também é desejado que o psicoterapeuta ofereça *feedback* aos pacientes de forma diplomática, autêntica e empática, sem deixar de lhes falar a verdade. O conteúdo dos seus *feedbacks* deve incluir a descrição dos fatos reais, reconhecidos como tal, e dos conteúdos e comportamentos manifestos a serem reforçados ou reparados. Ao mesmo tempo, também é papel do terapeuta buscar nos pacientes seus pontos fortes, suas crenças positivas e/ou adaptativas e seus estilos de enfrentamento saudáveis, que os ajudarão a lidar melhor com as adversidades da vida e vão instrumentalizá-los para superar suas dificuldades, dando-lhes, assim, esperança de melhora (Wright et al., 2019).

Para ilustrar essa intervenção, sugerem-se a seguir alguns exemplos de falas para solicitação de *feedback* nas sessões iniciais, sendo possível adaptá-las para as etapas posteriores do tratamento.

- *Como você avalia nosso primeiro encontro? O que você achou da nossa sessão hoje?*
- *Como você se sente emocionalmente ao final desta sessão?*
- *Como você avalia a minha compreensão a seu respeito? E a respeito da sua demanda?*
- *Você acredita que eu poderei ajudá-lo?*
- *Como você avalia a nossa relação de confiança? Como você se sentiu emocionalmente comigo?*
- *Algo que falei ou fiz ao longo deste encontro gerou algum desconforto em você?*
- *Você se sentiu à vontade para me contar todas as coisas que pensa?*
- *Você gostaria de acrescentar ou modificar algo sobre os seus objetivos na psicoterapia?*
- *Quanto você se sente motivado a cooperar para alcançar os seus objetivos de terapia?*
- *Você sente vontade de voltar na próxima semana?*

O espaço para a dupla conversar sobre a relação e o processo terapêutico deve ser disponibilizado sistematicamente, e as perguntas devem abordar a evolução do tratamento, os objetivos da terapia e os sentimentos e atitudes de cada um na relação terapêutica. O *feedback* oportuniza que terapeuta e paciente percebam a si mesmos através do olhar do outro, um olhar que pode ser terapêutico. Os *feedbacks* são um instrumento para a expansão do *self*, para a avaliação e a readequação das intervenções — e, fundamentalmente, para a manutenção e a reparação da relação terapêutica.

Estratégias de intervenção

Estabelecido o *setting*, o tratamento visará à resolução dos problemas que geraram a demanda pela psicoterapia, e o relacionamento terapêutico estará fundamentado no empirismo colaborativo — isto é, paciente e terapeuta trabalharão juntos de forma ativa e colaborativa para atingir os objetivos do paciente. Muitos clínicos optam por construir a conceitualização do caso de forma colaborativa com o paciente, aumentando com isso o engajamento dele no tratamento. O terapeuta oferece orientação sobre o papel do paciente no alcance dos seus objetivos e o psicoeduca no modelo cognitivo, com a identificação de pensamentos, emoções e comportamentos associados aos seus sintomas e problemas.

Na fase do tratamento propriamente dito, ocorrerão flutuações na relação terapêutica, alternando-se momentos de maior engajamento e evolução do caso com outros de maior estabilidade e resultados menos expressivos. Tais flutuações são normais, mas o clínico deve ter atenção constante para garantir a manutenção da aliança, fundamental para a continuidade do processo. Variar a forma de apresentar as hipóteses, diversificar as técnicas de intervenção e usar metáforas, humor e encenações (*role-play*) são exemplos criativos de como o psicoterapeuta pode manter o interesse do paciente no processo terapêutico, pois este pode se tornar tedioso com o passar do tempo (Beck, 2007). Outros fenômenos relacionais, como a transferência e a contratransferência, também permearão o relacionamento terapêutico, devendo receber atenção especial dos clínicos.

Transferência

A transferência é compreendida pelas TCCs como a reedição, na relação terapêutica, dos elementos-chave de relacionamentos prévios importantes. O foco do trabalho com esse fenômeno está na exploração das maneiras habituais de pensar e agir do paciente nesses relacionamentos, que são repetidas no *setting* terapêutico. O terapeuta cognitivo-comportamental deve reconhecer a transferência e, em colaboração com o paciente, identificar os pensamentos e as crenças subjacentes. Então, deve avaliar os esquemas disfuncionais presentes, bem como os padrões de comportamento associados desenvolvidos em relacionamentos passados, reconhecendo os seus efeitos na relação terapêutica, no aqui e agora.

A checagem das evidências é uma estratégia útil para a correção das distorções transferenciais experienciadas na relação terapêutica (Beck et al., 2005; Wright et al., 2019). Tal fenômeno transferencial costuma estar carregado de forte ativação emocional do paciente, e o *setting* terapêutico se torna o palco mais propício para as intervenções curativas. O aproveitamento adequado desse fenômeno exige que a dupla terapêutica compreenda o conteúdo transferido e seu significado, usando como ferramenta o diagrama de conceitualização cognitiva do paciente. Ao identificar crenças e comportamentos desadaptados, o clínico deve escolher as intervenções mais adequadas ao atendimento das necessidades e dos objetivos terapêuticos do paciente. Um exemplo dessa relação transferencial, com sua respectiva intervenção, é apresentado a seguir.

> **VINHETA CLÍNICA**
>
> Uma paciente com problemas familiares crônicos e histórico de abandono e abuso sexual fica insegura na relação terapêutica após uma sessão difícil.

(Continua...)

> Paciente — Eu sei que sou uma pessoa muito problemática. Acho que você não vai mais querer me atender e eu vou ter que entender.
> Terapeuta — Você está com medo de que eu a abandone? Que atitudes minhas a fazem pensar isso?
> Paciente — Sinto medo, mas você não fez nada; eu que sempre me sinto dessa forma.
> Terapeuta — Que pensamentos você está tendo agora?
> Paciente — Eu sou uma paciente muito problemática. Ninguém vai suportar ter uma relação com uma pessoa com tantos problemas como eu.
> Terapeuta — Como pensar assim faz você se sentir?
> Paciente — Triste, ansiosa e com medo de ser abandonada.
> Terapeuta — Durante a nossa relação, eu agi de forma a validar esses pensamentos?
> Paciente — Acho que você me olhou com cara de pena quando eu contava meus problemas...
> Terapeuta — Compreendo. De fato eu senti compaixão por você. Você também se sente ou se sentiu dessa mesma forma na relação com alguma pessoa importante da sua vida?
> Paciente — Sim, me sinto assim com meus amigos. Acho que sou um peso e que nenhum deles vai querer estar próximo a mim porque tenho muitos problemas que eles não têm. Meu pai também faz com que eu me sinta assim, pois ele nunca me procura, e nas raras vezes que ficamos juntos, ele não se interessa por mim. Eu sinto que há algo de errado comigo.
> Terapeuta — Eu compreendo que você se sinta dessa forma na relação com seu pai, afinal de contas, ele foi muito ausente na sua vida, e o vínculo de vocês é esporádico e superficial. Essa relação deixou você tão insegura com relação à sua autoestima, com medo de ser abandonada, que você sente dificuldade de confiar nas pessoas e se abrir com seus amigos, optando por se proteger e se manter superficial e distante nas relações. E você me mostrou isso aqui: quando se abriu um pouco mais e senti compaixão por você, suas crenças de abandono foram acionadas, e você se sentiu insegura na relação comigo. Isso faz algum sentido para você?
> Paciente — Sim, faz total sentido. Mas você não vai mesmo me abandonar?
> Terapeuta — Não, eu não vou abandonar você. Eu estarei ao seu lado pelo tempo que for necessário para reconstruirmos juntas a forma como você se relaciona, até que você se sinta mais segura para construir vínculos mais profundos e alinhados com os seus objetivos na terapia.

Essa vinheta ilustra como o terapeuta identifica a transferência, as crenças e o estilo de enfrentamento do paciente na relação terapêutica, compreendendo seu significado a partir da conceitualização cognitiva do caso. De forma reflexiva, o clínico questiona o componente real da relação terapêutica para o acionamento da transferência, ajudando o paciente na correção das distorções e intervindo para sua adequada reparação.

Contratransferência

A repetição dos padrões interpessoais disfuncionais na interação com o terapeuta (transferência) é um gatilho para o clínico acionar um conjunto de sentimentos e cognições a respeito do paciente, fenômeno denominado "contratransferência". Tais pensamentos, crenças e emoções despertados no clínico tendem a reproduzir aqueles despertados em outras pessoas significativas na vida do paciente, servindo de instrumento de informação para a identificação de padrões de interação disfuncionais do paciente a serem trabalhados na psicoterapia.

O terapeuta deve monitorar constantemente seus pensamentos e sentimentos em relação ao paciente, visando a identificá-los e relacioná-los à demanda terapêutica. As reações emocionais, os pensamentos automáticos e mesmo os comportamentos e as atitudes do terapeuta devem ser alvo de reflexão, no intuito de elencar as melhores intervenções terapêuticas para a correção e a reparação dos sintomas e problemas do paciente (Beck, 2007). O automonitoramento de sua contratransferência exige que o clínico também reconheça seu caráter humano, o que inclui a consciência de seus próprios esquemas e crenças disfuncionais, bem como de seus estilos de enfrentamento desadaptativos que possam estar interferindo negativamente na relação terapêutica. A ideia é que ele use tais informações como material terapêutico em prol da mudança clínica desejada (Leahy, 2007).

Uma dica útil para identificar problemas oriundos dos pensamentos e sentimentos de contratransferência na relação terapêutica é sugerida por Beck (2007). Segundo ela, o terapeuta deve se perguntar: quem eu gostaria que cancelasse a sessão de hoje ou que não comparecesse à terapia nesta semana? Que pensamentos eu tenho sobre esse paciente e como tenho me sentido na nossa relação terapêutica? Como tenho lidado com esses pensamentos? Tenho feito as intervenções adequadas, considerando o objetivo terapêutico desse paciente? A autora acrescenta ainda que os pacientes identificados nessa categoria merecem atenta avaliação e um preparo mais adequado para a sessão, com eventuais mudanças nas estratégias terapêuticas empregadas.

Autorrevelação

No intuito de favorecer o vínculo entre paciente e terapeuta, criar um sentimento de vulnerabilidade compartilhada, normalizar sentimentos disfóricos e fortalecer a relação real e a aliança, tem sido discutida e amplamente usada a autorrevelação como estratégia de intervenção. Ao sensibilizar-se e identificar-se com o sofrimento do paciente em alguma situação relatada, o clínico sente empatia e é remetido a alguma experiência pessoal que tenha vivido de forma análoga. Ele compartilha com o paciente essa vivência, descrevendo brevemente a situação passada, as semelhanças percebidas, o modo como se sentiu e a maneira como lidou com o fato. Pode ainda relatar como a vivência do paciente o tocou.

A autorrevelação tem como propósito aumentar o senso de conexão e empatia na dupla terapêutica e pode servir como modelação, inspirando o paciente a lidar com a sua própria experiência (Beck, 2007). A modelação estimula a aprendizagem vicária, cujo propósito é ajudar o paciente a ampliar ou mudar sua forma de pensar e agir sobre a própria experiência. Devido aos poucos (mas promissores) estudos para a validação da sua eficácia na relação terapêutica (Norcross & Wampold, 2018), o uso da autorrevelação como estratégia terapêutica deve ser avaliado cuidadosamente pela dupla. O clínico pode fazer isso observando a receptividade do paciente à intervenção e os seus efeitos, bem como solicitando *feedback* do paciente para verificar se ele se percebeu beneficiado ou afetado pessoalmente pelo compartilhamento da experiência do terapeuta. O uso da autorrevelação não é aleatório, deve estar sempre conectado aos objetivos terapêuticos do paciente, e seu relato deve respeitar os limites éticos profissionais que norteiam todas as psicoterapias.

> **VINHETA CLÍNICA**
>
> A psicoterapeuta usa a autorrevelação para acolher empaticamente uma paciente com pensamentos de fracasso e sentimentos de culpa após receber o diagnóstico psiquiátrico do filho, aproximando-se mais dela.
>
> Terapeuta — Eu percebo como está sendo difícil para você lidar com o diagnóstico do seu filho. Percebo que pensamentos de fracasso e de culpa têm vindo constantemente à sua mente. No passado, eu também vivenciei algo parecido quando descobri o diagnóstico do meu próprio filho. Eu me sentia triste comigo mesma pensando em todas as experiências difíceis que vivemos em família, nas brigas que poderiam ter sido evitadas, no sofrimento dele, e me culpava por ter falhado como mãe. Durou um tempo toda essa dor, mas gradualmente lembro de ir me sentindo de outra forma... de ter desejado aprender sobre o diagnóstico e seu manejo, de ter sentido esperança de me tornar uma mãe melhor para ele e de nossa relação melhorar. E as coisas realmente melhoraram muito desde então. Acho que, no fundo, eu me sentia culpada porque sabia que errava, mas essa consciência ainda não era o suficiente para saber como acertar. Foi o diagnóstico que me ajudou a dar outro significado para nossas dificuldades, entender onde eu errava e finalmente aprender a me tornar uma mãe melhor para ele... [Silêncio] Como é para você ouvir isso que estou contando?
>
> Paciente — É reconfortante saber que você também passou por isso, que também errava e se culpa, que na sua casa também existem problemas e brigas. Não me sinto a única pessoa passando por tudo isso. Obrigada por me contar, foi importante para mim ver você de modo mais realista, isso me ajuda a me aceitar um pouco mais.

A autorrevelação se mostrou particularmente útil no exemplo descrito, fortalecendo o vínculo terapêutico e diluindo os sentimentos de culpa, inadequação, idealização e solidão da paciente, que demonstrou padrões elevados de autocriticismo e exigência. O psicoterapeuta costuma representar uma figura potente para o seu paciente, mas igualmente precisa poder se mostrar vulnerável e humano. O senso de pertencimento e sofrimento compartilhado diminui a distância entre eles e contribui para a desidealização de qualquer imagem de perfeição irrealista que o paciente tenha construído do terapeuta, ao mesmo tempo que instila nele esperança de melhora e claramente reforça a relação real, componente central da relação terapêutica (Gelso, 2019).

Afeto

A experiência de fazer psicoterapia é descrita de forma muito subjetiva por cada paciente: há os que amam, os neutros e aqueles que têm aversão a consultar um psicoterapeuta. Entre as muitas variáveis que influenciam a experiência terapêutica e a forma como cada dupla se sentirá nessa relação, o afeto e a experiência emocional compartilhada têm ganhado ênfase nas últimas décadas, especialmente nos estudos sobre a aliança e a relevância dos aspectos pessoais do terapeuta nas psicoterapias (Mahoney, 1998). A relação terapêutica evidencia a importância do afeto como uma das variáveis percebidas nessa avaliação sobre o fazer psicoterapia, e a capacidade do clínico de experienciar e compartilhar afeto genuíno com seus pacientes é influenciada por sua vivência pessoal com o recebimento de afeto dos outros (Mahoney, 1998).

O afeto não é uma mercadoria, e sim um sentimento espontâneo, produto do vínculo e do desenvolvimento de uma relação. Isso implica o reconhecimento respeitoso do outro, a sensibilidade aos ritmos do seu desenvolvimento, a paciência com a velocidade desse processo, o comprometimento com a confiança e a honestidade mútuas, a humildade que reflete a abertura para um aprendizado e o profundo senso de possibilidade, esperança e coragem requerido pelas arriscadas incursões pelo desconhecido (Mahoney, 1998).

Desde que respeitados os limites da relação terapêutica, o afeto compartilhado se manifesta durante todo o processo terapêutico e não se resume às interações sociais usuais, como os cumprimentos afetuosos no início e no término de uma sessão. A experimentação e a demonstração de afeto na psicoterapia se dão de diversas formas, dependendo das características de cada dupla.

O terapeuta pode evidenciar o afeto, por exemplo: prestando atenção de forma interessada e genuína no paciente; demonstrando-lhe empatia e compaixão; estabelecendo conexão emocional com ele; usando palavras de afirmação, como elogios sinceros; expressando como se sente de forma diplomática e verdadeira; demonstrando interesse espontâneo e se importando com aquilo que é significativo para o paciente; tendo um olhar afetivo e fraternal; modulando o seu tom de voz a fim de se sintonizar com a emoção do paciente; comunicando-se por meio de expressões faciais e da linguagem corporal; sendo compassivo; fazendo contato fora da sessão em situações pontuais e de especial relevância para a vida do paciente (por exemplo, enviando mensagem no aniversário ou outras datas significativas para ele); mostrando-se mais disponível e presente em situações de crise ou de luto; estando genuinamente disposto e aberto a ser igualmente afetado e transformado pela relação com o paciente.

As manifestações de afeto genuíno demonstram a importância que um tem para o outro. Sabemos que terapeutas e pacientes desenvolvem fortes vínculos de afeto;

justamente por isso, um dos desafios com que se deparam os profissionais é o de cultivar o comprometimento contínuo com a construção e a proteção dos muitos tipos de limites (físicos, temporais e emocionais) necessários à manutenção da natureza desse vínculo. Isso é necessário para que não comprometam ou prejudiquem sua boa prestação de serviço — mantendo-se éticos e capazes de desempenhar o papel de terapeutas, bem como favorecendo a saúde mental de seus pacientes (Mahoney, 1998).

O afeto e as emoções geradas na terapia, bem como a natureza do relacionamento terapêutico em si, podem ativar crenças disfuncionais nos pacientes. Tal ativação emocional pode ser percebida como uma ameaça pelo psicoterapeuta que não souber manejá-la, mas clínicos com competência para lidar com a ativação emocional e a transferência as consideram positivas para a mudança terapêutica, desde que as crenças e emoções sejam trabalhadas a serviço dos objetivos estabelecidos (Sudak, 2008).

As TCCs acreditam que as principais mudanças relativas às crenças centrais dos indivíduos ocorrem com mais facilidade quando há uma quantidade substancial de carga emocional (Sudak, 2008). Quando tais crenças estão associadas à pessoa do terapeuta e à relação entre ele e o paciente, torna-se mais favorável para o clínico realizar as intervenções reparadoras que têm o poder de mudar a experiência emocional do paciente com relação a determinada crença. Esse fenômeno, conhecido desde a década de 1940 como "experiência emocional corretiva", tem grande impacto na mudança terapêutica, incluindo efeitos nos sintomas, nas crenças disfuncionais e, em particular, no autoconceito e na autoestima. Um exemplo desse fenômeno é descrito a seguir.

VINHETA CLÍNICA

Um paciente excessivamente autocrítico com baixa autoestima relata se achar feio, desinteressante e inseguro na relação com as mulheres. A terapeuta o percebe de forma diferente e oportunamente lhe oferece um *feedback* respeitoso e validante.

Terapeuta — Já trabalhamos a origem desses seus pensamentos autocríticos e da sua insegurança com as mulheres. Mas eu vejo você de forma muito diferente de como você se vê e gostaria de compartilhar isso. O que você acha?

Paciente — Adoraria!

Terapeuta — Eu sei que você tem uma memória do menino gordinho e *nerd* que passou a infância toda sendo magoado pelos colegas. Mas hoje eu vejo que esse menino se tornou um homem alto, bonito, forte e afetuoso, um profissional respeitado e adorado, uma pessoa de caráter forte e coração generoso. Vejo um ser humano amável e atencioso que genuinamente se importa com o outro. E, comigo, ele é um paciente gentil, querido, educado e respeitoso, um homem que eu teria orgulho de apresentar para uma grande amiga, se fôssemos apenas bons amigos. Percebo que o homem que você é precisa enxergar que aquele menino sensível cresceu, e você precisa ser capaz de olhar para si mesmo de forma mais realista e generosa.

(Continua...)

> Paciente — Nossa, me emocionei com essas palavras. Você pensa isso de mim mesmo?
> Terapeuta — Sim, eu penso. Você acredita nas minhas palavras, me sente genuína?
> Paciente — Sim, eu sinto que você gosta mesmo de mim e acredito no que diz. Mas não sabia que me via dessa forma! Nossa, me sinto muito feliz! Ganhei o melhor presente vindo de você! Por mais que eu já tenha ouvido de algumas pessoas, é diferente ouvir de você, pela importância que tem para mim! Porque você me conhece como ninguém mais, e isso faz muita diferença para mim. Muito obrigado por me dizer... de verdade!
> Terapeuta — Também fico genuinamente feliz em saber disso. Como você se sente agora?
> Paciente — Diferente... Me sinto mais confiante... mais feliz!
> Terapeuta — Então registre esse sentimento, sinta-o no seu peito e lembre-se das minhas palavras verdadeiras e da relação genuína que temos construído juntos quando você se sentir inseguro com alguma mulher. Isso vai ajudar você a se sentir confiante com relação ao seu valor pessoal para ter coragem de mostrar a ela como você é, como tem feito comigo. Essa é a única coisa que você pode fazer por si mesmo.

A vinheta ilustra o impacto da intervenção no paciente. A genuinidade do terapeuta impactará a relação real construída com ele, tornando as intervenções mais potentes e reparadoras. Quanto maior é a valência da relação real, mais efeito tem a intervenção, pois a mediação do seu significado é afetada pela forma como o paciente percebe seu psicoterapeuta e sua relação com ele.

Alta

À medida que os objetivos terapêuticos são atingidos e o paciente demonstra estar mais saudável e adaptado à sua vida, o processo terapêutico se encaminha para o fim, com a previsão de alta. O processo de alta é construído gradualmente na relação terapêutica durante algumas sessões, a partir de *feedbacks* mútuos sobre os resultados e a melhora do paciente, tanto com dados objetivos quanto com o relato subjetivo do paciente, corroborado pela percepção do psicoterapeuta sobre ele e sobre a relação terapêutica.

A alta costuma representar um momento de ambivalência para a dupla terapêutica, pois, ao longo do processo, paciente e terapeuta constroem um vínculo de afeto profundo um com o outro. É fundamental que possam conversar sobre esses sentimentos e, paralelamente, reforçar os aprendizados construídos ao longo da psicoterapia, para que a autonomia seja estimulada. O senso de autoeficácia e de realização pelo sucesso do tratamento é experienciado na alta com alegria; ao mesmo tempo, o desvínculo pode parecer doloroso devido ao fim dos encontros semanais e ao inexorável distanciamento que se dará entre eles. Por isso, durante o processo de alta, é importante que a dupla consolide a relação terapêutica como uma relação segura para a qual o paciente talvez queira voltar, uma espécie de lar simbólico em que ele possa se sentir acolhido e amparado caso esteja novamente vulnerável e precisando do cuidado de um profissional de saúde mental.

DESAFIOS DA RELAÇÃO TERAPÊUTICA NAS TCCS — MANEJANDO PROBLEMAS

É da natureza das relações humanas experienciar momentos de tensão nos vínculos interpessoais. Todas as relações interpessoais enfrentam tais desafios, e não é diferente na psicoterapia. Sendo essa uma condição inevitável, é possível preparar-se para melhor identificar, comunicar e reparar rupturas no vínculo terapêutico.

Manejo de rupturas na aliança

Safran (2002) chamou as crises na aliança de "rupturas". Como esse tema é aprofundado no Capítulo 3, veremos aqui como sua manifestação se dá na prática clínica das TCCs, identificando os principais problemas percebidos na relação terapêutica. No dia a dia, os psicoterapeutas observam oscilações na cooperação, problemas na comunicação e na compreensão empática, frustração de expectativas e, ainda, queda na motivação de um ou ambos os componentes da dupla terapêutica. Tais fenômenos costumam ser comunicados tanto de forma direta, a partir do confronto do paciente com o terapeuta, como de forma indireta ou silenciosa, a partir do distanciamento do paciente do processo terapêutico.

O estilo de comunicação da ruptura é norteado pelo estilo de enfrentamento predominante do paciente, previamente identificado em sua conceituação cognitiva. Pacientes mais evitativos, por exemplo, tenderão a manifestar tais rupturas distanciando-se do processo terapêutico por meio da resistência, da baixa adesão ao tratamento, da mudança no seu padrão de comportamentos na relação terapêutica, do aumento de faltas às sessões, de atrasos não usuais, da baixa adesão a combinações e tarefas extrassessões, da desmotivação e do baixo engajamento durante a psicoterapia, bem como da mudança do padrão dos pagamentos (atrasos, pagamento por sessão, não pagamento). O clínico, constantemente atento ao funcionamento do paciente, perceberá mais rapidamente tais problemas e deverá intervir junto ao paciente de modo a trabalhar seu conteúdo, reparando-o sempre que possível. Quando o estilo de comunicação do paciente leva-o ao confronto com o terapeuta, este deve se manter aberto e receptivo, trabalhando igualmente em busca de uma solução.

É frequente que as rupturas tragam consigo a reedição dos conflitos relacionais do indivíduo, bem como suas distorções cognitivas e seus modos de enfrentamento disfuncionais. A intervenção terapêutica nesses fenômenos, como já mencionado, representa uma oportunidade com alto potencial reparador, corrigindo tais disfuncionalidades a partir da relação terapêutica. O terapeuta deve explorar as expectativas, as crenças, as emoções e os processos de avaliação que desempenham um papel central no funcionamento cognitivo interpessoal disfuncional do paciente (Safran, 2002), desativando seus conteúdos mantenedores e substituindo-os por cognições e atitudes alternativas mais funcionais e compatíveis com os objetivos terapêuticos. Em contrapartida, o fracasso na identificação de uma ruptura e na adequada intervenção pode levar ao fortalecimento negativo desses esquemas, ao enfraquecimento da aliança e até mesmo à interrupção precoce do tratamento.

VINHETA CLÍNICA

Um paciente que era assíduo cancelou e se atrasou para algumas sessões no último mês, parecendo desmotivado em sessão.

Terapeuta — Nas últimas semanas, tenho percebido uma mudança na sua atitude: você tem cancelado e se atrasado mais para as nossas sessões e parece menos engajado em trazer os assuntos que o incomodam. Como você percebe isso?

Paciente — É verdade. Me sinto sem esperança de conseguir resolver as questões do meu relacionamento, mas não me sinto capaz de me separar. Me sinto sem saída e deprimido.

Terapeuta — [Assente com olhar compassivo para o paciente.] E em meio a tudo isso que vem sentindo e pensando sobre sua vida, o que você pensa sobre a terapia?

Paciente — Tenho a sensação de que a gente conversa sobre estratégias de mudança, mas a minha esposa não muda e eu também não consigo mudar. Me sinto fracassando.

Terapeuta — Você se sente desapontado por eu não estar conseguindo ajudá-lo?

Paciente — Um pouco, mas percebo que eu também não consigo fazer o que deveria fazer. É como se eu não saísse do lugar... as mudanças são muito difíceis!

Terapeuta — Eu percebo sua frustração (consigo mesmo, com sua esposa e também comigo) porque as mudanças que você deseja não estão acontecendo. Você relata estar ficando desesperançoso quanto à psicoterapia, é isso?

Paciente — Sim... me sinto dessa forma. Não tenho visto uma evolução.

Terapeuta — A psicoterapia não está ajudando da forma como você esperava. Como você tem se sentido na relação comigo e como está sendo falar sobre isso?

Paciente — É muito difícil falar sobre isso, é desconfortável me sentir assim...

Terapeuta — Eu gostaria de poder compreender um pouco melhor por que é desconfortável se sentir dessa forma.

Paciente — Eu gosto de você e acho que estou sendo injusto por me sentir desapontado com a terapia, pois não gostaria de magoar você e sei que não tenho feito a minha parte.

Terapeuta — Fico satisfeita por estarmos falando sobre isso e por você estar conseguindo me contar como tem se sentido na nossa relação. Creio que precisamos identificar onde estamos falhando se quisermos trabalhar para melhorar. O que você acha?

Paciente — Acho importante, pois acredito que você ainda possa me ajudar!

Terapeuta — Tenho vontade de aprofundar seus pensamentos sobre não estar conseguindo mudar e as expectativas que tem com relação à minha ajuda. O que você pensa sobre isso?

Paciente — Penso que a minha esposa não presta atenção em mim, não se importa com como me sinto. Quando tento comunicar algo que preciso, ela diz estar muito cansada para conversarmos e muda de assunto. Eu acabo desistindo e me sentindo cada vez mais desesperançoso quanto a nosso futuro.

Terapeuta — E a forma como você se sente com ela se assemelha à forma como vinha se sentindo na terapia, desesperançoso?

(Continua...)

> Paciente — Exato! Não tinha me dado conta.
> Terapeuta — E o motivo de você desistir de falar como se sente é o mesmo que se manifesta na relação com sua esposa: não achar que seria ouvido e validado?
> Paciente — Sim. Não acredito que as pessoas se importem realmente com como me sinto.
> Terapeuta — E como você está percebendo agora a nossa relação?
> Paciente — Percebo que você está atenta a mim.
> Terapeuta — E receber minha atenção dessa forma faz você se sentir como emocionalmente?
> Paciente — Estranho... embaraçado... mas bem, feliz, eu acho.
> Terapeuta — Quando expressa suas necessidades para sua esposa, é dessa forma que você gostaria de se sentir?
> Paciente — Sim, nossa relação seria muito diferente se ela me ouvisse e me compreendesse.
> Terapeuta — Você conseguiria encenar comigo como se aproxima da sua esposa para conversarem? Procure ser o mais fiel possível à realidade, pois preciso ajudar você a identificar como se comunica para aperfeiçoarmos sua comunicação. Vamos tentar?

Esse diálogo ilustra o manejo de uma ruptura silenciosa na relação terapêutica. O terapeuta, ao perceber esse tipo de ruptura, deve estimular o paciente a falar sobre ela, realizando a metacomunicação sobre seu funcionamento na relação terapêutica. Também é importante solicitar ao paciente *feedback* direto sobre seus sentimentos e pensamentos, acolhendo-o e validando-o de forma empática, diluindo assim sua resistência. O terapeuta deve se manter receptivo e compreensivo com o funcionamento do paciente e as situações ativadoras, realizando a adequada reparação e restabelecendo o vínculo com ele.

Falhas na empatia

Outro problema comum na relação terapêutica é o clínico cometer falhas de empatia provenientes do pressuposto equivocado de que, depois de conhecer o paciente por algum tempo, é possível saber o que ele pensa e como se sente sem questioná-lo (Basco & Rush, 2009). Manter-se aberto a questionar cada hipótese sobre a forma como o paciente pensa e se sente, bem como sistematicamente conversar sobre a relação terapêutica, minimiza a chance de ambos cometerem "leitura mental" — distorção cognitiva que frequentemente gera falhas de comunicação e de empatia nas práticas terapêuticas.

Embora o clínico possa ter uma percepção bastante precisa e realista do seu paciente, é prudente que se mantenha fazendo perguntas e solicitando *feedbacks*. Suposições equivocadas são prejudiciais à relação terapêutica, pois geram intervenções não efetivas, com consequências negativas ao processo, incluindo o abandono precoce e o fracasso da psicoterapia. Um exemplo de intervenção inadequada que pode prejudicar a relação terapêutica é apresentado a seguir.

> **VINHETA CLÍNICA**
>
> Ao perceber que a expressão facial do paciente mudou após uma intervenção sua, o clínico reage.
> - Exemplo do que *não dizer*: "Sei que você está frustrado comigo porque se fechou. Às vezes me frustro com você também, faz parte das relações a gente se frustrar um com o outro".
> - Exemplo de *intervenção terapêutica*: "Percebo que sua expressão facial mudou com o que acabo de dizer. Estou percebendo adequadamente? O que se passa na sua cabeça neste momento? Como você se sente a respeito do que eu falei?".

Contratransferência negativa

Outro problema comum na prática clínica é o psicoterapeuta agir em contratransferência negativa. O clínico precisa estar atento ao seu próprio acionamento emocional, aos seus pensamentos e crenças, bem como aos seus estilos de enfrentamento desadaptativos, de forma que consiga diferenciar-se do seu paciente. É fundamental que não tenha uma postura reativa ou defensiva quando o paciente o acionar em emoções negativas. Deve manter-se um observador atento do funcionamento do paciente, comunicando-o sobre seus comportamentos e questionando-o sobre pensamentos e emoções, de modo a construir com ele o significado da transferência na relação terapêutica. A metacomunicação sobre os conteúdos emitidos na transferência é feita pelo psicoterapeuta, auxiliando o paciente a tornar-se consciente de si mesmo e mantendo-o engajado positivamente no processo terapêutico. Ao compreender o conteúdo transferido e a forma como o paciente o enfrenta na relação terapêutica, é tarefa do clínico decidir como intervir.

> **VINHETA CLÍNICA**
>
> Ao observar que o paciente se fecha ante uma intervenção de estilo confrontativo, o psicoterapeuta se sente irritado e intolerante com ele.
> - Exemplo do que *não dizer*: "Não acho que eu tenha sido tão crítico com você quanto você está fazendo parecer. Você nunca se mostra aberto a ouvir algo que não seja aquilo que deseja. Mas faz parte da terapia eu dizer verdades para você, pois estou aqui para tentar ajudar".
> - Exemplo de *intervenção terapêutica*: "Percebo que você cruzou os braços e se manteve em silêncio após o que falei, me parecendo frustrado e querendo se proteger. Percebi corretamente? Me ajude a compreender: quais foram as minhas falas ou atitudes que fizeram você reagir dessa forma? O que você pensou e sentiu? Você costuma reagir dessa forma em outras situações parecidas da sua vida? Como você se sente falando sobre isso comigo? Você está disposto a se esforçar para compreendermos o significado dessa reação no seu funcionamento e verificarmos quais têm sido as consequências disso na sua vida?".

Manter o paciente engajado nas situações de transferência e não ter uma atitude reativa quando acionado em contratransferência é um desafio para boa parte dos clínicos, mesmo para os mais experientes. Afinal, são reações naturais do ser humano se proteger quando se sente atacado e buscar se justificar quando se percebe frustrando o outro. Para se manter terapêutico, o clínico deve praticar o automonitoramento de suas próprias distorções cognitivas e esquemas, diferenciando-os daqueles que fazem parte do funcionamento do paciente. Ele pode usar tais conteúdos como instrumento de intervenção para a manutenção da aliança em prol dos objetivos do paciente na psicoterapia.

Não colaboração

Outro desafio comum às relações terapêuticas é a postura não colaborativa do paciente, sua pouca adesão ao tratamento e sua baixa motivação para a mudança (Beck et al., 2005). Não querer mudar nem sempre decorre de uma crença racional do paciente, podendo resultar de esquemas mentais não conscientes que sustentam sua resistência no processo. Trabalhar a aliança inclui confrontar o paciente empaticamente sobre seus objetivos na terapia e sobre seu papel colaborativo, desafiando-o a questionar sua motivação para a mudança.

O clínico deve auxiliar o paciente a identificar suas resistências, suas crenças e atitudes associadas ao seu funcionamento não colaborativo, bem como os obstáculos reais ao processo, intervindo colaborativamente para modificá-los. A manutenção da aliança inclui ajustes constantes na psicoterapia e no contrato de trabalho, de forma a aumentar o senso de engajamento para o alcance dos resultados almejados. Um exemplo de confronto empático é exposto a seguir.

VINHETA CLÍNICA

Um paciente tem sistematicamente evitado falar de assuntos conflituosos e esquecido de realizar as tarefas combinadas.

- Exemplo do que *não dizer*: "Você tem evitado falar sobre os seus problemas e está fracassando ao fazer as tarefas da terapia. Não adianta só eu me esforçar. Se você não fizer a sua parte, a terapia não vai funcionar, e me sentirei desmotivado para atendê-lo".
- Exemplo de *intervenção terapêutica*: "Eu percebo que você tem evitado falar de assuntos que geram ansiedade e esquecido de realizar algumas tarefas que combinamos juntos. Me questiono se essas atitudes sugerem alguma ambivalência quanto à mudança que você deseja. Isso faz algum sentido para você? Como você tem se percebido na psicoterapia? Consegue acessar seus pensamentos automáticos sobre isso? Está disposto a trabalhar comigo na resolução dessas dificuldades?".

Após cada questão, o terapeuta aguarda a resposta e formula novas perguntas exploratórias para identificar os conteúdos cognitivo e emocional do paciente no intuito de restabelecer a aliança e engajá-lo colaborativamente na resolução dos problemas identificados na relação terapêutica.

Manutenção de crenças disfuncionais e frustração de objetivos terapêuticos

Finalmente, outro problema comum na relação terapêutica é a frustração dos objetivos terapêuticos em virtude da manutenção de crenças centrais disfuncionais do paciente, em especial crenças de incapacidade/incompetência e de fracasso. Nessa situação, é comum observarmos no paciente dependência patológica do psicoterapeuta e atitude inconsciente de boicote à psicoterapia. O receio da autonomia oriunda do sucesso, a dificuldade de agir de forma bem-sucedida e capaz e a inibição da expressão emocional genuína acabam reforçando o ciclo de dependência, fracasso e desesperança. Esse fenômeno precisa ser identificado pelo clínico, de forma que ele consiga apoiar o paciente para a adequada expressão de necessidades, ao mesmo tempo que reforça seu senso de competência, sucesso e autonomia.

Caso não consigam evoluir no tratamento, é importante que possam trabalhar para o paciente realizar um enfrentamento saudável, considerando inclusive o encaminhamento ético a outro profissional. A interrupção do ciclo de reforço de crenças negativas na relação terapêutica visa a estimular novos e mais saudáveis estilos de enfrentamento às crenças negativas do paciente, o que é fundamental à mudança e ao atingimento dos objetivos terapêuticos.

CONSIDERAÇÕES FINAIS

A construção da relação terapêutica nas TCCs representa uma área do conhecimento em crescente expansão. Os estudos sobre a eficácia dos tratamentos indicam que a capacitação do psicoterapeuta não se mostra completa quando não inclui o treinamento específico para a construção e a manutenção da relação terapêutica. Do mesmo modo, além da formação profissional, a pessoa do psicoterapeuta, suas características pessoais e suas competências relacionais contribuem igualmente para que seja capaz de construir relações terapêuticas mais consistentes com seus pacientes, impactando de forma direta e positiva os resultados da psicoterapia.

No entanto, relatos de processos psicoterapêuticos malsucedidos e precocemente interrompidos são um sinal de alerta: os problemas na relação terapêutica ainda são negligenciados por boa parte dos clínicos. Perceber as rupturas nessa relação ainda se mostra desconfortável para alguns psicoterapeutas por questões pessoais, pois implica algum questionamento à sua própria competência profissional. A verdadeira competência, no entanto, implica reconhecer suas limitações profissionais e os problemas na relação terapêutica, pois somente assim o terapeuta poderá desenvolver estratégias adequadas para manejar os desafios de forma ética e respeitosa junto àquele que o contrata, contribuindo para a construção de relações terapêuticas consistentes e efetivamente reparadoras para seus pacientes, objetivo final de toda prática clínica.

RESUMO

- A relação terapêutica é composta por três fenômenos: aliança, transferência e relação real.
- A *aliança* constitui o contrato de trabalho que viabiliza o processo terapêutico; a *transferência* é o conjunto de pensamentos e sentimentos disfuncionais que o paciente manifesta na relação terapêutica; a *relação real* é o vínculo genuíno e afetivo estabelecido pela dupla terapêutica.
- Solicitar *feedback* constantemente é fundamental para a construção e a manutenção da relação terapêutica.
- Os fenômenos da transferência e da contratransferência são valiosos para intervenções terapêuticas curativas por estarem carregados pela ativação emocional do paciente.
- A autorrevelação visa a gerar mais proximidade na dupla terapêutica, normaliza sentimentos disfóricos e proporciona modelação para a aprendizagem vicária.
- Paciente e terapeuta frequentemente desenvolvem um vínculo afetivo. O afeto pode potencializar os resultados das intervenções, mas é dever do psicoterapeuta cuidar da relação terapêutica, preservando os limites éticos.
- Estar atento à manutenção da aliança é fundamental para atingir os resultados terapêuticos nas TCCs.
- Problemas comuns na relação terapêutica incluem: rupturas na aliança, falhas de empatia, transferência negativa, não colaboração e manutenção de crenças disfuncionais.
- Negligenciar problemas na relação terapêutica pode ocasionar interrupções prematuras e o fracasso do processo terapêutico.

REFERÊNCIAS

Basco, M. R., & Rush, A. J. (2009). *Terapia cognitivo-comportamental para transtorno bipolar: Guia do terapeuta* (2. ed.). Artmed.

Beck, A. T., Freeman, A., & Davis, D. D. (2005). *Terapia cognitiva dos transtornos da personalidade*. Artmed.

Beck, J. S. (2007). *Terapia cognitiva para desafios clínicos: O que fazer quando o básico não funciona*. Artmed.

Beck, J. S. (2021). *Terapia cognitivo-comportamental: Teoria e prática* (3. ed.). Artmed.

Butler, S. F., & Strupp, H. H. (1986). Specific and nonspecific factors in psychotherapy: A problematic paradigm for psychotherapy research. *Psychotherapy: Theory, Research, Practice, Training, 23*(1), 30-40.

Gelso, C. J. (2019). *The therapeutic relationship in psychotherapy practice: An integrative perspective*. Routledge.

Gelso, C. J., & Carter, J. A. (1985). The real relationship in counseling and psychotherapy: Components, consequences, and theoretical antecedents. *The Counseling Psychologist, 13*(2), 155-244.

Gelso, C. J., & Carter, J. A. (1994). Components of the psychotherapy relationship: Their interaction and unfolding during treatment. *Journal of Counseling Psychology, 41*(3), 296-306.

Hayes, S. C. (2004). Acceptance and commitment therapy, relational frame theory, and the third wave of behavioral and cognitive therapies. *Behavior Therapy, 35*(4), 639-665.

Lambert, M. J. (1989). The individual therapist's contribution to psychotherapy process and outcome. *Clinical Psychology Review, 9*(4), 469-485.

Leahy, R. L. (2007). *Como lidar com as preocupações: Sete passos para impedir que elas paralisem você.* Artmed.

Mahoney, M. J. (1998). *Processos humanos de mudança: As bases científicas da psicoterapia.* Artmed.

Norcross, J. C., & Wampold, B. E. (2018). A new therapy for each patient: Evidence-based relationships and responsiveness. *Journal of Clinical Psychology, 74*(11), 1889-1906.

Safran, J. D. (2002). *Ampliando os limites da terapia cognitiva: O relacionamento terapêutico, a emoção e o processo de mudança.* Artmed.

Sudak, D. M. (2008). *Terapia cognitivo-comportamental na prática.* Artmed.

Wright, J. H., Brown, G. K., Thase, M. E., & Basco, M. R. (2019). *Aprendendo a terapia cognitivo-comportamental: Um guia ilustrado* (2. ed.). Artmed.

Leitura recomendada

Beck, J. S. (1997). *Terapia cognitiva: Teoria e prática.* Artmed.

5

A relação terapêutica na terapia do esquema

Aline Duarte Kristensen
Daniela Schneider

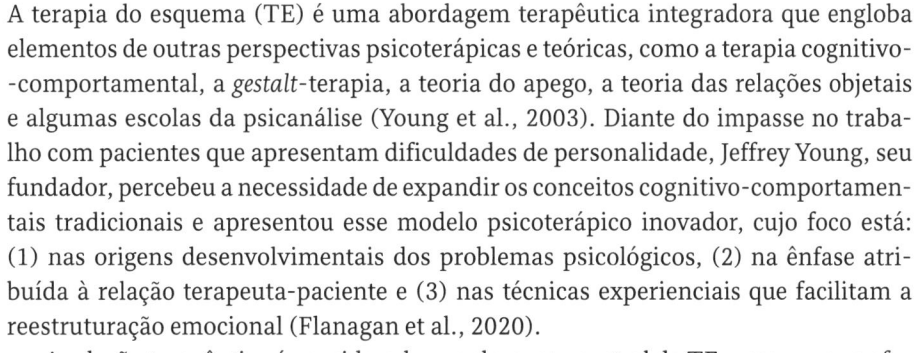

A terapia do esquema (TE) é uma abordagem terapêutica integradora que engloba elementos de outras perspectivas psicoterápicas e teóricas, como a terapia cognitivo-comportamental, a *gestalt*-terapia, a teoria do apego, a teoria das relações objetais e algumas escolas da psicanálise (Young et al., 2003). Diante do impasse no trabalho com pacientes que apresentam dificuldades de personalidade, Jeffrey Young, seu fundador, percebeu a necessidade de expandir os conceitos cognitivo-comportamentais tradicionais e apresentou esse modelo psicoterápico inovador, cujo foco está: (1) nas origens desenvolvimentais dos problemas psicológicos, (2) na ênfase atribuída à relação terapeuta-paciente e (3) nas técnicas experienciais que facilitam a reestruturação emocional (Flanagan et al., 2020).

A relação terapêutica é considerada um elemento central da TE, uma vez que oferece um ambiente favorável à contemplação das necessidades emocionais dos pacientes, por meio dos processos de confrontação empática e reparação parental limitada. Uma força-tarefa realizada pela Associação Americana de Psicologia (APA, do inglês American Psychological Association) para investigar relacionamentos baseados em evidências e responsividade enfatizou a importância do relacionamento terapêutico e seus elementos, correlacionando-os aos resultados positivos das psicoterapias (Norcross & Wampold, 2018). A pesquisa evidenciou que a aliança, a colaboração, o consenso quanto aos objetivos, a empatia, os *feedbacks*, a consideração positiva e a validação são efetivos para os resultados das diversas modalidades de psicoterapia. Em adição, a congruência e a genuinidade, a relação real, a expressão emocional, o manejo da contratransferência e os reparos na aliança foram considerados elementos provavelmente associados à eficácia do tratamento (Norcross & Wampold, 2018).

O estudo sugere que as terapias bem-sucedidas são aquelas em que os terapeutas ajustam o plano de tratamento e a si próprios às características e necessidades do paciente, e não ao seu diagnóstico. Apesar da ausência de estudos empíricos sobre a eficácia da relação terapêutica na abordagem da TE, os achados da pesquisa citada corroboram os fundamentos que alicerçam a prática da relação terapêutica nessa abordagem.

FUNDAMENTOS DA RELAÇÃO TERAPÊUTICA NA TERAPIA DO ESQUEMA

Na TE, a relação terapêutica é uma estratégia psicoterápica empregada tanto para fins diagnósticos quanto para tratamento. É na vivência da relação terapêutica que os esquemas, estilos de enfrentamento e modos esquemáticos do paciente surgem, são avaliados e modificados. Por meio do confronto empático e da reparação parental limitada, o paciente compreende seu funcionamento esquemático, percebe a necessidade de mudança e busca repará-lo no contexto de uma relação segura que supra necessidades infantis não atendidas (Arntz & Jacob, 2013; Young et al., 2003).

Segundo Young et al. (2003), a relação terapêutica envolve a formação de um vínculo emocional entre o terapeuta e o paciente. Nesse sentido, os terapeutas do esquema se mostram próximos do paciente, além de estabelecerem uma interação autêntica e verdadeira. Eles buscam *feedback,* procurando entender melhor o ponto de vista do paciente, bem como estimulando que ele se expresse. Procuram proporcionar um espaço seguro e receptivo, capaz de ser palco para uma entrega confiante e uma consequente reestruturação de padrões relacionais disfuncionais.

O comportamento do paciente na interação com seu terapeuta permite inferências acerca de sua conduta em outras relações interpessoais significativas. Isso ocorre porque os mesmos modos desadaptativos que surgem no contexto relacional da terapia muito provavelmente aparecem em outros relacionamentos, cabendo ao terapeuta utilizar essa relação como fonte de informação, psicoeducação e mudança.

Durante a avaliação e a psicoeducação esquemática, a sintonia entre paciente e terapeuta favorece a conceitualização de caso, a qual deve incluir o entendimento das estruturas esquemáticas tanto do paciente quanto do próprio terapeuta (Young et al., 2003). A partir disso, o terapeuta pode adequar o seu estilo de reparação parental limitada às necessidades específicas de cada paciente.

Na fase do tratamento, o confronto empático e a reparação parental limitada são as principais formas de obter a mudança terapêutica desejada. O terapeuta demonstra uma compreensão contínua das razões pelas quais os esquemas foram desenvolvidos, bem como da dificuldade de mudança, ao mesmo tempo que reconhece a necessidade de trabalhar ativamente na modificação desses padrões. Ao observar uma ativação esquemática (seja na sessão ou por meio do relato do paciente), estimula que o paciente expresse sua versão para posteriormente ajudá-lo a identificar e questionar seu esquema desadaptativo (Young et al., 2003).

A flexibilidade é uma das principais características do terapeuta do esquema. Uma vez que os pacientes diferem quanto às suas histórias infantis e às suas necessidades não contempladas, cabe ao terapeuta se adaptar à realidade de cada caso, de forma a suprir as faltas em questão. Como um bom pai ou uma boa mãe, o terapeuta vai satisfazer parcialmente (e dentro dos limites terapêuticos) as necessidades emocionais do seu paciente (Young et al., 2003).

Confrontação empática

O confronto empático é a principal postura terapêutica durante a fase de mudança esquemática, a qual visa a evidenciar e confrontar o esquema. Antes de confrontar, é fundamental que o terapeuta manifeste empatia com o sofrimento do paciente. A capacidade empática de um terapeuta foi definida por Rogers (1959, citado em Gelso, 2019) como a possibilidade de o terapeuta perceber a estrutura interna de outra pessoa com precisão, com seus componentes emocionais e seus significados fluindo momento a momento e sem julgamentos, *como se* ele fosse a pessoa (mesmo sabendo não ser).

De acordo com Behary (2020), empatia é a escuta que busca a compreensão plena de como o outro se sente. Para empatizar com o paciente, o terapeuta deve realizar um profundo questionamento sobre como seria "estar na pele" daquela pessoa que está sentada diante dele, o que vai além do entendimento de suas ideias e perspectivas. À medida que a história do paciente faz sentido, com base em um entendimento empático de sua trajetória de vida, o terapeuta consegue sentir compaixão pela criança em sofrimento que se protege atrás das tantas máscaras organizadas em modos esquemáticos.

O terapeuta empático deve comunicar seus sentimentos sobre o universo do paciente, verificar constantemente a precisão das suas percepções e se deixar guiar pelos *feedbacks* recebidos, sendo para o paciente um companheiro confiável na exploração de seu mundo interior (Rogers, 1959, citado em Gelso, 2019; Rogers, 1980). Por exemplo: ao perceber que o paciente está acionado em seu esquema de abandono no contexto de um término de relacionamento, o terapeuta empatiza com seu sofrimento e comunica a ele que percebe a angústia pela iminência da perda da pessoa amada, a dor sentida no peito, a tristeza manifestada no choro e a vontade expressa de evitar a qualquer custo que a parceira vá embora. Uma das formas de o terapeuta validar a realidade subjetiva do paciente é permitir a expressão da sua verdade enquanto empatiza com sua história pregressa. Uma vez que o terapeuta compreende os motivos por trás da formação esquemática, ele intervém reconhecendo a importância da mudança.

Acolher e aprofundar a compreensão da perspectiva do paciente será a base para o confronto e a possibilidade de mudança. À medida que o paciente se sente compreendido e validado, o terapeuta tem condições de introduzir uma interpretação alternativa por meio de testes de realidade, confronto a falhas no ponto de vista e uso de lógica e evidências empíricas (Young et al., 2003). A seguir, é apresentado um exemplo de confrontação empática.

> **VINHETA CLÍNICA**
>
> Um paciente com esquema de abandono em processo de separação conjugal é acolhido em sessão. Primeiramente, o terapeuta empatiza de forma compassiva com seu sofrimento frente à perspectiva do rompimento, ouvindo-o relatar sua angústia emocional decorrente do pedido de separação feito pela esposa, que alega não o amar mais e deseja experienciar novos relacionamentos. Após o paciente se sentir compreendido na sua angústia, o terapeuta confronta sua estratégia de lidar com a separação, pois, ao empreender esforços para evitar a qualquer custo que a parceira vá embora, ele se mostra ainda mais vulnerável e inseguro emocionalmente, fortalecendo seu esquema de abandono. O terapeuta resgata a necessidade e o desejo do paciente de se sentir amado e seguro num relacionamento afetivo, sugerindo-lhe, para tanto, um enfrentamento saudável do rompimento conjugal. Nesse caso, orienta o paciente a aceitar com dignidade a separação, respeitando tanto o desejo da esposa pelo rompimento como suas próprias necessidades emocionais saudáveis para um relacionamento afetivo, e mostra-se acolhedor para auxiliá-lo no processamento do luto pelo rompimento.

O confronto empático revela a falta de lógica do estilo de enfrentamento usualmente adotado pelo paciente, que perpetua seus esquemas disfuncionais, impedindo escolhas de vida saudáveis para preencher as lacunas emocionais que lhe trazem sofrimento. Um exemplo de intervenção terapêutica nessa confrontação empática pode ser observado a seguir.

> **VINHETA CLÍNICA**
>
> Terapeuta — Eu realmente entendo como deve ser difícil e sofrido estar vivendo uma situação que ecoa as suas dores mais profundas do passado. Lembro que seguidamente você se sentia rejeitado, só e sem valor na relação com a sua mãe. Quando a sua esposa diz que não quer mais manter a relação, aquele menino inseguro, inferiorizado, abandonado e rejeitado pulsa dentro de você. E você busca enfrentar isso evitando a todo custo a separação, virando as costas para esse menino que precisa de acolhimento e aceitando situações nas quais você não se sente amado e benquisto, o que aumenta ainda mais a sua insegurança e a sua sensação de rejeição. Sabemos que, quando você era criança, essa postura insistente e carente muitas vezes o protegeu de separações e abandonos temporários. Mas o seu lado adulto sabe que relacionamentos afetivos podem terminar e que a não aceitação, por meio de tentativas de evitação, apenas lhe trará mais sofrimento.

Reparação parental limitada

A reparação parental limitada, como apresentada na TE, pode ser considerada uma experiência emocional corretiva (Young et al., 2003). O conceito de experiência emocional corretiva foi primeiramente apresentado por Alexander e French (1946), no modelo da teoria psicanalítica, como uma revivência do passado no momento presente, sem o resultado negativo da vivência original. Na TE, o terapeuta proporciona experiências interpessoais que podem funcionar como antídotos a uma parentalidade inicial tóxica. A partir do conhecimento dessas necessidades infantis não contempladas dos pacientes, a reparação parental limitada reconfigura as experiências precoces nocivas, neutralizando e corrigindo os esquemas iniciais desadaptativos (Gülüm & Soygüt, 2022).

Uma das formas de modificar os padrões esquemáticos disfuncionais por meio da reparação parental limitada é identificar sua ativação na própria relação e oferecer ao paciente um modelo saudável de enfrentamento. No caso da ativação de um esquema de abandono, o paciente pode agir de forma hostil com o terapeuta, buscando confirmar o desfecho de rejeição e abandono. Por meio do entendimento do esquema ativado, bem como da resposta de enfrentamento do paciente, o terapeuta age como um adulto saudável, acolhendo e expressando seus próprios sentimentos e os do paciente, construindo uma solução adaptativa e reparadora.

> **VINHETA CLÍNICA**
>
> Um paciente emocionalmente privado de empatia, ao se sentir incompreendido pelo terapeuta, acaba cancelando as sessões subsequentes e se afastando da terapia, no intuito de evitar o sentimento de incompreensão despertado na relação terapêutica. Ao perceber o afastamento, o terapeuta busca formas de comunicar que pode estar falhando ao tentar empatizar com o paciente e manifesta-lhe o desejo genuíno de reparação, convidando-o a se expressar com um *feedback* verdadeiro sobre o relacionamento terapêutico. Ao empatizar com ele e reconhecer o núcleo de verdade contido no *feedback*, o terapeuta valida a experiência do paciente, reparentalizando-o. Adicionalmente, o terapeuta associa o acionamento esquemático na relação terapêutica à história de privação de empatia do paciente no relacionamento com a mãe. Dessa forma, o terapeuta busca ampliar o potencial reparador da intervenção, relacionando o efeito da reparentalização à mudança do estilo de enfrentamento do paciente (ao aceitar dar o *feedback* genuíno sobre como se sentia no relacionamento com o terapeuta).

A reparentalização limitada tem grande impacto na mudança dos padrões esquemáticos, visto que os processos de mudança terapêutica têm sido correlacionados com a ativação da experiência afetiva, mas não são adequadamente explicados pela simples catarse (Mahoney, 1998). Embora a expressão e as técnicas evocativas possam ter um efeito de curta duração sobre a tensão e a angústia, elas costumam ser insuficientes para provocar uma mudança psicológica efetiva e duradoura. No entanto, quando a intensa ativação emocional na psicoterapia é seguida de uma reestruturação de memórias, crenças e autoavaliações, observamos uma experiência de reestruturação emocional no paciente (Mahoney, 1998), denominada "experiência emocional corretiva" na TE.

A técnica de imagem, por permitir um acesso mais direto às emoções, é um recurso muito utilizado na reparação parental e na renarrativa das necessidades emocionais não contempladas. Trata-se de uma intervenção poderosa que facilita a transição terapêutica do *insight* intelectual à mudança experiencial por meio de experiências emocionais corretivas (Simpson & Arntz, 2020). Van der Wijngaart (2021) sugere que tentar empatizar o máximo possível com a cena, como se a estivesse vivendo no momento presente, permite ao profissional realizar uma intervenção que melhor contemple as necessidades do paciente na cena vivenciada.

De acordo com Young (em comunicação oral, no Congresso Wainer de Psicoterapias Cognitivas, 2019), pode-se pensar na reparação parental limitada como um espectro, no sentido de que alguns pacientes vão necessitar de uma reparentalização mais intensiva em comparação com outros. Pacientes com mais prejuízo funcional, em tratamentos de longo prazo e mais resistentes à mudança se beneficiarão dessa postura terapêutica mais próxima, que pode incluir: sessões mais longas, mais autorrevelação e contato entre sessões, discussão sobre o papel do terapeuta na vida do paciente, atendimento a familiares (quando necessário) e maior envolvimento nas questões medicamentosas, desde que com respeito aos limites terapêuticos.

Gülüm e Soygüt (2022) conduziram o primeiro estudo que buscou desenvolver um modelo do processo de reparação parental limitada como uma experiência emocional corretiva, utilizando a TE como referencial teórico. O modelo proposto foi testado em cinco sessões de terapia, e as conclusões tanto propõem um guia para a reparação parental limitada quanto especificam seus principais elementos: oferecer aos pacientes experiências emocionais saudáveis e potencialmente corretivas, facilitar e validar os sentimentos envolvidos, compreender as origens esquemáticas e estar disposto a oferecer a reparação necessária.

PRÁTICA CLÍNICA E INTERVENÇÕES

A construção da relação terapêutica

A construção de um vínculo emocional entre paciente e terapeuta é um dos principais objetivos das sessões iniciais da TE. Como mencionado anteriormente, a sintonia na dupla terapêutica visa a criar um ambiente relacional receptivo e seguro para que o paciente possa se vulnerabilizar e se deixar cuidar. Nesse contexto, Young (em comunicação oral, no Congresso Wainer de Psicoterapias Cognitivas, 2019) tem destacado a importância da pessoa real do terapeuta para a construção de um relacionamento autêntico que possa se propor verdadeiramente reparador, valorizando os aspectos da personalidade real do clínico e desencorajando a representação do "papel de terapeuta" para a construção dessa qualidade de relacionamento terapêutico. O terapeuta do esquema deve investir em proximidade e genuinidade, deixando transparecer aspectos de sua personalidade ao mesmo tempo que se mostra disponível e empático com seu paciente.

A pessoa do terapeuta é um fator importante na construção dessa relação real, na medida em que, quando paciente e terapeuta percebem um ao outro de forma genuína e realista, impactam positivamente a construção de uma relação terapêutica forte (Gelso, 2019). Quanto maior a valência e a magnitude da relação real, maior o impacto da relação terapêutica nos resultados de uma psicoterapia, afirma o autor.

Outra estratégia que visa ao fortalecimento da relação real e gera maior proximidade na dupla terapêutica é o uso da autorrevelação. Ao relatar alguma experiência pessoal ao paciente, o terapeuta se mostra mais aberto e permite ao paciente conhecê-lo um pouco mais. Isso faz com que o relacionamento real na dupla terapêutica se torne central no tratamento, e tal impacto pode ser positivo ou negativo, dependendo de como o paciente vai perceber o terapeuta a partir dessa revelação. Se o paciente perceber a autorrevelação do terapeuta de forma positiva, isso vai gerar maior proximidade na dupla terapêutica e fortalecimento do vínculo. Em contrapartida, se o paciente perceber negativamente seu terapeuta, a revelação enfraquecerá a relação terapêutica (Gelso, 2019).

> **VINHETA CLÍNICA**
>
> Um paciente com esquema de privação emocional busca terapia para processar o luto pela perda do filho. Almejando maior proximidade na relação, o terapeuta decide revelar-lhe também ter sofrido a perda de um filho no passado. Ao perceber receptividade, compaixão e maior proximidade na relação terapêutica, o terapeuta considera o uso da autorrevelação bem-sucedido. No entanto, se a utilização da mesma técnica levar o paciente a demonstrar desconforto pelo fato de o terapeuta usar alguns minutos da sua sessão para falar de si mesmo e isso acionar ainda mais seu esquema de privação emocional, o terapeuta poderá avaliar o uso da técnica como inapropriado, pois ele terá contribuído para o enfraquecimento da aliança com o paciente.

Tal impasse foi corroborado pelos resultados da força-tarefa da APA mencionada anteriormente, conduzida por Norcross e Wampold (2018), que mediu a eficácia de vários elementos da relação terapêutica, demonstrando resultados promissores, mas ainda inconclusivos, quanto à eficácia do uso da autorrevelação nas psicoterapias. Por essa razão, a técnica deve ser utilizada de forma moderada na TE, observando os propósitos terapêuticos e as reações do paciente à autorrevelação e sempre respeitando os limites éticos que norteiam as psicoterapias.

Cultivar uma relação real forte é especialmente relevante na TE em virtude de o propósito reparador do relacionamento terapêutico constar como um dos objetivos centrais do tratamento. Isso implica a observação igualmente realista da dupla terapêutica a fim de avaliar as competências do terapeuta para atender às demandas do paciente.

Na etapa inicial de avaliação do paciente, o terapeuta do esquema também necessita realizar sua própria avaliação, no intuito de identificar suas competências como clínico para realizar a reparação parental limitada na relação terapêutica com o paciente. É a partir da identificação dos esquemas, modos e estilos de enfrentamento da dupla terapêutica (com o preenchimento dos questionários de esquema), bem como do relato da demanda por psicoterapia e dos aspectos relacionais vivenciados na relação terapêutica à medida que o relacionamento terapêutico vai se constituindo, que o clínico identifica a compatibilidade da dupla para o trabalho terapêutico. No caso de haver incompatibilidade que impeça o terapeuta de ser reparentalizador para o paciente, o procedimento ético é o encaminhamento do paciente a um profissional que tenha a disponibilidade e as competências terapêuticas necessárias para atendê-lo (Young et al., 2003).

> **VINHETA CLÍNICA**
>
> Um terapeuta com forte esquema de inibição emocional recebe para avaliação um paciente com queixa de fobia social que também tem forte esquema de inibição emocional. Ao se autoavaliar inapto para reparentalizar o paciente na sua necessidade de ser estimulado à expressão adequada das emoções e da espontaneidade e no enfrentamento saudável das interações sociais, o terapeuta considera adequado encaminhá-lo a um colega com perfil de personalidade diferente do seu, mais expressivo e espontâneo.

Uma vez avaliada a demanda terapêutica e acordados os objetivos do tratamento, o relacionamento terapêutico na TE objetiva: psicoeducar o paciente na abordagem dos esquemas, ensinando-o sobre seus esquemas, modos e estilos de enfrentamento; identificar seus núcleos preservados e fortalecê-los; criar e reforçar estilos de enfrentamento mais adaptativos e funcionais que visem a atender às suas necessidades emocionais lacunares; usar a relação terapêutica para realizar a reparação dessas necessidades sempre que possível; e, por fim, fortalecer o seu modo adulto saudável, propósito primordial almejado na TE, capacitando o paciente gradualmente para a conquista da sua autonomia saudável. Na TE, o terapeuta precisa não apenas estar consciente das necessidades emocionais do paciente, mas também estar atento ao relacionamento terapêutico momento a momento, com o intuito de observar oportunidades de reparentalização e construção de modos de enfrentamento mais saudáveis.

> **VINHETA CLÍNICA**
>
> Um paciente com forte esquema de privação emocional (empatia) precisa se sentir bem compreendido pelo terapeuta ao se expressar. O clínico, atento a isso, pede *feedback* constante sobre como o paciente sente a conexão e a compreensão entre eles, reparando eventuais falhas de empatia. Em adição, o terapeuta fornece *feedback* sobre o modo como o paciente se expressa no relacionamento com ele, oferecendo modelagem e orientação sobre assertividade e expressão emocional. Ele explora com o paciente, inclusive, formas mais adaptadas de expressão quando ocorrem falhas de empatia no próprio relacionamento terapêutico.

DESAFIOS DA RELAÇÃO TERAPÊUTICA

Manejando os esquemas do terapeuta — contratransferência

Como ser humano que vive e registra vivências sob a forma de memórias, pode-se supor que a pessoa do terapeuta carrega consigo suas marcas e histórias, as quais interferem na relação estabelecida com o paciente. Nesse sentido, esquemas e modos do terapeuta podem ser ativados no processo terapêutico e levar a reações de contratransferência. Young et al. (2003) sugerem que manifestações dos esquemas do terapeuta estão implicadas no processo de contratransferência. A contratransferência pode ser definida como reações internas e externas ao paciente moldadas pelos conflitos não resolvidos do terapeuta (Hayes et al., 2018). Se o terapeuta compreender os próprios esquemas e modos e sua influência no processo psicoterápico, será mais capaz de manejar suas crenças e respostas de forma a aumentar a efetividade do processo terapêutico.

Os acionamentos esquemáticos do paciente e do terapeuta durante a sessão podem representar tanto uma ameaça ao vínculo como uma oportunidade de mudança. Afinal, são as reações e a desregulação das emoções os processos psicológicos subjacentes à maioria dos problemas que são foco de atenção clínica (Papa & Epstein, 2020, citado em Hayes & Hofmann, 2020). Uma revisão de estudos em psicoterapia aponta que o adequado manejo da contratransferência é um dos elementos do relacionamento terapêutico correlacionados à eficácia das psicoterapias (Norcross & Wampold, 2018).

Para manejar adequadamente a contratransferência, o terapeuta precisa estar consciente, no aqui e agora, das próprias emoções acionadas por seus esquemas pessoais, bem como ter a capacidade de regulá-las, distinguindo-as dos esquemas acionados do paciente e intervindo de forma reparentalizadora junto a ele. A capacidade do clínico de regular suas próprias emoções interfere diretamente no manejo da transferência e da contratransferência (Mahoney, 1998). Ter uma postura mais reflexiva e não reativa favorece que ele seja capaz de observar e manejar adequadamente as situações ativadoras, mantendo-se focado na expressão da emoção e do conteúdo transferido pelo paciente, a fim de realizar a intervenção mais adequada (Safran, 2002). Em contrapartida, o terapeuta que não tenha desenvolvido tais competências pode atuar em contratransferência negativa, prejudicando o processo terapêutico.

Quando acionado em seus próprios esquemas, o terapeuta perde a capacidade de compreender de forma acurada a vivência do paciente, bem como a capacidade de intervir na modificação dos seus padrões disfuncionais. O manejo inadequado da contratransferência é uma das principais causas da interrupção precoce do tratamento e do fracasso da psicoterapia (Norcross & Wampold, 2018).

Existem algumas situações que requerem especial atenção no que tange ao impacto terapêutico de reações contratransferenciais negativas do terapeuta. Uma delas ocorre quando os esquemas do paciente conflitam com os do terapeuta, formando uma dinâmica disfuncional de autoperpetuação. Os resultados da TE ficarão comprometidos pela falha na reparentalização, havendo risco de o paciente não melhorar.

> **VINHETA CLÍNICA**
>
> Um paciente com esquema de dependência tem como necessidade primordial o estímulo à sua autonomia e à sua capacidade. O terapeuta, com esquemas de autossacrifício, se sente desconfortável em estabelecer os limites necessários e cede a todas as solicitações do paciente para receber ajuda e orientação excessivas (em função de seu próprio esquema de subjugação).
>
> Em outro exemplo, um psicoterapeuta com o mesmo esquema de autossacrifício pode se sentir acionado em contratransferência negativa ao ser permissivo com um paciente com esquema de limites prejudicados. Ao não se sentir capaz de manejar sua contratransferência negativa, ele não consegue ser reparentalizador para seu paciente, isto é, não consegue intervir na relação terapêutica de forma a oferecer os limites adequados de que o paciente necessita. Em outras ocasiões, o comportamento do paciente pode ativar esquemas do terapeuta, e este pode hipercompensar ou se resignar diante desse acionamento.

> **VINHETA CLÍNICA**
>
> O terapeuta com esquema de abandono pode ter dificuldade de encerrar a terapia, manifestando esforços exagerados para sua continuidade por querer evitar a experiência de perda de um relacionamento. Por sua vez, um terapeuta com padrões inflexíveis pode ter uma exigência de desempenho exageradamente alta com relação ao seu próprio trabalho e/ou ao progresso do paciente na terapia.

A postura agressiva e desregulada do paciente na sessão (como parte de seus modos esquemáticos disfuncionais) também pode ativar o terapeuta, fazendo-o reagir de forma a se proteger. Nessas ocasiões, é indicado que o terapeuta sinalize abertamente o que está acontecendo, solicitando ao paciente um tempo para "respirar" e se conectar com sua vivência interna. Segundo Behary (2020), esse momento permite o restabelecimento do modo adulto saudável — versão cuidador — do terapeuta por meio do acolhimento da própria criança vulnerável, que precisou lançar mão de modos esquemáticos para se defender.

Um estudo conduzido por Pilkington et al. (2022) investigou a percepção dos terapeutas quanto à influência e às possibilidades de manejo dos seus esquemas desadaptativos na condução da psicoterapia. Participaram do estudo 22 terapeutas do esquema, os quais responderam a um questionário qualitativo *on-line* sobre suas ativações esquemáticas e reações subsequentes. Impactos negativos dos próprios esquemas na postura terapêutica foram apontados, incluindo: dificuldades em estabelecer limites; comportamento de agressividade e argumentação em excesso; desconexão e evitação; e funcionamento exagerado. As estratégias sugeridas para manejar os esquemas do terapeuta e a contratransferência foram: voltar o foco para a vulnerabilidade do paciente, cuidar da própria vulnerabilidade e se conectar com o próprio adulto saudável. A realização de supervisão, cursos, terapia pessoal e autocuidado também foi indicada. Ademais, muitos participantes descreveram como as suas reações internas podem ser usadas de forma vantajosa tanto para o seu desenvolvimento pessoal quanto para a intervenção com o paciente.

O autocuidado do terapeuta

O autocuidado do terapeuta é uma área de estudos pouco desenvolvida, considerando a crescente evidência da importância tanto da pessoa do terapeuta quanto de sua capacidade de empatizar com os problemas do paciente para um bom resultado terapêutico (Perris et al., 2012). Especialmente na TE, são demandados do terapeuta altos níveis de envolvimento emocional e empatia, uma vez que parte significativa da reestruturação esquemática ocorre no contexto da relação terapêutica. Sendo assim, para estabelecer uma relação terapêutica genuína e realizar a adequada reparação parental limitada, o terapeuta precisa estar ciente de suas necessidades e implicado em sua contemplação. O sucesso da reparação parental limitada dependerá das habilidades interpessoais do terapeuta, como consciência emocional e capacidade de responder adaptativamente às necessidades emocionais do paciente no aqui e agora do processo terapêutico.

Nesse sentido, é importante que o terapeuta esteja ciente de seus próprios esquemas e monitore suas ativações na relação com seus pacientes. Saddichha et al. (2012, citados em Vallianatou & Mirovic, 2020) afirmam que existem três esquemas iniciais desadaptativos que são mais comuns entre os profissionais da saúde mental: autossacrifício, privação emocional e padrões inflexíveis. Em se tratando do esquema de padrões inflexíveis, por exemplo, é fundamental que o terapeuta se permita falhar na terapia. Para além do fato de erros serem processos humanos e fontes de aprendizado e crescimento, acolher a própria limitação oferece um modelo saudável para os pacientes, muitos dos quais seguidamente têm crenças de que mesmo pequenos fracassos podem levar a consequências catastróficas, inclusive términos de relacionamentos (Perris et al., 2012).

Outro aspecto da TE que merece atenção no que diz respeito ao autocuidado do profissional é o perfil do paciente em tratamento. Muitas vezes, o terapeuta atende indivíduos com transtornos da personalidade ou padrões esquemáticos disfuncionais bastante arraigados, que demandam um trabalho mais atento e aprofundado nas questões de apego e vínculo. No caso de um paciente com transtorno da personalidade *borderline*, por exemplo, uma reparação parental intensiva (Young em comunicação oral, no Congresso Wainer de Psicoterapias Cognitivas, 2019) pode ser necessária, incluindo um maior envolvimento do terapeuta.

Estas são algumas recomendações relativas ao autocuidado do terapeuta e à ativação de seus esquemas e modos: desenvolver a consciência dos seus próprios esquemas, modos e padrões desadaptativos e desenvolver uma rotina de autocuidado

(Vallianatou & Mirovic, 2020). Da mesma forma que ensina aos seus pacientes, o terapeuta pode realizar a sua própria conceitualização, além de lançar mão, quando necessário, de técnicas de imagem para conectar um sentimento resultante de uma ativação esquemática a alguma situação vivenciada no passado. Além disso, praticar a autocompaixão, aprender sobre suas limitações e implementar atividades relaxantes e divertidas no dia a dia também constituem fatores protetivos.

CONSIDERAÇÕES FINAIS

A decisão de buscar ajuda para lidar com o sofrimento emocional implica o contato com a parte mais íntima da subjetividade do indivíduo: sua vulnerabilidade. Entre tantas formas de amparo, a escolha da psicoterapia pressupõe o reconhecimento do poder curativo das relações humanas sobre o sofrimento emocional. Na construção desse relacionamento curativo no processo de psicoterapia, o terapeuta é convidado a adentrar empaticamente o mundo interno do paciente, compreendendo (cognitiva e emocionalmente) suas reações emocionais e seus comportamentos e conhecendo profundamente suas narrativas pessoais (Behary, 2020). Uma vez a par das experiências infantis e necessidades emocionais não contempladas, o terapeuta assume o papel de uma figura parental complementar, cuidando, confrontando e reparando as lacunas do desenvolvimento do paciente.

Por isso, conforme postulado por Young (em comunicação oral, no Congresso Wainer de Psicoterapias Cognitivas, 2019), a relação terapêutica é o coração da TE, pois é a partir dela que se processa o que se concebe como "cura emocional". A relação terapêutica na TE passa a representar uma segunda chance oferecida à criança vulnerável que sofre e busca ajuda. Ao receber os cuidados de que tanto necessita, o paciente fortalece seu modo adulto saudável, tornando-se mais capaz de lidar com o próprio sofrimento, de estabelecer relacionamentos mais satisfatórios e de construir uma vida mais feliz.

RESUMO

- A TE tem a relação terapêutica como elemento central do tratamento, utilizando-se da confrontação empática e da reparação parental limitada para promover a melhora do paciente.
- A avaliação do paciente deve ser realizada de forma simultânea com a avaliação pessoal do terapeuta, no intuito de identificar a compatibilidade da dupla terapêutica para o trabalho clínico. Quando o terapeuta se avaliar inapto para realizar a reparentalização das necessidades emocionais do paciente, o procedimento ético é realizar seu encaminhamento a um profissional mais adequado.
- A construção de um relacionamento autêntico e próximo pela dupla terapêutica favorece o vínculo emocional seguro para o paciente se vulnerabilizar e se deixar cuidar pelo terapeuta. A genuinidade do clínico favorece a construção de um relacionamento real com o paciente, ampliando o impacto da reparentalização limitada.

- A *reparentalização limitada* se refere à contemplação, por parte do terapeuta e dentro dos limites estipulados pelo processo de terapia, das necessidades básicas do paciente que não foram supridas por seus cuidadores na infância.
- A *autorrevelação* é uma estratégia terapêutica que pode favorecer ou prejudicar o vínculo terapêutico, portanto, seu uso deve ser regulado a partir da observação, pelo terapeuta, das reações do paciente à técnica.
- O *confronto empático* oferece ao paciente, primeiramente, empatia com seu sofrimento, compreendendo suas origens infantis. Em seguida, a intervenção confronta o uso das formas desadaptadas do paciente para atender às suas necessidades emocionais no presente, auxiliando-o na construção de novas estratégias mais saudáveis.
- A autoconsciência sobre seus esquemas pessoais e a autorregulação emocional são competências desejadas em um terapeuta do esquema.
- O manejo dos esquemas do terapeuta, denominado "contratransferência", é fundamental para a adequada reparentalização do paciente, especialmente quando os esquemas da dupla de trabalho são acionados no relacionamento terapêutico.
- O objetivo primordial da relação terapêutica na TE é a construção e o fortalecimento dos modos adultos saudáveis do paciente, estimulando a sua autonomia.

REFERÊNCIAS

Alexander, F., & French, T. M. (1946). *Psychoanalytic therapy: Principles and application.* Ronald.

Arntz, A., & Jacob, G. (2013). *Schema therapy in practice: An introductory guide to the schema mode approach.* Wiley-Blackwell.

Behary, W. (2020). The art of empathic confrontation and limit-setting. In G. Heath, & H. Startup (Eds.), *Creative methods in schema therapy: Advances and innovation in clinical practice* (pp. 227-236). Routledge.

Flanagan, C., Atkinson, T., & Young, J. (2020). An introduction to Schema Therapy: Origins, overview, research status and future directions. In G. Heath, & H. Startup (Eds.), *Creative methods in schema therapy: Advances and innovation in clinical practice* (pp. 1-16). Routledge.

Gelso, C. (2019). *The therapeutic relationship in psychotherapy practice: An integrative perspective.* Routledge.

Gülüm, İ. V., & Soygüt, G. (2022). Limited reparenting as a corrective emotional experience in schema therapy: A preliminary task analysis. *Psychotherapy Research, 32*(2), 263-276.

Hayes, J. A., Gelso, C. J., Goldberg, S., & Kivlighan, D. M. (2018). Countertransference management and effective psychotherapy: Meta-analytic findings. *Psychotherapy, 55*(4), 496-507.

Hayes, S. C., & Hofmann, S. G. (2020). *Terapia cognitivo-comportamental baseada em processos: Ciência e competências clínicas.* Artmed.

Mahoney, M. J. (1998). *Processos humanos de mudança: As bases científicas da psicoterapia.* Artmed.

Norcross, J. C., & Wampold, B. E. (2018). A new therapy for each patient: Evidence-based relationships and responsiveness. *Journal of Clinical Psychology, 74*(11), 1889-1906.

Perris, P., Fretwell, H., & Shaw, I. (2012). Therapist self-care in the context of limited reparenting. In M. van Vreeswijk, J. Broersen, & N. Nadort (Eds.), *The Wiley-Blackwell handbook of schema therapy: Theory, research, and practice* (pp. 473-492). Wiley-Blackwell.

Pilkington, P. D, Spicer, L., & Wilson, M. (2022). Schema therapists' perceptions of the influence of their early maladaptive schemas on therapy. *Psychotherapy Research, 32*(7), 833-846.

Rogers, C. R. (1980). *A way of being*. Houghton Mifflin.

Safran. J. D. (2002). *Ampliando os limites da terapia cognitiva: O relacionamento terapêutico, a emoção e o processo de mudança*. Artmed.

Simpson, S., & Arntz, A. (2020). Core principles of imagery. In G. Heath, & H. Startup (Eds.), *Creative methods in schema therapy: Advances and innovation in clinical practice* (pp. 93-107). Routledge.

Vallianatou, C., & Mirovic, T. (2020). Therapist schema activations and self-care. In G. Heath, & H. Startup (Eds.), *Creative methods in schema therapy: Advances and innovation in clinical practice* (pp. 253-265). Routledge.

Van der Wijngaart, R. (2021). *Imagery rescripting: Theory and practice*. Pavilion.

Young, J. E., Klosko, J. S., & Weishaar, M. E. (2003). *Schema therapy: A practitioner's guide*. Guilford Press.

6

A relação terapêutica na terapia comportamental dialética

Wilson Vieira Melo
Lucianne J. Valdivia
Gabriela Baldisserotto
Ramiro Figueiredo Catelan

A terapia comportamental dialética (DBT, do inglês *dialectical behavior therapy*) foi desenvolvida pela psicóloga estadunidense Marsha M. Linehan a partir da década de 1970. Ela foi concebida originalmente como uma forma abrangente de tratamento para mulheres cronicamente suicidas e com comportamentos autolesivos, e atualmente é considerada o principal tratamento empiricamente sustentado para o transtorno da personalidade *borderline* (TPB). O enfoque da DBT é primariamente comportamental, e a sintomatologia apresentada pelo paciente é entendida como um padrão de comportamentos aprendidos. Para mudar esses padrões, é realizada a identificação dos comportamentos desadaptativos e a análise das contingências que os mantêm. Nesse sentido, a relação terapêutica genuína é utilizada como uma contingência que promove a mudança (Bedics & McKinley, 2020).

A DBT tem semelhanças e diferenças com a terapia cognitivo-comportamental (TCC) tradicional. A incorporação de técnicas de aceitação e de atenção plena (*mindfulness*, em inglês) possibilita o fluir entre a necessidade de aceitação da realidade e a mudança comportamental, dois cernes dessa abordagem. Assim como a TCC, a DBT também considera que há problemas na forma como os pacientes pensam, mas o foco principal de intervenção cognitiva é a aceitação, e não o julgamento ou a modificação de tais pensamentos.

TERAPIA COMPORTAMENTAL DIALÉTICA

Princípios, em vez de protocolos, orientam a DBT, permitindo sua adaptação e sua utilização em uma gama ampla de diagnósticos. Os pilares centrais da DBT são a prática zen (princípio da aceitação), a filosofia dialética (princípio dialético) e a ciência comportamental (princípio da mudança). A primeira traduz aspectos das práticas zen-budistas para uma perspectiva secular e enfatiza a necessidade de promover a aceitação da realidade, do sofrimento e das visões dos pacientes para que as condições de mudança sejam estabelecidas e o sofrimento seja reduzido. A segunda parte do pressuposto de que a verdade não é nem absoluta nem relativa, mas processual, e de que polos opostos podem coexistir e ser integrados em um caminho do meio — necessário diante das inúmeras adversidades que fazem parte do curso da vida —, rompendo com padrões dicotômicos. A terceira associa diversos elementos das teorias de aprendizagem comportamental e análise funcional do comportamento aplicadas ao tratamento psicológico. Embora tenha elementos cognitivos, a DBT tem ênfase muito mais comportamental (Swales & Heard, 2016).

O formato de tratamento incorpora quatro diferentes modos de terapia: terapia individual, grupo de treinamento de habilidades, consultoria telefônica e equipe de consultoria para os terapeutas. As sessões na DBT são estruturadas, assim como na TCC, mas a partir de uma hierarquia de problemas baseada na gravidade e na ameaça que eles representam: 1 — comportamentos que ameaçam a vida; 2 — comportamentos que ameaçam a terapia; 3 — comportamentos que ameaçam a qualidade de vida. Também há uma organização por estágio de tratamento: pré-tratamento — orientação e comprometimento; estágio 1 — estabilização comportamental; estágio 2 — normalização de experiências intrusivas; estágio 3 — desenvolvimento de qualidade de vida; estágio 4 — transcendência e liberdade (Dimeff & Kroener, 2017).

A teoria biossocial, que é um dos pilares teóricos da DBT, foi inicialmente desenvolvida por Linehan para explicar a origem do TPB, mas atualmente está sendo estudada e aplicada a outros transtornos. Ela postula que a desregulação emocional (vulnerabilidade emocional somada à incapacidade de regular emoções) tem origem na predisposição biológica quando pareada com um ambiente invalidante. Maior vulnerabilidade significa maior sensibilidade, causando reações emocionais mais intensas, com maior tempo de recuperação e retorno ao estado emocional basal. Além dos fatores genéticos, o trauma durante o desenvolvimento fetal ou na infância também parece estar relacionado a essa característica (Koerner, 2020).

A regulação emocional se refere aos processos utilizados de forma inconsciente ou consciente para diminuir, manter ou aumentar uma emoção ou aspectos dela (Werner & Gross, 2010). O objetivo da regulação emocional não é suprimir ou esconder emoções, mas alcançar um estado equilibrado e poder lidar conscientemente com o que está ocorrendo. A capacidade de regulação emocional é influenciada pelo ambiente em que uma pessoa se desenvolve. A presença de trauma precoce e a má qualidade das interações sociais com cuidadores influenciam negativamente a capacidade de regulação emocional (Musser et al., 2018).

O ambiente invalidante é aquele em que há uma tendência de se negar ou responder de forma imprevisível, inconstante ou inadequada às experiências privadas da criança, como emoções, sensações físicas e pensamentos. Nesses ambientes, é esperado que a criança saiba como controlar sua expressão emocional e não externe sentimentos "negativos". A mensagem é que a criança não deveria estar se sentindo daquela maneira, ou que está reagindo em excesso. O resultado dessa interação é a escalada da expressão emocional, levando a formas extremas e inefetivas de expressão. A criança aprende que deveria ser capaz de resolver com facilidade o problema que está enfrentando, mas as habilidades para tanto não são ensinadas. Assim, ela passa a recriminar e julgar a si mesma quando não consegue, por falta de habilidades, enfrentar os problemas. Isso ilustra que o ambiente invalidante é um terreno fértil para o desenvolvimento da autoinvalidação (Miller et al., 2007).

Especificidades do transtorno da personalidade *borderline*

Na DBT, compreende-se o TPB a partir de uma perspectiva transdiagnóstica: os indivíduos com esse diagnóstico apresentam um quadro de desregulação emocional originado da sua vulnerabilidade emocional, biologicamente determinada, em interação com um ambiente que falhou em ensinar as habilidades necessárias para a adequada regulação de suas emoções. A desregulação emocional, portanto, tem papel preponderante numa série de outros padrões cognitivos e comportamentais instáveis e não adaptativos, ocasionando uma visão de *self* instável e distorcida (Boritz et al., 2021).

O trabalho com pacientes *borderline* por meio da relação terapêutica tem se mostrado um dos fatores preponderantes de sucesso terapêutico. No estudo de Bedics et al. (2012), os pacientes tratados com DBT reportaram melhora no senso de autoafirmação, autoproteção e amor-próprio, além de diminuição do comportamento autolesivo. De acordo com essa investigação, a melhora nessas áreas mostrou-se associada ao trabalho embasado na DBT, que tem como uma de suas principais características a relação terapêutica. Nesta, a síntese dialética é processada por meio da postura de aceitação não julgadora que o terapeuta assume, ao mesmo tempo que age de forma estruturada e firme.

Linehan (2010) identificou seis padrões comportamentais que o paciente *borderline* apresenta em sua forma de se relacionar com as pessoas; na relação terapêutica, isso não seria diferente. Tais padrões comportamentais são denominados "dilemas dialéticos", pois traduzem a forma dicotômica geradora de conflitos interpessoais, mantidos pela falta de habilidade para se comportar de maneira distinta. Os dilemas impactam sobremaneira as relações que o paciente estabelece com as pessoas, que, por sua vez, reagem a esses padrões, muitas vezes colaborando para sua manutenção (modelo transacional). Por isso, é importante que o terapeuta ofereça um novo modelo de relação em que os sentimentos e impulsos do paciente sejam compreendidos e validados, ao mesmo tempo que novas formas de agir sejam propostas e treinadas.

Padrões comportamentais — dilemas dialéticos do paciente *borderline*

1. Vulnerabilidade emocional biológica: pessoas com essa característica costumam ter alta sensibilidade a estímulos que gerem emoções negativas, alta

intensidade emocional e lento retorno ao nível emocional basal anterior. Na relação com o paciente, essa forma especial de sentir estará presente, e muitas vezes o paciente terá a tendência de culpar os outros e exigir formas especiais de tratamento.

2. Autoinvalidação: em razão de o indivíduo com TPB não ter aprendido formas efetivas de lidar com sua alta intensidade emocional, ele costuma não reconhecer suas respostas emocionais, seus pensamentos e seus impulsos de ação como inválidos. Prestar assistência ao paciente em processos de culpa, autoexpiação, episódios de vergonha e ódio de si mesmo pode ativar sentimentos contratransferenciais no terapeuta, que precisa estar atento para, ao querer rapidamente ajudá-lo, não falhar em prover o necessário para que o paciente aprenda a se autovalidar.

3. Crises inexoráveis: as crises aparecem em situações variadas e denotam a falha ambiental e, consequentemente, a falha do paciente em lidar de maneira adequada com as situações estressantes. Muitas vezes, são precursoras de comportamentos-alvo altamente problemáticos, que são entendidos como a única forma que o paciente conhece de agir nessas situações para aliviar o sofrimento, precisando, por conseguinte, ser remodelados.

4. Luto inibido: diante de determinados estímulos, o paciente pode ter a tendência de inibir ou controlar excessivamente as respostas emocionais decorrentes de perdas (tristeza, raiva, culpa, vergonha, ansiedade). Esse aparente "embotamento" das emoções pode gerar contratransferencialmente no terapeuta a tendência de querer que o paciente "sinta essas emoções a qualquer custo". Ajudar o paciente a notar e compreender a tentativa de inibir essas respostas, dada a alta carga de sofrimento que elas contêm, é o primeiro passo para, no seu ritmo, ele ir se apropriando do que sente.

5. Passividade ativa: é a tendência de apresentar um estilo passivo diante dos problemas interpessoais. Assim, a pessoa não se dedica à resolução dos problemas da sua própria vida e solicita que outros o façam. Permanecer na postura dialética de validação da experiência e motivar o paciente a se envolver na resolução de seus próprios problemas é a tarefa que o terapeuta deve realizar a fim de não incorrer em condutas críticas ao paciente ou reforçar essa mesma tendência passiva (p. ex., quando o terapeuta se sente compelido a fazer algo no lugar do paciente).

6. Competência aparente: nesse padrão de comportamento, o paciente pode se mostrar mais competente do que realmente é, mesmo sem se dar conta. Justamente pela falta de repertório de habilidades e pelo medo de falhar, o paciente mascara suas dificuldades ou muitas vezes não as percebe, não demonstrando suas necessidades de maneira adequada. Esse é um dos dilemas dialéticos aos quais o terapeuta mais precisa prestar atenção na relação terapêutica.

A partir do trabalho com os dilemas dialéticos na relação terapêutica, o paciente *borderline* vai experimentando uma nova forma de interação que modificará seus padrões comportamentais, vai ganhando mais flexibilidade cognitiva e vai aumentando sua capacidade de regular suas emoções; com isso, a integração dialética se faz possível. Incorporar esses dilemas na conceitualização do caso é essencial para garantir que eles sejam devidamente abordados.

A RELAÇÃO TERAPÊUTICA NA DBT

Cada abordagem terapêutica conceitualiza a relação terapêutica e a aliança de uma forma singular. Na DBT, a relação terapêutica é considerada uma relação colaborativa e real entre iguais que envolve autorrevelação de ambas as partes. A relação terapêutica é vista como uma forma de aumentar a colaboração, a assiduidade e o bem-estar na sessão, reforçando o uso de comportamentos hábeis, recompensando mudanças positivas e extinguindo comportamentos desadaptativos. Para ser usada de forma operativa, a relação deve ser basicamente positiva, e a conexão com o terapeuta, bastante valorizada. Há uma dialética natural relativa à relação terapêutica na DBT: ela é considerada tanto um mecanismo de mudança como um método de terapia. Essa aliança pode ser conceitualizada como um construto multidimensional que facilita a mudança por meio da abordagem de solução de problemas da DBT (Cavalheiro & Melo, 2016).

A literatura sobre psicologia sugere, de forma geral, que as relações iniciais e o estilo de apego de cada paciente têm grande influência na forma como a relação terapêutica se desenvolve, mas na DBT esse fenômeno é compreendido e trabalhado por meio da lente da teoria do aprendizado social e das contingências comportamentais (Cavalheiro & Melo, 2016). O terapeuta deliberadamente observa e se comporta de acordo com os princípios comportamentais. Por exemplo, usado como reforço positivo, o tom da interação é mais caloroso e afetivo; há mais proximidade e verbalizações de aprovação. Por outro lado, para comportamentos que interferem na terapia, pode ser utilizado um estilo respeitoso, mas mais distante, frio e direto (Koons et al., 2001).

Devido à marcante desregulação emocional das pessoas para quem essa abordagem é indicada, bem como à maior duração do tratamento, vários princípios da DBT são especialmente relevantes para a relação terapêutica e o estilo de interação da díade terapeuta-paciente. Na DBT, a relação terapêutica não é dialeticamente considerada nem um agente de mudança necessário e suficiente, nem um simples facilitador para o uso de técnicas terapêuticas. Linehan (1988) descreveu essa relação como um processo transacional em que terapeuta e paciente se influenciam mutuamente, com ambas as partes passando por mudanças ao longo do tempo. O terapeuta se esforça para ser honesto, genuíno e presente na relação e pode evoluir e ser afetado pelo tempo passado nas sessões com cada paciente (Swales & Heard, 2007).

A DBT parte do princípio fundamental de que cada paciente é autônomo e tem direito de fazer suas próprias escolhas. Também parte do princípio de que todos têm uma mente sábia — uma integração entre as emoções e a razão —, ainda que não saibam como acessá-la para fazer escolhas mais efetivas. Nesse sentido, o terapeuta assume o papel de colaborador, estabelecendo com o paciente uma relação real e de igualdade na qual buscam se conhecer mutuamente. A autorrevelação faz parte desse estilo terapêutico e é usada também para o manejo de contingências em algumas situações.

Os papéis e as atividades de que o terapeuta individual se vale na terapia são variados, e é essencial que o profissional tenha uma sólida base teórica e prática em DBT (Cavalheiro & Melo, 2016). Em cada sessão, e a cada momento, os princípios da DBT devem orientar a escolha das intervenções. Também deve haver espaço para adaptar as diferentes estratégias, sempre seguindo o "espírito" da DBT e usando a mente sábia para fazer essas escolhas. A seguir, apresentamos brevemente algumas atividades-chave do terapeuta na DBT.

1. Orientador: os pacientes, mesmo aqueles que já passaram por outros processos terapêuticos, podem vivenciar a DBT como algo novo e estranho, pois muitos aspectos dessa terapia são únicos, como o foco essencialmente comportamental, os diferentes modos de tratamento (como o grupo de treino de habilidades) e algumas estratégias estilísticas de comunicação (recíproca ou irreverente), além da autorrevelação. O estabelecimento de um contrato de terapia (que pode ser verbal ou escrito), as combinações sobre os limites do terapeuta (horário de atendimento, uso de mensagens escritas ou de áudio, telefonemas, férias, etc.), a possibilidade de realizar consultoria telefônica em momentos de crise e a elaboração de um plano abrangente para lidar com crises suicidas também são aspectos da DBT que podem ser novos mesmo para pacientes experientes em outras psicoterapias.
2. Motivador: parte essencial do trabalho do terapeuta individual é animar e motivar os pacientes, lembrando-lhes que têm habilidades e recursos à disposição e que conseguem fazer o que é necessário para ter uma vida valiosa. De acordo com os princípios dialéticos da DBT, esse estilo de validação e motivação é equilibrado com o reconhecimento de que a situação dos pacientes realmente é muito difícil, às vezes intolerável. A principal dialética presente na DBT consiste em aceitar quem se é ao mesmo tempo que se trabalha para mudar quem se é, e é nesse contexto que o trabalho de motivação ocorre.
3. Professor: o terapeuta individual ensina habilidades (de *mindfulness*, regulação emocional, efetividade interpessoal e tolerância ao mal-estar) e deve dominá-las tanto quanto aqueles que conduzem o grupo de treinamento de habilidades, além de praticá-las na sua vida pessoal. Também deve ter domínio dos princípios comportamentais e usar a linguagem comportamental, ensinando conceitos como reforço, extinção e punição. Como muitas abordagens terapêuticas, a DBT procura capacitar os pacientes para serem seus próprios terapeutas, usando habilidades para mudar o que pode ser mudado e aceitando radicalmente a realidade quando isso não é possível.
4. Validador: grande parte do trabalho terapêutico individual ocorre por meio do uso alternado de estratégias de validação e de mudança. Alterações nas estratégias podem ter de ocorrer rapidamente numa mesma sessão, caso as

estratégias de mudança se tornem muito aversivas. O nível de validação a ser utilizado deve ser escolhido de acordo com o contexto e orientado pela efetividade que terá a longo prazo, de acordo com os objetivos da terapia.

5. Malabarista: devido às características dos pacientes com desregulação emocional, muitas vezes o terapeuta precisa lidar com inúmeros problemas e crises simultâneos. Para fazer esse trabalho de forma efetiva, a DBT lança mão de uma abordagem hierárquica de problemas na sessão de acordo com sua gravidade: primeiro aborda os (1) comportamentos de risco à vida (tentativas ou ideação suicida, autolesões intencionais não suicidas); em seguida, os (2) comportamentos de risco à terapia (atrasos, faltas, não colaboração); depois, os (3) comportamentos que comprometem a qualidade de vida (uso de substâncias, relações problemáticas, etc.). Isso é feito a cada sessão, com base no registro de comportamentos-alvo que o paciente fez durante a semana (cartão diário). O terapeuta deve observar o tempo gasto em cada tópico, bem como o redirecionamento para o próximo assunto, mesmo quando o paciente insistir em discutir outros tópicos de menor relevância no momento (que não estejam diretamente associados com a hierarquia de alvos mencionada neste parágrafo).

Estratégias estilísticas

As estratégias estilísticas envolvem adotar e alternar dois estilos de interação com os pacientes: comunicação recíproca e comunicação irreverente. A *comunicação recíproca* envolve a habilidade de escutar ativamente e responder de forma apropriada durante uma conversa. Para isso, o terapeuta deve manter o foco na pessoa que está falando, validar seus sentimentos e suas emoções e responder de forma a mostrar que está entendendo sua perspectiva. O objetivo da estratégia recíproca é construir conexões interpessoais mais fortes e saudáveis. A comunicação recíproca é a mais usada para interagir com os pacientes. O terapeuta centra sua interação na validação do paciente e de suas experiências. Linehan (1997) propôs seis níveis de validação, elencados a seguir.

1. Escuta ativa: demonstrar que está escutando atentamente e com interesse.
2. Reflexão: refletir o conteúdo relatado pela pessoa ao refrasear o que ela disse. Desse modo, o terapeuta pode verificar se entendeu corretamente aquilo que foi dito.
3. Articulação não verbal: reparar nas expressões faciais e corporais, comunicando suas impressões a respeito (por exemplo, "Parece que você está desconfortável ao falar dessa briga, estou correto?").
4. História causal: validar o comportamento de acordo com sua história ou função (por exemplo, "Faz sentido que você tenha medo de conhecer novas pessoas, pois já teve muitas experiências de rejeição").
5. Normalização das circunstâncias: enfatizar que o relato do paciente é compreensível, razoável e esperado em termos normativos (por exemplo, "Faz

todo sentido que você tenha ficado chateado quando ela gritou com você; qualquer pessoa no seu lugar teria essa reação").

6. Genuinidade radical: adotar uma postura de respeito e igualdade integral com a pessoa, "descendo do salto" e comunicando reciprocidade e vulnerabilidade (por exemplo, "Eu sinto muito que você esteja se sentindo assim; fico admirado que, mesmo diante de tanta dificuldade, você esteja disposta a continuar tentando"). Aqui, o terapeuta pode incluir uma autorrevelação de alguma experiência sua, se considerar isso relevante.

VINHETA CLÍNICA

Paciente — Minha mãe me disse que não irei no intercâmbio da escola porque ela não tem dinheiro para pagar! Ela mentiu para mim esse tempo todo quando disse que eu poderia ir. Não aguento isso, estou com muita raiva. Ela me traiu, quero fugir daqui agora!

Terapeuta — Entendi, Ana. Você está se sentindo traída pela sua mãe, que em princípio lhe acenou com a possibilidade do intercâmbio e agora falou que não tem dinheiro para pagar.

Paciente — Isso mesmo. Ela me traiu, me enganou, e, agora que eu já tinha tudo combinado com minha amiga para irmos juntas, eu não poderei ir [chora muito].

Terapeuta — [Aproxima-se da paciente, fala com tom de voz acolhedor e mímica facial correspondente.] Sim, estou vendo que você está muito frustrada, com raiva e triste por tudo isso, e eu consigo entender o motivo. É muito ruim mesmo a gente ter uma expectativa sobre algo que quer muito e acaba não conseguindo. É comum nos sentirmos assim diante dessas situações.

Paciente — Estou mesmo muito frustrada, muito decepcionada com minha mãe. Eu entendo que ela não tenha dinheiro, mas então por que antes ela disse que eu poderia ir? Não entendo.

Terapeuta — Eu sei que você entende a questão do dinheiro, mas, ao mesmo tempo, ficou confusa sobre o motivo de sua mãe só ter falado disso agora. O que você acha que aconteceu?

Paciente — [Ainda chorando, mas já mais calma.] Acho que ela não tinha ideia de que seria tão caro.

Terapeuta — Talvez isso tenha acontecido mesmo e, por mais que agora você esteja se esforçando para entender melhor os motivos da sua mãe, ainda é muito duro.

Já a *comunicação irreverente* é um estilo de comunicação calcado na dialética que busca, principalmente, "destravar" o tratamento e buscar soluções para impasses. A comunicação irreverente pode ser usada pelo terapeuta da DBT para aliviar a tensão e o estresse na relação terapêutica. Por exemplo, o terapeuta pode usar o humor para ajudar o paciente a ver uma situação de uma perspectiva diferente e aliviar a intensidade emocional do momento. O terapeuta também pode usar a comunicação irreverente para ajudar o paciente a reconhecer pensamentos distorcidos ou irracionais e encontrar uma perspectiva mais realista.

No entanto, é importante lembrar que a comunicação irreverente deve ser usada com cautela na relação terapêutica. O terapeuta deve avaliar cuidadosamente se o emprego dela é apropriado para o paciente e a situação. Além disso, o terapeuta deve garantir que o paciente não se sinta minimizado ou invalidado em relação às suas emoções ou experiências. A vinheta clínica a seguir ilustra o estilo de comunicação irreverente.

> **VINHETA CLÍNICA**
>
> Paciente — Eu estava com muita raiva. Eu ajo assim quando estou furiosa, não tem como ser diferente.
> Terapeuta — Realmente, me parece que continuar quebrando as coisas em casa é a melhor forma de resolver o seu problema com a sua mãe. Vou anotar isso para usar essa mesma estratégia; não sei como não pensei nisso antes.

A relação terapêutica na consultoria por telefone

Na DBT, manter uma relação terapêutica positiva é essencial, pois a postura de aceitação não julgadora vai apresentando ao paciente uma nova maneira de lidar com as situações da vida e consigo próprio. É por meio das interações com o paciente que o terapeuta gradualmente lhe apresenta uma maneira diferente de regular os afetos e comportamentos, oferecendo-lhe um modelo de comportamento habilidoso, visto que inicialmente o próprio paciente pode não ter repertório para agir de forma efetiva (Linehan, 2010; Bedics et al., 2012).

O uso da consultoria telefônica na DBT é acordado com o paciente desde o início da terapia e é um dos modos de tratamento previstos para a DBT. Tal modalidade terapêutica tem o objetivo de auxiliar o paciente a, em um momento de crise de alta intensidade emocional, não realizar um comportamento-alvo previamente identificado nas sessões anteriores. Em sessão, terapeuta e paciente estipulam quais habilidades e comportamentos alternativos serão necessários quando situações potencialmente geradoras de crises acontecerem (Koerner, 2020).

Em situações em que o risco de realizar um comportamento alvo é muito alto, o paciente pode fazer uma chamada telefônica para o terapeuta, a fim de obter auxílio para usar as habilidades previstas para esses momentos de crise. Antes de realizar esse contato, contudo, o paciente precisa já ter ao menos tentado realizar alguma das habilidades combinadas, que já constam no que denominamos "plano de crises" (Cavalheiro & Melo, 2016).

Pessoas com alta desregulação emocional podem eventualmente extrapolar os limites da combinação da consultoria telefônica, e isso talvez acabe gerando conflitos na relação terapêutica, como chamadas excessivas ou mesmo contatos feitos depois da realização do comportamento-alvo (por exemplo, ligar para o terapeuta logo após já ter se cortado). Isso pode suscitar uma contratransferência negativa no terapeuta e impactar seriamente a relação, aumentando o risco de descontinuidade do tratamento. Para evitar tal situação, as combinações precisam ser muito claras e definidas; em especial, ao tratar desse assunto, o terapeuta precisa de um tom afetivo e firme.

Durante a chamada telefônica, essa mesma postura afetiva e firme se faz necessária; o tom de voz caloroso, aliado a uma sequência organizada dos passos a serem realizados, precisa estar presente na interação. Lidar com crises e situações limítrofes é desafiador, pois o terapeuta precisa lançar mão de suas habilidades de *mindfulness* e regulação emocional para auxiliar e influenciar o paciente a também usá-las.

Ainda durante a chamada telefônica, uma postura dialética, em que a aceitação não julgadora esteja presente tanto quanto o convite para a mudança, é crucial para que a consultoria exerça seu poder terapêutico. O paciente precisa se sentir acolhido e escutar na voz do terapeuta a validação necessária para se engajar nos processos de mudança propostos. Não é raro o indivíduo, em especial no início da psicoterapia, ligar durante a crise com a intenção de que o terapeuta o "alivie" de sua angústia, recusando-se a se engajar no uso das habilidades propostas (Cavalheiro & Melo, 2016). Tais situações podem suscitar sentimentos contratransferenciais de raiva, medo ou desprezo pela postura do paciente. Nesses momentos, a aceitação e a validação de nossas próprias emoções são necessárias para que consigamos compreender que é também dessa forma que o paciente está se sentindo; a partir daí, seremos capazes de verdadeiramente acolhê-lo em sua vulnerabilidade e alavancar a mudança.

Com relação ao convite para os processos de mudança, um dos pressupostos da DBT é o de que "a pessoa que busca ajuda aceita ajuda". No contexto da motivação do paciente para a mudança, o uso das estratégias dialéticas, envolvendo-o no diálogo entre os sentimentos contraditórios evidenciados durante a chamada, é um elemento-chave para a busca da síntese dialética que ressignifica a sua própria autoapreciação (Linehan, 2010). A vinheta clínica a seguir exemplifica a postura do terapeuta na consultoria telefônica.

> **VINHETA CLÍNICA**
>
> Paciente — Estou aqui na festa e minha ex-namorada está ficando com um cara na minha frente! Não aguento isso, estou com muita raiva. Vontade de sumir, de me cortar. Não consigo tolerar!
>
> Terapeuta — Entendi, João. Você está com muita raiva, e a vontade de se cortar agora está muito grande. Você quer acabar com essa raiva, talvez até com a tristeza dentro de si, e, como já se cortou outras vezes e sabe que isso alivia esses sentimentos, quer fazer novamente. Ao mesmo tempo, você me ligou pedindo ajuda, pois sabe que também não quer mais fazer esse tipo de coisa, não quer mais ser visto como um "louco", e eu quero ajudá-lo com isso. Foi para isso que você me ligou.

A relação terapêutica e o manejo de crises suicidas

Muitos pacientes com perfil para serem tratados pela DBT apresentam comportamentos que oferecem risco à vida (de maneira mais ampla). Isso engloba tanto comportamentos que oferecem risco à própria vida quanto condutas que põem em risco a vida de terceiros. Neste capítulo, nos deteremos naqueles comportamentos que podem implicar risco de suicídio, tratando do uso da relação terapêutica como contingência para seu manejo.

Consideremos que existem diferentes tipos de indivíduos suicidas: (1) aqueles com desesperança intensa, para os quais o suicídio é uma forma de escapar de um futuro que não parece ter nada de bom para oferecer; (2) aqueles com alto nível de racionalização, para os quais a decisão de acabar com a própria vida parece ser a escolha certa naquele momento (p. ex., suicidas fundamentalistas); (3) aqueles psicóticos, que, por não estarem em contato com a realidade compartilhada, podem acabar adotando condutas que dão fim à sua existência; e (4) aqueles impulsivos, que, sem um plano prévio, acabam agindo contra a própria vida, por desespero e impulsividade, ou ainda para chamar a atenção dos outros sobre o seu comportamento. A avaliação da tipologia do suicida é fundamental para que possamos entender qual é a função do seu comportamento no contexto no qual ele ocorre. Isso determinará também os objetivos cognitivos do trabalho na psicoterapia. Sabemos, por exemplo, que indivíduos cronicamente suicidas costumam apresentar crenças positivas acerca da morte ou do suicídio. Enquanto tais crenças não forem trabalhadas, eles provavelmente permanecerão encarando a morte como um "botão de emergência" para quando as coisas estão dando errado.

De acordo com Linehan (2010), uma das principais ferramentas para trabalhar os comportamentos que oferecem risco à vida é a qualidade da relação terapêutica. Em uma crise suicida, se a técnica falhar, o que manterá o paciente vivo será *justamente* a relação terapêutica, conforme exemplificado na vinheta clínica a seguir.

VINHETA CLÍNICA

Paciente — Estou sofrendo muito. Liguei para avisar que vou me matar.
Terapeuta — Me diga onde você está agora.
Paciente — Estou no meu quarto, com minha arma carregada em minhas mãos.
Terapeuta — Entendo. Quero que solte a arma para que possamos conversar agora. [Instruções diretas]
Paciente — Não tenho certeza de que quero fazer o que está me pedindo.
Terapeuta — Mas você me telefonou, como combinamos que faria se fosse necessário pedir ajuda. Quando pedimos ajuda, temos que estar dispostos a aceitá-la. [Interação irreverente]
Paciente — Ok. Larguei minha arma.
Terapeuta — João, entendo que você esteja em sofrimento neste momento e que a dor esteja sendo intensa demais para você suportar. Mas já passamos por isso juntos outras vezes. [Interação recíproca]

(Continua...)

> Paciente — É, mas eu estou cansado disso tudo. Está sendo demais para mim, por isso decidi morrer.
> Terapeuta — Se você tomar essa atitude agora, ficarei muito triste em saber que falhamos e que não terei mais como ajudá-lo. [Interação recíproca]
> Paciente — [Chora.] Eu não aguento mais.
> Terapeuta — Sei disso, e também sei que estamos fazendo o melhor que podemos. Você não pode ser um alpinista que decide se jogar de cima da montanha amarrado ao seu instrutor. Estou aqui do seu lado e sei que podemos passar por mais este momento difícil. [Interação recíproca]

Indivíduos suicidas costumam se sentir muito solitários e acreditam frequentemente não terem com quem contar. O uso de intervenções que enfatizem a relação terapêutica existente e o trabalho em conjunto pode ser decisivo para a persuasão dialética. É necessário entrar no mundo do indivíduo suicida e enxergá-lo com as suas lentes, pois parte-se do pressuposto de que a vida de quem sofre intensamente é mesmo insuportável (Linehan, 2010).

CONSIDERAÇÕES FINAIS

Não podemos negar que a psicoterapia é a ciência da relação terapêutica. Esse fator intrínseco ao trabalho psicoterápico pode ser decisivo para o sucesso ou fracasso de uma intervenção. Muitos terapeutas podem ser extremamente efetivos no tratamento de seus pacientes utilizando algumas poucas técnicas e explorando uma relação terapêutica sólida de maneira ética e eficiente. Por mais que esse seja um trabalho técnico, jamais devemos deixar que isso o transforme em uma ação mecânica.

Apesar de a DBT ser um tratamento altamente voltado para a aquisição de habilidades, o terapeuta deve conhecer a fundo o manual, mas saber deixá-lo na porta, do lado de fora da sala, quando estiver com o seu paciente. Essa metáfora, originalmente proposta por Marsha Linehan, traduz muito da maneira como terapeuta e paciente trabalham juntos na psicoterapia.

RESUMO

- A psicoterapia é a ciência da relação terapêutica. Por mais preparado tecnicamente que seja o clínico, se ele não conseguir estabelecer uma relação de qualidade, jamais conseguirá progredir com o paciente rumo às metas do tratamento.
- Nos transtornos da personalidade, e em especial no mais prevalente deles na prática clínica, o TPB, provavelmente isso seja ainda mais verdadeiro, já que os comportamentos de autolesão e conduta suicida, a sensibilidade elevada à rejeição, a raiva inapropriada e intensa e a grande instabilidade presentes nesse transtorno o tornam um dos principais desafios na clínica psicológica.

- O trabalho da relação terapêutica na DBT se dá por meio da abordagem dialética dos comportamentos condicionados pela desregulação emocional do paciente e dos dilemas dialéticos.
- No contexto da relação terapêutica, os princípios da DBT devem orientar a escolha, pelo psicoterapeuta, das intervenções — com ele transitando entre os papéis de orientador, motivador, professor, validador e malabarista — e das estratégias estilísticas para levá-las a cabo.
- Pessoas com alta desregulação emocional precisam de uma postura firme e acolhedora do terapeuta, em especial em momentos de crise suicida, a fim de aprenderem a manejar seus impulsos de maneira mais eficaz.

REFERÊNCIAS

Bedics, J. D., & McKinley, H. (2020). The therapeutic alliance and therapeutic relationship in dialectical behavior therapy. In J. Bedics (Org.), *The handbook of dialectical behavior therapy* (pp. 31-50). Academic Press.

Bedics, J. D., Atkins, D. C., Comtois, K. A., & Linehan, M. M. (2012). Treatment differences in the therapeutic relationship and introject during a 2-year randomized controlled trial of dialectical behavior therapy versus nonbehavioral psychotherapy experts for borderline personality disorder. *Journal of Consulting and Clinical Psychology, 80*(1), 66-77.

Boritz, T., Varma, S., Macaulay, C., & McMain, S. F. (2021). Alliance rupture and repair in early sessions of dialectical behavior therapy: The case of Rachel. *Journal of Clinical Psychology, 77*(2), 441-456.

Cavalheiro, C. V., & Melo, W. V. (2016). Relação terapêutica com pacientes borderlines na terapia comportamental dialética. *Psicologia em Revista, 22*(3), 579-595.

Dimeff, L. A., & Kroener, K. (2007). *Dialectical behavior therapy in clinical practice: Applications across disorders and settings*. Guilford.

Koerner, K. (2020). *Aplicando a terapia comportamental dialética: Um guia prático*. Sinopsys.

Koons, C. R., Robins, C. J., Tweed, J. L., Lynch, T. R., Gonzalez, A. M., Morse, J. Q., ... & Bastian, L. A. (2001). Efficacy of dialectical behavior therapy in women veterans with borderline personality disorder. *Behavior Therapy, 32*(2), 371-390.

Linehan, M. M. (1997). Validation and psychotherapy. In A. C. Bohart, & L. S. Greenberg (Eds.), *Empathy reconsidered: New directions in psychotherapy* (pp. 353-392). American Psychological Association.

Linehan, M. M. (1988). Perspectives on the interpersonal relationship in behavior therapy. *Journal of Integrative & Eclectic Psychotherapy, 7*(3), 278-290.

Linehan, M. M. (2010). *Terapia cognitivo-comportamental para transtorno da personalidade borderline: Guia do terapeuta*. Artmed.

Miller, A., Rathus J., & Linehan, M. M. (2007). *Dialectical behavior therapy with suicidal adolescents*. Guilford.

Musser, N., Zalewski, M., Stepp, S., & Lewis, J. (2018). A systematic review of negative parenting practices predicting borderline personality disorder: Are we measuring biosocial theory's 'invalidating environment'?. *Clinical Psychology Review, 65*, 1-16.

Swales, M. A., & Heard, H. L. (2007). The therapy relationship in dialectical behaviour therapy. In R. Leahy, & P. Gilbert (Eds.), *The therapeutic relationship in the cognitive behavioral psychotherapies* (pp. 185-204). Routledge.

Swales, M. A., & Heard, H. L. (2016). *Dialectical behaviour therapy: Distinctive features*. Routledge.

Werner, K., & Gross, J. J. (2010). Emotion regulation and psychopathology: A conceptual framework. In A. M. Kring, & D. M. Sloan (Eds.), *Emotion regulation and psychopathology: A transdiagnostic approach to etiology and treatment* (pp. 13-37). Guilford.

PARTE III
A relação terapêutica na prática clínica

7

A construção e a manutenção da relação terapêutica com o paciente

Aline Duarte Kristensen
Rafaela Petroli Frizzo

> *A técnica mais valiosa e a intervenção mais significativa serão tudo aquilo que você fizer para ajudar alguém a se sentir cuidado e ouvido.*
> Leahy, 2019, p. 12.

Em todas as modalidades de psicoterapia, o estabelecimento de uma relação real consistente e de uma aliança forte será a base da construção da relação terapêutica (Gelso, 2019). Uma força-tarefa realizada pela Associação Americana de Psicologia (APA, do inglês American Psychological Association) e conduzida por Norcross e Wampold (2018) avaliou a eficácia das psicoterapias em diferentes abordagens teóricas, recomendando que "os profissionais sejam incentivados a tornar a criação e o cultivo da relação terapêutica um objetivo principal do tratamento". Independentemente do referencial escolhido para fundamentar a prática terapêutica, entende-se que todos os métodos de tratamento são atos relacionais (Safran & Muran, 2000, citado em Norcross & Lambert, 2011). Logo, o resultado da aplicação de toda e qualquer metodologia dependerá da qualidade do vínculo entre o paciente e o terapeuta.

Esse relacionamento terapêutico atravessa todas as abordagens específicas, sendo por isso reconhecido como um processo panteórico responsável por parte significativa dos resultados de todas as psicoterapias. Portanto, a construção e a manutenção da relação terapêutica devem receber especial atenção dos psicoterapeutas clínicos ao longo da sua formação profissional, e este capítulo se destina ao aprofundamento teórico-prático desse tema.

CONSTRUINDO A RELAÇÃO TERAPÊUTICA: FUNDAMENTOS TEÓRICOS

Como mencionado anteriormente, as diversas abordagens de psicoterapia funcionam a partir de um denominador comum: o relacionamento entre dois seres humanos. Outro aspecto em comum é o fato de todas as psicoterapias orientarem seus esforços para atingir dois grandes propósitos, segundo o modelo contextual proposto por Wampold e Imel (2015, citado em Muran et al., 2022): a melhora do bem-estar geral do paciente e a redução dos seus sintomas. Rosenzweig (1936, citado em Muran et al., 2022) desenvolveu um modelo de quatro fatores comuns inespecíficos ao processo terapêutico que atravessam os diversos referenciais teóricos: (1) o estabelecimento de um vínculo emocional ou de um relacionamento de confiança com uma pessoa que oferece ajuda; (2) a construção de um *setting* designado como um lugar de cura; (3) um modelo conceitual que explique de forma coerente os sintomas do paciente e a prescrição de procedimentos para resolvê-los; (4) a aplicação dos procedimentos ou das intervenções de forma colaborativa pela dupla terapêutica, com vistas à restauração da saúde do paciente.

Para que tais variáveis comuns viabilizem qualquer processo terapêutico, inicialmente é preciso construir uma relação terapêutica. Isso envolve o estabelecimento de uma relação real entre duas pessoas — uma que busca ajuda profissional especializada, denominada "paciente" neste capítulo, e outra que oferece amparo emocional a partir da prestação de serviço em saúde mental, denominada "psicoterapeuta". A relação construída por essa dupla envolve o desenvolvimento de um vínculo emocional e de uma ligação genuína entre paciente e psicoterapeuta, como já foi descrito de forma extensa no Capítulo 1, "Fundamentos transteóricos: as três faces da relação terapêutica". A qualidade do relacionamento real estabelecido pela dupla afeta positivamente o bem-estar geral do paciente, em especial porque ele se percebe compreendido nesse vínculo (Muran et al., 2022). Além disso, a construção de expectativas positivas para o tratamento, a compreensão do seu funcionamento, o estabelecimento colaborativo de acordos quanto às tarefas da terapia e a evidenciação da relação entre essas tarefas e os sintomas a serem tratados impactarão a colaboração do paciente em todo o processo terapêutico, sendo estratégias orientadas para a constituição de uma aliança forte (Muran et al., 2022; Norcross & Wampold, 2018).

É complexo determinar com exatidão o impacto e a contribuição do relacionamento terapêutico e da aliança para a adesão, o abandono, o sucesso e/ou o insucesso do tratamento, mas há vasta evidência de que alianças enfraquecidas, bem como interações negativas na dupla terapêutica, estão associadas a desfechos desfavoráveis e ao término precoce do tratamento (Altimir et al., 2022). Em contrapartida, pode-se afirmar que tudo o que ocorre no *setting* terapêutico é da ordem do relacional, incluindo a efetividade da aplicação das técnicas específicas para redução dos sintomas. Isso significa que todas as intervenções serão mediadas pela qualidade da aliança (Kazantzis et al., 2017), tornando ainda mais consistente a importância da construção e da manutenção desse relacionamento terapêutico para a efetividade da ampla gama de abordagens de psicoterapia.

PRÁTICA CLÍNICA E INTERVENÇÕES

O vínculo terapêutico vai se estabelecendo de forma gradual antes mesmo da consulta inicial de avaliação. Todo indivíduo pode ter, previamente, uma demanda latente por ajuda psicológica, mas é a partir da manifestação dessa demanda e da decisão de recorrer à psicoterapia clínica que o indivíduo fará a busca ativa por indicações de um profissional que possa corresponder às suas expectativas (conscientes ou inconscientes), bem como acolher e atender às suas necessidades terapêuticas. Antes mesmo de o trabalho começar, em todas as psicoterapias, é preciso construir um nível básico de confiança do paciente no psicoterapeuta: o paciente deve receber evidências de que o profissional é confiável e suficientemente experiente para compreendê-lo e ajudá-lo (Wampold, 2015). Nesse sentido, Wampold (2015) afirma que as pessoas fazem julgamentos muito rápidos (em segundos) sobre o quanto alguém é ou não confiável, levando em conta o rosto da outra pessoa, as suas vestimentas, a disposição e a decoração do consultório e outras características do ambiente terapêutico. Além disso, cada indivíduo carrega consigo expectativas sobre a natureza da psicoterapia, aliadas às suas crenças culturais, às recomendações de outras pessoas e às experiências prévias, tornando crítica a interação inicial entre paciente e terapeuta (Wampold, 2015).

O primeiro contato para a marcação da consulta de avaliação sinaliza a construção simultânea e paralela da relação real e da aliança entre o paciente e o terapeuta, facilitada pelas combinações feitas entre eles. A comunicação que permeia os acordos para a compatibilização da demanda do paciente com a disponibilidade do terapeuta (em que se discutem, por exemplo, horários, honorários, local e motivo do atendimento) vai sendo transpassada pelas percepções iniciais que eles têm um do outro. Essas negociações iniciais são indispensáveis para o início do vínculo que resulta no tratamento propriamente dito. Por exemplo, o fato de o paciente se sentir acolhido pela gentileza e pela atenção do clínico na troca de mensagens para a marcação da primeira consulta pode aumentar sua motivação para a terapia, o que não acontece com aquele paciente que se sente desmotivado pelo tom mais formal e distante do terapeuta. Uma postura mais amigável, empática e atenciosa do psicoterapeuta no acolhimento e nas negociações de tais acordos iniciais favorece a motivação do paciente para o vínculo (Wampold, 2015), facilitando a viabilização do primeiro encontro de avaliação.

A construção do relacionamento terapêutico vai sendo feita a partir do acolhimento do paciente, da avaliação da demanda por tratamento, da definição do *setting*, da individualização do plano de tratamento e da adaptação do terapeuta ao paciente, respeitando suas características e necessidades. E esse relacionamento é mantido por meio do manejo dos problemas que surgem na relação, a fim de atingir os objetivos terapêuticos até a conquista da alta, como detalhado nas seções a seguir.

Acolhimento do paciente e avaliação da demanda: construção da aliança e do vínculo

Os primeiros encontros têm por finalidade facilitar a construção da aliança e a formação do vínculo, com o acolhimento da demanda, a promoção da esperança, a criação de expectativas positivas e a motivação do paciente para o tratamento (Eubanks & Goldfried, 2019). A construção do vínculo é fundamental para que um relacionamento terapêutico seja estabelecido, pois a psicoterapia é genuinamente *um encontro entre dois seres humanos*. Esse conceito simples e, ao mesmo tempo, profundo foi proposto por Safran (2002); ele descreve a psicoterapia como um encontro reflexivo entre paciente e terapeuta, cultivado a partir de uma conexão profunda e colaborativa entre eles. Conjuntamente, a dupla terapêutica estabelece um padrão de relacionamento fixo e não criativo que contribui para a identificação do funcionamento do paciente e a avaliação da sua demanda terapêutica. Boa vontade, tempo e disponibilidade (emocional e cognitiva) de ambos são fatores desejáveis para a boa construção desse vínculo. Uma atitude de acolhimento e empatia por parte do psicoterapeuta favorece a criação de um *setting* relacional seguro, confiável e confortável em que o paciente possa se vulnerabilizar e ser compreendido na dimensão profunda do seu sofrimento (Kazantzis et al., 2017).

Uma tríade fundamental de atitudes do clínico para a construção do vínculo na relação terapêutica foi proposta por Rogers (1959) e é constituída por empatia, autenticidade e consideração positiva. Tal tríade segue influenciando o trabalho de teóricos de diversas abordagens, incluindo Aaron Beck, fundador da psicoterapia cognitiva. Existem muitas formas de utilizar esses três elementos no *setting* terapêutico, o que possibilita alinhá-los com o estilo de cada terapeuta. Um exemplo seria a validação e o afeto do terapeuta ao acolher o sofrimento do paciente por meio de linguagem verbal e não verbal, transmitindo a mensagem de que o compreende e tem empatia por sua dor. Outra ferramenta útil que contribui para a boa avaliação do caso e o estabelecimento do vínculo de confiança mútua é a solicitação do *feedback* do paciente quanto à conexão e à compreensão entre eles, pois é de suma importância que ele se sinta respeitado, considerado e aceito ao levar suas vulnerabilidades para o consultório.

O acolhimento do paciente inclui variáveis genéricas como: habilidades de aconselhamento, empatia, escuta do terapeuta, empoderamento, afirmações, encorajamento e consideração positiva. A construção de um vínculo positivo na dupla terapêutica e o conhecimento da história relacional do paciente constituem as ferramentas necessárias para iniciar a avaliação das demandas terapêuticas e a conceitualização de caso (Finsrud et al., 2021). Uma vez delineada essa conceitualização, é necessário estabelecer, em comum acordo com o paciente, os objetivos e as tarefas da terapia, bem como as necessidades emocionais que deverão ser atendidas na relação terapêutica.

VINHETA CLÍNICA

Paola estava receosa de iniciar a primeira sessão de psicoterapia. Desde a sua adolescência, ela sentia necessidade de conversar com alguém sobre seus traumas de infância, mas somente na vida adulta, após um ataque de pânico, resolveu buscar a psicoterapia. Quando o terapeuta a chamou e convidou-a a sentar-se, percebeu que Paola parecia nervosa e lhe ofereceu uma xícara de chá, no intuito de fazê-la se sentir mais à vontade e relaxada.

O terapeuta iniciou a conversa perguntando como ela se sentia naquele momento com ele, realizando uma intervenção empática e emocionalmente receptiva ao acolhimento da vulnerabilidade da paciente. Com tom de voz agradável e amistoso, explicou-lhe que o objetivo daquele encontro inicial era conhecerem um ao outro, de forma que ele pudesse compreender os motivos que a fizeram buscar a psicoterapia naquele momento. O terapeuta escutou Paola com atenção, fazendo breves resumos e pedindo *feedback* sobre o que estava sendo dito. Paola parecia se sentir compreendida e gradualmente mais relaxada e colaborativa conforme a sessão se desenrolava. O terapeuta, então, fez algumas perguntas:

Terapeuta — Paola, obrigado por ter confiança em mim a ponto de me contar sobre a sua intimidade. Logo que iniciamos a sessão, você me disse que se sentia nervosa pois nunca havia conversado com um terapeuta antes. Percebi, à medida que fomos conversando, que você estava relaxando e se sentindo gradualmente mais à vontade aqui comigo. Você acha que consegui compreendê-la adequadamente?

Paciente — Muito, eu não esperava conseguir falar tanto nem que você me compreendesse tão bem. Realmente estou muito mais relaxada com você agora do que quando cheguei.

Terapeuta — Fico feliz que você se sinta dessa forma. É natural que a confiança em mim e na terapia seja uma construção da nossa relação. A sua confiança em mim vai se fortalecer à medida que você for se sentindo melhor e sendo ajudada durante o processo terapêutico.

Paciente — Compreendo. E já tenho vontade de contar muitas outras coisas que me incomodam há muitos anos, para além dos ataques de pânico, mas neste primeiro momento os ataques são o que mais me angustia.

Terapeuta — Ótimo. Sempre é muito importante que você possa ser verdadeira comigo sobre o modo como você se sente na nossa relação. Também precisamos ter clareza sobre os seus objetivos na terapia, mesmo que, ao longo do tratamento, possamos ir redefinindo as suas metas. O encontro de hoje era para nos conhecermos e eu poder compreender por que você procurou ajuda neste momento, e para definirmos juntos os seus objetivos e a forma como vai ocorrer a psicoterapia. O que você achou deste primeiro encontro?

Paciente — Achei ótimo! Quero muito poder me sentir melhor e, considerando o que você me explicou, estou sim disposta a fazer a minha parte nas tarefas que vamos combinar para me ajudar nessa melhora.

Para a construção do vínculo, o afeto precisa estar presente. As características pessoais do clínico e do paciente — personalidade, gênero, cultura, orientação sexual, crença religiosa, entre inúmeras outras variáveis possíveis — influenciam a sua capacidade de se vincular. Quando a dupla não se sente capaz de estabelecer um bom vínculo, o encaminhamento do caso a outro profissional é o procedimento ético apropriado, especialmente se o terapeuta percebe que poderia experienciar sentimentos negativos com relação ao paciente (Mahoney, 1998).

Além disso, enfatiza-se a possibilidade de o terapeuta experimentar e compartilhar afeto genuíno com seu paciente, fenômeno influenciado pela sua experiência emocional prévia de receber afeto dos outros. O afeto não é uma mercadoria, e sim o *produto do vínculo*, que ocorre a partir do desenvolvimento de uma relação. Isso implica: o reconhecimento respeitoso um do outro; a sensibilidade e a paciência com os ritmos e a velocidade do desenvolvimento da relação; o comprometimento com a confiança e a honestidade mútuas; a humildade que reflete a abertura para um aprendizado; e um profundo senso de possibilidade, esperança e coragem, necessário às arriscadas incursões pelo desconhecido (Mahoney, 1998).

O afeto se manifesta de diferentes maneiras no relacionamento do clínico com cada paciente. Ele pode ser expresso por meio de atitudes terapêuticas como: a atenção genuína; a empatia com a experiência emocional do paciente; a conexão emocional profunda; a expressão autêntica de como o terapeuta se sente no relacionamento com o paciente; a validação, o reconhecimento e elogios adequados ao paciente e a seus progressos; a demonstração de interesse espontâneo pelo paciente ou por algo que seja importante para ele; o olhar afetuoso dirigido ao paciente; as expressões e os gestos na comunicação interpessoal; e a postura compassiva na relação terapêutica.

O acolhimento, a identificação e a avaliação da demanda do paciente são os objetivos fundamentais das sessões iniciais. Cabe lembrar que a dor da angústia emocional e a consequente desorganização do funcionamento do indivíduo estão entre as razões mais comuns para a busca de uma das mais de 400 formas de psicoterapias modernas (Mahoney, 1998). Logo, é o sofrimento psíquico experienciado pelo paciente que precisa ser acolhido e compreendido pelo clínico, e sua expressão é facilitada pelo vínculo de empatia e confiança construído entre eles. Perguntas claras e objetivas devem ser formuladas para identificar o motivo da busca por atendimento, com a investigação dos sintomas físicos e relacionais, do tempo de duração, dos prejuízos de ordem física, social e laboral, bem como do histórico do paciente com relação à doença mental e à busca por tratamentos prévios.

O psicoterapeuta deve fazer breves resumos sobre o que está sendo avaliado e pedir *feedback* ao longo da sessão, minimizando assim falhas na compreensão empática e contribuindo de forma ativa para a percepção do paciente de que está sendo compreendido. A percepção de empatia fortalece a construção da aliança e aumenta o senso de colaboração do paciente com o processo. São consideradas boas sessões aquelas que enfatizam a compreensão, a compaixão e o aconselhamento do clínico, elementos de comprovada eficácia para a construção do relacionamento terapêutico e da ajuda clínica bem-sucedida (Norcross & Wampold, 2011; Mahoney, 1998).

> **VINHETA CLÍNICA**
>
> Terapeuta — Vou resumir o que conversamos até agora: você deseja melhorar a qualidade do relacionamento com seus pais e amigos, pois se percebe intolerante e agressivo na relação com eles, e percebe que eles estão se afastando de você. Você demonstra estar se sentindo culpado e triste, e já reconhece a sua parcela de responsabilidade nisso, estando disposto a fazer a sua parte nas combinações que fizermos na terapia para diminuir a sua irritabilidade e a sua intolerância. Juntos vamos explorar as causas desses sintomas e identificar os gatilhos, os seus pensamentos que contribuem para esse funcionamento. Também vamos criar e testar novas formas de pensar e reagir às situações, no intuito de melhorar o seu relacionamento com seus pais e seus amigos. À medida que formos realizando essas tarefas, vamos avaliar os resultados e adequar nossas estratégias. Você gostaria de acrescentar algo? Ficou claro para você como funcionará a terapia e como vamos trabalhar juntos para atingir seus objetivos?

Cabe lembrar que a avaliação da demanda do paciente pela dupla terapêutica deve ser constante, pois é relativamente comum que novas necessidades surjam no curso da psicoterapia, desviando o foco inicial do tratamento. Não raro os pacientes se mantêm em psicoterapia por razões diferentes daquelas que os fizeram iniciar o processo terapêutico. É da competência do terapeuta compreender a necessidade de frequente avaliação e manter-se em sintonia com seu paciente no estabelecimento de metas e prioridades terapêuticas. Isso pressupõe não só a abertura e a disponibilidade do paciente, mas também a flexibilidade do psicoterapeuta para compreender e superar as resistências (Kazantzis et al., 2017; Luong et al., 2020).

Além disso, é importante avaliar os processos terapêuticos pregressos do paciente e compreender como foi o seu curso e o seu término. Essa informação poderá ajudar o terapeuta a conceitualizar o caso, bem como a antecipar possíveis obstáculos, dificuldades e rupturas a serem enfrentados no relacionamento com o paciente, viabilizando a definição de possíveis estratégias de prevenção. Considere, por exemplo, um paciente que fez dois processos terapêuticos anteriores por breves períodos (poucas sessões) para tratar um transtorno de pânico e, logo após melhorar parcialmente dos sintomas agudos, abandonou abruptamente a psicoterapia, sem prévio acordo com o psicoterapeuta. Tal paciente tenderá a reproduzir esse comportamento em um novo tratamento. Combinações prévias sobre a motivação do paciente e a sua colaboração no tratamento, psicoeducação sobre o curso e o prognóstico da psicopatologia, solicitações sistemáticas de *feedback* e maior atenção aos sinais de rupturas na aliança, em especial aos sinais de melhora do paciente, podem ser estratégias para reduzir obstáculos e fortalecer a aliança.

Paralelamente, o clínico estará atento ao relacionamento terapêutico que vai sendo estabelecido, observando como o paciente se expressa e reage a ele, os seus padrões relacionais e os sentimentos que são despertados em sessão. Por exemplo, um paciente que tem histórico de abandono familiar se mostra desconfiado e retraído na relação com o psicoterapeuta, comunicando-se com tom hostil durante a sessão. Ou ainda, um paciente com queixa de infidelidade conjugal tem um comportamento sedutor diante do psicoterapeuta. Tais observações, denominadas "contratransferência", são parte da avaliação da demanda e do funcionamento do paciente, e podem estar relacionadas de forma direta com sua queixa. Ao final da sessão de avaliação, é fundamental que paciente e terapeuta estabeleçam um consenso sobre os objetivos do tratamento e a forma como funcionará a terapia, bem como uma combinação sobre o papel de cada um na realização das tarefas relacionadas aos objetivos definidos.

O acolhimento do paciente e a avaliação da demanda vão constituindo a aliança e a relação real, bases fundamentais da construção da relação terapêutica. Diversas negociações são feitas no intuito de viabilizar o trabalho da psicoterapia, algumas de cunho mais subjetivo, que dizem respeito ao vínculo e à troca emocional entre paciente e terapeuta, e outras mais objetivas, que serão exploradas em detalhes considerando a construção do *setting* terapêutico.

Construção do *setting*

Todo relacionamento pessoal requer um contexto temporal e espacial para ser estabelecido. Diferentes combinações precisam ser feitas pela dupla terapeuta-paciente no que tange a regras, procedimentos e contrato de trabalho para a realização da psicoterapia, incluindo a definição clara dos papéis de cada um. Tais acordos podem ser feitos de maneira *informal* (verbalmente) ou *formal* (contrato escrito) e organizam a construção do *setting* terapêutico. Devem ser definidos nesses acordos: os locais e meios de realização dos atendimentos (consultório ou plataforma virtual); o dia, o horário e o tempo de duração das sessões; a frequência dos atendimentos; os honorários e pagamentos; as ausências (incluindo faltas e férias); a disponibilidade do psicoterapeuta fora da sessão; e as funções de cada parte da dupla de trabalho no tratamento, conforme recomendação do Conselho Federal de Psicologia (CFP). Os cuidados relativos à privacidade e ao sigilo profissional também devem ser observados, "a fim de proteger, por meio da confidencialidade, a intimidade das pessoas" (CFP, 2005, p. 13). Tal enquadre visa a criar as condições para que o relacionamento terapêutico seja estabelecido e o paciente se sinta confiante para solicitar e receber o amparo que motivou a busca por psicoterapia.

A construção do vínculo ocorre de forma concomitante à construção do *setting*. Como dito anteriormente, a relação real e pessoal estabelecida entre o paciente e o terapeuta vai constituindo o vínculo de afeto entre eles, que deve ser marcado pela genuinidade e pelo modo realista de perceberem um ao outro no relacionamento. Antes mesmo de a psicoterapia começar, o paciente carrega uma série de expectativas conscientes ou inconscientes sobre o terapeuta e a psicoterapia, e as colocará à prova julgando muito rapidamente se o terapeuta é ou não confiável e capaz de ajudá-lo. Esse julgamento ocorre a partir de parâmetros como o rosto do terapeuta, as suas vestimentas e o ambiente terapêutico em que o paciente será atendido (Wampold,

2015), parte constituinte do *setting*. Cuidar de tais aspectos e da experiência relacional cria as condições objetivas, afetivas e simbólicas necessárias para que a psicoterapia ocorra, possibilitando a construção da confiança e da consideração positiva na dupla terapêutica.

A construção de um bom *setting terapêutico* possibilita que o paciente se sinta seguro e confortável para "poder ser ele mesmo", favorecendo a construção de uma aliança forte que influenciará os bons resultados da psicoterapia (Norcross & Wampold, 2018). Em contrapartida, a não observância do *setting* pode enfraquecer a aliança, gerando rupturas ou mesmo inviabilizando a psicoterapia. Não por acaso, a taxa de abandono precoce da terapia é maior após o primeiro encontro do que em qualquer outro momento do processo terapêutico (Wampold, 2015). Como já salientado neste capítulo, o afeto construído na relação terapêutica é produto do vínculo (Mahoney, 1998), e seu surgimento espontâneo depende da viabilização das condições necessárias para que a prestação de serviço ocorra.

Por isso, torna-se importante o desenvolvimento do autoconhecimento e da autoconsciência do psicoterapeuta, para que ele possa compreender e estabelecer suas condições de trabalho, preservar sua qualidade de vida e exercer sua atividade dentro dos limites da ética profissional. Sendo assim, o local das sessões deve garantir a segurança e o conforto da dupla terapêutica, contribuindo para que o paciente também se sinta confortável, seguro e anuente com o contrato de trabalho estabelecido.

Individualização do plano de tratamento: criando uma psicoterapia personalizada

A elaboração do plano de tratamento pressupõe uma avaliação acurada da demanda que o paciente leva para a psicoterapia. A conceitualização cognitiva do paciente é uma ferramenta utilizada pelo psicoterapeuta para realizar a formulação do caso, o que inclui avaliar as hipóteses diagnósticas, bem como suas características transdiagnósticas, verificar os objetivos do paciente com a psicoterapia e suas necessidades emocionais associadas à demanda e escolher as intervenções terapêuticas particularizadas para cada caso. "Os profissionais são incentivados a adaptar a psicoterapia às características transdiagnósticas específicas do paciente, de maneiras comprovadas e provavelmente eficazes" (Norcross & Wampold, 2018, p. 9).

Em uma força-tarefa realizada pela APA para investigar o que funciona e o que não funciona nas psicoterapias (já mencionada aqui), Norcross e Wampold (2018) notaram que tiveram maior sucesso no tratamento os clínicos que adaptaram a relação terapêutica às identidades culturais do paciente (raça, identidade religiosa/espiritual), aos estilos de enfrentamento e aos estágios de mudança. Da mesma forma, a flexibilidade na adesão ao tratamento está relacionada a melhores resultados, enquanto tratamentos excessivamente estruturados e rígidos, com métodos dogmáticos, podem atenuar a aliança e aumentar a resistência, resultando em intervenções ineficazes ou negligentes (Norcross & Wampold, 2018; Wampold, 2015).

Dito de outra forma, adaptamos a psicoterapia ao paciente, e não o paciente à psicoterapia. Isso implica a individualização do plano de tratamento, de modo a criar uma psicoterapia personalizada para cada paciente a partir da sintonia entre o relacionamento terapêutico e o uso das técnicas específicas para a redução da sintomatologia e a melhora do bem-estar geral.

Como ser um terapeuta para cada paciente

A construção de uma relação real forte entre terapeuta e paciente, pessoas inicialmente estranhas uma à outra, é o elemento mais fundamental da relação terapêutica e um importante ingrediente para o sucesso do processo psicoterápico (Gelso, 2019). A possibilidade de serem genuínos um com o outro e de se perceberem de forma realista e verdadeira, aliada aos acordos estabelecidos quanto aos objetivos e às necessidades do paciente (aliança), fornecerá as informações necessárias para a definição do estilo de terapeuta que o paciente precisa. A necessidade de o terapeuta adequar seu estilo ao funcionamento de cada paciente, no intuito de atender às demandas terapêuticas específicas de cada um, exige dele flexibilidade.

Ser um psicoterapeuta para cada paciente e criar uma psicoterapia única para cada um, que contemple seus objetivos e suas necessidades e que se adapte às suas personalidades, é um dos grandes propósitos das psicoterapias atuais (Norcross & Wampold, 2018). Na prática clínica, isso pressupõe a necessidade de os terapeutas continuamente fazerem escolhas (explícitas e implícitas) de como se posicionar e reposicionar no espaço terapêutico, momento a momento, com cada paciente. O clínico opta por realizar esforços intervencionistas que visam a conter a ansiedade do paciente, sendo mais suportivo e apoiador, ou por fazer intervenções para evocar a ansiedade nele, sendo mais expressivo (Muran et al., 2022).

Os movimentos de apoio ou expressão vão sendo escolhidos na relação de cada dupla, a partir da observação das reações do paciente, e sinalizam a singularidade do vínculo terapêutico. A própria escolha das intervenções e do momento adequado de intervir é influenciada pela relação terapêutica e impacta diretamente os resultados obtidos. Os terapeutas flexíveis que se adaptam às necessidades dos seus pacientes obtêm resultados melhores com a psicoterapia do que aqueles que requerem a adaptação do paciente ao seu estilo e à psicoterapia proposta. Por exemplo, depois de perguntar ao paciente como foi o rompimento do seu namoro, um terapeuta ofereceu-lhe empatia e acolhimento ao perceber que sua expressão se entristeceu e que ele começou a chorar. Disse-lhe que compreendia e respeitava a sua dor por estar se desvinculando da namorada, por quem cultivava enorme carinho. A decisão sobre o momento de realizar cada tipo de intervenção (expressiva ou suportiva) foi baseada na atenção do terapeuta ao relacionamento terapêutico: ele buscou se adaptar às reações e necessidades emocionais do paciente e ao que julgava adequado no atendimento das demandas e dos objetivos da terapia.

Manutenção da relação terapêutica e manejo de problemas

Uma vez iniciado o trabalho terapêutico propriamente dito, é tarefa da dupla terapêutica zelar pela manutenção da aliança e do vínculo. A recomendação da APA na mais recente força-tarefa que avaliou a eficácia das psicoterapias é de que os profissionais monitorem rotineiramente a satisfação dos pacientes com o relacionamento terapêutico e as respostas ao tratamento (Norcross & Wampold, 2018). Tal monitoramento aumenta as oportunidades de manter ou restabelecer a colaboração da aliança, melhorar o relacionamento, modificar estratégias técnicas e investigar fatores externos à terapia que podem estar atrapalhando o processo. Essa recomendação pode ser seguida por meio de solicitações de *feedback* verbal direto para o paciente em sessão, como ilustrado no exemplo a seguir.

> **VINHETA CLÍNICA**
>
> Terapeuta — Como você tem percebido o nosso relacionamento nas últimas sessões?
> Paciente — Acho que está ótimo. Você me ajuda muito a refletir sobre outras formas de pensar e agir, e sinto que estamos avançando.
> Terapeuta — Há algum fator da nossa relação ou fora daqui que parece estar atrapalhando a terapia?
> Paciente — Somente a correria da vida, que nem sempre me permite ter todo o tempo que eu gostaria de dispor para lembrar mais das nossas conversas.
> Terapeuta — Criarmos uma estratégia juntos para você lidar com essa situação é algo que você acredita que contribuiria para sua evolução?
> Paciente — Sim, acho que me ajudaria muito a fazer as mudanças que eu desejo.
> Terapeuta — O que você acha que poderíamos fazer para fixar melhor nossas conversas?
> Paciente — Fazer resumos ao final da sessão talvez possa me ajudar.
> Terapeuta — Isso me parece ótimo! E o que você acha de escrevermos esses resumos em cartões-lembretes no celular, com horários que despertem?
> Paciente — Adorei! Vai me ajudar muito!

Encontrar soluções que promovam o fortalecimento da cooperação na aliança contribui para os resultados positivos do tratamento. Outro aspecto fundamental para a manutenção da relação terapêutica é que o psicoterapeuta proveja constância e consistência ao processo, favorecendo que o paciente se sinta seguro e confiante no vínculo para se mover em prol dos objetivos do tratamento (Gelso, 2019). A constância diz respeito às atitudes do terapeuta que promovem confiança; ela inclui o respeito ao *setting*, a observação da pontualidade (dia e horário) da terapia e a própria estabilidade do clínico. O paciente precisa perceber que o terapeuta é a "mesma pessoa" sessão após sessão. A consistência é observada no seu estilo pessoal de intervenção, na abordagem utilizada para o tratamento e na coerência entre a sua comunicação verbal e a não verbal. Por exemplo, se um terapeuta que tem estilo mais passivo e contido de uma hora para outra se tornar confrontativo e intolerante com o paciente, gerará instabilidade na relação terapêutica e poderá causar uma ruptura no vínculo. É a estabilidade da aliança que proporciona as condições necessárias para a construção da confiança no psicoterapeuta e no processo terapêutico em si (Gelso, 2019). Sugere-se ao leitor, para um maior aprofundamento sobre os elementos da pessoa do terapeuta, a leitura do Capítulo 2, "A pessoa do terapeuta".

É esperado que, ao longo de todo o tratamento, haja flutuações na aliança, visto que sua construção é um processo dinâmico, não estático, e passa por oscilações quanto à frequência, à intensidade e à duração ao longo das sessões. Tais oscilações ocorrem também durante uma mesma sessão. É imperativo que o clínico monitore a aliança constantemente e reconheça sua parcela de contribuição para uma falha real ou potencial dela, de forma que possa agir para promover sua bem-sucedida reparação. Tais oscilações na aliança são denominadas "rupturas", definidas como a discordância sobre as tarefas e os objetivos da terapia, a deterioração do vínculo entre paciente e terapeuta e a quebra nas negociações de suas respectivas necessidades (Muran & Eubanks, 2020, citado em Muran et al., 2022). Tal fenômeno é influenciado tanto pelo paciente como pelo terapeuta, e compreender sua natureza e seu impacto na relação terapêutica pode fornecer um indicativo relevante do prognóstico e do resultado do processo terapêutico, como pontuado no Capítulo 3, "Avaliando a relação terapêutica". Entre as causas, destacam-se as falhas na empatia, a contratransferência negativa e outros problemas nas dinâmicas interpessoais.

> **VINHETA CLÍNICA**
>
> Terapeuta — Maria, na última sessão fiquei com a sensação de ter sido excessivamente confrontativa e pouco sensível com você. Como você se sentiu?
> Paciente — Para ser honesta, eu fiquei um pouco chateada, mas entendi a sua intenção. Sei que você está correta nas suas colocações, pois reconheço que evito me conscientizar da minha responsabilidade pelo que estou vivendo.
> Terapeuta — Fico feliz que tenha reconhecido a minha intenção ao ser confrontativa, mas concordo que eu fui pouco sensível e pouco empática na forma como coloquei as coisas e peço desculpas a você por isso. Vou ficar atenta ao meu jeito de falar nas próximas vezes.
> Paciente — Gosto muito quando você me percebe, e do fato de você sempre tentar reparar quando me magoa. Isso me faz perceber que você é sensível comigo e que sou importante para você.

Quando não identificadas ou não abordadas, tais rupturas na aliança podem ser prejudiciais à relação terapêutica e preditoras de resultados negativos no tratamento, incluindo sua interrupção prematura. O abandono precoce da psicoterapia é um fenômeno significativo, frequentemente encontrado por psicoterapeutas de diversas abordagens teóricas, e suas taxas podem variar entre 15 e 75% (Arnow et al., 2007 citado em Dotta et al., 2020; Bados et al., 2007, citado em Dotta et al., 2020). O relacionamento terapêutico com uma aliança fraca tem maiores chances de abandono precoce (em comparação àquele com uma aliança forte). Em contrapartida, quando manejadas adequadamente, as rupturas se tornam uma oportunidade para o crescimento e a mudança.

A própria natureza do relacionamento terapêutico e as emoções geradas na terapia inevitavelmente ativarão crenças mal-adaptativas na dupla terapêutica, fenômeno esse amplamente conhecido como "transferência", que inclui a reedição dos conflitos não resolvidos do paciente e a reprodução dos padrões relacionais conflituosos no relacionamento com o próprio terapeuta. Tais atuações acionarão no terapeuta pensamentos e sentimentos relativos ao paciente, fenômeno denominado "contratransferência".

Um conjunto de reações contratransferenciais prejudiciais à sessão é apresentado a seguir (Friedman & Gelso, 2000, citado em Gelso, 2019): conivência do terapeuta com o engajamento do paciente em pensamentos disfuncionais; rejeição ao paciente ao invalidá-lo; ajuda excessiva, não permitindo ao paciente o necessário engajamento na solução dos próprios problemas; amizade com o paciente, rompendo as fronteiras do *setting* terapêutico; apatia diante do paciente, que gera baixo investimento do clínico; fala excessiva do terapeuta; mudança frequente de assunto em sessão sem razão aparente; criticismo e hostilidade com o paciente; expressão de queixas pessoais do terapeuta durante a sessão; postura punitiva com o paciente; pedido de desculpas inapropriado; submissão; dependência da aprovação do paciente; concordância com o paciente para evitar o confronto necessário; excesso de aconselhamento; distanciamento; excesso de autorrevelação; distração; desconfiança excessiva; rigidez na estrutura da sessão.

Essas atitudes e situações tanto podem representar uma ameaça ao vínculo como podem ser colocadas a serviço dos objetivos da psicoterapia, visto que as principais mudanças com relação às crenças centrais do paciente e aos seus padrões relacionais ocorrem com mais facilidade quando está envolvida uma quantidade substancial de carga emocional (Mahoney, 1998).

> **VINHETA CLÍNICA**
>
> Uma paciente apresenta sintomas de tristeza e ansiedade por relembrar cenas de um abuso sexual sofrido no passado, as quais foram acionadas pela expectativa em torno de uma cirurgia de reconstrução da sua região genital.
>
> - Exemplo do que *não dizer*: "Você não deve se engajar ou trazer à tona essas memórias agora, pois elas *não vão* ajudá-la a lidar com a cirurgia. Você precisa direcionar seus pensamentos para os ganhos reparadores que a cirurgia vai lhe proporcionar". (Exemplo de rejeição ao paciente com invalidação emocional.)
> - Exemplo de *intervenção terapêutica*: "Percebo que a proximidade com a cirurgia está fazendo você reviver muitas dessas lembranças dolorosas e que você se sente mais ansiosa e triste neste momento. Lembro-me de você me dizer que na época do abuso não tinha com quem contar e teve que lidar sozinha com todos esses pensamentos e emoções. Hoje estamos juntas. Você gostaria de falar sobre isso comigo? Como posso ajudá-la a lidar com esse momento que antecede a cirurgia?".

Terapeutas treinados para construir e manter a aliança se utilizam de estratégias para sua própria regulação emocional, direcionando seu foco atencional para a ampliação da consciência sobre a dinâmica da relação e para a identificação e o manejo das rupturas na aliança (Muran et al., 2022). Os caminhos potenciais para a resolução das rupturas orientam os esforços do clínico para a metacomunicação do fenômeno, validando o paciente e o estimulando a expressar o conflito e esclarecer suas preocupações. A reparação da ruptura também pode demandar estratégias para sua resolução imediata ou exploratória. A atualização do contrato do tratamento e a negociação de tarefas e objetivos da terapia fazem parte das estratégias de resolução imediata, enquanto uma resolução exploratória focaliza a sessão para a compreensão da ruptura em si.

> **VINHETA CLÍNICA**
>
> Um paciente muda o assunto da sessão ao ser confrontado pelo terapeuta sobre sua atitude em determinada situação.
> - Exemplo do que *não fazer*: o terapeuta se engaja no novo assunto com o paciente e deixa de investigar a ruptura na aliança.
> - Exemplo de *intervenção terapêutica*: "Percebo que você mudou de assunto após eu questionar a forma como você tem lidado com o término do relacionamento, mudando sua expressão facial e demonstrando inquietude no sofá. O que você pensou e sentiu quando eu o questionei?".

Tamanha é a importância do manejo das rupturas com a exploração reflexiva dos padrões relacionais que Safran (2002) afirma que o objetivo maior de um relacionamento terapêutico é justamente a construção, pela dupla terapêutica, de novos padrões relacionais mais criativos e evoluídos em substituição aos antigos padrões mantenedores dos sintomas e do sofrimento emocional subjetivo do paciente.

Alta

Uma vez atingidos os objetivos acordados para a psicoterapia, com a redução dos sintomas e a melhora geral do bem-estar do paciente, a terapia se encaminha para o processo de alta. Tradicionalmente, a psicoterapia cognitivo-comportamental trabalha a prevenção de recaídas ao chegar ao término do tratamento, bem como ensina ao paciente, desde as sessões iniciais, habilidades para manejar seus pensamentos e suas crenças de forma que ele possa se tornar seu próprio terapeuta (Beck, 2022). Da mesma forma, o terapeuta estimula que o paciente faça sessões de autoterapia à medida que as sessões conjuntas vão sendo espaçadas com a proximidade do término do tratamento, de modo a auxiliá-lo a colocar em prática tais habilidades. Tal como os pais estimulam a autonomia dos filhos ensinando-os a cuidarem bem de si mesmos, o psicoterapeuta estimula a autonomia do paciente em relação à terapia e utiliza a relação terapêutica e a qualidade do apego entre eles para favorecer essa conquista. A alta terapêutica representa a "cura" das demandas do paciente e o fortalecimento dos seus aspectos saudáveis, pois, ainda que os traumas não desapareçam por completo e as dificuldades cotidianas continuem existindo, o paciente se desenvolveu e se transformou ao longo do processo terapêutico, criando interpretações e padrões de resposta mais saudáveis para seus problemas.

A proximidade da alta pode acionar em muitos pacientes componentes importantes, muitas vezes justamente aqueles que os levaram à psicoterapia. As questões de apego, ansiedade, medo e abandono são algumas das que o clínico pode enfrentar ao trabalhar o encerramento da psicoterapia, e estilos de enfrentamento desadaptativos podem ressurgir conforme a separação se aproxima. Por isso, a alta é um momento de relembrar e fortalecer os aprendizados da terapia na iminência da separação. Embora a terapia esteja terminando, o terapeuta pode se colocar à disposição para sessões de reforço caso o paciente precise. A construção de um vínculo de apego seguro na dupla terapêutica possibilita que o paciente internalize a relação terapêutica como "um lar ao qual ele pode retornar". O apego seguro facilita e impulsiona a conquista da autonomia, minimizando a ansiedade com relação à separação. Outra ação importante nas sessões de encerramento é atribuir os progressos conquistados ao paciente, ajudando-o a identificar e relembrar as mudanças feitas por ele que contribuíram para a sua melhora, aumentando, com isso, a sua sensação de autoeficácia (Beck, 2022).

Salienta-se que a qualidade da relação construída influencia a forma como a terapia se encerra. A maioria dos pacientes têm sentimentos mistos com relação à alta: ficam satisfeitos com os progressos, mas receosos de ter recaídas e lamentosos por encerrar a relação com o terapeuta. A relação real da dupla terapêutica costuma gerar um vínculo de afeto, e é comum que o paciente e o terapeuta sintam o afastamento um do outro. Ajudá-los a enfrentar esse sentimento corrigindo distorções e empregando estratégias saudáveis pode ser importante. O terapeuta pode, por exemplo, mostrar disponibilidade para a troca eventual de mensagens com notícias sobre o paciente. Além disso, ele precisa estimular que o paciente crie uma rede de apoio com pessoas emocionalmente disponíveis e dispostas a criar laços de intimidade, pois o acolhimento empático em relações fraternas também tem efeitos terapêuticos sobre o paciente. Afinal, não apenas as técnicas, mas também — e especialmente — o fator humano faz diferença no processo de cura nas psicoterapias.

Não obstante, mesmo com o estímulo à autonomia, cabe aqui lembrar que na prática clínica observamos um pequeno percentual de pacientes que se mantêm em psicoterapia por um longo período de suas vidas. Isso pode ser motivado pela precariedade da sua condição de saúde emocional, pelas limitações da sua rede de apoio social ou mesmo pelo simples desejo de compartilhar sua subjetividade emocional com alguém que lhes pareça capacitado. Nesses casos, a manutenção de uma relação terapêutica de longo prazo deve respeitar os princípios éticos que norteiam a prática profissional.

CONSIDERAÇÕES FINAIS

A psicoterapia é uma oportunidade ímpar para o paciente construir e ressignificar o que entende por relações saudáveis. É a partir de uma relação terapêutica reflexiva, congruente, afetiva e autêntica, com um terapeuta que genuinamente se importa, que o paciente poderá se sentir amparado e cuidado — ampliando a visão de si, dos outros e do mundo — e construir novas formas de se posicionar nas suas relações. Em muitos casos, a relação terapêutica será a primeira relação saudável que a pessoa vai experienciar na vida. E, para que essa relação se constitua efetivamente terapêutica, não podemos forjar um paciente que se encaixe num modelo de psicoterapia: devemos adaptar a terapia a ele, criando um processo terapêutico único que atenda às suas características e necessidades, com o uso das melhores estratégias empiricamente fundamentadas.

> **RESUMO**
> - A relação terapêutica é um processo panteórico responsável por parte significativa dos resultados de todas as abordagens de psicoterapia.
> - A construção do vínculo é inerente à construção da aliança, com o acolhimento da demanda e a definição dos objetivos da terapia.
> - A construção do *setting* terapêutico objetiva criar as condições necessárias para que o paciente se sinta seguro para viabilizar o processo terapêutico.
> - A relação terapêutica possibilita a criação de uma psicoterapia adaptada a cada paciente, e não o contrário.
> - Entre as competências essenciais ao terapeuta, destaca-se a flexibilidade para adaptar seu estilo às demandas, às necessidades e aos objetivos de cada paciente.
> - Quando ocorrem rupturas na aliança, o clínico deve empregar esforços para a sua reparação, a fim de restaurar a colaboração e o vínculo.
> - A alta terapêutica estimula a autonomia e o fortalecimento dos aspectos saudáveis do paciente, sendo a representação máxima da "cura" na psicoterapia.

REFERÊNCIAS

Altimir, C., Mantilla, C., & Serralta, F. (2022). Practice-based evidence: Bridging the gap between research and routine clinical practice in diverse settings. *Studies in Psychology, 43*(3), 415-454.

Beck, J. S. (2022). *Terapia cognitivo-comportamental: Teoria e prática* (3. ed.). Artmed.

Conselho Federal de Psicologia (CFP). (2005). *Código de ética professional do psicólogo.* https://site.cfp.org.br/wp-content/uploads/2012/07/codigo-de-etica-psicologia.pdf

Dotta, P., Feijó, L. P., & Barcellos Serralta, F. (2020). Rupturas de la alianza terapéutica: Un estudio de caso interrumpido en psicoterapia psicoanalítica con un paciente limítrofe. *Ciencias Psicológicas, 14*(2), e-2321.

Eubanks, C. F., & Goldfried, M. R. (2019). A principle-based approach to psychotherapy integration. In J. C. Norcross, & M. R. Goldfried (Eds.), *Handbook of psychotherapy integration* (3rd ed., pp. 88-104). Oxford University.

Finsrud, I., Nissen-Lie, H. A., Vrabel, K., Høstmælingen, A., Wampold, B. E., & Ulvenes, P. G. (2021). It's the therapist and the treatment: The structure of common therapeutic relationship factors. *Psychotherapy Research, 32*(2), 139-150.

Gelso, C. (2019). *The therapeutic relationship in psychotherapy practice: An integrative perspective.* Routledge.

Kazantzis, N., Dattilio, F. M., & Dobson, K. S. (2017). *The therapeutic relationship in cognitive behavioral therapy.* Guilford.

Leahy, R. L. (2019). *Técnicas de terapia cognitiva: Manual do terapeuta.* Artmed.

Luong, H. K., Drummond, S. P. A., & Norton, P. J. (2020). Elements of the therapeutic relationship in CBT for anxiety disorders: A systematic review. *Journal of Anxiety Disorders, 76*, 102322.

Mahoney, M. J. (1998). *Processos humanos de mudança: As bases científicas da psicoterapia.* Artmed.

Muran, J. C., Lipner, L. M., Podell, S., & Reinel, M. (2022). Rupture repair as change process and therapist challenge. *Studies in Psychology, 43*(3), 482-509.

Norcross, J. C., & Lambert, M. J. (2011). Psychotherapy relationships that work II. *Psychotherapy, 48*(1), 4-8.

Norcross, J. C., & Wampold, B. E. (2011). Evidence-based therapy relationships: Research conclusions and clinical practices. *Psychotherapy, 48*(1), 98-102.

Norcross, J. C., & Wampold, B. E. (2018). A new therapy for each patient: Evidence-based relationships and responsiveness. *Journal of Clinical Psychology, 74*(11), 1889-1906.

Rogers, C. R. (1959). A theory of therapy, personality, and interpersonal relationships: As developed in the client-centered framework. In S. Koch (Ed.), *Psychology: A study of a science* (Vol. 3). McGraw-Hill.

Safran. J. D. (2002). *Ampliando os limites da terapia cognitiva: O relacionamento terapêutico, a emoção e o processo de mudança.* Artmed.

Wampold, B. E. (2015). How important are the common factors in psychotherapy? An update. *World Psychiatry, 14*(3), 270-277.

Leitura recomendada

Norcross, J. C. (2019). *Psychotherapy relationships that work: Evidence-based responsiveness* (3rd ed.). Oxford University Press.

8

A relação terapêutica na psicoterapia *on-line*

Mirian Porciúncula Moreira Cuchiara
Aline Duarte Kristensen
Christian Haag Kristensen

A psicoterapia *on-line* não é uma novidade. Há pelo menos 40 anos o uso de recursos *on-line* (como textos ou troca de *e-mails*) está presente na prática clínica. Diferentes avanços tecnológicos, como o surgimento de *webcams*, na década de 1990, a utilização de plataformas como o Skype, a partir da década de 2000, e a disponibilização global de internet de alta velocidade, nos últimos 15 anos, favoreceram a disseminação da psicoterapia por videoconferência.

Embora a progressão gradual dessa modalidade de psicoterapia já estivesse em curso, a pandemia de covid-19 acelerou muito esse processo, visto que psicoterapeutas e serviços de saúde mental tiveram que se adaptar às restrições ao contato social impostas no contexto pandêmico. No entanto, a migração massiva para a psicoterapia *on-line* não veio acompanhada, proporcionalmente, de avanços nos conhecimentos técnicos, teóricos e éticos. Ainda que a evidência seja promissora, há inegáveis lacunas em nosso conhecimento atual sobre essa modalidade de psicoterapia (Smith et al., 2022), inclusive relativas às especificidades da relação terapêutica nesse contexto.

Como demonstrado em vários capítulos deste livro, o sucesso de um tratamento psicológico depende, entre outros fatores, de uma relação sólida entre o paciente e o terapeuta. Os diferentes aspectos da relação terapêutica são centrais para os resultados da psicoterapia, independentemente do tipo de tratamento realizado (Norcross & Lambert, 2018). Em meio à contínua transformação do modo como as interações acontecem e à progressiva utilização de tecnologias nas práticas psicológicas, torna-se evidente a necessidade de explorarmos em maior profundidade a relação terapêutica que se estabelece na psicoterapia *on-line*.

PSICOTERAPIA *ON-LINE*

Ainda que não exista um consenso sobre a terminologia, é possível definir "psicoterapia *on-line*" como atendimentos realizados por um terapeuta utilizando recursos de comunicação baseados na internet para acessar seus pacientes, sem excluir a possibilidade de atendimentos presenciais. Ela se diferencia das intervenções baseadas na internet, que não pressupõem obrigatoriamente a participação de um terapeuta, podendo ser desenvolvidas por meio de um programa de computador, um aplicativo, entre outros recursos (Proudfoot et al., 2011). A psicoterapia *on-line* pode acontecer de maneira síncrona ou não, ou seja, pode pressupor comunicação imediata ou com atraso, que varia em seu tempo.

No atendimento síncrono, psicoterapeuta e paciente ficam disponíveis em tempo real para a interação, tendo, em combinação prévia, definido as ferramentas a serem utilizadas, o horário e a duração da sessão, etc. Esse contato em tempo real pode acontecer por videoconferência, teleconferência, mensagem, entre outros recursos. Já no atendimento assíncrono, a interação não exige contato em tempo real, não existindo um horário determinado para as respostas. Além disso, o conteúdo dessa interação fica disponível para acessos posteriores (no *e-mail*, por exemplo).

A modalidade síncrona permite um contato mais espontâneo e possibilita a construção conjunta da comunicação. Em contrapartida, a psicoterapia *on-line* assíncrona envolve menos espontaneidade e menor proximidade afetiva entre terapeuta e paciente (Almondes & Teodoro, 2021). No entanto, elas podem ser complementares, tornando o processo mais completo e contínuo.

O uso de novas tecnologias e o acesso à internet viabilizaram possibilidades de atuação profissional antes inimagináveis, ampliando a acessibilidade dos pacientes a vários serviços. Ainda que atendimentos remotos sejam realizados há décadas na área da saúde, a psicoterapia *on-line* é uma prática relativamente recente no Brasil.

Em 2018, com a Resolução nº 11 (2018), o Conselho Federal de Psicologia (CFP) autorizou a prestação de serviços psicológicos por meio de tecnologias da informação e da comunicação (TICs). Para que um profissional da psicologia possa prestar serviços por meio de TICs, ele precisa realizar o cadastro e-Psi no Conselho Regional de Psicologia (CRP). Em quaisquer modalidades desses serviços, é obrigatório especificar os recursos tecnológicos utilizados para a garantia do sigilo e manter essa informação acessível aos usuários, além de cumprir integralmente o código de ética da categoria.

O atendimento psicológico *on-line* ganhou espaço nos últimos anos — durante o período da pandemia de covid-19, a modalidade de atendimento *on-line* foi a mais praticada e rapidamente se mostrou viável. Mesmo com o contato social normalizado, a modalidade de atendimento remoto segue dividindo espaço com os atendimentos presenciais nos consultórios de psicologia, mostrando-se uma tendência forte para a atuação profissional.

Na prática da psicoterapia *on-line*, podem ser usadas ferramentas que possibilitam a comunicação síncrona ou assíncrona, como telefones — incluindo seus recursos de texto, áudio e vídeo —, *e-mails* ou instrumentos mais interativos, a exemplo de plataformas que realizam videochamadas com uma ou mais pessoas. As tecnologias também podem ser utilizadas em complemento ao atendimento presencial. No entanto, um dos principais recursos utilizados para atendimentos *on-line* é a videoconferência. As videochamadas são recursos que, ainda com algumas restrições, oferecem um *setting* terapêutico mais semelhante ao presencial, pois permitem que o terapeuta e o paciente interajam com ferramentas que possibilitam a captação de informações verbais e não verbais, como sons e imagens.

Uma revisão guarda-chuva rápida de revisões sistemáticas pré-pandemia de covid-19 (Barnett et al., 2021) concluiu que as psicoterapias (ou aconselhamentos psicológicos) baseadas em vídeo foram tão efetivas e apresentaram tanta aceitabilidade quanto as psicoterapias presenciais não virtuais. Outra revisão de psicoterapias por videochamada identificou que elas não foram menos efetivas do que as psicoterapias presenciais não virtuais no tratamento de adultos com diferentes quadros de transtorno mental (Thomas et al., 2021), particularmente nas modalidades de terapia de exposição prolongada, terapia de processamento cognitivo e estratégias de ativação comportamental.

Ainda que muitas novidades surjam e possibilitem que a psicoterapia seja praticada de diferentes formas, a qualificação profissional e o resguardo de todas as questões éticas relativas à prática profissional são necessários. O respeito ao sigilo e à confidencialidade das informações do paciente é responsabilidade do profissional e precisa ser garantido na psicoterapia *on-line*.

Diante de tantos detalhes a serem observados, é necessário atentar-se não só aos aspectos tecnológicos, mas também às questões que envolvem a prática da psicoterapia e a relação com o paciente. Na sequência, serão apresentados, com base no *Guia de orientação para profissionais de psicologia*, publicado pelo Conselho Regional de Psicologia do Rio Grande do Sul ([CRPRS], 2020), os principais pontos a serem observados quanto ao domínio da tecnologia, à segurança dos dados, ao *setting*, ao contrato e a outros aspectos que interferem no desenvolvimento da psicoterapia *on-line*.

Domínio da tecnologia

Tanto o terapeuta quanto o paciente precisam ter domínio sobre as ferramentas utilizadas para a realização dos atendimentos *on-line*. Sendo assim, o terapeuta precisa não só se apropriar dos recursos: é responsabilidade dele certificar-se de que seu paciente também ficará confortável com a tecnologia sugerida. Serão necessárias combinações prévias sobre a plataforma que será utilizada, os recursos que serão requeridos para o funcionamento adequado do *setting* — equipamentos como computador ou *smartphone*, microfone, fones de ouvido (ou *headsets*) e câmera, além de acesso de qualidade à internet —, a pessoa que será responsável por enviar o convite para acesso à sessão, entre outros aspectos. As combinações prévias são de extrema importância, pois sem elas a qualidade da interação pode ser comprometida, gerando desde dificuldade na comunicação até, em casos mais extremos, falta de motivação do paciente para dar continuidade aos atendimentos, passando pelo comprometimento da relação terapêutica e dos resultados da psicoterapia.

Sigilo e segurança dos dados

A confidencialidade das informações e o sigilo profissional são responsabilidades éticas do psicólogo e se tornam ainda mais fundamentais quando o atendimento é intermediado pelas TICs. Evitar equipamentos públicos, manter dispositivos e *softwares* atualizados, empregar recursos tecnológicos confiáveis para armazenamento dos dados e utilizar senhas fortes são alguns dos procedimentos aos quais o terapeuta deve estar atento.

Construção do *setting*

Toda relação requer um contexto temporal e espacial para ser estabelecida, seguido de um propósito e de combinações. O *setting* terapêutico é o conjunto de regras, procedimentos e combinações específicas feitas pelo psicoterapeuta junto ao paciente para a clara definição dos papéis de cada um, organizando-os de forma a viabilizar a construção da relação profissional tendo em vista os objetivos propostos.

A construção do *setting* psicoterápico *on-line* segue alguns dos pressupostos aplicados aos *settings* presenciais, com algumas adaptações. De acordo com as orientações do CRPRS (2020), a construção do contrato de trabalho nas psicoterapias *on-line* inclui a combinação informal, ou contrato escrito prévio, sobre: (a) onde ocorrerão os encontros (espaço físico, virtual ou híbrido); (b) hora, duração da sessão e frequência dos encontros; (c) honorários e pagamentos; (d) ausências; (e) falhas na tecnologia ou na internet; (f) disponibilidade do terapeuta fora de sessão; (g) funções de cada parte na prestação de serviço. A função primordial da construção do *setting* psicoterápico é criar as condições concretas, simbólicas e afetivas para o paciente se sentir confiante para solicitar e receber a ajuda que busca na terapia. Isso implica a construção do vínculo — parte constituinte da aliança e da relação real entre as pessoas do paciente e do terapeuta — na formação singular de cada relação terapêutica *on-line*, assunto abordado nas seções a seguir.

A RELAÇÃO TERAPÊUTICA NA PSICOTERAPIA *ON-LINE*

O estabelecimento de uma relação consistente entre terapeuta e paciente é um dos principais fatores que conduzem ao alcance dos resultados almejados na psicoterapia. Muitos estudos apontam que não existe diferença entre o *setting on-line* e o presencial quanto à magnitude da relação construída pela díade (ver revisão em Sucala et al., 2012). Em particular, quando a aliança é investigada, revisões recentes sugerem que, na psicoterapia *on-line,* são verificados escores em medidas de aliança equivalentes (Berger, 2017; Richards et al., 2018) ou mesmo superiores àqueles observados na psicoterapia presencial (não virtual) (Holmes & Foster, 2012; Reynolds et al., 2013; Simpson & Reid, 2014; Watts et al., 2020). No entanto, uma metanálise de não inferioridade verificou que a aliança na psicoterapia *on-line* (por videoconferência) foi inferior àquela estabelecida na modalidade presencial, embora não tenha sido observada diferença na redução de sintomas (Norwood et al., 2018).

É inegável que, assim como outros aspectos, a forma como a relação terapêutica vai se desenvolver no ambiente virtual será diferente em comparação com a modalidade presencial e moldada pelos benefícios e pelas limitações da tecnologia. Um estudo de metanálise (Simpson & Reid, 2014) apontou três fatores centrais que podem facilitar o desenvolvimento de um vínculo terapêutico por meio de videoconferências: (1) as capacidades individuais do paciente e do terapeuta de desenvolver a aliança, (2) as crenças que ambos mantêm em relação à psicoterapia por videoconferência e (3) a experiência de presença. Os três aspectos, conjuntamente, vão impactar a qualidade da relação terapêutica e, por consequência, o resultado da psicoterapia *on-line*.

Como apresentado no Capítulo 1, "Fundamentos transteóricos: as três faces da relação terapêutica", a relação terapêutica é um conceito transteórico e, na prática, se estabelece a partir de sentimentos e atitudes que o terapeuta e o paciente desenvolvem e expressam um ao outro. Ela é dividida teoricamente nos componentes: relação real, aliança e transferência (Gelso, 2014).

A fim de entender como a relação terapêutica se dá no ambiente virtual, é importante levar em consideração o conceito de presença. Ela foi definida como a percepção de estar em determinado espaço ou ambiente, mesmo quando se está fisicamente localizado em um lugar diferente (Simpson & Reid, 2014). A presença é o que permite a percepção ilusória de não mediação, como propõem Lombard e Ditton (1997). Ou seja, as partes envolvidas na relação não percebem, durante o atendimento, que a comunicação está sendo intermediada — no caso, pelas TICs —, o que permite que a relação aconteça de maneira real.

Na psicoterapia *on-line*, busca-se o estabelecimento de uma relação terapêutica consistente, e a qualidade do ambiente virtual pode contribuir para que o terapeuta e o paciente sintam que estão verdadeiramente interagindo, mesmo fisicamente distantes (Sucala et al., 2012), e fazendo parte de um ambiente físico reproduzido virtualmente. Para a construção da aliança, é fundamental que o terapeuta conduza as entrevistas iniciais visando à construção do vínculo terapêutico *on-line* e ao acolhimento da demanda pela psicoterapia. Terapeuta e paciente são responsáveis pelo desenvolvimento e pelo consenso quanto aos objetivos do tratamento, bem como pela proposição e pela realização das tarefas que promovem os resultados da psicoterapia. Durante o tratamento propriamente dito, o paciente decidirá junto ao terapeuta o que será abordado na sessão e em que velocidade a psicoterapia avançará, em um processo de empirismo colaborativo.

No ambiente *on-line*, existem alguns comportamentos e recursos que facilitam a comunicação recíproca, elencados a seguir.

- Adotar uma atitude empática e genuína concomitantemente. Para que essas características sejam expressas/percebidas em ambiente virtual, alguns re-

cursos podem ser utilizados, por exemplo: a verbalização de conteúdos que, presencialmente, poderiam ser demonstrados por meio da comunicação não verbal; a adequação do tom de voz e a sua coerência com o que se está expressando (lembrando que virtualmente ele deve ser intensificado para que compense as perdas não verbais ocasionadas pelo enquadramento da câmera); e a adequação do alinhamento do olhar, que pode ser desviado pelo posicionamento da câmera, dando a impressão de que não se está olhando diretamente para o paciente.
- Utilizar recursos (texto, áudio, vídeo) por meio do compartilhamento de tela para certificar-se de que as tarefas propostas, bem como a psicoeducação, ficaram claras. Esse recurso também pode ser utilizado para que o paciente apresente os resultados das suas atividades.
- Utilizar recursos como imagens e áudios para dar detalhes sobre a intenção da comunicação, que muitas vezes é perdida quando nos restringimos à escrita (por exemplo, utilizar *emojis* e/ou áudios na comunicação por aplicativos).
- Fazer resumos frequentes da sessão, incentivando a confirmação ou a contestação do paciente. Essa é uma forma de facilitar os questionamentos e a participação ativa de ambos no desenvolvimento da psicoterapia. Por exemplo, o terapeuta pode solicitar *feedback* com falas como: "O que ficou para você do nosso atendimento de hoje?"; "Faça um breve resumo de nosso atendimento".

Presença na psicoterapia *on-line*

Inicialmente existiam dúvidas sobre a possibilidade de uma relação entre terapeuta e paciente se desenvolver sem um encontro presencial entre eles, principalmente porque, nesse caso, perdem-se muitos elementos importantes para que o vínculo entre duas pessoas seja estabelecido, como um cumprimento acolhedor, com o contato que pode incluir desde um aperto de mãos até um caloroso abraço. No entanto, como mencionado anteriormente neste capítulo, estudos que abordam a relação terapêutica na psicoterapia *on-line* indicam que essa relação é possível. Um dos elementos fundamentais para que esse vínculo se desenvolva é a presença.

Em um estudo sobre a percepção de presença em tecnologias ubíquas, Schutz et al. (2020) definiram o conceito de presença como multifatorial, sendo composto por: (1) presença espacial, (2) presença social e (3) autopresença. A primeira consiste na percepção de estar em outro lugar com a possibilidade de agir nele, ainda que se trate de um ambiente virtual; a segunda compreende a sensação de estar junto à outra pessoa, ainda que ambas estejam fisicamente separadas; e a terceira diz respeito à percepção do *self* virtual como real. Tal conceito também foi investigado por Cuchiara e Kristensen (no prelo), em um estudo em que pesquisaram a associação entre aliança, relação real e presença na psicoterapia *on-line*.

Para enfatizar as particularidades da psicoterapia *on-line*, o conceito de telepresença tem sido cada vez mais empregado. A telepresença é definida como a sensação de estar no mesmo local que o outro na terapia *on-line*. Em outras palavras, é a percepção de estar presente no ambiente criado pela tecnologia de vídeo (Minsky, 1980). Esse conceito se originou da experiência em comum de espectadores de filmes e séries, que com frequência se envolvem no momento presente a ponto de esquecerem, momentaneamente, da separação física que existe entre eles e o outro lado da tela (Lombard & Ditton, 1997).

No estudo de Cuchiara e Kristensen (no prelo), foi possível observar que os pacientes experienciam a sensação de presença na psicoterapia *on-line*, ou seja, mesmo estando em ambientes conectados apenas virtualmente, o que mostra que tal sensação é relevante para o estabelecimento tanto da aliança quanto da relação real. É possível considerar que, se os pacientes se sentirem mais seguros e confortáveis em ambientes *on-line* do que no consultório de um terapeuta, eles poderão preferir o tratamento intermediado por videoconferência (Cipolletta, 2015). Nessa situação, o ambiente pode favorecer o desenvolvimento de todos os elementos presentes na psicoterapia, inclusive da relação terapêutica, pois o espaço virtual em que acontece a psicoterapia *on-line* também permite que o paciente perceba a relação mais horizontalizada, vendo-se com tanta propriedade e controle sobre o *setting* quanto o terapeuta.

> **VINHETA CLÍNICA**
>
> Um paciente de 25 anos diagnosticado com ansiedade social pensava em fazer terapia há aproximadamente três anos, desde que seus sintomas passaram a interferir mais em suas atividades cotidianas, como nas relações sociais e de trabalho. Durante a pandemia de covid-19, quando a maioria dos psicólogos passou a oferecer atendimento exclusivamente *on-line*, motivado pelo fato de não precisar sair de casa e enfrentar seu medo de julgamentos externos, o paciente buscou ajuda por meio do atendimento *on-line*. Inicialmente, solicitou atendimento apenas com recursos de áudio, mas em seguida concordou em ligar a câmera; contudo, posicionava-se bem próximo e não alinhado a ela, de modo a diminuir a amplitude de visão da terapeuta.
>
> Aos poucos, apoiado pela postura profissional flexível, genuína e não julgadora da psicóloga, o vínculo foi sendo fortalecido por meio da confiança que se desenvolveu na relação. Com o auxílio das técnicas de enfrentamento utilizadas, o paciente foi progressivamente modificando tanto seus pensamentos e sentimentos quanto seu comportamento, adotando uma postura mais segura e tranquila. Nesse caso, a percepção inicial de autopresença diminuída foi preponderante para que a busca do atendimento fosse possível, bem como para que a relação terapêutica se estabelecesse de forma progressiva.

Aliança na psicoterapia *on-line*

No contexto da psicoterapia *on-line*, a aliança é o aspecto mais investigado nos estudos sobre relação terapêutica (Sucala et al., 2012), possivelmente por ser composta por elementos mais tangíveis. A aliança é considerada, na relação terapêutica, o relacionamento global, o catalisador, o aspecto que permite que o trabalho aconteça apesar dos obstáculos e das resistências emocionais existentes na psicoterapia. Conforme proposto por Gelso e Carter (1994), a aliança é composta por vínculo, objetivo e tarefa.

No que diz respeito à aliança na psicoterapia *on-line*, demonstramos uma associação positiva entre presença social e autopresença com objetivo, tarefa e vínculo, evidenciando que a aliança é influenciada pela qualidade das relações que se estabelecem nos ambientes virtuais, visto que permitem perceber a intenção de proximidade mesmo que terapeuta e paciente estejam distanciados fisicamente (Cuchiara, 2021). Na mesma pesquisa, observamos que o fator "presença espacial" se relaciona de forma discretamente negativa com o vínculo e com o objetivo. Sendo assim, é possível considerar que, mesmo sem a percepção de estar em outro lugar, com foco e atenção direcionados e com possibilidade de ação, terapeutas e pacientes podem manter a relação terapêutica (possivelmente pautada em outros aspectos da presença).

VINHETA CLÍNICA

Uma paciente de 29 anos, brasileira e residente há quatro anos em um país da Europa, buscou psicoterapia *on-line* para o desenvolvimento de habilidades sociais e a orientação de carreira. O motivo para buscar uma psicóloga brasileira foi a facilidade de acessar suas emoções quando em contato com seu idioma nativo, bem como questões culturais envolvendo seus sentimentos. A conexão entre a díade se deu de forma muito espontânea, na medida em que a paciente se sentiu compreendida empaticamente por sua psicóloga, conectada com sua origem e validada em sua forma de pensar e sentir. Ao mesmo tempo, a paciente conseguia, por meio da terapia, reconhecer seus limites e ampliar recursos e estratégias, respeitando a si própria e a cultura do país que a estava acolhendo no momento. A relação se fortaleceu quando alguns objetivos, traçados pela dupla e executados por meio de algumas tarefas combinadas, começaram a ser atingidos: início de uma relação amorosa, ampliação do grupo de amigos e troca de trabalho.

Transferência e contratransferência na psicoterapia *on-line*

De acordo com o conceito proposto por Gelso e Bhatia (2012), a transferência é o deslocamento para o terapeuta de sentimentos, atitudes e comportamentos que o paciente teve em suas experiências anteriores. Já a contratransferência se refere fundamentalmente às reações internas e externas do terapeuta — moldadas por experiências emocionais não resolvidas, passadas e presentes, tendo as ações do paciente como gatilho.

Na prática *on-line*, o terapeuta precisa desenvolver algumas habilidades para favorecer a contratransferência no processo terapêutico. Ele deve, por exemplo, estar mais atento às respostas de seu paciente, para que a redução dos elementos não verbais não seja limitadora. Além disso, o autoconhecimento (e a constante autorreflexão) é essencial para que o terapeuta possa gerenciar-se intelectual e emocionalmente durante os atendimentos. Por isso é tão relevante que o profissional passe por processos de psicoterapia e supervisão. Outro fator importante é a disponibilidade emocional do terapeuta na sessão, com escuta ativa, amparo acolhedor e limites firmes, entre outras posturas, em resposta às necessidades emocionais do paciente. A habilidade para ter empatia genuína e realista também é preponderante, assim como a capacidade do terapeuta de gerenciar suas respostas emocionais. Não menos importante é a conceituação da dinâmica do paciente, podendo fundamentar seu funcionamento em uma organização teórica padronizada (Gelso, 2019).

> **VINHETA CLÍNICA**
>
> Durante o atendimento *on-line*, o paciente reclama de maneira ríspida da capacidade de compreensão da terapeuta, questionando sua habilidade empática. A terapeuta, tendo já conceituado o paciente, entendido sua forma de funcionamento e fechado o diagnóstico de transtorno de personalidade narcisista, reflete:
>
> Terapeuta — Vou expor minha percepção e quero que você me diga se está correta, tudo bem? Me parece que você não se sentiu compreendido quando falou da briga que teve com seu chefe. Percebi que suspirou com mais intensidade, se afastou da câmera e virou de lado. O que aconteceu?
>
> Paciente — Sim, você questionou o meu posicionamento, assim como meu chefe faz. Tenho razões para gritar, estou certo e preciso ser ouvido.
>
> Terapeuta — Compreendo e estou aqui para ouvir você. Você se incomodou quando perguntei se existiria, na sua percepção, outra forma de fazer a mesma argumentação diante do seu chefe?
>
> Paciente — Sim! Que outra forma haveria de falar com uma pessoa teimosa que não aceita que está errada?
>
> Terapeuta — Acredito realmente que existem várias formas de emitir uma mensagem. O que você esperava ouvir de mim quando mencionou a briga que tiveram?
>
> Paciente — Que estou certo. Você é minha psicóloga e precisa me apoiar. Parecia que estava contra mim [tom de voz mais baixo e menos reativo]. Deu vontade de desligar a chamada. Tive que me controlar para permanecer *on-line*.
>
> A terapeuta (sem se ativar com o julgamento) acolhe a necessidade do paciente e o valida pelo fato de ter se mantido na videochamada. Aproveita a situação ocorrida no atendimento para refletir com o paciente sobre as estratégias usadas em seus relacionamentos e para avaliar com ele em que medida seu autocontrole ao tomar a decisão de permanecer *on-line* na sessão e manter um diálogo saudável permitiu que o desfecho fosse positivo.

Relação real na psicoterapia *on-line*

A relação real é compreendida como a relação pessoal que se desenvolve entre paciente e terapeuta desde o primeiro contato. Ela é composta por dois elementos, realismo e genuinidade, que juntos definem respectivamente o quanto um percebe e experimenta o outro de maneira adequada e o quanto cada um se mostra na relação tal como é. Segundo Gelso (2014), à medida que a terapia progride, a relação real se aprofunda.

Gelso e Kline (2019) sugerem que o relacionamento real e a aliança de trabalho sejam encarados como fatores inter-relacionados, mas que compõem distintos aspectos da relação terapêutica e contribuem de formas diferentes para o processo e o resultado do tratamento (Bhatia & Gelso, 2018). Essa diferença se torna mais evidente quando se percebe que rupturas na aliança de trabalho podem ser reparadas em benefício do tratamento, enquanto rupturas na relação real são mais prejudiciais ao progresso da psicoterapia, sendo mais difíceis de reparar (Gelso & Kline, 2019).

No estudo que desenvolvemos no contexto da psicoterapia *on-line*, observamos que a relação real e a aliança se associaram de forma positiva, sendo conceitos diferentes, mas importantes um para o outro (Cuchiara, 2021). Na mesma pesquisa, foi possível verificar que a aliança é preditora da relação real na psicoterapia *on-line*, junto à presença. Assim, é possível que no início da psicoterapia já exista uma aliança estabelecida e que o relacionamento real vá se fortalecendo progressivamente à medida que o tratamento avança. Além disso, a qualidade dos recursos tecnológicos, somada às habilidades do terapeuta de reproduzir um *setting on-line* condizente com o presencial, aumenta a magnitude da relação real nos atendimentos *on-line*.

> **VINHETA CLÍNICA**
>
> Uma paciente de 39 anos iniciou seu primeiro tratamento psicológico *on-line* por morar em um local onde os poucos psicólogos existentes pertenciam ao seu grupo de amigos. Nas primeiras sessões, a paciente tinha dificuldade de acessar as suas emoções, mostrando-se evitativa. Também tinha certa dificuldade na utilização das tecnologias necessárias para as consultas *on-line*. Percebendo as dificuldades da paciente, a psicóloga se colocou à disposição para auxiliar no uso dos recursos. Organizaram juntas um local reservado, com apoio adequado para o *smartphone* (que caía muitas vezes durante o atendimento, dificultando a angulação da câmera); a paciente lançou mão de fones de ouvido para que a voz da terapeuta não fosse escutada durante a consulta e alocou uma caixinha de som no cômodo em que fazia os atendimentos, de forma a minimizar também o que poderia ser ouvido de suas falas.
>
> Com esses recursos, a paciente passou a se sentir mais segura e confortável para acessar suas emoções. Mesmo assim, transcorrido algum tempo de atendimento, ela ainda se mostrava muito autocrítica por sentir alguns medos. Usando a técnica de autorrevelação, a psicóloga contou sobre uma situação em sua vida em que havia sentido muito medo, levando para o *setting* sua vulnerabilidade àquele tema e apresentando uma forma adaptativa de lidar com ela. Desse momento em diante, a paciente passou a se sentir mais confiante e menos defensiva nas sessões, permitindo-se estar mais disponível emocionalmente em seu processo psicoterápico.

Vantagens da relação terapêutica na psicoterapia *on-line*

Os estudos realizados até o momento demonstram altos níveis de satisfação e aceitabilidade da psicoterapia por videoconferência, indicando que as TICs podem até melhorar e estender o relacionamento terapêutico (Stoll et al., 2020). Há pacientes e terapeutas que já relataram sentir que há algo de especial no fato de serem pioneiros dessa modalidade de tratamento. Alguns estudos sugerem que a videoterapia pode facilitar o desenvolvimento de um relacionamento terapêutico na medida em que facilita o acesso ao tratamento e oferece a "distância" ou o espaço necessário para minimizar a vergonha experimentada por fazer terapia (Simpson & Reid, 2014). A vergonha e o medo do julgamento interferem na procura pela terapia presencial especialmente em psicopatologias como transtornos alimentares, quadros de ansiedade/fobia social e terapias conjugais. Em um estudo comparando as modalidades *on-line* (por videoconferência) e presencial (não virtual) de terapia cognitivo-comportamental (TCC) para adultos com transtorno de ansiedade generalizada, os participantes atendidos virtualmente evidenciaram maior aliança com seus terapeutas do que aqueles atendidos de modo convencional (Watts et al., 2020).

Mesmo que o medo e a vergonha devam ser enfrentados como parte do tratamento — pois, se evitados, podem comprometer o próprio processo terapêutico —, a possibilidade de ter um relacionamento virtual aumenta o senso de controle dos participantes (Simpson & Reid, 2014). Ao mesmo tempo, o relacionamento *on-line* reduz os sentimentos de pressão e intimidação experimentados por pessoas que consideram a intimidade e a "conexão" com o outro "desconfortáveis" e invasivas, como é o caso dos indivíduos com estilo de apego evitativo. Para esses sujeitos, estabelecer um relacionamento terapêutico *on-line* pode representar a primeira oportunidade de construir um vínculo de apego a outra pessoa. Isso pode ser proporcionado porque há um ambiente que eles consideram seguro (no caso, o ambiente virtual) e que os ajuda a manter algum senso de controle pessoal. As videoconferências oferecem esse senso a pacientes que têm medo de perder o controle pessoal de suas emoções, facilitando o desenvolvimento de uma aliança positiva para a terapia.

VINHETA CLÍNICA

Uma paciente de 35 anos diagnosticada com obesidade mórbida não saía de casa há aproximadamente 30 meses, por dificuldades de locomoção e vergonha social da sua condição física. Ela já havia deixado o emprego e se via em um quadro depressivo no último ano. Foi estimulada a buscar psicoterapia *on-line* como forma de obter ajuda psicológica. A paciente, embora resistente, se mostrou favorável a fazer uma sessão de avaliação, justificando se sentir protegida em casa e pela tela, contexto que lhe possibilitava esconder o próprio corpo, gerador de desconforto físico e vergonha social.

Na sessão de avaliação, a terapeuta acolheu a paciente com gentileza, estimulando sua expressão emocional e mostrando empatia com sua história. Ao mesmo tempo, compreendeu os prejuízos que ela vinha enfrentando devido à sua condição precária de

(Continua...)

> saúde física e mental, os quais a motivaram a buscar psicoterapia. Ao se sentir compreendida pela terapeuta, segura no atendimento virtual e esperançosa quanto a uma eventual ajuda, a paciente concordou em iniciar a psicoterapia. As duas acordaram os objetivos iniciais do tratamento, que incluiria um plano de ação contra a depressão e a obesidade, e também definiram como seriam realizadas as sessões *on-line*, de forma a favorecer a construção de um vínculo de confiança, genuinidade e cooperação entre elas.

Desvantagens da relação terapêutica na psicoterapia *on-line*

Um dos grandes desafios das psicoterapias *on-line* é manter a aliança forte e cooperativa na dupla terapêutica junto ao manejo e ao reparo das rupturas na relação. As rupturas, conforme dito anteriormente, são os obstáculos e as resistências emocionais existentes na psicoterapia (Safran, 2002). A modalidade *on-line* tem limitações intrínsecas quando comparada à presencial, tanto pelas questões diretamente relacionadas ao uso da tecnologia (Sucala et al., 2012) como pelo aumento da influência do ambiente na sessão, decorrente da diminuição da privacidade e de interrupções mais frequentes, com o contexto externo invadindo o atendimento (Cipolletta et al., 2018). Exemplos disso são o congelamento da imagem e a interrupção da transmissão do áudio durante a fala do paciente. Tais interrupções podem gerar falhas na comunicação e na empatia do psicoterapeuta, bem como queda na cooperação empírica do paciente e na sensação de presença e proximidade, ocasionando o enfraquecimento da aliança durante a sessão, uma ameaça à continuidade da terapia e ao alcance dos resultados almejados.

O modo como o terapeuta enfrentará tais rupturas e interrupções na sessão poderá levar à manutenção ou ao rompimento da aliança e do vínculo. Nesses casos, é indicado ao profissional perguntar como o paciente se sente com tais interrupções e como deseja continuar a partir de então (Cipolletta et al., 2018). Isso permite a reparação de falhas na empatia, o reengajamento do paciente no processo e a consequente restauração da coordenação de ações e da sincronia da dupla, fortalecendo novamente a aliança na relação terapêutica. O manejo adequado realizado pelo profissional favorece a continuidade do trabalho terapêutico e a manutenção do vínculo, apesar das interrupções mais frequentes na sessão decorrentes do atendimento nessa modalidade. A forma como o profissional maneja tais rupturas depende mais do seu estilo pessoal, da sua abordagem e do seu treinamento específico do que do meio usado para a comunicação entre a dupla (Cipolletta et al., 2018).

> **VINHETA CLÍNICA**
>
> Uma paciente que chora ao relatar uma briga com o marido é interrompida por ele, que bate na porta do quarto onde ela realiza a sessão por videoconferência. O terapeuta observa a reação de medo da paciente à interrupção do marido e à perda da privacidade.

(Continua...)

> Terapeuta — Percebo a sua reação. Como você gostaria de continuar a sessão a partir de agora?
> Paciente — Não sei o que fazer... Não sei se ele escutou o que eu estava falando dele para você.
> Terapeuta — Você pode decidir se quer interromper a sessão para atender à solicitação do seu marido e verificar o que ele desejava com você ao bater na porta, ou se prefere dizer a ele que está ocupada e que, ao se liberar, vocês conversam.
> Paciente — Vou ficar nervosa se não souber o que ele quer. Posso ir ali ver com ele e já volto?
> Terapeuta — Fique à vontade, aguardarei você voltar.
>
> A paciente retorna à sessão claramente aliviada. O terapeuta, ao vê-la assim, decide investigar com a paciente suas mudanças de reação emocional durante todo o processo de interrupção: da tristeza ao medo e, depois, ao alívio emocional. Ele reengaja a paciente na sessão ponderando sobre suas reações emocionais e seus padrões disfuncionais no relacionamento com o marido, resgatando assim o foco do tratamento.

CONSIDERAÇÕES FINAIS

Neste capítulo, exploramos a relação terapêutica na psicoterapia *on-line* e verificamos como ela pode ser moldada pelos benefícios e pelas limitações da tecnologia. Vimos que o conceito de presença é importante para entendermos como a relação terapêutica se dá no ambiente virtual, já que a presença permite que a comunicação aconteça de maneira real. Além disso, elencamos estratégias que podem ser empregadas para facilitar a comunicação e o vínculo na psicoterapia *on-line*.

Exploramos a relação terapêutica na psicoterapia *on-line* em seus elementos constitutivos: aliança, transferência e relação real. Nessa revisão, buscamos evidenciar como a aliança é influenciada pela qualidade das relações que se constituem nos ambientes virtuais. Também vimos que, na prática *on-line*, o terapeuta precisa desenvolver habilidades para favorecer a contratransferência no processo terapêutico. Por fim, apresentamos estudos segundo os quais a relação real e a aliança se associam de forma positiva na psicoterapia *on-line*, sendo a aliança preditora da relação real, junto à presença.

A prática da psicoterapia *on-line* foi impressionantemente disseminada por conta das restrições ao contato social decorrentes da pandemia de covid-19. Atualmente, mesmo sem a necessidade de distanciamento social, os atendimentos *on-line* seguem ocorrendo — e seguirão como uma opção viável para a prática clínica, tendo em vista as suas vantagens potenciais, conforme descrevemos neste capítulo. No entanto, chama a atenção dos autores a relativa escassez de estudos empíricos publicados que investiguem os diferentes elementos da relação terapêutica na psicoterapia *on-line*. Concordamos com Smith et al. (2022) quando apontam que a falta de evidência não deve ser confundida com evidência de não efetividade, mas que, nesse contexto, os clínicos precisam estar atentos às lacunas atuais do nosso conhecimento. Temos grande expectativa de que nesta próxima década surja um significativo *corpus* de estudos empíricos e desenvolvimentos teóricos capaz de especificar com maior precisão os processos e fenômenos que ocorrem na relação entre o paciente e o terapeuta no contexto *on-line*.

> **RESUMO**
> - A maior parte dos estudos sugere que a magnitude da relação terapêutica na psicoterapia *on-line* é, no mínimo, equivalente à da relação que se estabelece na psicoterapia presencial.
> - A relação terapêutica *on-line* tem vantagens sobre a relação terapêutica presencial em psicopatologias específicas em que a vergonha social e o desconforto com a experiência de intimidade emocional se tornam empecilhos para a busca por psicoterapia.
> - Tanto o terapeuta quanto o paciente precisam ter domínio sobre a tecnologia utilizada para a realização dos atendimentos *on-line*, e eles devem fazer combinações claras sobre como ocorrerá o tratamento.
> - O paciente em atendimento na modalidade virtual, em comparação com aquele atendido presencialmente, precisa assumir um papel mais ativo e cooperativo no tratamento.
> - A aliança é um dos principais preditores de resultado também na psicoterapia *on-line*, e sua força é influenciada pela qualidade das relações que se estabelecem nos ambientes virtuais.
> - A percepção de presença influencia a qualidade da relação e é definida pela intenção de proximidade, mesmo quando há distância física.

REFERÊNCIAS

Almondes, K. M., & Teodoro M. L. M. (2021). *Terapia on-line*. Hogrefe.

Barnett, P., Goulding, L., Casetta, C., Jordan, H., Sheridan-Rains, L., Steare, T., ... Johnson, S. (2021). Implementation of telemental health services before COVID-19: Rapid umbrella review of systematic reviews. *Journal of Medical Internet Research, 23*(7):e26492.

Berger, T. (2017). The therapeutic alliance in internet interventions: A narrative review and suggestions for future research. *Psychotherapy Research, 27*(5), 511-524.

Bhatia, A., & Gelso, C. J. (2018). Therapists' perspective on the therapeutic relationship: Examining a tripartite model. *Counseling Psychology Quarterly, 31*(3), 271-293.

Cipolletta, S. (2015). When therapeutic relationship is on-line: Some reflections on Skype sessions. *Costruttivismi, 2*, 88-97.

Cipolletta, S., Frassoni, E., & Faccio, E. (2018). Construing a therapeutic relationship on-line: An analysis of videoconference sessions. *Clinical Psychologist, 22*(2), 220-229.

Conselho Regional de Psicologia do Rio Grande do Sul (CRPRS). (2020). *Guia de orientação para profissionais de psicologia: Atendimento on-line no contexto da COVID-19*. https://www.crprs.org.br/conteudo/publicacoes/guia_orientacao_covid.pdf

Cuchiara, M. P. (2021). Relação terapêutica na psicoterapia on-line [Dissertação de mestrado não publicada]. Pontifícia Universidade Católica do Rio Grande do Sul.

Cuchiara, M. P., & Kristensen, C. H. (No prelo). The adaptation of the Brazilian version of the Real Relationship Inventory (RRI) for patients and evidence of validity.

Gelso, C. J. (2014). A tripartite model of the therapeutic relationship: Theory, research, and practice. *Psychotherapy Research, 24*(2), 117-131.

Gelso, C. J. (2019). *The therapeutic relationship in psychotherapy practice: An integrative perspective.* Routledge.

Gelso, C. J., & Bhatia, A. (2012). Crossing theoretical lines: The role and effect of transference in nonanalytic psychotherapies. *Psychotherapy, 49*(3), 384-390.

Gelso, C. J., & Carter, J. A. (1994). Components of the psychotherapy relationship: Their interaction and unfolding during treatment. *Journal of Counseling Psychology, 41*(3), 296-306.

Gelso, C. J., & Kline, K. V. (2019). The sister concepts of the working alliance and the real relationship: On their development, rupture, and repair. *Research in Psychotherapy: Psychopathology, Process and Outcome, 22*(2), 142-149.

Holmes, C., & Foster, V. (2012). A preliminary comparison study of on-line and face-to-face counseling: Client perceptions of three factors. *Journal of Technology in Human Services, 30*(1), 14-31.

Lombard, M., & Ditton T. (1997). At the heart of it all: The concept of presence. *Journal of Computer-Mediated Communication, 3*(2), JCMC321.

Minsky, M. (1980). Telepresence. *OMNI Magazine,* 45-52.

Norcross, J. C., & Lambert, M. J. (2018). Psychotherapy relationships that work III. *Psychotherapy, 55*(4), 303-315.

Norwood, C., Moghaddam, N. G., Malins, S., & Sabin-Farrell, R. (2018). Working alliance and outcome effectiveness in videoconferencing psychotherapy: A systematic review and noninferiority meta-analysis. *Clinical Psychology and Psychotherapy, 25*(6), 797-808.

Proudfoot, J., Klein, B., Barak, A., Carlbring, P., Cuijpers, P., Lange, A., ... Andersson, G. (2011). Establishing guidelines for executing and reporting Internet intervention research. *Cognitive Behaviour Therapy, 40*(2), 82-97.

Resolução CFP nº 11 (2018). Regulamenta a prestação de serviços psicológicos realizados por meios de tecnologias da informação e da comunicação e revoga a Resolução CFP Nº 11/2012. https://site.cfp.org.br/wp-content/uploads/2018/05/RESOLU%C3%87%C3%83O-N%C2%BA-11-DE-11-DE-MAIO-DE-2018.pdf

Reynolds, D., Stiles, W. B., Bailer, A. J., & Hughes, M. R. (2013). Impact of exchanges and client-therapist alliance in on-line-text psychotherapy. *Cyberpsychology, Behavior and Social Networking, 16*(5), 370-377.

Richards, P., Simpson, S., Bastiampillai, T., Pietrabissa, G., & Castelnuovo, G. (2018). The impact of technology on therapeutic alliance and engagement in psychotherapy: The therapist's perspective. *Clinical Psychologist, 22*(2), 171-181.

Safran, J. D. (2002). *Ampliando os limites da terapia cognitiva: O relacionamento terapêutico, a emoção e o processo de mudança.* Artmed.

Schutz, F., Bedin, L. M., & Sarriera, J. C. (2020). Propriedades psicométricas da Escala de Presença em Tecnologias Ubíquas. *Psico, 51*(2), e31628.

Simpson, S. G., & Reid, C. L. (2014). Therapeutic alliance in videoconferencing psychotherapy: A review. *Australian Journal of Rural Health, 22*(6), 280-299.

Smith, K., Moller, N., Cooper, M., Gabriel, L., Roddy, J., & Sheehy, R. (2022). Video counselling and psychotherapy: A critical commentary on the evidence base. *Counselling and Psychotherapy Research, 22*(1), 92-97.

Stoll, J., Müller, J. A., & Trachsel, M. (2020). Ethical issues in on-line psychotherapy: A narrative review. *Frontiers in Psychiatry, 10*, 933.

Sucala, M., Schnur, J. B., Constantino, M. J., Miller, S. J., Brackman, E. H., & Montgomery, G. H. (2012). The therapeutic relationship in e-therapy for mental health: A systematic review. *Journal of Medical Internet Research, 14*(4), e110.

Thomas, N., McDonald, C., de Boer, K., Brand, R. M., Nedeljkovic, M., & Seabrook, L. (2021). Review of the current empirical literature on using videoconferencing to deliver individual psychotherapies to adults with mental health problems. *Psychology and Psychotherapy: Theory, Research and Practice, 94*(3), 854-883.

Watts, S., Marchand, A., Bouchard, S., Gosselin, P., Langlois, F., Belleville, G., & Dugas, M. J. (2020). Telepsychotherapy for generalized anxiety disorder: Impact on the working alliance. *Journal of Psychotherapy Integration, 30*(2), 208-225.

9

A relação terapêutica na terapia cognitivo--comportamental com jovens:

uma única abordagem não contempla todos os casos

Robert D. Friedberg
Joee Zucker
Megan Neelley
Runze Chen
Callie Rose Goodman

A terapia cognitivo-comportamental (TCC) é um tratamento psicossocial de primeira linha para jovens que experienciam uma variedade de transtornos (Friedberg & McClure, 2019). Apesar de o arsenal da TCC contar com um robusto suprimento de procedimentos voltados à realização de mudanças, é essencial considerar a natureza interpessoal do trabalho. Nesse sentido, este capítulo examina em detalhes o papel da relação terapêutica na TCC com jovens, explora a mina de ouro que enriquece essa relação e oferece recomendações clínicas para o desenvolvimento produtivo de alianças com esses pacientes.

DEFINIÇÃO DA RELAÇÃO TERAPÊUTICA E DA ALIANÇA

A relação terapêutica e a aliança têm sido definidas de maneiras distintas por diferentes estudiosos ao longo do tempo. A conexão terapêutica é importante na TCC com jovens devido às múltiplas experiências emocionalmente evocativas enfrentadas no curso do tratamento (Cirasola & Midgley, 2022). Mais recentemente, Buchholz e Abramowitz (2020, p. 1) caracterizaram a relação terapêutica como "a coalizão construída a partir da motivação do paciente e da provisão de técnicas terapêuticas pelo terapeuta". Em sua revisão, Karver et al. (2018) afirmam que os clínicos que tentam estabelecer uma boa parceria terapêutica com jovens se deparam com barreiras muito compreensíveis. Tipicamente, os jovens não buscam o atendimento, mas são conduzidos a ele por figuras adultas (Feindler & Smerling, 2022; Karver et al., 2018). Consequentemente, Karver et al. (2018) afirmam com razão que clínicos que atendem crianças costumam encontrar pacientes jovens que negam seus problemas, externalizam a culpa e não estão motivados para o tratamento. Não surpreende que o estabelecimento de um bom vínculo de tratamento se torne tão desafiador.

Tradicionalmente, a aliança era definida como produto de um vínculo emocional e de um acordo quanto a metas e procedimentos (Bordin, 1979). Décadas mais tarde, DiGiuseppe et al. (1996) argumentaram que havia uma ênfase excessiva nos componentes do vínculo emocional e ofereceram a seguinte definição da relação terapêutica (no contexto da TCC para jovens):

> Uma relação contratual, acolhedora, respeitosa e afetuosa entre uma criança/adolescente e um terapeuta para a exploração mútua de, ou o acordo sobre, modos como a criança/adolescente pode modificar para melhor o seu funcionamento social, emocional e comportamental, e para a exploração mútua de, ou o acordo sobre, procedimentos e tarefas que podem viabilizar essas mudanças (p. 87).

Posteriormente, Karver et al. (2018, p. 349) caracterizaram a aliança como "uma relação tridirecional entre um jovem, um responsável e um terapeuta que reciprocamente moldam e influenciam uns aos outros". Em suma, é acordado que a aliança consiste num tipo de vínculo emocional (como um apreço interpessoal ou a percepção de que alguém é um auxiliar confiável) e na colaboração nos procedimentos empregados e no alcance das metas almejadas (Creed & Kendall, 2005). No entanto, não há acordo sobre qual seria o componente mais determinante na constituição de alianças fortes e parcerias clínicas.

A ASSOCIAÇÃO ENTRE A RELAÇÃO TERAPÊUTICA/ ALIANÇA E O RESULTADO DO TRATAMENTO

Os estudos que examinam a relação entre a aliança e os desfechos do tratamento de crianças e adolescentes revelam resultados notavelmente consistentes. Por exemplo, os tamanhos dos efeitos consistentemente apresentam magnitudes pequenas, mas níveis estatisticamente significativos (Bose et al., 2022; Karver et al., 2018; Roest et al., 2022). Uma metanálise recente revelou que a aliança teve um impacto estatisticamente significativo, mas limitado, sobre os desfechos, $r = 0,18$, $p < 0,01$, $d = 0,37$ (95% CI [0,18; 0,56]) (Bose et al., 2022). De modo similar, em uma metanálise abrangendo 62 estudos, Roest et al. (2022) encontraram um tamanho de efeito médio geral para a associação entre aliança e desfecho, $r = 0,17$ (95% CI [0,13; 0,20]), $p < 0,001$.

As apresentações clínicas dos pacientes jovens influenciam a consistência da associação entre aliança e desfecho. O efeito da aliança nos resultados da terapia infantil foi mais significativo em casos envolvendo depressão, transtorno obsessivo-compulsivo e diagnósticos combinados de depressão e ansiedade do que em casos de jovens ansiosos (Bose et al., 2022). Com base em tamanhos do efeito muito pequenos, Karver et al. (2018) concluíram que a qualidade da aliança contribuiu pouco no caso de pacientes jovens diagnosticados com problemas associados ao uso de substâncias ($r = 0,01$) e transtornos alimentares ($r = 0,05$). Feindler e Smerling (2022) notaram que, nos casos de crianças com melhor regulação emocional e melhores habilidades sociais, há relações mais consistentes entre aliança e desfecho.

As relações entre aliança e desfecho são melhores para a terapia individual do que para a terapia familiar (Feindler & Smerling, 2022). A qualidade da aliança foi mais associada aos resultados em terapias orientadas ao comportamento ($r = 0,23$) do que em abordagens não comportamentais (Karver et al., 2018). Além disso, Bose et al. (2022) concluíram que a influência era mais significativa da quarta à sexta sessão, em que a ativação comportamental e a exposição eram empregadas. Nesse sentido, quando o tratamento incorpora tarefas mais desafiadoras, a importância da relação terapêutica aumenta (Lebowitz & Zilcha-Mano, 2022).

Os contextos também impactam a magnitude da associação entre a qualidade da aliança e os resultados clínicos. Por exemplo, a qualidade da aliança com jovens é maior em contextos de pesquisa que utilizam protocolos e manuais estritos (Feindler & Smerling, 2022). Feindler e Smerling (2022) postularam que essas práticas promovem expectativas mais claras, fomentando melhores conexões terapêuticas.

Alguns terapeutas podem estabelecer alianças fortes com mais facilidade do que outros (McLeod et al., 2016). McLeod et al. (2016) concluíram que a qualidade da aliança pode variar em função do treinamento, da experiência e das áreas de especialização. Nesse sentido, Cirasola e Midgley (2022, p. 5) afirmam:

> Sobretudo, a noção de que a aliança é um fator comum agindo independentemente de abordagens terapêuticas específicas pode ser incorreta, e pode ser mais benéfico pensar na aliança como uma variável complexa capaz de se modificar de acordo com os tipos e estágios da terapia.

Os contextos socioculturais também contribuem para a potência da associaçao entre a aliança e o desfecho terapêutico (Bose et al., 2022; Lebowitz & Zilcha-Mano, 2022; Okamoto et al., 2022). O efeito da aliança nos resultados clínicos se mostrou mais forte nos Estados Unidos do que em outras regiões do globo (Bose et al., 2022). A definição de metas também depende do contexto, uma vez que diferentes culturas valorizam as metas de maneiras distintas (Jacob et al., 2022). Lebowitz e Zilcha--Mano (2022) concluíram que as vicissitudes culturais moldam as convenções interpessoais. De fato, talvez a relação terapêutica, assim como a definição de metas, seja um construto social definido e encarado de formas distintas por diferentes grupos sociais.

SÍNTESE TEÓRICA: UMA ÚNICA ABORDAGEM NÃO CONTEMPLA TODOS OS CASOS

Os dados existentes respaldam a antiga máxima da TCC segundo a qual a relação terapêutica e a aliança são componentes necessários, mas não suficientes para um tratamento efetivo (Beck et al., 1979, Friedberg & Gorman, 2007). Fjermestad et al. (2021, p. 240) alertam que "os terapeutas precisam estar atentos às maneiras idiossincráticas pelas quais seu comportamento pode promover avanços em um caso, que pode exigir diferenças flexíveis em relação a outros casos". Nesse sentido, concordamos com Cirasola e Midgley (2022) na constatação de que as concepções tradicionais de aliança e relação terapêutica parecem datadas. Novas perspectivas que abordem as complexas vicissitudes são necessárias e devem fomentar intervenções personalizadas.

Bose et al. (2022, p. 125) apontam que é necessário "examinar as diferenças entre os subgrupos a fim de compreender melhor para quem e em quais circunstâncias a aliança em intervenções para transtornos internalizantes em jovens afeta particularmente (ou não afeta) os resultados". As vicissitudes socioculturais requerem uma apreciação mais contextual das relações terapêuticas e do papel das alianças, em detrimento da abordagem convencional de fatores comuns (Fjermestad et al., 2021). Lebowitz e Zilcha-Mano (2022, p. 140) explicam: "Potenciais efeitos culturais específicos tornam o efeito da aliança mais sensível ao contexto do que comum entre populações étnicas, raciais, culturais e socioeconômicas". Ademais, esse tipo de pensamento está alinhado justamente à medicina de precisão (Cirasola & Midgley, 2022; Lebowitz & Zilcha-Mano, 2022).

EXPLORANDO A MINA DE OURO DAS BOAS ALIANÇAS E RELAÇÕES TERAPÊUTICAS

A pequena magnitude do efeito e a presença de múltiplos moderadores tornam a exploração da mina de ouro das boas alianças e relações terapêuticas essencial. Há um amplo consenso de que relações terapêuticas e alianças bem-sucedidas são centradas na colaboração (Creed & Kendall, 2005; Georgiadis et al., 2020; Kazantzis et al., 2018; Okamoto et al., 2022). Como veremos a seguir, há técnicas específicas que podem ser empregadas para favorecer a colaboração. Para além das técnicas, a credibilidade do clínico também parece estar relacionada à colaboração. Em seu estudo, Fjermestad et al. (2018) sustentam que as percepções dos pacientes jovens quanto à lógica, à plausibilidade e à confiabilidade da abordagem do terapeuta são determinantes para eles. De fato, nesse estudo, uma credibilidade sólida contribuiu para melhorar a qualidade da aliança.

A definição de metas é um componente fundamental do contrato social incluído nas relações terapêuticas (Jacob et al., 2022). Esse processo está claramente conectado à colaboração, pois nele são compartilhados pressupostos e enfatizada a tomada de decisões colaborativa. Em particular, Jacob et al. (2020) defendem que, quando as metas do tratamento são estabelecidas conjuntamente, intensifica-se o sentimento dos pacientes jovens de serem compreendidos, valorizados e escutados. Contudo, os jovens podem se deparar com alguns desafios na definição de metas, por exemplo: a interferência das buscas por independência típicas dessa fase da vida no estabelecimento de relações colaborativas com adultos; o impacto de traumas significativos e reiterados sobre o desenvolvimento e os relacionamentos; os desafios para a organização dos pensamentos; a baixa confiança ou sentimentos de desesperança; e experiências anteriores insatisfatórias de definição de metas (Jacob et al., 2022; Kazantzis et al., 2018). Por fim, outros comportamentos são importantes para o estabelecimento de alianças, como a apresentação do modelo de tratamento, a comunicação empática, a ausência de julgamento e os elogios (Fjermestad et al., 2021; Jacob et al., 2022; Kazantzis et al., 2018).

RECOMENDAÇÕES CLÍNICAS

Claramente, o impacto da aliança e da relação terapêutica depende de elementos mais específicos do que a percepção do paciente sobre a simpatia do terapeuta. Castro-Blanco (2022) alerta contra os clínicos que se esforçam em excesso para ser simpáticos a fim de estabelecer uma relação produtiva com pacientes jovens. Ele escreveu: "[...] o resultado pode muito bem ser um terapeuta mais simpático confrontando uma cadeira vazia quando seu cliente arduamente conquistado deixa de comparecer às sessões de tratamento" (p. 12). Estas são algumas estratégias que podem ser usadas para a manutenção de boas relações durante o tratamento: empirismo colaborativo; educação dos pacientes sobre o processo de tratamento; sensibilidade cultural; orientação dos pacientes quanto ao modelo de tratamento; e uma prática calcada em fidelidade, flexibilidade, transparência, imediatismo e informalidade.

Colaboração e empirismo colaborativo

A colaboração é amplamente encarada como um ingrediente indispensável da receita para relações terapêuticas produtivas com jovens (Feindler & Smerling, 2022; Karver et al., 2018; Okamoto et al., 2022, Fjermestad et al., 2021). Além disso, a colaboração parece reduzir a evasão na TCC com jovens. Okamoto et al. (2022) desdobraram a colaboração em quatro práticas básicas: valorizar as experiências subjetivas do paciente; oferecer alternativas e incentivar o envolvimento; solicitar *feedback*; e gradualmente transferir a responsabilidade pela condução da sessão do terapeuta para o paciente.

Felizmente, a parceria triádica entre o jovem, os responsáveis e o terapeuta é explicitamente abordada na TCC por meio do princípio elementar do empirismo colaborativo. A TCC está enraizada na fenomenologia e valoriza as estruturas de sentido contextualmente construídas dos jovens (Beck et al., 1979). O empirismo colaborativo envolve a formação de uma parceria produtiva com pacientes jovens, na qual os membros dos grupos envolvidos trabalham juntos em direção a metas compartilhadas. Em acréscimo, a parte empírica da equação se refere ao foco fenomenológico do modelo de tratamento, em que as experiências subjetivas dos jovens são valorizadas, bem como ao foco no monitoramento acessível e observável do progresso (Friedberg & McClure, 2019). Além disso, Friedberg e McClure (2019) declararam que o empirismo reflete a abordagem prototípica de teste de hipótese baseada em dados utilizada na TCC, que não conclui automaticamente que todos os pensamentos angustiantes são imprecisos ou distorcidos.

A colaboração é vista como um processo multidimensional (Friedberg & McClure, 2019). Os problemas atuais dos jovens, o estágio da terapia, o nível de desenvolvimento, a motivação, o contexto cultural e o estilo interpessoal influenciam o processo colaborativo. Por exemplo, se o paciente estiver em crise nos estágios iniciais da terapia e não tiver muitas habilidades de enfrentamento independentes, o clínico terá necessariamente de ser mais diretivo do que colaborativo. Além disso, Friedberg e McClure (2019) observam que os contextos culturais impõem barreiras à extensão da colaboração. Diversos subgrupos culturais estabelecem costumes interpessoais distintos, valorizando de diferentes modos a independência, a dependência, o autoritarismo, a equidade, a formalidade, a informalidade e assim por diante. Considerando esse contexto, os clínicos devem conceituar a colaboração como um processo dinâmico e permanecer alertas às reações únicas de pacientes e cuidadores. O diálogo ficcional a seguir é baseado numa combinação de casos e ilustra uma abordagem personalizada e flexível para a colaboração com Mateo, de 9 anos de idade.

VINHETA CLÍNICA

Terapeuta — Mateo, sobre o que devemos falar hoje?

Mateo — Não sei... Não estou acostumado a falar.

Terapeuta — Entendo. Falar sobre seus pensamentos e sentimentos parece um pouco estranho para você.

Mateo — Hum. Aham.

Terapeuta — Ok, o que você acha de eu sugerir alguns assuntos para você escolher entre eles?

Mateo — [Pausa] Ok... eu acho.

Terapeuta — Acho que depende do que eu sugerir, certo? [Sorri]

Mateo — [Assente]

Terapeuta — Ok, vamos começar com esta lista. Que tal escolhermos um assunto para abordar entre suas preocupações relativas à escola ou à possibilidade de ficar doente, ou então ao seu medo de que o seu cachorro seja roubado? O que você acha dessa lista inicial?

Mateo — Ok... eu acho.

Terapeuta — Você me diria caso não considerasse essa uma maneira adequada de começar?

Mateo — [Assente]

Terapeuta — Certo... Eu confio em você [sorri]. Qual dos assuntos você escolhe?

Mateo — Seria bom falar sobre o Guapo, meu cachorro. Eu o amo e não quero que ninguém o roube de mim.

A terapeuta colaborou com Mateo ao longo dessa interação clínica. Primeiro, ela solicitou a confirmação de Mateo repetidamente (por exemplo, "O que você acha de eu sugerir alguns assuntos para você escolher entre eles?", "O que você acha dessa lista inicial?", "Você me diria caso não considerasse essa uma maneira adequada de começar?"). Além disso, ela forneceu a Mateo uma lista com múltiplas opções.

Obtenção de *feedback*

Solicitar o *feedback* do paciente é uma prática fundamental na TCC (Beck et al., 1979). Mais especificamente, considera-se que essa parte da estrutura da sessão contribui de modo substancial para a relação terapêutica produtiva com jovens (Friedberg & McClure, 2019). O *feedback* explicita as percepções dos pacientes jovens e de seus responsáveis sobre o tratamento e o clínico. Ademais, incentivar que os pacientes jovens revelem suas percepções sobre o tratamento os empodera e claramente os engaja no processo. Por fim, e talvez mais importante, evocar diretamente pontos de vista sobre a terapia e o terapeuta permite que os clínicos esclareçam mal-entendidos. O diálogo ficcional a seguir, baseado numa combinação de casos, destaca o trabalho com Noah, um adolescente de 15 anos com problemas associados a comportamentos não colaborativos e opositores.

> **VINHETA CLÍNICA**
>
> Terapeuta — Então, o que você achou da sessão de hoje?
> Noah — Acho que é tudo uma grande besteira!
> Terapeuta — Acho que não entendi. Que coisas são uma besteira?
> Noah — Eu ter que vir à terapia... ter que fazer tarefas em casa e na escola... ter que ir para casa em horários determinados... Você e meus pais querem que eu seja um robô ou alguma espécie de *drone*.
> Terapeuta — Ah, entendi. Você meio que vê a terapia como um modo de controlá-lo e fica ressentido com isso.
> Noah — Pode apostar.
> Terapeuta — Se você acha que o que estamos fazendo é controle mental e considera que seus pais e eu estamos nos unindo contra você, faz sentido que tudo pareça uma besteira.
> Noah — Bem, e não é?
> Terapeuta — Essa é uma boa pergunta. O que eu estou fazendo que parece controle mental e aliança com seus pais contra você?
> Noah — Primeiro, eu tenho que falar sobre todas essas coisas. Segundo, parece que eu preciso bolar algum plano para mudar as coisas.
> Terapeuta — Bem, eu concordo que a situação pode ser vista assim. Mas aqui vai uma pergunta muito difícil para você... De que outra maneira podemos explicar o fato de que você tem que falar sobre todas essas coisas e desenvolver um novo plano de jogo?

Nesse diálogo, o terapeuta abordou explicitamente as preocupações de Noah solicitando *feedback*. Além disso, usando a descoberta guiada, ele foi capaz de comunicar sua compreensão das insatisfações de Noah. Por fim, o terapeuta utilizou um procedimento reatribucional para convidar Noah a buscar sentidos alternativos.

Ritmo, não pressão

Creed e Kendall (2005) verificaram que os jovens que notavam seus terapeutas empurrando-os com afobação em direção a mudanças, em vez de trabalhar paciente e deliberadamente rumo ao progresso, eram menos propensos a relatar boas alianças. Encontrar equilíbrio ao promover mudanças em crianças e adolescentes é uma tarefa crucial, mas desafiadora. Pressionar os jovens os oprime e sobrecarrega, enquanto manter um ritmo adequado permite dosar as intervenções do tratamento com base nas capacidades individuais dos pacientes. A clássica advertência de Newman (1994, pp. 64-65) para "gentilmente persistir quando os pacientes se esquivam" deve ser bem considerada. Nesse contexto, incluir comentários preliminares e pedir permissão são métodos para ajustar o ritmo (Newman, 1994). O diálogo ficcional a seguir, baseado numa combinação de casos, demonstra o ajuste do ritmo com Sasha, uma menina de 12 anos com sintomas depressivos.

> **VINHETA CLÍNICA**
>
> Terapeuta — Sasha, o que se passa na sua mente quando você sente necessidade de se cortar?
> Sasha — Não sei... Eu só sinto vontade.
> Terapeuta — Eu sei que pode ser difícil identificar o que passa pela sua cabeça. Que sentimento você tem quando faz os cortes?
> Sasha — Como eu disse, eu não sei... Eu só faço.
> Terapeuta — A minha pergunta foi ruim. Deixe-me perguntar de um jeito diferente. Como você se sente: furiosa, triste, assustada, preocupada ou feliz?
> Sasha — Hum... Triste, eu acho.
> Terapeuta — Ótimo. Obrigado por compartilhar isso. É um bom começo. Posso fazer uma pergunta um pouco mais difícil?
> Sasha — Vá em frente.
> Terapeuta — Você me diria se eu não pudesse? [Sorri]
> Sasha — [Pausa, depois ri] Sim... eu diria.
> Terapeuta — Muito bom! Lá vai... O que se passa na sua mente quando você se sente triste e tem necessidade de se cortar?
> Sasha — [Chora, pausa] Eu não sei.
> Terapeuta — Posso desafiá-la um pouco?
> Sasha — [Assente]
> Terapeuta — O que se passou na sua mente há pouco, quando eu perguntei sobre os pensamentos que você tem ao se cortar e você chorou?
> Sasha — Você vai achar que eu sou repulsiva e debilitada.

Fazer observações preliminares e solicitar permissão claramente facilitou o diálogo. O terapeuta aderiu fielmente ao princípio de Newman de gentilmente persistir quando os pacientes se esquivam. Além disso, o diálogo conta com múltiplos exemplos de comentários preliminares e solicitações de permissão ("Posso fazer uma pergunta um pouco mais difícil?", "Posso desafiá-la um pouco?").

Sensibilidade cultural

A importância da sensibilidade cultural na condução da TCC com jovens é inegável (Bose et al., 2022; Friedberg & McClure, 2019; Huey et al., 2014; Lebowitz & Zilcha-Mano, 2022; Okamoto et al., 2022; Park et al., 2020). Os pacientes jovens e seus responsáveis têm identidades sociais que se encontram na intersecção entre etnia, *status* socioeconômico, religião, nacionalidade, gênero e identidade sexual (Okamoto et al., 2022). Consequentemente, a aplicação do modelo ADDRESSING, de Hays (2008)*, é recomendada (Friedberg & McClure, 2019; Okamoto et al., 2022).

Aderir ao empirismo colaborativo e manter uma "atitude curiosa" utilizando descoberta guiada é fundamental. Desse modo, "as experiências subjetivas centrais que afetam a humanidade do jovem são identificadas e trabalhadas" (Friedberg & McClure, 2019, p. 37). Não surpreendentemente, às vezes, modificações de linguagem, idioma, semântica, metáforas e procedimentos podem ser indicadas (Okamoto et al., 2022). O modelo de sensibilidade cultural de Huey (Huey et al., 2014) é muitas vezes citado como exemplar (Park et al., 2020). Esse paradigma recomenda a modificação flexível de práticas e processos, com a manutenção da fidelidade aos protótipos conceituais, a fim de facilitar o engajamento e superar as barreiras ao tratamento.

Orientações sobre o modelo

Fornecer orientações a respeito do modelo de tratamento envolve informar os pacientes sobre o seu diagnóstico, sobre a TCC e sobre a duração do tratamento, as alternativas disponíveis e as expectativas tanto para os jovens quanto para seus responsáveis (Feindler & Smerling, 2022). As informações fornecidas para os pacientes jovens e suas famílias devem ser acessíveis, compreensíveis, envolventes e livres de jargões (Friedberg & McClure, 2019). Existem várias formas criativas de introduzir o tratamento, e o Quadro 9.1 lista diversas fontes de informação sobre esse assunto. Independentemente do método específico empregado, a orientação sobre o modelo melhora a relação terapêutica (Feindler & Smerling, 2022).

---

* O modelo ADDRESSING foi desenvolvido por Pamela Hays (2008) como um quadro de referência para auxiliar terapeutas norte-americanos a melhor reconhecer e compreender influências culturais como uma combinação multidimensional de faixa etária, deficiências adquiridas e do desenvolvimento, religião, etnia/raça, *status* socioeconômico, orientação sexual, herança indígena, origem nativa e gênero (em língua inglesa: Age, Developmental and acquired Disabilities, Religion, Ethnicity, Socioeconomic status, Sexual orientation, Indigenous heritage, Native origin, and Gender).

QUADRO 9.1 Recursos psicoeducacionais

Fontes	Exemplos
Websites	Association for Behavioral and Cognitive Therapies (ABCT) — Fact Sheets of ABCT: https://www.abct.org/fact-sheets/
	Child Mind Institute — Explore Topics: https://childmind.org/topics-a-z/
	National Institute of Mental Health (NIMH) — Brochures and Fact Sheets: https://www.nimh.nih.gov/health/publications
	On Our Sleeves — Mental Wellness Tools and Guides: https://www.onoursleeves.org/mental-wellness-tools-guides
Livros sobre parentalidade	Chansky, T. E. (2004). *Freeing your child from anxiety*. Harmony.
	Fristad, M. A., & Goldberg-Arnold, J. S. (2004). *Raising a moody child*. Guilford.
	Greene, R. W. (2001). *The explosive child: a new approach for parenting easily frustrated, chronically inflexible children*. HarperCollins.
	Kazdin, A. E. (2008). *The Kazdin method for parenting the defiant child*. Houghton Mifflin.
Livros de exercícios e de ficção	Huebner, D. (2007). *What to do when your brain get stuck*. Magination.
	Huebner, D. (2007). *What to do when your temper flares*. Magination.
	Shapiro, L. (2006). *The koala who wouldn't cooperate*. Childswork/Childsplay.
	Sobel, L. (2000). *The penguin who lost her cool*. Childswork/Childsplay.
	Stallard, P. C. (2002). *Think good, feel good*. Wiley.
	Tompkins, M. A. (2023). *Stress less: A teen's guide to calm, chill life*. Magination.
	Tompkins, M. A. (2020). *Zero to 60: A teen's guide to manage frustration, anger, and everyday irritations*. Magination.

Flexibilidade, transparência e imediatismo

Equilibrar a flexibilidade e a fidelidade ao modelo de tratamento é o princípio atual da TCC com jovens (Kendall & Frank, 2017). A atenção ao nível de desenvolvimento, ao contexto cultural, ao nível de motivação, às capacidades cognitivas e às habilidades de regulação emocional dos pacientes jovens viabiliza a flexibilidade requisitada quando se implementam intervenções tradicionais fielmente (Georgiadis et al., 2020). Em geral, a transparência significa que não há mistérios implicados na abordagem terapêutica. Desse modo, diferenças de poder são minimizadas. Os procedimentos e seus fundamentos são explicados antes de serem introduzidos. Se medidas de rastreio são usadas para identificar as metas de tratamento e monitorar o progresso, os resultados são compartilhados com os jovens e seus responsáveis.

Pierson e Hayes (2007, p. 221) afirmam que "a vida só acontece no momento presente". As sessões de TCC são permeadas pela urgência do agora. Embora pensamentos, imagens, julgamentos, avaliações e conclusões possam advir de qualquer perspectiva temporal (passado, presente, futuro), eles são sempre abordados no aqui e agora. Friedberg e Gorman (2007) pontuaram que, quando há imediatismo na sessão, a relevância da TCC é maximizada. O diálogo ficcional a seguir, baseado numa combinação de casos, demonstra o uso do imediatismo com Kayla, de 10 anos.

> **VINHETA CLÍNICA**
>
> Terapeuta — Como foi a escola hoje?
> Kayla — Meio ruim.
> Terapeuta — Conta para mim.
> Kayla — Bem, minhas melhores amigas, Marisa e Courtney, foram ao *shopping* sem mim e discutiram todos os detalhes do passeio na minha frente.
> Terapeuta — E o que aconteceu então?
> Kayla — [Pausa] Elas disseram uma coisa maldosa... [Lágrimas começam a se formar nos olhos da paciente.]
> Terapeuta — Vejo que você tem lágrimas nos olhos e está ficando emocionada. O que está se passando na sua mente agora?
> Kayla — É tão constrangedor... Tenho vergonha de dizer [mais lágrimas].
> Terapeuta — Aí vêm mais lágrimas. O que você está dizendo para si mesma agora, enquanto as lágrimas correm pelo seu rosto?
> Kayla — Elas disseram que eu não era mais divertida e que sou uma fracassada.
> Terapeuta — Entendo quão doloroso deve ser para você ouvir suas melhores amigas dizerem esse tipo de coisa sobre você. Como é para você compartilhar isso comigo?
> Kayla — Eu não queria. Isso torna as coisas mais reais.

O imediatismo se apresenta nessa interação de diversos modos. O terapeuta respondeu e amplificou as mudanças emocionais na sessão (por exemplo, "Vejo que você tem lágrimas nos olhos e está ficando emocionada", "Aí vêm mais lágrimas"). Posteriormente, ele buscou conhecer os pensamentos automáticos usando verbos no presente ("O que está se passando na sua mente agora?"). Por fim, ele trabalhou para processar no aqui e agora a reação de Kayla ao compartilhamento de seus pensamentos e sentimentos dolorosos durante a sessão ("Como é para você compartilhar isso comigo?").

Informalidade, ludicidade e humor

A informalidade constrói boas alianças e relações terapêuticas (Creed & Kendall, 2005; Feindler & Smerling, 2022; Karver et al., 2018). De fato, parece muito razoável que os jovens se sintam mais confortáveis em um ambiente descontraído. Os clínicos da TCC podem manifestar informalidade por meio, por exemplo, de uma discussão inicial breve sobre os interesses, as atividades e os *hobbies* dos pacientes (Friedberg, 2014).

A ludicidade tem uma longa tradição na TCC com jovens (Knell, 2022). A maioria dos profissionais experientes começa a sessão com um jogo rápido, incorpora um exercício divertido que desenvolva habilidades de enfrentamento na etapa intermediária ou termina o encontro com uma atividade prazerosa como recompensa pelo esforço empreendido durante o tratamento. Friedberg (2014, p. 4) explica que, "embora a TCC seja um trabalho sério que lida com questões difíceis, ela não precisa ser aplicada com mão pesada". Na verdade, muitos manuais e livros de exercícios de TCC incluem aplicações lúdicas. Consequentemente, metáforas, histórias, jogos, desenhos, músicas e exercícios de interpretação culturalmente sensíveis e apropriados ao nível de desenvolvimento dos pacientes são modos válidos de solidificar a relação terapêutica com crianças.

O humor e o diálogo espirituoso são maneiras lúdicas de engajar crianças mais velhas e adolescentes. Castro-Blanco (2022) elogiou as virtudes do humor na TCC com jovens. Em particular, o humor comunica a autenticidade dos terapeutas e possibilita lidar com situações difíceis, acolher emoções dolorosas e abordar cognições angustiantes. Escrevendo sob a perspectiva da TCC, Buerger e Miller (2022) observaram que o uso criterioso do humor fortalece a aliança.

Uso de escalas de avaliação

Como indicado na revisão de literatura apresentada anteriormente, a definição colaborativa da pauta e das metas, o ajuste do ritmo, a ludicidade, a credibilidade e a informalidade são ingredientes essenciais da receita para boas relações terapêuticas com pacientes jovens. Logo, estudantes e estagiários clínicos precisam de *feedback* formal sobre essas competências. As avaliações realizadas pelos supervisores com base em escalas estruturadas são indispensáveis para garantir a competência e a adesão (Kazantzis et al., 2018).

A Escala de Avaliação da Terapia Cognitiva para Crianças e Adolescentes (CTRS-CA, do inglês *Cognitive Therapy Rating Scale for Children and Adolescents*) conta com 13 itens que monitoram a adesão e a competência do clínico na realização da TCC com pacientes jovens (Friedberg & Thordarson, 2013). Essa nova escala mantém 10 dos 11 itens da clássica Escala de Avaliação da Terapia Cognitiva (CTRS, do inglês *Cognitive Therapy Rating Scale*), voltada para adultos (Young & Beck, 1980). No entanto, três novos critérios foram adicionados (ludicidade, credibilidade e informalidade) aos itens já existentes (definição da pauta, *feedback*, compreensão, eficácia interpessoal, colaboração, ajuste do ritmo e pressão, tarefas de casa, estratégias de mudança, foco em cognições-chave e aplicação de técnicas da TCC).

Encorajamos os profissionais da TCC a utilizar a CTRS-CA mais como uma ferramenta de treinamento formativa (contínua) do que como uma ferramenta somativa (por exemplo, "hora da verdade"). A revisão regular das avaliações semanais da competência e da adesão dos estudantes e profissionais em supervisão tende a contribuir para o seu desenvolvimento profissional. Além disso, quando essas avaliações são encaradas como rotina, elas envolvem menos ansiedade em relação ao desempenho. Por fim, elas fornecem um registro contínuo do progresso e evitam desvios clínicos.

CONSIDERAÇÕES FINAIS

Este capítulo argumenta que não há uma abordagem única para a compreensão do papel da relação terapêutica na TCC. A literatura existente evidencia com clareza que a relação terapêutica exerce um efeito pequeno mas estatisticamente significativo nos resultados dos tratamentos. Claramente, as vicissitudes contextuais interferem no impacto dessa influência. A apresentação clínica dos pacientes jovens, o contexto de tratamento e o tipo de terapia, assim como as identidades socioculturais em intersecção, geram uma variabilidade considerável. Felizmente, a abordagem consistente e flexível da TCC permite que métodos explícitos abordem essas complexidades.

Talvez o mais importante seja a existência do amplo consenso de que a colaboração é fundamental para o desenvolvimento de parcerias terapêuticas. Colaborar com os pacientes jovens no planejamento do tratamento e na definição de metas promove o engajamento necessário. Além disso, a habilidade do terapeuta de ser flexível e transparente, assim como o uso do imediatismo, favorecem as parcerias terapêuticas. Ajustar o ritmo, solicitar *feedback* e utilizar a informalidade e o humor são comportamentos práticos úteis que constroem conexões terapêuticas produtivas. Por fim, permanecer alerta e sensível à intersecção das identidades socioculturais dos pacientes jovens promove uma abordagem flexível ao tratamento.

> **RESUMO**
>
> - A relação terapêutica e a aliança são cruciais na TCC para jovens, tendo impacto significativo nos desfechos terapêuticos.
> - Fatores como o tipo de terapia, as técnicas terapêuticas, o ambiente, o contexto sociocultural e o treinamento e a experiência do terapeuta influenciam a consistência da relação entre a aliança e os resultados terapêuticos.
> - Solicitar o *feedback* dos pacientes jovens os empodera, melhora a relação terapêutica e permite correções no curso do tratamento.
> - O equilíbrio entre impulsionar a mudança e manter um ritmo adequado nas intervenções do tratamento é importante quando se trabalha com jovens, possibilitando considerar suas capacidades individuais e evitar sobrecarregá-los.
> - A sensibilidade cultural, a orientação sobre o modelo, a flexibilidade, a transparência, a informalidade, a ludicidade, o humor e o uso de escalas de avaliação contribuem para a construção de uma relação terapêutica consistente na TCC com jovens.

REFERÊNCIAS

Beck, A. T., Rush, A. J., Shaw, B. F., & Emery, G. (1979). *Cognitive therapy of depression*. Guilford.

Bordin, E. S. (1979). The generalizability of the psychoanalytic concept of the working alliance. *Psychotherapy: Theory, Research & Practice, 16*(3), 252-260.

Bose, D., Proenza, D. A., Costales, G., Viswesvaran, C., Bickman, L., & Pettit, J. W. (2022). Therapeutic alliance in psychosocial interventions for youth internalizing disorders: A systematic review and preliminary meta-analysis. *Clinical Psychology: Science and Practice, 29*(2), 124-136.

Buchholz, J. L., & Abramowitz, J. S. (2020). The therapeutic alliance in exposure therapy for anxiety-related disorders: A critical review. *Journal of Anxiety Disorders, 70*, 10214.

Buerger, W. M., & Miller, A. L. (2022). Humor, irreverence communication, and DBT. In R. D. Friedberg, & E. V. Rozmid (Eds.), *Creative cognitive behavioral therapy with youth* (pp. 25-42). Springer Nature.

Castro-Blanco, D. (2022). Humor and engagement with children and adolescents. In R. D. Friedberg, & E. V. Rozmid (Eds.), *Creative cognitive behavioral therapy with youth* (pp. 9-25). Springer Nature.

Cirasola, A., & Midgley, N. (2022). The alliance with young people: Where have we been, where are we going? *Psychotherapy, 60*(1), 110-118.

Creed, T., & Kendall, P. C. (2005). Therapist alliance building within a cognitive-behavioral treatment for anxiety in youth. *Journal of Consulting and Clinical Psychology, 73*(3), 498-505.

DiGiuseppe, R., Linscott, J., & Jilton, R. (1996). Developing the therapeutic alliance in child and adolescent psychotherapy. *Applied & Preventive Psychology, 5*(2), 85-100.

Feindler, E. L., & Smerling, C. (2022). A review of therapeutic alliance and child CBT. *Child & Family Behavior Therapy, 44*(1), 18-34.

Fjermestad, K. W., Føreland, Ø., Oppedal, S. B., Sørensen, J. S., Vognild, Y. H., Gjestad, R., ... Wergeland, G. J. (2021). Therapist alliance-building behaviors, alliance, and outcomes in cognitive behavioral treatment for youth anxiety disorders. *Journal of Clinical Child and Adolescent Psychology, 50*(2), 229-242.

Fjermestad, K. W., Lerner, M. D., McLeod, B. D., Wergeland, G. J. H., Haugland, B. S. M., Havik, O. E., ... Silverman, W. K. (2018). Motivation and treatment credibility predict alliance in cognitive behavioral treatment for youth with anxiety disorders in community clinics. *Journal of Clinical Psychology, 74*(6), 793-805.

Friedberg, R. D. (2014). *Manual for the Cognitive Therapy Rating Scale for Children and Adolescents (CTRS-CA)*. Palo Alto University.

Friedberg, R. D., & Gorman, A. A. (2007). Integrating psychotherapeutic procedures and processes in cognitive behavior therapy with children. *Journal of Contemporary Psychotherapy, 37*(7), 185-193.

Friedberg, R. D., & McClure, J. M. (2019). *A prática clínica de terapia cognitiva com crianças e adolescentes* (2. ed.). Artmed.

Friedberg, R. D., & Thordarson, M. A. (2013). *The cognitive therapy rating scale for children and adolescents*. Palo Alto University.

Georgiadis, C., Peris, T. S., & Comer, J. S. (2020). Implementing strategic flexibility in the delivery of youth mental health care: A tailoring framework for thoughtful clinical practice. *Evidence-based Practice in Child and Adolescent Mental Health, 5*(3), 215-232.

Hays, P. A. (2008). *Addressing cultural complexities in practice: Assessment, diagnosis, and therapy* (2nd ed.). American Psychological Association.

Huey, S. J., Tilley, J. L., Jones, E. O., & Smith, C. A. (2014). The contribution of cultural competence to evidence-based care for ethnically diverse populations. *Annual Review of Clinical Psychology, 10*, 305-338.

Jacob, J., Stankovic, M., Spuerck, I., & Shokraneh, F. (2022). Goal setting with young people for anxiety and depression: What works for whom in therapeutic relationships? A literature review and insight analysis. *BMC Psychology, 10*(1), 171.

Karver, M. S., De Nadai, A. S., Monahan, M., & Shirk, S. (2018). Meta-analysis of the prospective relation between alliance and outcome in child and adolescent psychotherapy. *Psychotherapy, 55*(4), 341-355.

Kazantzis, N., Clayton, X., Cronin, T. J., Farchione, D., Limburg, K., & Dobson, K. S. (2018). The cognitive therapy scale and cognitive therapy scale-revised as measures of therapist competence in CBT for depression: Relations with short and long-term outcome. *Cognitive Therapy and Research, 42*(8), 385-397.

Kendall, P. C., & Frank, H. E. (2017). Implementing evidence-based treatment protocols: Flexibility within fidelity. *Clinical Psychology: Science and Practice, 25*(4), e12271.

Knell, S. M. (2022). Cognitive behavior play therapy. In R. D. Friedberg, & E. V. Rozmid (Eds.), *Creative cognitive behavioral therapy with youth* (pp. 65-82). Springer Nature.

Lebowitz, E. R., & Zilcha-Mano, S. (2022). Not so common anymore? Beyond the common factor understanding of the role of alliance in youth psychotherapy. *Clinical Psychology: Science and Practice, 29*(2), 140-142.

McLeod, B. D., Jensen-Doss, A., Tully, C. B., Southam-Gerow, M. A., Weisz, J. R., & Kendall, P. C. (2016). The role of setting versus treatment type in alliance within youth therapy. *Journal of Consulting and Clinical Psychology, 84*(5), 453-464.

Newman, C. F. (1994). Understanding client resistance: Methods for enhancing motivation to change. *Cognitive and Behavioral Practice, 1*(1), 47-70.

Okamoto, A., Dattilio, F. M., Dobson, K. S., & Kazantzis, N. (2022). The therapeutic relationship in cognitive behavior therapy. *Practice Innovations, 4*(2), 112-123.

Park, A. L., Boustani, M. M., Saifan, D., Gellatly, R., Letamendi, A., Stanick, C., ... Chorpita, B. F. (2020). Community mental health professionals' perceptions about engaging underserved populations. *Administration and Policy in Mental Health and Mental Health Services Research, 47*(3), 366-379.

Pierson, H., & Hayes, S. C. (2007). Using acceptance and commitment therapy to empower the therapeutic relationship. In P. Gilbert, & R. L. Leahy (Eds.), *The therapeutic relationship in cognitive behavioral psychotherapies* (pp. 205-228). Routledge.

Roest, J. J., Welmers, M. J., Van de Pol, G. H., Van der Helm, P., Stams, G. J. J. M., & Hoeve, M. (2022). A three-level meta-analysis on the alliance-outcome association in child and adolescent psychotherapy. *Research in Child and Adolescent Psychotherapy, 51*(3), 275-293.

Young, J., & Beck, A. T. (1980). *Cognitive therapy scale: Rating manual.* University of Pennsylvania.

Leitura recomendada

Friedberg, R. D., McClure, J. M., & Hillwig-Garcia, J. (2011). *Técnicas de terapia cognitiva para crianças e adolescentes.* Artmed.

10

A relação terapêutica na prática clínica com adolescentes

Martha Rosa
Débora C. Fava

Escrever sobre a relação terapêutica na adolescência é assumir uma falha na literatura científica. Há, de fato, poucas pesquisas e artigos que buscam estudar esse construto tão específico. A adolescência só passou a ser encarada como um estágio de vida delimitado no século XX. Hoje, mesmo que suas características sejam bem conhecidas, essa fase do ciclo vital é experimentada de distintas formas em diferentes culturas (Martorell et al., 2020), o que torna seu entendimento ainda mais complexo.

Neste capítulo, vamos compartilhar nossa experiência como psicólogas clínicas da infância e da adolescência, costurando essa bagagem prática com a literatura científica sobre as terapias comportamentais e cognitivas e com a visão sistêmica que permeia a nossa prática.

A ADOLESCÊNCIA E A SAÚDE MENTAL

A adolescência é um período marcado por mudanças físicas, emocionais, cognitivas e comportamentais intensas. As demandas, que incluem desde a busca por independência e autonomia e o estabelecimento de relacionamentos amorosos até decisões profissionais, podem se tornar exaustivas para os jovens. Dessa forma, ainda que atualmente se discuta a necessidade de melhorar o sistema de diagnóstico psiquiátrico dos adolescentes em geral, estudos teóricos e empíricos mostram que parece haver maior risco de ocorrência de transtornos mentais nessa fase da vida (Lopes et al., 2016; Whiteford et al., 2013). Esses dados, e mesmo a complexidade da epidemiologia dos problemas em saúde mental na adolescência, demonstram a importância de intervenções que possam atuar precocemente para frear a progressão das dificuldades.

Para termos uma ideia, um estudo de metanálise (Polanczyk et al., 2015) indicou uma prevalência de transtornos mentais em 13,4% das crianças e adolescentes. Especificamente no Brasil, em 2016, entre os adolescentes, a prevalência de problemas em saúde mental chegou a 30%. Em 2020 e 2021, em especial durante a pandemia de covid-19, esse número subiu expressivamente para até 40% no Brasil e no mundo (Shorey et al., 2022; Zuccolo et al., 2023).

O ADOLESCENTE NA PSICOTERAPIA

A terapia cognitivo-comportamental (TCC) é uma abordagem eficaz para o tratamento de diversos transtornos nessa faixa etária (McLeod et al., 2020). Como a maioria das formas de psicoterapia, a TCC é uma abordagem fundamentalmente interpessoal, portanto a colaboração é um elemento central de qualquer intervenção baseada nela. Longe de ser prescritiva e dirigida pelo clínico, a implementação adequada requer uma sólida parceria entre paciente e terapeuta. A verdadeira colaboração paciente-terapeuta, se aliada a suporte empírico, solidez teórica e proficiência técnica, é uma receita para o sucesso (McLoad et al., 2020). Na psicoterapia com adolescentes, os desfechos terapêuticos se relacionam positivamente com uma relação terapêutica que seja orientada aos objetivos do tratamento, mas também avalie as diversas facetas do vínculo do terapeuta com o adolescente (Shirk & Karver, 2011). Portanto, este capítulo se propõe a analisar as peculiaridades da relação terapêutica com pacientes dessa faixa etária, além de trazer contribuições práticas sobre esse tema.

ALIANÇA NA ADOLESCÊNCIA

Em um estudo qualitativo (Everall & Paulson, 2002), foram verificadas as três dimensões mais importantes da aliança com adolescentes: ambiente terapêutico, singularidade da relação terapêutica e características do terapeuta. Com relação ao ambiente, ficou evidente que as explicações que o terapeuta dá sobre o papel de cada um no processo e a forma adaptada como elas são transmitidas para que o paciente as compreenda podem ser fatores de proteção da relação terapêutica. Também se incluem aí as questões de confidencialidade e proteção de informações privadas, descritas como extremamente importantes. Os limites da confidencialidade, quando não compreendidos por vários dos participantes, comprometeram a qualidade da aliança mesmo depois do início da terapia.

Com relação à singularidade da relação terapêutica, os jovens mostraram que a orientação de um terapeuta igualitário transmitia respeito e promovia um clima favorável à confiança e à revelação dos assuntos a serem abordados na terapia. Quando a relação com o terapeuta foi considerada semelhante a outras interações com adultos em termos de hierarquia de poder, com o terapeuta assumindo uma posição de "especialista" e não ouvindo as experiências do indivíduo de sua própria perspectiva, os participantes consideraram o atendimento improdutivo, o que acabou comprometendo a qualidade da aliança. Por fim, com relação às características do terapeuta, a gentileza e a abertura foram as mais mencionadas pelos adolescentes; na percepção deles, essas características se manifestavam por meio de uma resposta emocional genuína do terapeuta, descrita como sensível, simpática e gentil.

Como se pode inferir da leitura dos primeiros capítulos deste livro, a boa relação terapêutica é um veículo necessário para a mudança, e torna-se importante entendermos os componentes que fazem dela um elemento central. A seguir, ilustraremos com diálogos o *vínculo emocional*, a *colaboração* e o *estabelecimento de objetivos*. Para Shirk e Karver (2011), essas são as três dimensões que, quando equilibradas, possibilitam o estabelecimento de uma melhor aliança com os jovens.

O *vínculo emocional* é o catalisador do processo terapêutico e permite que o adolescente trabalhe com propósito na terapia. Veja o exemplo a seguir.

VINHETA CLÍNICA

Paciente — Eu senti que precisava vir aqui, por isso pedi para a minha mãe marcar um horário com você.

Terapeuta — Eu imagino... Fico feliz que você tenha feito esse movimento.

Paciente — É... no fim, todo mundo fica me dizendo o que fazer, o que acha certo. Fico ouvindo conselhos o tempo inteiro.

Terapeuta — É mesmo? E o que você acha disso?

Paciente — Um saco. É fácil as pessoas me dizerem o que eu tenho que fazer depois do que aconteceu. Mas eu sinto que não preciso disso agora, sabe?

Terapeuta — Entendo... E o que você sente que é importante para você neste momento?

Paciente — Eu queria ser escutada e compreendida. Que me escutassem sem opinar, sem julgar. E eu me lembrei que eu sempre me sentia assim quando fazia terapia com você, por isso pedi para voltar.

A dimensão de *colaboração* diz respeito à atitude da dupla terapêutica de empenhar-se na terapia. É a ideia de que ambos, clínico e paciente, conseguem estar engajados e envolvidos no processo. Com frequência, vemos essa atitude extrapolando o consultório por meio dos relatos dos pacientes, como no exemplo a seguir.

VINHETA CLÍNICA

Paciente — É... Nesta semana eu não estava com vontade de fazer o que a gente tinha combinado, mas eu lembrei que seria importante fazer mesmo sem vontade.

Terapeuta — É mesmo? Me conta!

Paciente — Ah, eu estava deprimida em casa e minha amiga me convidou para tomar um suco. Eu não estava a fim. Mas lembrei que a gente tinha combinado que, se isso acontecesse, eu iria mesmo assim. "A ação precede a motivação", não é mesmo?

Terapeuta — Isso é verdade. Eu fico feliz pelo seu empenho. Mas me conta, como foi o passeio?

Paciente — Foi bom. A nossa conclusão da semana passada estava certa: eu não fico empolgada antes, mas depois eu volto mais feliz.

Por fim, a terceira dimensão da aliança é composta pelo acordo entre clínico e paciente sobre os *objetivos* do tratamento e a maneira de alcançá-los. Veja o exemplo a seguir.

> **VINHETA CLÍNICA**
>
> Terapeuta — Então, Bia, eu já escutei um pouco os seus pais falando sobre as preocupações deles em relação a esse momento de maior tristeza. Mas agora eu queria entender quais são as suas dificuldades do seu ponto de vista e o que você quer na terapia.
> Paciente — Ah, eu estou mal. Só quero parar de me sentir assim.
> Terapeuta — Entendi... Deve estar sendo difícil se sentir assim neste momento. E o que seria para você parar de se sentir mal?
> Paciente — Voltar a ser como eu era antes.
> Terapeuta — Hum... E me conta, como você era antes?
> Paciente — Eu não ficava me sentindo uma porcaria o tempo inteiro e eu conseguia ser feliz com uma vida social.
> Terapeuta — Parece que se sentir uma porcaria o tempo inteiro e não ter uma vida social são coisas que a incomodam, né?
> Paciente — Demais.
> Terapeuta — O que você acha de a gente entender melhor esses dois pontos juntas e estabelecer objetivos pensando no que parece fazer mais sentido agora?

Uma peculiaridade do estabelecimento de objetivos na adolescência é justamente a motivação dos jovens para a psicoterapia. Por serem tipicamente encaminhados por outras pessoas para atendimento, o estabelecimento de objetivos e acordos pode ser mais complexo e difícil. É importante que o clínico busque o equilíbrio, concentrando-se tanto naquilo que ele sabe que é terapêutico quanto naquilo que parece ser mais interessante para o adolescente. É fundamental — e exige muito do terapeuta — manter a sensibilidade para observar sem julgamentos a resistência típica dessa faixa etária. Desafios como esses serão explorados em detalhes ao longo deste capítulo.

Um estudo qualitativo buscou compreender a experiência da relação terapêutica na perspectiva de adolescentes que receberam uma intervenção de TCC para depressão (Wilmots et al., 2020). O objetivo do trabalho era justamente explorar os fatores que promovem, sustentam e mantêm a relação terapêutica. Alguns dos achados refletem justamente os pontos citados anteriormente, mas também ampliam a compreensão prática sobre a aliança. Um elemento central na perspectiva dos adolescentes parece ter sido o estabelecimento de uma relação terapêutica positiva que conseguia equilibrar a ideia de o clínico "ser amigável" com a sua atitude profissional. Ao ser amigável, o terapeuta conseguiu estabelecer uma relação igualitária e colaborativa que forneceu apoio e compreensão. Por outro lado, o conhecimento profissional ajudou os adolescentes a darem sentido às suas experiências, contribuindo ainda mais para o desenvolvimento de uma relação terapêutica positiva. Cordialidade, empatia e genuinidade foram algumas das características citadas que tornavam esse terapeuta "amigável". Frieza, distanciamento e posição de autoridade foram características que não facilitaram o processo.

Anteriormente falamos sobre observar sem julgamentos, e esse pareceu ser um elemento central dos relacionamentos terapêuticos bem-sucedidos, consistindo na aceitação incondicional dos adolescentes pelos terapeutas. A importância de se sentir aceito talvez seja um reflexo da experiência mais ampla dos adolescentes de se sentirem inseguros com relação a si mesmos durante um período de consolidação da identidade. A experiência de se sentir ouvido foi igualmente relevante; ela contribuiu para que os adolescentes se sentissem importantes e respeitados, fortalecendo a proximidade com seu terapeuta (Wilmots et al., 2020).

DESAFIOS NA ALIANÇA COM ADOLESCENTES

Existem muitas motivações para a busca de psicoterapia na adolescência. Alguns jovens podem solicitá-la aos pais, mas, como já sinalizamos, a grande maioria dos adolescentes é encaminhada para atendimento por uma necessidade percebida pela família ou mesmo pela escola. Alguns dos adolescentes aceitam o auxílio com facilidade e percebem o possível benefício da psicoterapia. No entanto, outros tantos resistem a se engajar no processo terapêutico, o que posteriormente se torna um dos fatores de desafio para os clínicos. Se o terapeuta tem a habilidade de manejar essa resistência, o vínculo pode ser fortalecido, e a dupla pode ganhar força no processo terapêutico. No entanto, se a resistência inicial não for bem trabalhada, pode haver risco de ruptura da relação e, consequentemente, de abandono precoce do tratamento.

Considere o exemplo de Maria, adolescente de 14 anos que apresentava os diagnósticos de mutismo seletivo e transtorno depressivo maior. Os pais da menina procuraram uma psicóloga porque ela não estava mais querendo frequentar a escola. Ao receber Maria, a psicoterapeuta iniciou o atendimento questionando a jovem sobre as suas dificuldades. No entanto, em razão do mutismo seletivo, Maria não respondia aos questionamentos da profissional. A psicóloga adotou uma postura mais confrontativa, ainda que com tom de voz suave e boa intenção, dizendo: "Se você não responder nada, não vou conseguir ajudá-la, querida". Maria continuou em silêncio por toda a sessão e, ao sair, negou-se não somente a retornar à profissional, como também a tentar conhecer outros psicólogos.

É inegável que a *expertise* do terapeuta para formular casos e traçar um plano terapêutico cientificamente embasado é fundamental para o processo de psicoterapia ter bons resultados. Na nossa prática clínica e docente, enfatizamos que os erros na compreensão do diagnóstico e de sua sintomatologia podem gerar o abandono precoce da psicoterapia. Um dos motivos é o paciente não se sentir compreendido, ou ainda, não perceber que o terapeuta entendeu suas demandas ou que pode de fato ajudá-lo. No caso em questão, é esperado que um dos sintomas do diagnóstico de mutismo seletivo seja justamente a ausência de comunicação verbal. Além disso, a própria depressão pode diminuir a capacidade do sujeito de falar e se expressar.

Portanto, qualquer intervenção que force o estabelecimento da comunicação verbal dessa forma fracassará terapeuticamente. Além disso, especialmente no início, é muito importante que o psicoterapeuta seja percebido pelo jovem como um aliado no tratamento. Considere o exemplo a seguir, que trata de Lucas, 15 anos, diagnosticado com transtorno depressivo maior e levado para a psicoterapia por encaminhamento da escola e dos seus pais.

> **VINHETA CLÍNICA**
>
> Terapeuta — Então, Lucas... Me conta, cara! O que você acha que está acontecendo e como eu possa ajudar?
> Paciente — Não está acontecendo nada! Isso tudo é exagero dos meus pais.
> Terapeuta — Na sua compreensão, não está acontecendo nada... e você acha que seus pais estão exagerando.
> Paciente — É, que bobagem, sabe. Eu nem queria estar aqui.
> Terapeuta — Entendi... Para você não faz nenhum sentido isso aqui.
>
> Especialmente no momento inicial das sessões, reflexões simples, que são etapas importantes da entrevista motivacional, podem ser benéficas para que o paciente se sinta compreendido e para que o terapeuta possa também acompanhar a resistência e trabalhar o processo de motivação a partir do diálogo socrático.
>
> Paciente — Já disse para o meu pai que só venho uma vez aqui. Só que no final ninguém me escuta mesmo.
> Terapeuta — Poxa, cara... Imagino que seja uma barra não ser escutado por ninguém...

A linguagem e a postura informal, especialmente com jovens dessa faixa etária, podem aproximar o terapeuta do paciente. Terapeutas excessivamente formais podem gerar uma barreira adicional para o manejo da resistência. Entre os fatores que podem melhorar a conexão do adolescente com o terapeuta, estão a própria vestimenta e o clima, capazes de promover um senso de maior identificação e proximidade. Portanto, investir em um estilo jovial pode favorecer a identificação entre o profissional e o adolescente, que sente o terapeuta mais próximo do seu universo de alguma forma.

> **VINHETA CLÍNICA**
>
> Paciente — É um saco. Meus pais estão sempre brigando comigo e eu me sinto, assim, um lixo.
> Terapeuta — É mesmo? E as brigas têm algum motivo específico?
> Paciente — Ah, eles se acham sempre os donos da razão. Eu estou sempre errado.
> Terapeuta — Poxa, que ruim, né, cara? Mas olha: não deve estar sendo fácil estar nessa situação tão difícil em casa. Seus pais não estão escutando você, e você está se sentindo mal com tudo isso...

(Continua...)

> Paciente — Sim, inferno. Eles são uns chatos.
> Terapeuta — Complicado lidar com quem é chato, né?
> Paciente — Nem me fala.
> Terapeuta — Mas sabe que eu estou aqui pensando... Eu sei lidar bem com gente chata.
> Paciente — Como assim?
> Terapeuta — Ah, eu já tive que ajudar outros adolescentes que tinham uns pais que também eram chatos.
> Paciente — E como você fez isso?
> Terapeuta — Então... O que você acha de vir mais vezes aqui e a gente conversar para eu explicar melhor?
> Paciente — Olha... Até que pode ser.

Um elemento fundamental para o sucesso dessa vinheta é a possibilidade de o paciente se sentir compreendido pelo terapeuta. É evidente que o terapeuta não acredita que os pais do seu paciente sejam pessoas chatas, no entanto, para o adolescente, os seus pais estão parecendo "chatos". É nesse ponto que o objetivo do clínico precisa estar um passo à frente. Se o terapeuta confrontasse essa percepção do paciente, dizendo, por exemplo, "E o que acontece para eles fazerem essas chatices com você?", possivelmente ele resistiria e não voltaria para a sessão seguinte. Por mais que o terapeuta esteja querendo entender algo básico nas terapias comportamentais e cognitivas — isto é, os gatilhos e as situações ativadoras de pensamentos e emoções —, ele automaticamente "responsabiliza" o paciente pela chatice dos seus pais. Na vinheta anterior, como o paciente se sentiu compreendido e percebeu que o terapeuta quis genuinamente enxergar o problema da sua perspectiva, ele se sentiu mais motivado a voltar nas sessões seguintes.

Um aspecto central na adolescência é justamente a crescente busca pela autonomia. Um erro muito comum que os clínicos acabam cometendo é fazer o adolescente se sentir "coagido" por eles e pelos pais. Sabemos que a participação da família é fundamental, no entanto, quando o adolescente vai à terapia, os recursos familiares para a resolução dos conflitos geralmente estão esgotados. Os pais, muitas vezes preocupados, pressionam os terapeutas por resultados. Os clínicos, por sua vez, podem não saber manejar os comportamentos ansiosos dos pais, correndo o risco de serem "transbordados" pela influência dos cuidadores no processo, o que impacta o vínculo terapêutico. Veja o exemplo a seguir.

> **VINHETA CLÍNICA**
>
> Paciente — Minha mãe mandou mensagem pra você, né?
> Terapeuta — Mandou. Ela contou pra você que mandou?
> Paciente — Sim. Eu acho isso um saco. Ela pensa que pode ficar mandando na minha vida.
> Terapeuta — Sim, você fica incomodada, né? Acho que precisamos falar sobre isso.

(Continua...)

> Paciente — Sim. Eu não quero que você fale mais com ela.
> Terapeuta — Eu entendo o seu incômodo. Eu acho muito importante que você fale sobre isso comigo. Fico feliz que você se sinta confortável na nossa relação para expressar isso. Mas acho que precisaremos entender juntas o que é possível repensar na minha comunicação com a sua mãe, sem perder de vista aquela ideia fundamental que eu expliquei lá no início do tratamento, a ideia de manter um contato eventual com os pais.
> Paciente — É, mas não é justo ela querer sempre se meter.
> Terapeuta — Eu entendo, você está incomodada por ela fazer contato comigo sempre, como ela tem feito. Que tal pensarmos em uma solução para isso juntas? Há um modo de a sua mãe conversar comigo, mas de um jeito que seja confortável para você?
> Paciente — Hum... Tem como ela não ficar mandando essas mensagens sobre o que ela acha que está acontecendo na minha vida? Tem como ela e meu pai conversarem com você sobre o tratamento só numa consulta destinada a isso?
> Terapeuta — Acho uma ótima ideia. Vamos combinar isso com ela?

Nesse exemplo, fica evidente que, ao mesmo tempo que a terapeuta valida a expressão emocional de irritação da paciente pela sensação de invasão do seu espaço, ela busca compreender o que é viável negociar sobre a comunicação com os responsáveis. Ainda que seja muito importante que os adolescentes sintam que há um espaço de acolhimento próprio para eles, também é fundamental que o clínico estabeleça limites em alguns elementos que não são negociáveis. E, sem dúvida, alguma periodicidade de contato com os pais é fundamental e inegociável.

É essencial que o paciente possa sentir que tem um espaço para compartilhar as informações sobre a sua vida tendo respeitadas sua autonomia e sua individualidade. Ao mesmo tempo, é primordial que os clínicos trabalhem paralelamente com os pais, e é necessário que compreendam que o dilema dessa faixa etária muitas vezes coloca a relação terapêutica em risco se o profissional não sabe manejá-la. Nesse sentido, a desconfiança pode emergir e ser um fator de risco para o rompimento do vínculo terapêutico. Veja o exemplo a seguir.

> **VINHETA CLÍNICA**
>
> Terapeuta — Então, Gabi, me conta... O que fez você querer trocar de terapeuta?
> Paciente — Ah, não dava mais. Eu não confiava mais nela. Ela contava as coisas para minha mãe.
> Terapeuta — Poxa vida, isso não devia ser fácil, né?
> Paciente — Não. E na verdade eu nem queria ir em outra psicóloga.
> Terapeuta — Claro, é compreensível que você tenha essa reação. Mas deixa eu explicar como vai funcionar o meu contato com os seus pais.

Como pontuado anteriormente, é fundamental para a evolução do tratamento que os clínicos tenham contato com os responsáveis. No entanto, é necessário ter cuidado ético para entender quais informações podem ser compartilhadas com os pais, estando principalmente em concordância com o adolescente. Contrariar essa orientação é um erro muito comum que impacta a confiança quanto ao que é compartilhado no *setting* terapêutico, uma vez que o adolescente pode não mais encarar o terapeuta como seu aliado no processo.

Em nossa prática clínica, com base em uma visão sistêmica da TCC com adolescentes, por vezes optamos por intervenções familiares — ou seja, o contato com os pais ao longo do processo psicoterapêutico de diversos pacientes se dá em sessões em conjunto com o próprio adolescente. Há décadas, a teoria relacional enfatiza que valorizar a competência relacional do filho nesse contexto nos permite entender a história e a dinâmica das relações familiares (Andolfi, 2019). Poder ver e deixar que se exacerbem as expressões das problemáticas entre pais e filhos durante uma sessão permite ao terapeuta reafirmar ao adolescente a capacidade que ele tem de solicitar a mudança dos pais de forma direta e mais assertiva, viabilizando, aos poucos, pausas no ciclo vicioso da comunicação patológica entre as partes.

Muitos terapeutas têm receio de fazer sessões familiares pois sabem que os pais podem assumir uma postura acusativa contra o filho, como se essa dinâmica explicasse por que os pais têm atitudes "chatas", controladoras ou emocional e comportamentalmente desreguladas para com seus filhos. Uma das formas de lidar com essas sessões com os pais é, à luz das contribuições de Bowen (1980), perguntar para eles: "Se não estivéssemos falando sobre o filho de vocês agora, sobre o que estaríamos falando?". Esse tipo de intervenção auxilia o adolescente a ter mais individuação nessa dinâmica familiar, a compreender os motivos e as causas que mobilizam os pais nesse conflito e a sentir-se compreendido e validado pelo terapeuta, alimentando positivamente a relação terapêutica. O exemplo a seguir ilustra um diálogo entre terapeuta (T), pai (P), mãe (M) e paciente, o adolescente Miguel (A).

VINHETA CLÍNICA

P: A gente não aguenta mais, toda vez que pedimos para ele sair do quarto é essa ladainha. Ele diz "Já vou, já vou" e não sai de lá.

M: Não tem como a gente acreditar que ele gosta da gente. Ele não quer estar com a gente. Daí, depois que o obrigamos a sair do quarto anunciando o castigo, ele vem, mas com aquela cara, dizendo que a gente não respeita o espaço dele.

A: Mas também... Se não é do jeito de vocês, vocês não gostam. Tem que ir comer na hora que vocês querem comer, bem quando eu estou fazendo minhas coisas.

M: Mas, filho, é a hora em que a janta fica pronta, você tem que entender isso.

A: Mas então muda a hora da janta, ué!

P: Não fala assim! Viu, doutora, é assim que ele age, achando que pode mandar na gente.

(Continua...)

> T: Eu estou vendo que vocês estão disputando uma forma de ficarem juntos. Sabem, pai e mãe, eu percebo que, quando vocês falam, vem junto uma pressão muito grande para estarem com ele todos os dias na hora da janta. Fico pensando: o que vocês fariam se soubessem que ele não estaria na janta com vocês alguns dias?
> P: Ah, acho que a gente iria jantar e fazer nossas coisas.
> T: E o que são essas coisas de vocês?
> M: Olha, nem sei, porque as coisas da casa já são feitas e, não sei, talvez ficássemos ali na sala.
> T: Uma atividade do casal: ficar ali na sala. Isso?
> P: É, mas também não estamos nesse clima, faz tempo que a gente não faz coisas para nós. Sempre estamos estressados tentando fazer com que ele saia do quarto.
> T: Penso que, se vocês tiverem outros interesses próprios além de ficar com o filho, poderão ser uma companhia mais interessante um para outro. O que vocês acham de olharmos também para vocês em vez de olharmos apenas para o Miguel?
> M: Tá, mas e daí a gente deixa ele sem janta?
> T: Miguel, pensando que seus pais podem jantar tranquilamente e ficar na sala sem ter de chamá-lo, o que você sugere para a sua janta?
> A: Eu vou lá e esquento a janta para mim no microondas, daí eu posso até comer ali na mesa da sala junto com eles, por ali... sabe?
> T: Olha, eu acho que, para começar, essa pode ser uma excelente ideia. Podemos estabelecer um horário máximo para a sua janta, para não prejudicar o seu sono, e combinar de você lavar a sua louça depois.
> A: Sim, eu já lavo a louça quando faço meu lanche sozinho à tarde, antes de o pai e a mãe chegarem.
> T: Isso me parece muito bom para começarmos. Eu proponho observar como será esta semana e gostaria de saber, na semana que vem, como o casal tem usado esse tempo vespertino sem ter esses conflitos. O que vocês acham?
> P: Parece que virou uma tarefa de terapia para a gente, né?
> T: Me parece que sim, que vamos nos concentrar mais em como as coisas podem ocorrer de forma diferente em vez de nos preocuparmos só com o porquê de elas ocorrerem assim. Por isso precisamos olhar para as outras partes responsáveis também.

Incluir a família no *setting* terapêutico é uma oportunidade de redefinir o problema e modificar o foco do encontro para abarcar uma exploração familiar das dificuldades (Andolfi, 2019). A busca de um significado relacional dos sintomas na adolescência flexibiliza o olhar dos pais a respeito do sintoma do filho, gerando explicações alternativas e possibilidades de resolução criativa para os problemas (pautadas em menos julgamento e mais colaboração). O Capítulo 11 explora em maior profundidade os processos e as dinâmicas envolvidos na relação terapêutica com casais e famílias.

Sabemos que o ideal é incluir a família no tratamento. No entanto, isso nem sempre é possível. Em muitos casos, a disfuncionalidade familiar é tanta que pode não existir espaço para a colaboração e o trabalho em equipe. O relacionamento com o terapeuta pode ser, portanto, uma das únicas relações saudáveis do adolescente. Considere o exemplo de Fernanda, uma menina de 16 anos com transtorno depressivo maior. O seu pai, que tinha transtorno do humor bipolar e traços de personalidade narcisista, era com frequência violento verbalmente com Fernanda. Ao longo da sua vida, a menina passou por diversos terapeutas que validavam os seus sentimentos, mas ela continuava se sentindo inadequada e, de certa forma, culpada pelas características do pai. Em uma das sessões de orientação parental com a terapeuta, o pai usou uma linguagem muito violenta, possivelmente tratando a profissional como tratava Fernanda. Na sessão seguinte, a terapeuta entendeu que seria importante fazer uma autorrevelação para a paciente sobre os sentimentos contratransferenciais experienciados na sessão com o pai dela.

> **VINHETA CLÍNICA**
>
> Paciente — Foi horrível essa semana com o meu pai, de novo. Eu estou me sentindo péssima. De novo eu fiz a janta e ele me xingou, disse que a comida estava um lixo e que eu era uma imprestável.
> Terapeuta — Nossa, eu sinto muito que você tenha passado por isso. Sabe, Fernanda... ouvir que você passou por isso é muito triste. E eu preciso contar uma coisa pra você...
> Paciente — O quê?
> Terapeuta — Lembra que eu conversei com os seus pais na semana passada?
> Paciente — Sim.
> Terapeuta — Pois então... Seu pai foi agressivo comigo e eu me senti muito desconfortável. E fiquei pensando que eu tive só uma amostra pequena do que é conviver com ele. Também fiquei pensando no quanto foi e é difícil para você ter que lidar com esses comportamentos inadequados dele todos os dias...
> [Paciente começa a chorar.]
> Terapeuta — O que você está sentindo agora, depois do que eu disse?
> Paciente — Pela primeira vez na minha vida, alguém entendeu a minha percepção e o que eu disse. E eu não estou "errada" ou "louca" por enxergar os comportamentos do meu pai como eu os enxergo. Fico aliviada.

O objetivo dessa intervenção de autorrevelação era ajudar a paciente a não se sentir responsável ou culpada pelas características disfuncionais do pai. Quando entende que a terapeuta também se sentiu como ela, a paciente pode se sentir mais amparada em sua percepção e mesmo mais apropriada do que precisa fazer para se ajustar melhor ao contexto familiar, ainda que essa não seja a solução ideal. Essa sensação de conforto e compreensão contribui para a boa relação terapêutica.

Ainda quanto aos desafios, frequentemente terapeutas de adolescentes utilizam uma postura mais irreverente devido à tendência à reatividade que os jovens costumam apresentar. Essa postura se caracteriza, por exemplo, pelo uso da técnica do "advogado do diabo", com a qual queremos provocar uma contra-argumentação a uma crença ou um pensamento disfuncional. Considere um jovem que afirma não querer mais estudar pois deseja apenas jogar *games* na internet e ganhar dinheiro com essa atividade.

> **VINHETA CLÍNICA**
>
> Terapeuta — Olha, Bruno, não vejo problema em não estudar para jogar se o que você gosta é de jogar. Quem sabe, então, cancela a matrícula na escola e fica jogando o dia todo.
> Paciente — Tá, mas se cancelar eu não vou concluir, né?
> Terapeuta — Isso, fica jogando e não precisa mais ir. Você disse que não tem por que continuar indo na escola se você já sabe toda a matéria.
> Paciente — É que não é bem assim. Eu já passei de ano, mas não sei tudo para o vestibular.
> Terapeuta — Ah, então ainda é importante você estudar, entendi.
> Paciente — É, eu vou ir. Só não gosto, é chato.

Esse tipo de técnica, apesar de ser comumente utilizada com adolescentes, tem maior chance de causar rupturas na relação terapêutica, por isso, o psicoterapeuta deve tomar cuidado para não parecer irônico ou sarcástico.

AVALIAÇÃO DA RELAÇÃO TERAPÊUTICA

Em nossa prática clínica, entendemos ser fundamental acompanhar a evolução do tratamento. Apesar de existirem alguns instrumentos disponíveis em inglês que avaliam a relação terapêutica na adolescência, nenhum deles foi encontrado com tradução e validação para o português brasileiro com amostra de adolescentes. Conforme detalhado no Capítulo 3, "Avaliando a relação terapêutica", o *Working Alliance Inventory* (WAI; Horvath & Greenberg, 1989) é muito utilizado, e há uma versão disponível em português brasileiro, mas esse recurso não foi desenvolvido para adolescentes. Uma versão do WAI para crianças e adolescentes (WAI-CA) foi desenvolvida por um grupo de pesquisadores portugueses (Figueiredo et al., 2019), mas não identificamos uma adaptação para o Brasil. Outro instrumento muito utilizado é o *Therapeutic Alliance Scale for Children* (TASC; Shirk & Saiz, 1992), mas também não encontramos uma versão adaptada para o Brasil.

Ainda que não tenhamos encontrado nenhum instrumento específico em português brasileiro para avaliar a relação terapêutica com adolescentes, perguntas de *feedback* são necessárias para acompanhar a evolução dos fenômenos. Alguns questionamentos podem ser feitos, por exemplo: "Como você está percebendo a nossa relação?"; "Como você está se sentindo comigo no tratamento?"; "De 0 a 10, o quanto você confia em mim para compartilhar os seus problemas?"; "O que você acha que seria importante acontecer para que você se sentisse ainda mais ajudado aqui?".

Em geral, os adolescentes não falam espontânea e explicitamente sobre as suas sensações a respeito da relação terapêutica. Portanto, é fundamental que o clínico abra espaço para esse assunto e explore essas sensações com o objetivo de conectar-se emocionalmente com o paciente e entender como ele vem se sentindo no tratamento. Além disso, é fundamental que o terapeuta esteja atento aos sinais verbais e não verbais do adolescente, encarando-os como uma ferramenta importante de comunicação. Veja o exemplo a seguir.

> **VINHETA CLÍNICA**
>
> Terapeuta — Bruno, eu vi que, depois que eu falei sobre esse lance das amizades, você ficou em silêncio e se fechou. O que você está sentindo neste momento?
> Paciente — Nada.
> Terapeuta — Não me parece que esteja tudo bem... Será que é só impressão minha?
> Paciente — É que eu acho que você não me entende.
> Terapeuta — Que importante você me falar isso. O que lhe deu a impressão de que eu não o entendo?
> Paciente — Ah, você disse que eu não socializo, mas você não entende que isso é difícil pra mim.
> Terapeuta — Entendi... Que bom que você está me dizendo isso... Mas, cara, não foi minha intenção dar essa impressão ou criticar você. Desculpa se você entendeu dessa forma.
> Paciente — Aham...
> Terapeuta — Será que eu posso explicar de uma outra maneira o que eu estava querendo dizer?
> Paciente — Sim.

As relações humanas sao permeadas por interpretações, muitas delas distorcidas. E, obviamente, a relação terapêutica nao é isenta dessa mesma dificuldade. Portanto, é comum que falhas na comunicação aconteçam. O problema não é a ocorrência dessas falhas: o problema é não estarmos, enquanto clínicos, cientes e atentos a elas. Por isso, sempre que os pacientes derem sinais verbais e não verbais, é fundamental que o clínico promova espaço para a comunicação clara e transparente desses fenômenos. É a partir dessas tensões na relação, e de sua resolução, que o vínculo com o adolescente vai ganhando força. Se o paciente percebe que é escutado de modo empático pelo terapeuta e atendido adequadamente nessa relação, ele tende a se engajar mais no tratamento e no alcance dos objetivos da dupla terapêutica.

CONSIDERAÇÕES FINAIS

A adolescência é um período sensível do desenvolvimento humano. Muitas dificuldades emergem nesse momento da vida, o que pode torná-lo desafiador. A psicoterapia muitas vezes surge para suprir a necessidade de dar espaço a essas dificuldades do adolescente e do seu ambiente.

A TCC é uma abordagem eficaz para muitos problemas em saúde mental. Neste capítulo, enfatizamos a importância de olhar não somente para a teoria que embasa essa perspectiva, mas também para os elementos relacionais da psicoterapia desenvolvida com esse público. Sem dúvida, esses são ingredientes fundamentais para o sucesso terapêutico. Afinal de contas, é nesse espaço relacional que a teoria conecta, faz sentido e sensibiliza para a mudança.

Gerar um clima positivo em uma relação permeada por colaboração e afeto é a base do sucesso. Ao mesmo tempo, para que o processo terapêutico não seja prejudicado, o terapeuta precisa estar atento a algumas habilidades, como a de contornar as resistências dos pacientes no início do tratamento, a de perceber os problemas e mesmo a de gerenciar o contato com a família. Portanto, é fundamental que os clínicos que atuam com pacientes dessa faixa etária estejam cientes não somente da importância da relação terapêutica, mas também dos desafios encontrados nesse público, estando sempre preparados e instrumentalizados para enfrentar as dificuldades.

> **RESUMO**
> - A adolescência é um período sensível do desenvolvimento humano, podendo estar associada a um risco maior de ocorrência de transtornos mentais. O tratamento psicoterápico para essas dificuldades é muitas vezes necessário.
> - A TCC é uma abordagem sólida para a intervenção nessas situações. A verdadeira colaboração paciente-terapeuta, se aliada a suporte empírico, solidez teórica e proficiência técnica, é uma receita para o sucesso.
> - Estar atento às diversas facetas da aliança é essencial para bons desfechos na psicoterapia com esse público. Vínculo emocional, colaboração e estabelecimento de objetivos são dimensões que precisam estar na pauta daqueles clínicos que objetivam fortalecer e solidificar a relação terapêutica.
> - Ouvir atentamente e não julgar parecem ser fatores essenciais para o adolescente se sentir compreendido e estabelecer um vínculo seguro com o terapeuta.
> - O contato com os responsáveis pode ser um assunto sensível para alguns adolescentes. O clínico precisa estar sempre atento e respeitar o sigilo ético profissional para não correr o risco de prejudicar o vínculo terapêutico.
> - Sessões familiares podem ser necessárias para evidenciar conflitos sistêmicos subjacentes que impedem a evolução do processo terapêutico do adolescente e precisam ser trabalhados em equipe.
> - A avaliação da relação terapêutica precisa ser feita constantemente pelo profissional por meio de perguntas abertas sobre o fenômeno, oferecendo espaço para a livre comunicação das sensações e impressões subjacentes.

REFERÊNCIAS

Andolfi, M. (2019). *A terapia familiar multigeracional: Instrumentos e recursos do terapeuta.* Artesã.

Bowen, M. (1980). *Dalla famiglia all'individuo: La differenzizione del sé nel sistema familiare.* Astrolabio.

Everall, R. D., & Paulson, B. L. (2002). The therapeutic alliance: Adolescent perspectives. *Counseling and Psychotherapy Research, 2*(2), 78-87.

Figueiredo, B., Dias, P., Lima, V. S., & Lamela, D. (2019). Working Alliance Inventory for Children and Adolescents (WAI-CA): Development and psychometric properties. *European Journal of Psychological Assessment, 35*(1), 22-28.

Horvath, A. O., & Greenberg, L. S. (1989). Development and validation of the Working Alliance Inventory. *Journal of Counseling Psychology, 36*(2), 223-233.

Lopes, C. S., Abreu, G. D. A., Santos, D. F. D., Menezes, P. R., Carvalho, K. M. B. D., Cunha, C. D. F., ... Szklo, M. (2016). ERICA: Prevalência de transtornos mentais comuns em adolescentes brasileiros. *Revista de Saúde Pública, 50*(suppl 1), 14s.

Martorell, G., Papalia, D. E., & Feldman, R. D. (2020). Desenvolvimento físico e saúde na adolescência. In G. Martorelll, D. E. Papalia, & R. D. Feldman (Eds.), *O mundo da criança: Da infância à adolescência* (13. ed., 392-414). AMGH.

McLeod, B. D., Fjermestad, K. W., Liber, J. M., & Violante, S. (2020). Overview of CBT Spectrum Approaches. In R. D. Friedberg, & B. J. Nakamura (Eds.), *Cognitive behavioral therapy in youth: Tradition and innovation.* Humana Press.

Polanczyk, G. V., Salum, G. A., Sugaya, L. S., Caye, A., & Rohde, L. A. (2015). Annual research review: A meta-analysis of the worldwide prevalence of mental disorders in children and adolescents. *Journal of Child Psychology and Psychiatry, 56*(3), 345-365.

Shirk, S. R., & Karver, M. (2011). Alliance in child and adolescent psychotherapy. In J. Norcross (Ed.), *Psychotherapy relationships that work: Evidence-based responsiveness* (2nd ed., pp. 70-91). Oxford University Press.

Shirk, S. R., & Saiz, C. C. (1992). Clinical, empirical, and developmental perspectives on the therapeutic relationship in child psychotherapy. *Development and Psychopathology, 4*(4), 713-728.

Shorey, S., Ng, E. D., & Wong, C. H. (2022). Global prevalence of depression and elevated depressive symptoms among adolescents: A systematic review and meta-analysis. *British Journal of Clinical Psychology, 61*(2), 287-305.

Whiteford, H. A., Degenhardt, L., Rehm, J., Baxter, A. J., Ferrari, A. J., Erskine, H. E., ... Vos, T. (2013). Global burden of disease attributable to mental and substance use disorders: Findings from the Global Burden of Disease Study 2010. *The Lancet, 382*(9904), 1575-1586.

Wilmots, E., Midgley, N., Thackeray, L., Reynolds, S., & Loades, M. (2020). The therapeutic relationship in Cognitive Behaviour Therapy with depressed adolescents. A qualitative study of good-outcome cases. *Psychology and Psychotherapy: Theory, Research and Practice, 93*(2), 276-291.

Zuccolo, P. F., Casella, C. B., Fatori, D., Shepahard, E., Sugaya, L., Gurgel, W., ... Polanczyk, G. (2023). Children and adolescents' emotional problems during the COVID-19 pandemic in Brazil. *European Child and Adolescent Psychiatry, 32*(6), 1083-1095.

Leituras recomendadas

Andolfi, M., & Mascellani, A. (2019). *Histórias da adolescência: Experiências em terapia familiar.* Artesã.

Karver, M. S., De Nadai, A. S., Monahan, M., & Shirk, S. R. (2018). Meta-analysis of the prospective relation between alliance and outcome in child and adolescent psychotherapy. *Psychotherapy, 55*(4), 341-355.

11

A relação terapêutica na prática clínica com casais e famílias

Adriana Lenzi Maia
Bruno Luiz Avelino Cardoso

As partes enriquecem o todo, e o todo enriquece as partes.

A relação terapeuta-paciente que se estabelece na psicoterapia individual tem sido amplamente estudada, entretanto há carência de estudos empíricos que investiguem esse fenômeno no contexto da psicoterapia de casal e de família (Friedlander et al., 2006). De acordo com Kazantzis et al. (2017), uma das razões principais para a escassez de estudos reside no fato de a relação terapêutica não ser facilmente conceitualizada na terapia de casais e famílias, pois nesse processo terapêutico há mais do que um conjunto de dinâmicas ocorrendo simultaneamente.

O desafio na constituição da relação terapêutica com o casal e a família aumenta significativamente em comparação com o que ocorre em atendimentos individuais, uma vez que as dinâmicas se multiplicam: há (a) a relação de cada membro com o terapeuta, (b) a relação dos membros entre si e (c) a relação do terapeuta com o casal atendido ou com o sistema. Questões importantes da relação terapêutica na terapia cognitivo-comportamental (TCC), como a empatia, a coesão, o consenso quanto aos objetivos, a afirmação e o *feedback*, são igualmente relevantes na complexa dinâmica inerente a esse contexto.

É amplamente enfatizado que o sucesso terapêutico depende, em especial, do estabelecimento e da manutenção de uma relação aberta, confiável e colaborativa e de uma aliança forte (Sexton & Whiston, 1994). Esses elementos relacionais, aliança e colaboração, vão operar nas múltiplas relações, requerendo do terapeuta o desenvolvimento dessas habilidades e a sua prática.

ALIANÇA NAS TERAPIAS DE CASAL E FAMÍLIA: ASPECTOS CONCEITUAIS

Pinsof e Catherall (1986) descrevem a aliança nas terapias de casal e família como única, complexa e multifacetada e ressaltam a influência das dinâmicas familiares preexistentes na sua formação. De acordo com os autores, a aliança é "o aspecto da relação entre o sistema do terapeuta e o sistema do paciente que pertence à capacidade mútua de investimento e colaboração na terapia" (Pinsof & Catherall, 1986, p. 139). A complexidade das relações reflete o sistema formado a partir dos vários subsistemas do terapeuta e de seus pacientes.

A TCC para casais e famílias também segue a perspectiva sistêmica de circularidade, com a influência recíproca entre os membros a nível cognitivo, emocional e comportamental (Dattilio et al., 1998), havendo a necessidade de compreender os comportamentos desses membros no seu contexto particular. Na abordagem dessas demandas, a aliança fornece o contexto, no aqui e agora, que oportuniza experiências emocionais corretivas, condição tanto necessária quanto percebida como suficiente para a mudança terapêutica. Gaston (1990) descreve quatro dimensões da aliança que também são aplicadas ao contexto da terapia de casal e família: (1) o vínculo afetivo dos pacientes com o terapeuta; (2) a capacidade dos pacientes de colaborar efetivamente na terapia; (3) o envolvimento e a compreensão empática do terapeuta; e (4) a concordância entre os pacientes e o terapeuta em relação aos objetivos da terapia.

Embora poucos estudos sejam realizados, a literatura aponta alguns fenômenos importantes relacionados à aliança na terapia de casal e família, entre eles: a frequência de alianças não balanceadas, a importância de garantir segurança e a necessidade de estimular um forte senso de propósito acerca dos objetivos do trabalho conjunto (Friedlander et al., 2011). Rait (2000) também define alguns aspectos conceituais e clínicos que influenciam as escolhas do terapeuta no estabelecimento da relação terapêutica. O terapeuta necessita adotar uma estrutura conceitual que possa considerar as múltiplas alianças e interações triangulares, devendo também reconhecer a influência dos sistemas que operam no *setting* terapêutico e manejar as dificuldades surgidas com o seu posicionamento na relação com o casal e a família.

MÚLTIPLAS ALIANÇAS

Um dos desafios mais difíceis com que o terapeuta de casal e família se depara é o aprendizado do manejo de múltiplas alianças em um ambiente caracterizado por conflitos, emoções intensas, vulnerabilidades e ameaças. Outro aspecto importante é o fato de que os membros do casal ou da família geralmente buscam a terapia como último recurso, quando os conflitos parecem irreconciliáveis, e apresentam diferentes níveis de motivação e objetivos para o tratamento, ainda que os problemas sejam do conhecimento de todos.

Muitas vezes, a terapia pode não ser vista como a solução por um dos membros, ou os objetivos podem divergir, por exemplo: "Você precisa trabalhar menos" *versus*

"Nós precisamos de conexão, parece que temos vidas paralelas". Em consequência, a disposição para o engajamento no processo colaborativo difere: alguns podem se sentir reféns ou ameaçados se não forem para a terapia, ou podem esperar que o terapeuta tome partido de um dos participantes.

O terapeuta precisa estar atento às necessidades individuais e conjuntas, formulando e reformulando o sentido de propósito e os objetivos compartilhados, e deve construir uma formulação de caso focada nos esquemas individuais e interpessoais que direcione as mudanças desejadas (Friedlander et al., 2006). Nesse sentido, desde o primeiro contato com o casal ou a família, é importante endereçar não apenas a questão de quando ou como formar a aliança, mas também a questão de com quem formá-la. Muitas vezes, os membros que apresentam estratégias de enfrentamento evitativas requerem atenção e segurança no vínculo com o terapeuta para, então, apresentar sua vulnerabilidade.

Ainda que a necessidade seja a formação da aliança com cada um dos membros, é importante ressaltar que cada aliança, inevitavelmente, influenciará as alianças com os outros membros, de forma recíproca e circular, e que o terapeuta precisa estar atento às alianças inter-relacionais entre os próprios membros do casal ou da família (Falloon, 1991). Nesse sentido, para formar uma aliança com todo o sistema, casal ou família, o terapeuta precisa identificar possíveis problemas preexistentes nas relações, objetivos compartilhados e necessidades específicas de cada membro, de modo a desenvolver um vínculo de respeito, confiança e apreciação da contribuição única e fundamental de cada indivíduo (Kazantzis et al., 2017).

O grande desafio para o terapeuta consiste na construção e na manutenção de uma aliança equilibrada com cada integrante. Segundo Baucom e Epstein (2002), é necessário balancear a atenção concedida e responder empaticamente a cada indivíduo, validando a experiência subjetiva de emoções e cognições de cada um. Em especial, o terapeuta deve desenvolver a habilidade de responder construtivamente às intensas expressões emocionais na sessão e, simultaneamente, evitar a coalizão ou mesmo o favorecimento de uma aliança com um ou mais dos membros em detrimento de outros, o que poderia acontecer devido a um viés perceptual do clínico.

> **VINHETA CLÍNICA**
>
> Júlia e Carla têm um relacionamento há quatro anos. Elas se conheceram enquanto faziam graduação na mesma instituição de ensino. Após três anos de relacionamento, decidiram morar juntas e dar outros passos na relação. Elas procuraram a terapia pois estão tendo dificuldades na adaptação conjugal: Júlia tende a demonstrar suas necessidades de forma mais impositiva, enquanto Carla é mais reservada e passiva, não demonstrando muito aquilo que realmente a incomoda.
>
> Terapeuta — Oi, Carla e Júlia, como foi a semana de vocês? Lembro que, na semana passada, vocês estavam com dúvidas sobre mudar ou não de apartamento. Como foi essa questão para vocês?

(Continua...)

> Júlia — Eu, como sempre, fiz tudo sozinha. Pesquisei apartamentos novos nos aplicativos e a Carla não me ajudou em nada. Me sinto sobrecarregada!
> Terapeuta — Compreendo, Júlia. Pelo que você me disse, foi uma semana bem difícil e você sentiu toda a responsabilidade sobre seus ombros. Obrigado por compartilhar comigo aquilo que você sentiu. Isso é muito importante para o nosso processo terapêutico. [Terapeuta busca fortalecer a aliança com Júlia por meio da validação emocional.] Vamos ouvir como foi para a Carla também? [Terapeuta busca promover um senso de aliança compartilhada, possibilitando acesso à outra parceira.]
> Júlia — Pode ser...
> Terapeuta — Carla, como foi para você?
> Carla — A semana foi boa, não aconteceu nada demais. [Carla evita aprofundar o contato.]
> Terapeuta — Entendo, Carla... Como foi para você ouvir a Júlia? [Terapeuta busca contato emocional com Carla.]
> Carla — Ela sempre fala assim... Prefiro não comentar. [Continua evitando o contato.]
>
> Até esse momento, a aliança está mais formada apenas com uma das pessoas da relação. O objetivo é que essa aliança seja ampliada para abarcar todas as pessoas da relação e a relação terapêutica como um todo.
>
> Terapeuta — Carla, suas emoções e aquilo que você tem a falar são muito importantes, assim como as emoções da Júlia. [Terapeuta olha para Júlia, incluindo-a na abordagem.] Gostaria de lhe dizer que você pode ficar à vontade para fazer deste espaço um lugar para você também. [Terapeuta busca conectar e firmar aliança com Carla.] Estou aqui para vocês e espero poder ajudá-las. [Terapeuta olha para ambas e busca fortalecer a aliança com o casal.] Como é para vocês ouvirem isso? Gostariam de sugerir alguma coisa que poderia deixar vocês mais confortáveis com o nosso próximo encontro? [Terapeuta pede *feedback* do casal.]
>
> O *feedback* do casal é um dos termômetros que o terapeuta tem disponíveis para averiguar a relação terapêutica. Por meio dele, há a possibilidade de fazer ajustes importantes no processo da terapia.

Muitas vezes, a conexão emocional com o terapeuta não é balanceada entre os membros do processo terapêutico. Heatherington e Friedlander (1990) salientam que alianças divididas ocorrem frequentemente e variam de intensidade, estando relacionadas negativamente à adesão ao tratamento conjugal e familiar. Estudos sobre a diferença de gênero na conexão com o terapeuta na terapia de casal apontam a aliança masculina como forte preditor do resultado terapêutico (Symonds & Horvath, 2004). A explicação para essa diferença seria a relutância apresentada pelo gênero masculino no engajamento terapêutico e sua posição de poder em muitos casais, especialmente em situações de abuso.

Knobloch-Fedders et al. (2004), ao pesquisar as diferenças de gênero no desenvolvimento da aliança, destacam que, para os homens, recordar experiências com a família de origem foi mais crítico para o desenvolvimento da aliança inicial, enquanto o estresse conjugal apresentou um impacto negativo maior na manutenção da aliança. Para as mulheres, o estresse com suas famílias de origem contribuiu para uma aliança dividida desde o início da terapia, e a insatisfação sexual se mostrou negativamente associada à aliança durante todo o processo.

Ao observar o comportamento na sessão, Thomas et al. (2005) avaliam que ambos os membros do casal apresentam uma forte conexão com o terapeuta quando seus parceiros se revelam; em contrapartida, sentem-se mais distantes do terapeuta quando seus parceiros os desafiam ou fazem comentários negativos sobre eles. Na terapia de família, o papel que cada membro desempenha no grupo familiar é o mais consistente intermediador da aliança com o terapeuta, e a abordagem terapêutica estaria relacionada ao favorecimento da adesão ao processo, com o compartilhamento de um sentido de propósito aumentado (Friedlander et al., 2008).

TRIANGULAÇÕES

Para compreender a dinâmica e a complexidade interpessoal, o terapeuta de casal e família precisa perceber que as trocas entre os casais ocorrem em um contexto de relações triangulares (Rait, 2000). Segundo Bowen (1976), quando a tensão aumenta na relação entre duas pessoas, esse sistema procura engajar um terceiro ou mais indivíduos em uma série de triângulos entrelaçados.

Quando se considera a aliança, é importante ressaltar a formação desses triângulos em cada sessão para que o terapeuta esteja consciente da sua posição no processo emocional dos pacientes e atento à sua participação, de forma a evitar a sua reatividade emocional automática. Os membros do casal e da família geralmente esperam que o terapeuta forneça suporte ao seu ponto de vista, e o clínico deve evitar atender ao convite para se unir a um ou mais membros contra os outros. A escolha terapêutica de recusa à criação de um triângulo desadaptativo pode representar uma mudança na relação do casal e ser uma oportunidade de estabelecer outras estratégias de regulação emocional.

Gottman e Rushe (1995) destacam que há pelo menos duas habilidades às quais os terapeutas devem estar atentos no processo com casais. Essas habilidades também envolvem o manejo de triangulações que podem surgir no processo clínico. A primeira habilidade consiste em apresentar comportamentos alternativos para que o casal lide com as escaladas emocionais, interrompendo um ciclo composto por queixa, crítica, defensividade, desprezo e retirada. A segunda consiste em estar atento justamente às tentativas de persuasão que acabam por manter o conflito entre o casal e/ou fazer com que ele se agrave.

> **VINHETA CLÍNICA**
>
> Maicon e Joana são casados há 15 anos. Eles se conheceram na fila do supermercado. Maicon tomou a iniciativa de puxar assunto com Joana e logo pediu seu contato para continuarem conversando. Depois de um tempo de relação, alguns problemas come-

(Continua...)

çaram a surgir de forma mais evidente, e eles buscaram terapia mencionando que têm dificuldades de comunicação. Eles têm brigado por questões diversas na dinâmica conjugal, e a frequência sexual diminuiu consideravelmente. Durante as sessões de avaliação do casal, Maicon e Joana empreendem várias tentativas de estabelecer triangulações.

Terapeuta — Bom dia, Joana e Maicon! Como vocês estão? Como foi a semana de vocês?
Maicon — Foi boa...
Joana — Tudo bem...
Terapeuta — Hoje eu queria continuar com vocês a nossa sessão de avaliação. Com ela, poderemos estruturar o nosso plano de tratamento. O que acham?
Joana — Acho bom... Precisamos fazer alguma coisa pelo nosso relacionamento.
Maicon — Sim, precisamos mesmo.
Terapeuta — Então... nas últimas sessões, vocês me falaram que estavam com alguns problemas na comunicação e que também tinham diminuído a frequência sexual... Como tem sido isso para vocês? Vocês pensaram em algo durante a semana?
Joana — Olha, eu tenho feito tudo por este relacionamento, inclusive estou vindo à terapia. Você [dirigindo-se ao terapeuta] deve estar vendo que eu estou me esforçando e fazendo o máximo por esta relação. Gostaria que você me ajudasse a fazer o Maicon entender isso. [Triangulação]
Maicon — Só nesta situação, você [dirigindo-se ao terapeuta] já deve ter percebido quem é o problema, né? [Triangulação]
Terapeuta — Joana e Maicon, eu entendo que, devido a essa situação pela qual vocês estão passando, vocês estejam mais reativos um ao outro. Em momentos como esse, geralmente temos dificuldade de explorar outras formas de comunicar nossas necessidades. Eu quero reafirmar que a necessidade de vocês é muito importante e que estou aqui para ajudá-los a expressar o que precisam, de forma que vocês se sintam nutridos emocionalmente. O que vocês acham disso?

Aqui, o terapeuta lida com as triangulações validando as emoções de cada membro e disponibilizando-se para auxiliá-los na aprendizagem de novas formas de se comunicar. Logo após a resposta do casal, há uma psicoeducação sobre as possíveis escaladas emocionais que interferem na comunicação assertiva.

INFLUÊNCIA DO SISTEMA

Uma das dinâmicas emocionais existentes no atendimento ao sistema familiar é o esforço dos pacientes para fazer com que o terapeuta se torne parte desse sistema. Bowen (1976), observando as expectativas do casal e da família, aponta a facilidade desses sistemas em se envolver emocionalmente com o terapeuta — colocando-o em uma posição de responsabilidade pelo sucesso ou fracasso terapêutico — e, passivamente, aguardar que ele efetue a mudança ao mesmo tempo que se move para a manutenção dos padrões disfuncionais da relação.

Desde o início do tratamento, o terapeuta necessita estar consciente dessa posição paradoxal, implicitamente sugerida, de ajudar a mudar a situação enquanto permanece operando sob as mesmas regras interacionais que preservam o problema atual. De acordo com Andolfi e Angelo (1988), "mudar sem mudanças" representa a indução do terapeuta ao desempenho do papel complementar aos padrões de manutenção das interações do *status quo*, em que os membros permanecem controlados e não alcançam a possibilidade de estabelecer novos contratos relacionais.

A relação terapêutica com casais e famílias implica que o terapeuta se una ao sistema e torne-se parte dele temporariamente, mantendo-se, ao mesmo tempo, independente, para facilitar a mudança e não perder a objetividade. Segundo Falcone (2004), o papel do terapeuta é quebrar o ciclo cognitivo interpessoal do paciente e não participar dele, desconfirmando assim seus esquemas desadaptativos.

Ao formar o sistema terapêutico, é importante que o terapeuta tenha clareza sobre seus atributos técnicos, bem como sobre seu modelo interno de funcionamento, seus valores e suas experiências pessoais, de modo que possa lidar com os fenômenos transferenciais e contratransferenciais e auxiliar o casal ou a família a encontrar suas próprias soluções. O campo terapêutico no trabalho com casais e famílias não é a soma de seus componentes, e sim uma *gestalt* formada a partir das forças dinâmicas que atuam nos relacionamentos presentes e que trazem consigo bagagens, transgeracionalidades, desejos e expectativas dos sujeitos (Zaslavsky & Santos, 2006). É importante ressaltar a influência dos padrões de relacionamento aprendidos com as famílias de origem de cada membro do sistema, os quais operam de forma implícita — muitas vezes demarcando fidelidades ou lealdades — no processo de vinculação e na determinação das dificuldades apresentadas.

Assim, o terapeuta precisa estar atento às representações internas de pessoas significativas para cada membro do *setting* que possam estar sendo ativadas na relação terapêutica. É necessário avaliar esquemas mentais e comportamentos correspondentes que dificultem o engajamento e o senso de propósito compartilhado, assim como a conexão afetiva e a segurança para ficar vulnerável e explorar os conflitos. Inferências cognitivas, memórias, expectativas de aceitação ou rejeição, estratégias de apego e motivações afetivas são alguns aspectos que podem facilitar ou atrapalhar a relação com cada membro no aqui e agora da terapia (Miranda & Andersen, 2007).

Em especial, quando estão presentes psicopatologias crônicas, transtornos de personalidade ou resistências cristalizadas ao tratamento, o relacionamento terapêutico assume papel fundamental à eficácia da terapia. Para Rait (2000), a habilidade do terapeuta de utilizar a resistência do casal ou da família como fonte de informação para a constituição de uma aliança mais forte aumentaria a efetividade terapêutica.

O estabelecimento e a luta pelo poder, em especial no atendimento aos casos de maus-tratos, negligência e vulnerabilidade detectados nos membros do sistema, podem ocasionar sentimentos de intimidação, rivalidade nos cuidados e onipotência e interferir na habilidade do terapeuta de validar, confrontar empaticamente, pontuar percepções e sensações e fornecer *feedbacks* terapêuticos.

VINHETA CLÍNICA

Rafael e Márcia, ambos no segundo casamento, pediram uma consulta solicitando ajuda para lidar com as dificuldades do início de sua vida conjunta com suas respectivas filhas: Denise, 12 anos, e Helena, 5 anos. Quando chegaram ao consultório, Márcia se sentou e Helena se sentou perto dela, enquanto Rafael e Denise sentaram-se no outro sofá: um retrato de duas duplas reunidas por seus membros adultos. Depois de avaliar a história conjugal, a terapeuta começou a verificar a dinâmica familiar a partir do membro caçula.

Terapeuta — Então, Helena, agora você tem uma irmã mais velha e dois papais?

Helena — Sim.

Terapeuta — E como é ter uma irmã mais velha?

Helena — Ela me diz o que eu devo fazer...

Denise — E dá certo!

Terapeuta — As irmãs mais velhas sempre têm muitas respostas, não? [Brinca com as duas meninas.] E como está sendo morarem todos juntos?

Helena — A única coisa de que eu não gosto é que minha mãe não me dá mais atenção... Ela só dá para o Rafael. [Os adultos riem.]

Terapeuta — Puxa... E como você faz para ter a atenção de que você precisa?

Helena — Eu puxo ela para brincar...

Terapeuta — Rafael, e você? Você sabe brincar? [Terapeuta busca averiguar o vínculo de proximidade com o padrasto.]

Rafael — Um pouquinho...

Terapeuta — Helena, você poderia ensinar a ele?

Helena — Ele tem que aprender sozinho.

Márcia — Mas ele não consegue aprender tudo sozinho... Você poderia ajudá-lo? [Movimento intrafamiliar de busca de proximidade modelado pela terapeuta.]

Rafael — Sim? [O padrasto busca encorajá-la, e Helena concorda animada.]

Terapeuta — Denise, vamos fazer uma coisa: você e Helena poderiam mudar de lugar um instante?

As meninas se sentam ao lado de seus respectivos padrasto e madrasta, e Denise olha para o pai como se não estivesse gostando.

Terapeuta — Denise, você sabe por que eu pedi para vocês trocarem de lugar?

Denise — Eu acho que sei... Para a gente ser uma família...

Terapeuta — Sim... E, antes de eu perguntar para a Márcia e o Rafael como está sendo essa construção familiar [terapeuta mantém o olhar no casal], gostaria de saber como está sendo para você.

Denise — Bem... eu estou tendo que mudar muito.

Terapeuta — Você poderia me dar um exemplo?

Denise dá o exemplo de não ter sido autorizada a ir ao cinema sozinha com as amigas.

Denise — Antes, o meu pai teria deixado, mas agora é diferente...

Terapeuta — Você acredita que a Márcia está influenciando seu pai?

Denise — Sim.

Terapeuta — E o que ela estaria dizendo?

(Continua...)

> Denise — Eu não sei... "Você deve agir como um pai", talvez... Antes, ele me deixava fazer quase tudo que eu queria... [Posteriormente, a terapeuta retorna a esse ponto com o pai.]
> Terapeuta — Ahhh... Veja se eu entendi: antes, você ia a todos os lugares, e agora, muito rapidamente, passou por três famílias diferentes: com sua mãe, depois sozinha com seu pai e agora esta [aponta para os quatro membros].
> Denise — Nós passamos por dois namoros também...
> Terapeuta — "Nós" seria o time composto por você e seu pai? Hum... e agora seu pai e Márcia querem ser um time também?
> Denise — E eu vou ficar de lado...
> Terapeuta — E como seria você se unir à Helena, que está se sentindo deixada de lado também?
>
> Nessa parte da sessão, a terapeuta procura delimitar e incentivar a aliança entre os subsistemas para que novos laços se desenvolvam. Em seguida, passa a focar o subsistema parental e as necessidades específicas da construção do vínculo entre padrasto, madrasta e enteadas.

POSTURA DO TERAPEUTA

Ao fomentar o empirismo colaborativo nas terapias de casal e de família, o terapeuta deve ser capaz de empatizar com ambos os parceiros, ou com todos os membros familiares, de forma balanceada e construtiva, bem como de manter a objetividade (White & Epston, 1989). É necessária a manutenção da objetividade no sentido de abster-se de interpor seu próprio viés ou sistema de valor, para não contaminar o processo terapêutico e, em especial, para tornar a terapia o processo oposto ao de dar conselhos.

Minuchin e Fishman (1981) observam que, devido ao uso de seu *self* na formação do sistema terapêutico, o terapeuta precisa estar consciente de seu repertório e de sua posição. Essa habilidade estaria relacionada tanto às características pessoais do clínico quanto à sua abordagem, aos fenômenos transferenciais e à sua relação real com o processo emocional vivido com cada casal ou família em particular.

Para estar emocionalmente presente na relação, o terapeuta precisa estar consciente de suas respostas e de como está sendo afetado pela dinâmica do sistema. Para Zaslavsky e Santos (2006), os fenômenos intrapsíquicos devem estar pareados com os fenômenos interpessoais. O aspecto diferencial do uso da contratransferência no atendimento a casais e famílias seria o fato de ela não estar direcionada a cada membro em especial, mas ao padrão de funcionamento da dupla ou do grupo. O conhecimento das reações contratransferenciais aos padrões de interação do casal ou do grupo familiar ajuda o terapeuta no entendimento das experiências compartilhadas não verbalizadas de cada membro e no manejo do padrão interpessoal utilizado pelo sistema, para que ele possa induzir os membros a agirem de maneira desadaptada.

Outras variáveis que influenciam sobremaneira o atendimento de casais ou famílias, e em especial a vinculação entre paciente e terapeuta, são o gênero, a orientação sexual, a raça ou etnia, a religião e a cultura particular dos integrantes. Atentar aos comportamentos do terapeuta que podem influenciar a qualidade ou o sofrimento do casal ou da família atendida é fundamental para uma relação terapêutica saudável. Estudos conduzidos com psicoterapeutas no contexto brasileiro apontam, por exemplo, que há problemas preocupantes no manejo com grupos sociais minoritários — devido às microagressões que podem ocorrer no *setting* por ação do terapeuta (Vezzosi et al., 2019). A postura do terapeuta precisa considerar as especificidades do público que será atendido; ele deve validar a experiência emocional que o grupo experimenta e ser sensível às necessidades específicas dos pacientes.

VINHETA CLÍNICA

Esta vinheta trata de microagressões no atendimento que ocorrem por descuidos terapêuticos.

Matheus e Lucas, homens *gays* e negros, estão em um relacionamento há cinco anos. Eles se conheceram em um aplicativo de relacionamentos e, após dois anos de namoro, decidiram morar juntos. Buscam terapia pois sentem que o seu relacionamento sofre influências muito fortes do contexto em que estão inseridos. O casal ainda não se sente confortável em viver plenamente a relação, principalmente com os familiares, que não aceitam a sua sexualidade. Matheus liga para o terapeuta a fim de agendar uma sessão.

Matheus — Olá, é o Roberto [nome fictício do psicólogo]?
Terapeuta — Oi, sou eu mesmo. Em que posso ajudar?
Matheus — Sou o Matheus, estou procurando terapia de casais. Você está atendendo? Tem algum horário disponível?
Terapeuta — Oi, Matheus! Tenho, sim. Tenho nas terças-feiras às 16h. Pode ser?
Matheus — Pode, sim.
Terapeuta — Muito bom! Você pode me falar o nome da sua companheira [microagressão, linguagem heterossexista] para que eu registre aqui?
Matheus — É companheiro...
Terapeuta — Desculpe, Matheus, não queria denegrir [microagressão, racismo] você.

A flexibilidade do terapeuta em adotar posturas para suprir as necessidades de seus diferentes pacientes pode ser observada nas suas respostas emocionais, na utilização da autorrevelação e da confrontação empática e na escolha de quando e como ser diretivo, apoiador ou reflexivo para uma condução atenta e adequada do processo terapêutico. Um dos aspectos importantes na aliança com o casal ou a família é o grau em que os membros se sentem seguros e confortáveis uns com os outros no contexto terapêutico, sendo a postura terapêutica fundamental nesse processo. A natureza conjunta do tratamento e mudanças na composição das sessões (com cada membro do casal separadamente ou com os diferentes subsistemas familiares) fazem com que a manutenção de um ambiente seguro seja um desafio constante (Friedlander et al., 2011).

Criar uma atmosfera para que cada membro perceba as sessões como um contexto seguro no qual pode se expressar e experienciar novas formas de relacionamento requer limites claros a comportamentos negativos, bem como regras acerca da confidencialidade da informação compartilhada com o terapeuta. Segredos revelados na terapia e o surgimento ou a exploração de conflitos, muitas vezes com grande ativação emocional, não são facilmente processados até o final da sessão.

Frequentemente, os membros precisam se sentir seguros de que o conteúdo compartilhado não será usado contra eles no período entre sessões ou posteriormente. Violações à segurança podem minar a confiança no terapeuta e no processo (Friedlander et al., 2006). Nesse sentido, a postura diretiva do terapeuta também se concretiza na avaliação da indicação ou não da terapia de casal ou família nos casos em que a conexão e a segurança estejam ameaçadas.

O grau de segurança sentido pelos membros pode mudar à medida que novas problemáticas surgem ou algum membro abandona o tratamento. Por exemplo, na terapia de casal, os membros podem se sentir mais seguros ao discutir conflitos relacionados à parentalidade do que ao explorar suas expectativas sobre a intimidade sexual. Johnson e Talitman (1997) sugerem que a confiança aumentada na relação, com a parceria e o nível baixo de estresse conjugal, é preditiva de alianças favoráveis.

Em cada caso a ser conceitualizado e tratado, o ajuste entre o terapeuta e os objetivos, os estilos e as necessidades do casal ou da família contribui para a qualidade da relação terapêutica. Independentemente da compreensão sobre os padrões do casal e da família, assim como da participação do terapeuta neles, podem surgir dificuldades na relação terapêutica (Rait, 2000).

Ainda sobre a postura terapêutica, Katzow e Safran (2017) destacam a importância da consciência do terapeuta sobre sua experiência subjetiva na compreensão das dificuldades interpessoais no contexto terapêutico e na utilização de suas reações para a relação colaborativa e a negociação entre as necessidades do *self* e as necessidades dos outros. Monitorar oscilações na relação e rupturas ou impasses que possam deteriorar o vínculo ou prejudicar o potencial terapêutico da experiência conjunta possibilita que o terapeuta aborde e intervenha na estabilidade da aliança. Reações negativas do terapeuta ao lidar com a influência do sistema (casal ou família) incluem o superenvolvimento, o aumento do distanciamento e o excesso de confiança nas técnicas formais ou nos protocolos (Neil & Kniskern, 1982).

Impasses podem fornecer ao terapeuta a oportunidade de elucidar um ciclo interpessoal desadaptativo, em que o comportamento característico de cada membro é revivido no contexto daquela relação (Katzow & Safran, 2017). Estes são alguns indicadores, na postura terapêutica, de que o terapeuta pode estar experienciando impasses no trabalho com o casal ou a família: participação insuficiente; falta de intensidade na intervenção terapêutica; inabilidade em desafiar o sistema; falta de liderança ou adoção de uma posição central demais; superidentificação com um dos pacientes ou negligência a um dos membros ou subsistemas; conflitos difusos e estabelecimento de hierarquia entre o clínico (que estaria "acima") e os demais integrantes do campo terapêutico (Hodas, 1985). Uma vez que problemas na relação terapêutica podem ocorrer, o terapeuta pode converter as dificuldades em oportunidades de aprendizado, oferecendo experiências emocionais corretivas, modelando novos comportamentos ou evitando participar de interações disfuncionais.

Rupturas na relação terapêutica ocorrem quando esquemas interpessoais desadaptativos são ativados na situação terapêutica (Katzow & Safran, 2017) e precisam ser vistas como oportunidades ricas de crescimento. Promover a reparação do vínculo requer do terapeuta a observação de falhas na empatia, na contratransferência negativa e/ou em outros aspectos da relação que evidenciem o não atendimento das necessidades específicas dos pacientes.

CONSIDERAÇÕES FINAIS

A relação terapêutica é um dos mecanismos da transformação na psicoterapia. No trabalho com casais e famílias, os fatores que permeiam essa relação são específicos e desafiadores. Isso se dá devido às peculiaridades dos processos conjugais e familiares, que diferem de um atendimento individual. Entre tais peculiaridades, destacam-se: formação de múltiplas alianças, triangulações, influências do sistema e posturas terapêuticas específicas às demandas atendidas. Nesse contexto, cada aliança interpessoal é importante e não intercambiável, portanto, ao construir e manter uma aliança forte com cada membro ou subsistema, o psicoterapeuta precisa estar ciente de que a aliança como um todo é mais do que a soma de suas partes.

Apesar da relevância da relação terapêutica como transformadora e potencializadora de resultados clínicos, ainda há poucos estudos que investiguem tal fenômeno na psicoterapia com casais e famílias, o que torna esse um campo fértil para pesquisas. Um dos principais objetivos deste capítulo foi explanar as nuances do trabalho com casais e famílias, lançando luz sobre habilidades e demandas que surgem quando se atende um casal ou um sistema familiar. Espera-se que, com as reflexões aqui propostas, os terapeutas possam identificar aspectos que facilitem ou mesmo potencializem a sua prática com essas demandas e que novos estudos sobre essa temática tão relevante no cenário das psicoterapias possam ser conduzidos.

> **RESUMO**
>
> - A relação terapeuta-paciente que se estabelece na psicoterapia individual tem sido amplamente estudada, mas a carência de estudos empíricos sobre a psicoterapia de casal e de família é destacada por vários pesquisadores.
> - É amplamente enfatizado que o sucesso terapêutico depende, em especial, do estabelecimento e da manutenção de uma relação aberta, confiável e colaborativa e de uma aliança forte.

- A literatura aponta alguns fenômenos importantes relacionados à aliança na terapia de casal e família, entre eles: a frequência de alianças não balanceadas, a importância de garantir segurança e a necessidade de estimular um forte senso de propósito acerca dos objetivos do trabalho conjunto.
- O terapeuta necessita adotar uma estrutura conceitual que possa considerar as múltiplas alianças e interações triangulares. Além disso, deve reconhecer a influência dos sistemas que operam no *setting* terapêutico e manejar as dificuldades surgidas com o seu posicionamento na relação com o casal ou a família.

REFERÊNCIAS

Andolfi, M., & Angelo, C. (1988). Toward constructing the therapeutic system. *Journal of Marital and Family Therapy, 14*(3), 237-247.

Baucom, D. H., & Epstein, N. B. (2002). *Enhanced cognitive-behavior therapy for couples: A contextual approach*. American Psychological Association.

Bowen, M. (1976). Theory in the practice of psychotherapy. In P. Guerin (Ed.), *Family Therapy: Theory in practice* (pp. 42-90). Gardner.

Dattilio, F. M., Epstein, N. B., & Baucom, D. H. (1998). An introduction to cognitive-behavioral interventions in couple and family therapy. In F. M. Dattilio (Ed.), *Case studies in couple and family therapy: Systemic and cognitive perspectives* (pp. 1-36). Guilford.

Falcone, E. M. O. (2004). A relação terapêutica. In P. Knapp (Org.), *Terapia cognitivo-comportamental na prática psiquiátrica* (pp. 275-287). Artmed.

Falloon, I. R. H. (1991). Behavioral family therapy. In A. S. Gurman, & D. P. Kniskern (Eds.), *Handbook of family therapy* (Vol. 2, pp. 65-95). Brunner/Mazel.

Friedlander, M. L., Escudero, V., & Heatherington, L. (2006). *Therapeutic alliances in couple and family therapy: An empirically informed guide to practice*. American Psychological Association.

Friedlander, M. L., Escudero, V., Heatherington, L., & Diamond, G. M. (2011). Alliance in couple and family therapy. In J. C. Norcross (Ed.), *Psychotherapy relationships that work: Evidence-based responsiveness* (pp. 92-109). Oxford University.

Friedlander, M. L., Lambert, J. E., Escudero, V., & Cragun, C. (2008). How do therapists enhance family alliances? *Psychotherapy: Theory, Research, Practice, Training, 45*(1), 75-87.

Gaston, L. (1990). The concept of alliance and its role in psychotherapy. *Psychotherapy, 27*(2), 143-153.

Gottman, J., & Rushe, R. (1995). Communication and social skills approach to treating ailing marriages: A recommendation for a new marital therapy called "Minimal Marital Therapy". In W. O'Donohue, & L. Krasner (Eds.), *Handbook of psychological skills training: Clinical techniques and applications* (pp. 287-305). Allyn and Bacon.

Heatherington, L., & Friedlander, M. L. (1990). Couple and family therapy alliance scales: Empirical considerations. *Journal of Marital and Family Therapy, 16*(3), 299-306.

Hodas, G. (1985). A systems approach on family therapy supervision. In R. Ziffer (Ed.), *Adjunctive techniques in family therapy*. Grune & Stratton.

Johnson, S. M., & Talitman, E. (1997). Predictors of success in emotionally focused marital therapy. *Journal of Marital and Family Therapy, 23*(2), 135-153.

Katzow, A. W., & Safran, J. D. (2007). Recognizing and resolving ruptures in the therapeutic alliance. In P. Gilbert, & R. L. Leahy (Eds.), *The therapeutic relationship in the cognitive behavioral psychotherapies* (pp. 90-105). Routledge.

Kazantzis, N., Dattilio, F. M., & Dobson, K. S. (2017). *The therapeutic relationship in cognitive-behavioral therapy: A clinician's guide*. Guilford.

Knobloch-Fedders, L. M., Pinsof, W. M., & Mann, B. J. (2004). The formation of the therapeutic alliance in couple therapy. *Family Process, 43*(4), 425-442.

Minuchin, S., & Fishman, C. (1981). *Techniques of family therapy*. Harvard.

Miranda, R., & Andersen, S. M. (2007). The therapeutic relationship: Implications from social cognition and transference. In P. Gilbert, & R. L. Leahy (Eds.), *The therapeutic relationship in the cognitive behavioral psychotherapies* (pp. 63-89). Routledge.

Neil, J., & Kniskern, D. (1982). Symbolic-experiential family therapy. In A. Gurman, & D. Kniskern (Ed.), *Handbook of family therapy* (pp. 163-204). Brunner/Mazel.

Pinsof, W. B., & Catherall, D. (1986). The integrative psychotherapy alliance: Family, couple, and individual therapy scales. *Journal of Marital and Family Therapy, 12*(2), 137-151.

Rait, D. S. (2000). The therapeutic alliance in couples and family therapy. *Journal of Clinical Psychology, 56*(2), 211-224.

Sexton, T. L., & Whiston, S. C. (1994). The status of the counseling relationship: An empirical review, theoretical implications, and research directions. *The Counseling Psychologist, 22*(1), 6-78.

Symonds, B. D., & Horvath, A. O. (2004). Optimizing the alliance in couple therapy. *Family Process, 43*(4), 443-455.

Thomas, S. E. G., Werner-Wilson, R. J., & Murphy, M. J. (2005). Influence of therapist and client behaviors on therapy alliance. *Contemporary Family Therapy: An International Journal, 27*(1), 19-35.

Vezzosi, J. I., Ramos, M. M., Segundo, D. S. A., & Costa, A. B. (2019). Crenças e atitudes corretivas de profissionais da psicologia sobre a homossexualidade. *Psicologia: Ciência e Profissão, 39*(3), 174-193.

White, M., & Epston, D. (1989). *Literate means to therapeutic ends*. Dulwich Centre Publications.

Zaslavsky, J., & Santos, M. J. S. (2006). *Contratransferência: Teoria e prática clínica*. Artmed.

12

A relação terapêutica nos transtornos de ansiedade

Bernard Rangé
Fernanda Corrêa Coutinho
Maria Amélia Penido

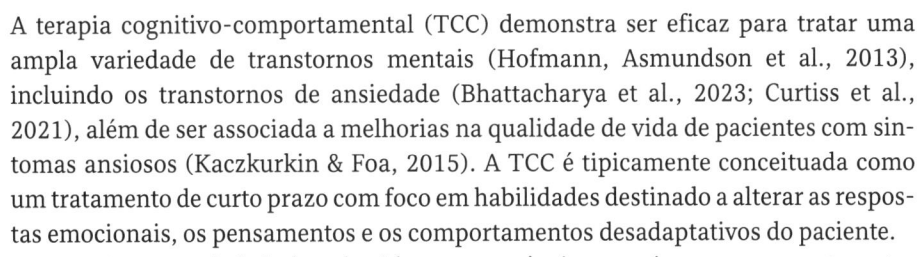

A terapia cognitivo-comportamental (TCC) demonstra ser eficaz para tratar uma ampla variedade de transtornos mentais (Hofmann, Asmundson et al., 2013), incluindo os transtornos de ansiedade (Bhattacharya et al., 2023; Curtiss et al., 2021), além de ser associada a melhorias na qualidade de vida de pacientes com sintomas ansiosos (Kaczkurkin & Foa, 2015). A TCC é tipicamente conceituada como um tratamento de curto prazo com foco em habilidades destinado a alterar as respostas emocionais, os pensamentos e os comportamentos desadaptativos do paciente.

A TCC para ansiedade é conhecida por suas técnicas precisas e se apresenta, entre as abordagens psicológicas, como a melhor prática baseada em evidência (PBE) para os transtornos ansiosos. Diversos artigos e livros ilustram suas intervenções para tal sintomatologia. No geral, a ênfase está nas técnicas e na quantificação dos mecanismos de mudança.

TERAPIA COGNITIVO-COMPORTAMENTAL PARA OS TRANSTORNOS DE ANSIEDADE

Kaczkurkin e Foa (2015) assinalam que a TCC se mostra eficaz no tratamento de transtornos de ansiedade e apontam que estudos que desmembrem as intervenções são necessários para determinar quais componentes específicos do tratamento levam a resultados benéficos e quais pacientes têm maior probabilidade de se beneficiar com cada intervenção. Em concordância com as autoras, a PBE tem três componentes principais: (1) a capacidade do clínico de identificar e avaliar o tratamento mais eficaz; (2) a *expertise* do clínico, composta por habilidades e experiências clínicas; e (3) o reconhecimento dos valores e das preferências do paciente.

O primeiro componente da PBE leva o clínico a buscar na literatura as melhores evidências de pesquisa para o tratamento da condição psicológica de seu paciente. Especificamente para os transtornos ansiosos, a TCC clássica é apresentada como a abordagem padrão-ouro, com base em revisões sistemáticas e ensaios clínicos randomizados (American Psychiatric Association [APA], 2023). Em resumo, a TCC sustenta que a experiência emocional de uma pessoa é ditada pela interpretação dos eventos e das circunstâncias que cercam essa experiência (Curtiss et al., 2021). Os transtornos de ansiedade estão associados a distorções cognitivas negativamente tendenciosas (por exemplo, "Eu sinto meu coração bater fora do ritmo e, por mais que o meu médico cardiologista me garanta que estou 100% saudável, tenho certeza de que vou morrer a qualquer momento").

O objetivo das intervenções cognitivas é facilitar o pensamento mais adaptativo por meio de reestruturação cognitiva e experimentos comportamentais. A reestruturação cognitiva promove interpretações mais adaptativas e realistas dos eventos, identificando a presença de vieses de pensamento. Esses vieses cognitivos são padrões de pensamento tendenciosos que contribuem para avaliações excessivamente negativas. Podemos mencionar como exemplos o "pensamento tudo ou nada", que consiste na interpretação das circunstâncias como inteiramente boas ou inteiramente ruins, sem reconhecimento de interpretações entre esses dois extremos, e a catastrofização, que leva o paciente a visualizar o futuro sempre de forma drasticamente negativa. Por meio da identificação de vieses de pensamento, a reestruturação cognitiva pode ser usada para promover um pensamento mais equilibrado, incentivando os pacientes a considerarem interpretações alternativas das circunstâncias que sejam mais úteis e menos afetadas pela ansiedade (por exemplo, "Talvez pensar que vou morrer seja uma forma drástica de encarar as minhas sensações fisiológicas, dado que fiz todos os exames e estou saudável"). Da mesma forma, experimentos comportamentais podem ser usados para facilitar a mudança cognitiva. Experimentos comportamentais incluem encorajar os pacientes a testar empiricamente crenças desadaptativas para determinar se há evidências que apoiem o pensamento extremo.

Entre as técnicas comportamentais mais utilizadas no tratamento da ansiedade, está a exposição. As técnicas de exposição se embasam na teoria da aprendizagem para explicar como o medo prolongado é mantido ao longo do tempo. Especificamente, o aumento da ansiedade e do medo leva os indivíduos a evitarem experiências, eventos e pensamentos que eles acreditam que levarão a resultados catastróficos. A evitação contínua de estímulos e eventos temidos contribui para a manutenção da ansiedade prolongada. Os exercícios de exposição incentivam o paciente a enfrentar uma situação temida sem se envolver em comportamentos de evitação ou segurança sutis. A prática mostra que, após repetidas exposições a uma situação temida (por exemplo, falar em público) sem se envolver em comportamentos de evitação ou segurança (por exemplo, colocar as mãos no bolso e usar mais de uma camisa para não demonstrar sudorese), o paciente aprenderá que tal situação tem menos probabilidade de estar associada a resultados desastrosos do que ele imaginava, e novos comportamentos serão reforçados.

O segundo item da PBE traz à luz a importância das habilidades terapêuticas no tratamento psicológico. A partir do entendimento da importância da relação paciente-terapeuta, as habilidades terapêuticas passaram a ganhar destaque. Escuta ativa, capacidade de dar e solicitar *feedback*, empatia adequada, entendimento acurado, validação, estabelecimento de ritmo na sessão, administração do tempo, atitude e prática reflexiva, regulação emocional, aplicação dos métodos da TCC de maneira flexível e atenta ao paciente e flexibilidade psicológica estão entre as habilidades treinadas na formação de novos terapeutas cognitivo-comportamentais. As habilidades terapêuticas influenciarão diretamente a forma como os tratamentos serão conduzidos na prática. Haarhoff et al. (2011) pesquisaram o papel da autoprática e da autorreflexão na construção da conceitualização de caso e concluíram que, além da compreensão teórica do modelo cognitivo, a autoconsciência, a empatia, a conceituação da relação terapêutica e a adaptação das intervenções clínicas são fundamentais na prática do psicoterapeuta em TCC.

Todo o processo terapêutico, da adesão aos resultados, passa pela relação terapêutica e leva em consideração os valores e as preferências do paciente, em concordância com o terceiro tópico do tripé da PBE. Frequentemente, o paciente ansioso demonstra dificuldades nos relacionamentos sociais e afetivos (Bhattacharya et al., 2023; Zaider et al., 2010), busca terapia sem acreditar em si próprio e no sucesso do tratamento (Vîslă et al., 2023) e chega ao consultório com o discurso "Eu não consigo acreditar que os tratamentos psicológicos serão úteis para o meu problema". Dito isso, as expectativas de resultados negativos são particularmente problemáticas, pois podem prejudicar o sucesso do tratamento (Constantino et al., 2021); logo, elas precisam ser trabalhadas no processo terapêutico a fim de proporcionar novas experiências. Um dos fatores que podem contribuir para uma reformulação do modo de ver o processo terapêutico é a capacidade do terapeuta de se mostrar competente, amigável, bem-intencionado, confiável, caloroso, bem-humorado e sincero (Seewald & Rief, 2023).

Por outro lado, as rupturas no vínculo paciente-terapeuta são consideradas preditoras de desfechos terapêuticos ruins. Em momentos de ruptura, os pacientes relatam se sentir abandonados e criticados pelo terapeuta. As expectativas e a visão que o paciente tem do tratamento se refletem nas crenças sobre o que ocorrerá durante a terapia, incluindo, por exemplo, os respectivos papéis que o paciente e o terapeuta desempenharão, o formato do tratamento e a sua duração (Constantino, 2012). Felizmente, durante as últimas décadas, foi possível observar na literatura um aumento do interesse pela natureza da relação terapêutica na TCC (Leahy, 2008). Pesquisas que, como a de Brown et al. (2014), investigaram uma grande amostra com transtorno do pânico, transtorno de ansiedade generalizada, transtorno de ansiedade social (TAS) ou transtorno de estresse pós-traumático (TEPT) verificaram que os aumentos na autoeficácia e na expectativa de resultados foram preditores significativos da redução de sintomas e da melhora no funcionamento. Esse e outros estudos sugerem especial atenção dos terapeutas às crenças dos pacientes em relação à sua capacidade de concluir o tratamento com sucesso, dado que esse é um forte preditor do resultado do tratamento. Ou seja, a avaliação das crenças do paciente em relação à sua capacidade de finalizar o tratamento com sucesso e a utilização da aliança e das habilidades terapêuticas para esse fim parecem ser de grande valia no processo psicoterápico.

PRÁTICA CLÍNICA E INTERVENÇÕES

As abordagens mais diretivas, como a TCC, estão associadas a níveis mais altos de resistência, talvez por exigir empenho do paciente e requerer habilidades importantes do terapeuta na aplicação das intervenções mais usuais. Entre as principais intervenções, estão: psicoeducação sobre ansiedade e preocupação, relaxamento muscular progressivo, treinamento em automonitoramento, reestruturação cognitiva e estratégias comportamentais adicionais (por exemplo, experimentos comportamentais, redução de comportamentos de preocupação, exposição imaginária a resultados temidos, práticas de *mindfulness*). Já abordagens de apoio ou direcionadas ao paciente (por exemplo, entrevista motivacional) estão associadas a níveis mais baixos de resistência (Aviram & Westra, 2011). Em especial, no tratamento de pacientes que apresentam resistência à TCC, é vigorosamente indicada a inclusão de técnicas da entrevista motivacional.

A atenção do terapeuta cognitivo-comportamental precisa ir além do entendimento dos objetivos iniciais do paciente e da busca na literatura pelas melhores intervenções. Entender as crenças do paciente ansioso em relação ao tratamento e à sua condução é essencial. Uma metanálise recente (Bhattacharya et al., 2023) indica como possível explicação para o abandono dos tratamentos em TCC para TEPT o fato de os pacientes receberem intervenções com base em exposição e serem obrigados a revisitar memórias traumáticas. Como será explorado no Capítulo 15, a relação terapêutica no tratamento com pacientes sobreviventes a traumas apresenta várias especificidades. A resistência a algumas intervenções da TCC, principalmente às que expõem o paciente a desconforto no enfrentamento de situações difíceis, precisa ser manejada pelo terapeuta. Nesse sentido, a construção de uma relação terapêutica segura e de confiança que possibilite o enfrentamento e a mudança em psicoterapia é fundamental.

Prática clínica e intervenções no transtorno de ansiedade social

É importante refletir sobre as particularidades da relação terapêutica em quadros de TAS, uma vez que a característica principal desse transtorno é o medo da avaliação negativa do outro em situações sociais de interação (que pode se apresentar também na relação que o paciente estabelece com seu terapeuta). A relação terapêutica é uma situação de interação que pode ser desafiadora para pessoas com TAS e para o terapeuta, que muitas vezes se sente desconfortável com o silêncio, as respostas curtas, a esquiva da conversa e as dificuldades na interação com esses pacientes. O TAS é um dos transtornos de ansiedade mais prevalentes (Hofmann, Smits et al., 2013; Santos,

2010); a sua prevalência na população geral é de 5 a 13% (Book & Randall, 2002; Nardi, 2000). Esse é um quadro que pode se desenvolver de forma grave e ser incapacitante, provocando prejuízo significativo na vida do indivíduo, com muito sofrimento associado (American Psychiatric Association [APA], 2014).

Além de apresentar o modo de funcionamento descrito, os indivíduos com TAS caracterizam-se por serem inibidos e autocríticos, comportando-se de maneira rígida e tensa, o que acarreta prejuízos reais ao seu desempenho social (Clark & Beck, 2012). O indivíduo com TAS avalia os contextos sociais como ameaçadores (Wong et al., 2014) e muitas vezes desenvolve comportamentos de segurança na tentativa de evitar a rejeição social (Salkovskis, 1991). Esses comportamentos de segurança também aparecem na relação com o terapeuta, principalmente no início da psicoterapia. Os comportamentos de segurança foram conceituados como estratégias de autoproteção empregadas para atenuar o medo de expor atributos negativos em situações sociais (Moscovitch, 2009).

Além de sentir medo de expor falhas autopercebidas e ser alvo de críticas, o paciente com TAS teme simultaneamente expressões de compaixão e carinho (Cunha et al., 2015). Em particular, o medo de receber a compaixão dos outros aparece especificamente no TAS. Em uma pesquisa de Merritt e Purdon (2020), o medo de receber compaixão foi associado à maior gravidade dos sintomas em participantes com TAS, mas não em pacientes com transtorno obsessivo-compulsivo, depressão ou ansiedade generalizada. As pessoas com TAS usam diversas estratégias de autoproteção para manter os outros a distância (Piccirillo et al., 2016). Dessa forma, é possível pensar no impacto dessas características na relação terapêutica.

O *setting* terapêutico começa a ser estabelecido desde o primeiro contato com o paciente que busca terapia. Na prática clínica, é frequente observarmos pacientes com TAS que têm dificuldade para falar ao telefone ou até para escrever manifestando interesse pela terapia. É comum alguma pessoa da família realizar o primeiro contato, ou o paciente fazê-lo com sofrimento. O terapeuta deve ficar atento a esse primeiro contato, adotando uma postura acolhedora, sensível a essas dificuldades. Estabelecer uma relação de confiança é fundamental para um bom *setting* terapêutico e para que o paciente possa iniciar a relação terapêutica.

Poucos estudos investigaram o papel da aliança no tratamento do TAS. O medo de ser avaliados negativamente torna esses pacientes particularmente propensos ao desenvolvimento prejudicado da aliança (Kivity et al., 2021). Os comportamentos de segurança e evitação empregados pelos pacientes com TAS, como falar pouco sobre si, ter uma postura fechada e evitar levar um conteúdo mais difícil e verdadeiro para a terapia, podem resultar em uma relação terapêutica desafiadora tanto para o paciente quanto para o terapeuta. Uma alternativa é respeitar um ritmo mais lento para o estabelecimento da aliança, atuando de forma mais gradual, uma vez que, além da preocupação com a avaliação do terapeuta, os pacientes com TAS também se preocupam com *feedback* positivo (Ho et al., 2021). Gestos de avaliação e *feedback* do terapeuta, mesmo quando positivos, podem ameaçar esses pacientes, diminuindo ainda mais o ritmo de formação da aliança. Por isso, muitas vezes o terapeuta precisa ir um pouco mais devagar na coleta de informações, alternando conversas amenas com conversas sobre conteúdo importante, a fim de respeitar as dificuldades sociais desses pacientes e conquistar uma relação de confiança.

É importante o terapeuta fazer a autoprática de suas próprias habilidades de conversação, a fim de não ficar desconfortável com silêncio ou respostas evasivas. Caso o terapeuta perceba desconforto no paciente em relação aos silêncios ou às perguntas, ele pode explorar colaborativamente o tema e buscar soluções confortáveis para a interação. Principalmente no início do processo terapêutico, é importante focar o estabelecimento de uma aliança sólida, uma vez que o paciente com TAS apresenta mais dificuldade em se relacionar com pessoas desconhecidas, com quem ainda não tem uma relação de confiança (Altmann et al., 2020). A vinheta clínica a seguir ilustra uma abordagem mais sensível do terapeuta ao silêncio a que o paciente com TAS frequentemente recorre durante as primeiras consultas.

> **VINHETA CLÍNICA**
>
> Terapeuta — Hoje é nosso segundo encontro e, na nossa agenda, combinamos de conversar sobre sua história de vida. Porém, me parece que algumas perguntas estão causando desconforto e que ficamos em silêncio em alguns momentos. Você percebe isso ocorrendo?
>
> Paciente — Sim, não sei o que dizer, qual é o certo, o que devo responder. Não gosto de falar sobre mim.
>
> Terapeuta — Que bom que conseguiu me dizer isso, é muito importante para mim saber como você se sente aqui. Esse desconforto é natural. Para muitas pessoas, iniciar uma conversa revelando a própria vida a alguém que conhecem pouco é difícil. Mas não existe certo ou errado na terapia, vamos definindo juntos como serão nossos encontros. Se você não souber como fazer algo, pode apenas me dizer que não sabe ou não lembra. É possível também que você sugira um tema de que se lembre e sobre o qual gostaria de falar. O que você acha?

Nessa vinheta, o terapeuta explora com o paciente o momento presente, validando seu sentimento e psicoeducando-o sobre o processo e a relação. Essa condução ajusta o ritmo e favorece a relação de confiança em um *setting* acolhedor. O paciente precisa confiar no psicoterapeuta e se sentir à vontade e confortável para compartilhar com ele diferentes aspectos da sua vida.

Outra habilidade que pode ser desafiadora no TAS é a de dar e receber *feedback*, fundamental na TCC. Essa habilidade contribui para o processo terapêutico e para a relação, porém, na psicoterapia com o paciente com TAS, pode ser mais difícil receber um *feedback* genuíno, uma vez que o paciente teme ser avaliado negativamente, esquivando-se para não correr o risco de desagradar. E dar *feedback* pode ser também muito desafiador, uma vez que os pacientes com TAS são muito autocríticos e sensíveis à crítica do outro. Com esses pacientes, a dinâmica natural da TCC de dar e pedir *feedback* constantemente precisará ser construída com muita psicoeducação sobre essa habilidade e dependerá necessariamente do estabelecimento de uma relação terapêutica sólida. O terapeuta pode funcionar como modelo para o desenvolvimento dessa habilidade, propondo *role-play* de situações hipotéticas em que recebe *feedback* negativo e/ou positivo e responde de forma humilde e com abertura para a autorreflexão. Conversar abertamente sobre o *feedback*, explicando a importância de a relação ser verdadeira e acolhedora e validando a dificuldade como natural em situações sociais, também contribui para manejar os desafios.

É esperado que o paciente se comporte com o terapeuta da mesma forma que se comporta ao estabelecer vínculos significativos fora da terapia (Gilbert & Leahy, 2007), num processo de transferência. No caso do TAS, os pacientes podem ficar excessivamente preocupados com a opinião do terapeuta sobre eles, ativando estratégias de controle, como não abordar as questões que realmente os incomodam por medo de julgamento. Trabalhar a transferência na relação de forma colaborativa contribui para que o paciente possa aumentar a percepção sobre seu funcionamento e modificá-lo em uma relação corretiva segura.

O diagrama de conceitualização de caso é um aliado importante que contribui para a compreensão desses comportamentos e de sua função. Após identificado, validado e acolhido, a dupla terapeuta-paciente pode então testar mudanças na própria relação, com o terapeuta propondo gradualmente que o paciente aborde as questões das quais tem medo. Conforme ele modifica seus comportamentos, pensamentos e crenças, é possível construir também o diagrama de conceitualização cognitiva baseado nos pontos fortes (Beck, 2022). Usar os dois diagramas contribui para o autoconhecimento do paciente e permite avançar com clareza para uma ativação mais adaptativa de crenças, regras e comportamentos. Particularmente para os pacientes com TAS, que são muito autocríticos, construir o diagrama baseado nos pontos fortes é muito benéfico e favorece a relação.

O manejo da contratransferência também é um aspecto relevante, e é responsabilidade do terapeuta. O funcionamento do terapeuta na relação com o paciente precisa ser alvo constante de reflexão, e o clínico deve usar as informações que obtém por meio dessa reflexão como material terapêutico em prol da mudança clínica desejada (Gilbert & Leahy, 2007). Um ponto em comum entre terapeutas e pacientes com TAS a ser avaliado é o autocriticismo. O autocriticismo (autocrítica punitiva) está associado às emoções negativas, especialmente ao desprezo e à repulsa a si próprio (Gilbert et al., 2004). Algumas pesquisas investigaram a relação entre o autocriticismo e a prática clínica de psicoterapeutas iniciantes, considerando o impacto desse tipo de autocrítica no treinamento e na supervisão clínica. Os dados encontrados sugerem que o autocriticismo afeta vários aspectos do treinamento e do desenvolvimento da psicoterapia, incluindo tanto as experiências de aprendizagem dos supervisionandos quanto a sua capacidade de formar alianças com pacientes. O autocriticismo também aparece associado a uma dificuldade para identificar a emoção dos pacientes na sessão, ter atenção e clareza das emoções e identificar e discernir as emoções dos outros (Gnilka et al., 2012; Kannan & Levitt, 2017). As experiências difíceis para os terapeutas iniciantes podem incluir: regular os medos relacionados ao desempenho, negociar rupturas terapêuticas com os pacientes e ajustar um senso exagerado de responsabilidade pelos pacientes (Ferreira et al., 2014). Os desafios em estabelecer o vínculo com pacientes com TAS podem funcionar como gatilho para a ativação da autocrítica do terapeuta e, se não manejados, podem prejudicar a relação ou provocar a interrupção do tratamento. Dessa forma, os terapeutas precisam aprender a identificar seus próprios esquemas desadaptativos e manejá-los a fim de que contribuam para a construção da relação, e não o inverso. Desenvolver habilidades compassivas pode ser extremamente benéfico para os terapeutas muito autocríticos e um recurso importante para o tratamento de pacientes com TAS (Penido & Rocha, 2022).

Uma das características do TAS que pode dificultar a construção de uma relação afetiva com o paciente é o medo de receber compaixão, que tem sido associado a experiências precoces de vergonha. Indivíduos que experimentam medo de compaixão mais intenso recordam menos memórias positivas e afiliativas da infância (Matos et al., 2017; Silva et al., 2019). Acredita-se que essas experiências formam a base de esquemas sociais desadaptativos que dificultam que indivíduos ansiosos se sintam seguros em seus ambientes sociais (Kelly & Dupasquier, 2016), levando-os a interpretar a compaixão como ameaçadora. No TAS, o medo de receber compaixão pode centrar-se especificamente em sentimentos relacionados a desvalor — isto é, pode estar relacionado à crença de que a necessidade de receber compaixão dos outros é um sinal de fraqueza, ou à de que a compaixão é equivalente à pena (Gilbert et al., 2011). Assim, para pessoas com TAS, o medo de receber compaixão pode alimentar comportamentos de segurança voltados a evitar a expressão de sinais de ansiedade ou outras formas de angústia pessoal — não apenas para evitar avaliação negativa, mas talvez também para evitar que outras pessoas ofereçam apoio. Dessa forma, esses pacientes podem apresentar resistência a manifestações de afeto, empatia e compaixão por parte do terapeuta.

O terapeuta precisa considerar que os pensamentos quentes dos pacientes podem não se concentrar apenas em medos de avaliação; mesmo as respostas de apoio de outros podem ser percebidas como ameaças. O terapeuta, então, pode investigar se esses medos estão presentes e avaliar como o paciente lida com o recebimento de ajuda e afeto, a demonstração de afeto positivo e o sentimento de autocompaixão. Psicoeducar o paciente sobre essas habilidades e o medo da compaixão pode contribuir para a relação terapêutica. O fato de a pessoa ter procurado terapia pode ser usado como um ponto de partida para questionar crenças de que calor e bondade são ameaçadores. Usar experimentos comportamentais para testar se o recebimento de compaixão é realmente ameaçador, levando o paciente a avaliar se receber compaixão dos outros e do terapeuta é tão ruim quanto ele esperava, pode ajudá-lo a adquirir evidências experimentais úteis. Experimentos comportamentais em que os próprios pacientes oferecem compaixão aos outros, ou em que eles são orientados a refletir sobre suas próprias experiências anteriores de demonstração de compaixão, podem ajudá-los a reconhecer que o cuidado pode ser impulsionado por conexão e empatia, e não por pena da pessoa em perigo. Aprender a aceitar a compaixão dos outros como genuína e bem-intencionada pode reduzir as percepções de ameaça social em indivíduos com TAS, encorajando-os a revelar seus "eus" autênticos para desenvolver experiências mais profundas e significativas, a começar pela relação com o terapeuta (Ho et al., 2021).

O que fazer e o que não fazer nos transtornos de ansiedade

É natural que exista uma flutuação na qualidade da relação terapêutica ao longo do tratamento. As quebras na aliança podem ser manejadas a fim de que contribuam para o processo do paciente (Okamoto & Kazantzis, 2021). O terapeuta funciona como um modelo para o desenvolvimento de habilidades sociais e de enfrentamento, e as quebras podem ser excelentes oportunidades de modelação. Um dos desafios do tratamento nos transtornos ansiosos é relativo à fase de exposição, visto que em algum momento o tratamento incluirá exposições a situações temidas fora da terapia (exposição *in vivo*), para que o paciente generalize os comportamentos aprendidos e treine habilidades.

A psicoeducação sobre o caráter racional da exposição precisa ser muito bem compreendida, e é fundamental que o paciente entenda o objetivo e os procedimentos envolvidos nesse processo para um melhor engajamento. O terapeuta não deve apressar essa fase da terapia impondo técnicas de exposição ao paciente. Esse momento precisa ser construído colaborativamente, e recomendamos que a exposição ocorra de forma gradual, em uma hierarquia. O terapeuta pode contribuir com o paciente acompanhando-o em algumas exposições ao vivo. Primeiro, o terapeuta faz a exposição como modelo e o paciente observa, depois ambos refletem sobre o ocorrido e planejam a exposição do paciente. Essa parceria favorece a adesão e fortalece a relação terapêutica. Como essas exposições em geral são muito difíceis para o paciente, o terapeuta pode pedir notícias sobre como ele ficou entre as sessões, demonstrando interesse e cuidado (e fortalecendo o vínculo terapêutico também entre as sessões).

As técnicas da TCC nunca podem se sobrepor à relação terapêutica. Na prática baseada em evidências, cabe ao terapeuta equilibrar a balança entre o indicado na literatura e o indivíduo com características únicas que veio buscar terapia, a fim de construir um processo colaborativo de mudança. O caso clínico a seguir busca exemplificar alguns dos principais conceitos teóricos discutidos neste capítulo, enfatizando os processos necessários para a construção de uma relação terapêutica sólida com pacientes com transtornos de ansiedade.

> **VINHETA CLÍNICA**
>
> Maria, uma estudante de economia de 22 anos, buscou terapia para transtorno do pânico. Na relação terapêutica, ela demonstrava muita desconfiança e medo, afirmando pensar que nunca iria melhorar do seu problema e que era uma pessoa fraca por não controlar sua própria ansiedade. Apresentava-se com histórico de excelência acadêmica, e os sintomas se iniciaram no período em que começou a estagiar na faculdade.

(Continua...)

> Conciliar os estudos e o trabalho mantendo a excelência a deixava muito cansada e preocupada o tempo todo. Disse ao terapeuta que estava ali por recomendação de sua mãe, que insistira muito para que ela procurasse ajuda, mas afirmou que ficar falando na terapia não iria ajudá-la e que não era maluca para estar ali.
>
> Essa resistência inicial é comum, e muitos pacientes têm pensamentos distorcidos sobre o que é uma psicoterapia e de que forma pode ajudá-los. O terapeuta, nesse caso, precisou manejar sua própria contratransferência a fim de estabelecer o vínculo. Inicialmente, as falas da paciente geraram nele um sentimento de desconforto, porém ele identificou esse sentimento e acolheu a paciente, validando sua desconfiança como natural; em seguida, utilizou a psicoeducação e a escuta empática como estratégias. Essa atitude permitiu que o vínculo começasse a ser construído. Após a psicoeducação sobre o transtorno do pânico, a terapia seguiu com a apresentação da estratégia A.C.A.L.M.E.-S.E.* O fato de a paciente aprender essa estratégia, utilizá-la e ver que funcionou contribuiu ainda mais para o vínculo de confiança.
>
> O próximo passo seria realizar a exposição interoceptiva, porém, ao apresentar a técnica, o terapeuta notou que a paciente ficou com muito medo e voltou a expressar resistência, com falas como: "Não conseguirei fazer esses exercícios, são muito difíceis e terei uma crise" e "Você quer me torturar com isso, e eu já estou um pouco melhor, vou regredir". O terapeuta então percebeu que precisava voltar à psicoeducação e ao passo de aceitação dos sintomas como desagradáveis, e não perigosos. Além disso, o terapeuta se propôs a ser um modelo, realizando primeiro em si as exposições, como hiperventilar por um minuto ou rodar em volta do próprio dedo por 30 segundos. Depois, ele relatou seu desconforto, porém demonstrando que a experiência não fora perigosa. Ele também respeitou o tempo necessário até poder avançar nesses exercícios, validando o medo e adequando o ritmo da terapia à paciente. Após algumas sessões trabalhando esse aspecto de resistência, foi possível avançar e realizar as exposições.
>
> Nesse exemplo, é possível observar medos que fazem parte da sintomatologia da paciente se manifestando na relação terapêutica, processo previsto para a psicoterapia. O terapeuta deve estar bem treinado para manejar a transferência e a contratransferência em TCC, lidando com os desafios colaborativamente.

CONSIDERAÇÕES FINAIS

A PBE na área da saúde mental destaca as pesquisas de maior eficácia para o tratamento do transtorno e dos sintomas, as habilidades terapêuticas interpessoais e as características pessoais do paciente. Pesquisas recentes demonstram uma maior valorização dos fatores relacionais envolvidos no processo psicoterápico, o que leva psi-

---

* A estratégia A.C.A.L.M.E.-S.E. foi proposta por Bernard Rangé como uma sequência de oito passos para lidar com a ansiedade (apresentados aqui de forma sintética): (1) Aceite sua ansiedade; (2) Contemple as coisas em sua volta; (3) Aja com sua ansiedade; (4) Libere o ar de seus pulmões; (5) Mantenha os passos anteriores; (6) Examine seus pensamentos; (7) Sorria, você conseguiu; (8) Espere o futuro com aceitação.

cólogos clínicos a refletirem a respeito de suas práticas. A TCC é vista como elemento importante no avanço do tratamento das doenças mentais. Aaron T. Beck, criador da abordagem, deixou em seu legado o estímulo à continuidade das pesquisas voltadas a melhorar as intervenções para o tratamento dos transtornos mentais baseadas em evidências empíricas.

A TCC segue com os melhores resultados para a ansiedade patológica, e sua aplicabilidade, assim como seu sucesso final, estão diretamente relacionados ao bom vínculo terapêutico. O alicerce de sustentação das intervenções nos tratamentos dos transtornos de ansiedade é o bom *rapport*, ou seja, uma relação de confiança e harmonia entre terapeuta e paciente. A boa relação terapêutica pode contribuir para uma melhor adesão ao trabalho com técnicas de exposição e para uma mudança positiva na crença de desamparo e vulnerabilidade, o que interfere no enfrentamento das situações consideradas desafiadoras para esse perfil de paciente.

RESUMO

- O estabelecimento de uma boa relação terapêutica é fundamental para o sucesso do tratamento de pacientes ansiosos, podendo gerar mudança positiva na crença dos pacientes em sua capacidade de lidar com seus próprios sintomas e com situações difíceis e desafiadoras na vida cotidiana.
- As técnicas cognitivo-comportamentais não devem se sobrepor à relação terapêutica. Na prática baseada em evidências, cabe ao terapeuta equilibrar a balança entre o indicado na literatura e um paciente com características únicas.
- A autoprática e a autorreflexão realizadas pelo terapeuta influenciam diretamente a forma como ele apresenta as técnicas e constrói o vínculo com seu paciente.
- O sucesso das técnicas de exposição depende da psicoeducação e do bom *rapport* estabelecido entre terapeuta e paciente.
- Determinados pacientes se beneficiarão do acompanhamento do psicólogo em algumas exposições ao vivo.

REFERÊNCIAS

Altmann, U., Gawlytta, R., Hoyer, J., Leichsenring, F., Leibing, E., Beutel, M., ... Strauss, B. (2020). Typical symptom change patterns and their predictors in patients with social anxiety disorder: A latent class analysis. *Journal of Anxiety Disorders, 71*, 102200.

American Psychiatric Association (APA). (2014). *Manual diagnóstico e estatístico de transtornos mentais: DSM-5* (5. ed.). Artmed.

American Psychiatric Association (APA). (2023). *Manual diagnóstico e estatístico de transtornos mentais: DSM-5-TR* (5. ed.). Artmed.

Aviram, A., & Westra, H. A. (2011). The impact of motivational interviewing on resistance in cognitive behavioural therapy for generalized anxiety disorder. *Psychotherapy Research: Journal of the Society for Psychotherapy Research, 21*(6), 698-708.

Beck, S. J. (2022). *Terapia cognitivo-comportamental: Teoria e prática* (3. ed.). Artmed.

Bhattacharya, S., Goicoechea, C., Heshmati, S., Carpenter, J. K., & Hofmann, S. G. (2023). Efficacy of cognitive behavioral therapy for anxiety-related disorders: A meta-analysis of recent literature. *Current Psychiatry Reports, 25*(1), 19-30.

Book, S. W., & Randall, C. L. (2002). Social anxiety disorder and alcohol use. *Alcohol Research & Health, 26*(2), 130-135.

Brown, L. A., Wiley, J. F., Wolitzky-Taylor, K., Roy-Byrne, P., Sherbourne, C., Stein, M. B., ... Craske, M. G. (2014). Changes in self-efficacy and outcome expectancy as predictors of anxiety outcomes from the CALM study. *Depression and Anxiety, 31*(8), 678-689.

Clark, D. A., & Beck, A. T. (2012). *The anxiety and worry workbook: The cognitive behavioral solution.* Guilford Press.

Constantino, M. J. (2012). Believing is seeing: An evolving research program on patients' psychotherapy expectations. *Psychotherapy Research, 22*(2), 127-138.

Constantino, M. J., Coyne, A. E., Goodwin, B. J., Vîslă, A., Flückiger, C., Muir, H. J., & Gaines, A. N. (2021). Indirect effect of patient outcome expectation on improvement through alliance quality: A meta-analysis. *Psychotherapy Research, 31*(6), 711-725.

Cunha, M., Pereira, C., Galhardo, A., Couto, M., & Massano-Cardoso, I. (2015). Social anxiety in adolescents: The role of early negative memories and fear of compassion. *European Psychiatry, 30*(S1), 428.

Curtiss, J. E., Levine, D. S., Ander, I., & Baker, A. W. (2021). Cognitive-behavioral treatments for anxiety and stress-related disorders. *Focus, 19*(2), 184-189.

Ferreira, V. S., Oliveira, M. A., & Vandenberghe, L. (2014). Efeitos a curto e longo prazo de um grupo de desenvolvimento de habilidades sociais para universitários. *Psicologia: Teoria e Pesquisa, 30*(1), 73-81.

Gilbert, P., & Leahy, R. (2007). *The therapeutic relationship in the cognitive behavioral psychotherapies.* Routledge.

Gilbert, P., Clarke, M., Hempel, S., Miles, J. N. V., & Irons, C. (2004). Criticizing and reassuring oneself: An exploration of forms, styles and reasons in female students. *British Journal of Clinical Psychology, 43*(1), 31-50.

Gilbert, P., McEwan, K., Matos, M., & Rivis, A. (2011). Fears of compassion: Development of three self-report measures. *Psychology and Psychotherapy, 84*(3), 239-255.

Gnilka, P. B., Chang, C. Y., & Dew, B. J. (2012). The relationship between supervisee stress, coping resources, the working alliance, and the supervisory working alliance. *Journal of Counseling and Development, 90*(1), 63-70.

Haarhoff, B., Gibson, K., & Flett, R. (2011). Improving the quality of cognitive behaviour therapy case conceptualization: The role of self-practice/self-reflection. *Behavioural and Cognitive Psychotherapy, 39*(3), 323-339.

Ho, J. T. K.; Dupasquier, R. J., Scarfe, M. L., & Moscovitch, D. A. (2021). Fears of receiving compassion from others predict safety behaviour use in social anxiety disorder over and above fears of negative self-portrayal. *Journal of Anxiety Disorders, 80*, 102387.

Hofmann, S. G., Asmundson, G. J. G., & Beck, A. T. (2013). The science of cognitive therapy. *Behavior Therapy, 44*(2), 199-212.

Hofmann, S. G., Smits, J. A. J., Rosenfield, D., Simon, N., Otto, M. W., Meuret, A. E., ... Pollack, M. H. (2013). D-Cycloserine as an augmentation strategy with cognitive-behavioral therapy for social anxiety disorder. *American Journal of Psychiatry, 170*(7), 751-758.

Kaczkurkin, A. N., & Foa, E. B. (2015). Cognitive-behavioral therapy for anxiety disorders: An update on the empirical evidence. *Dialogues in Clinical Neuroscience, 17*(3), 337-346.

Kannan, D., & Levitt, H. M. (2017). Self-criticism in therapist training: A grounded theory analysis. Psychotherapy Research, 27(2), 201-214.

Kelly, A. C., & Dupasquier, J. (2016). Social safeness mediates the relationship between recalled parental warmth and the capacity for self-compassion and receiving compassion. *Personality and Individual Differences, 89*, 157-161.

Kivity, Y., Strauss, A. Y., Elizur, J., Weiss, M., Cohen, L., & Huppert, J. D. (2021). Patterns of alliance development in cognitive behavioral therapy versus attention bias modification for social anxiety disorder: Sawtooth patterns and Sudden gains. *Journal of Clinical Psychology, 78*(2), 122-136.

Leahy, R. (2008). The therapeutic relationship in cognitive-behavioral therapy. *Behavioural and Cognitive Psychotherapy, 36*(6), 769-777.

Matos, M., Duarte, J., & Pinto-Gouveia, J. (2017). The origins of fears of compassion: Shame and lack of safeness memories, fears of compassion and psychopathology. *The Journal of Psychology Interdisciplinary and Applied, 151*(8), 804-819.

Merritt, O. A., & Purdon, C. L. (2020). Scared of compassion: Fear of compassion in anxiety, mood, and non-clinical groups. *The British Journal of Clinical Psychology, 59*(3), 354-368.

Moscovitch, D. A. (2009). What is the core fear in social phobia? A new model to facilitate individualized case conceptualization and treatment. *Cognitive and Behavioral Practice, 16*(2), 123-134.

Nardi, A. E. (2000). *Transtorno de ansiedade social: Fobia social: A timidez patológica*. Medsi.

Okamoto, A., & Kazantzis, N. (2021). Alliance ruptures in cognitive-behavioral therapy: A cognitive conceptualization. *Journal of Clinical Psychology, 77*(2), 384-397.

Penido, M. A., & Rocha, L. F. D. (2022). Compaixão e psicoterapias: Desafios e evidências científicas. In Federação Brasileira de Terapias Cognitivas, C. B. Neufeld, E. Falcone, & B. Rangé (Orgs.), *PROCOGNITIVA: Programa de Atualização em TCC, ciclo 8* (Vol. 4, pp. 88-139). Artmed Panamericana.

Piccirillo, M. L., Dryman, M. T., & Heimberg, R. G. (2016). Safety behaviors in adults with social anxiety: Review and future directions. *Behavior Therapy, 47*(5), 675-687.

Salkovskis, P. (1991). The importance of behaviour in the maintenance of anxiety and panic: A cognitive account. *Behavioural and Cognitive Psychotherapy, 19*(1), 6-19.

Santos Filho, A. (2010). *Espectro do transtorno de ansiedade social: Estudo de suas comorbidades psiquiátricas e associação com o prolapso da valva mitral* [Tese de doutorado não publicada]. Universidade São Paulo.

Seewald, A., & Rief, W. (2023). How to change negative outcome expectations in psychotherapy? The role of the therapist's warmth and competence. *Clinical Psychological Science, 11*(1), 149-163.

Silva, C., Ferreira, C., Mendes, A. L., & Marta-Simões, J. (2019). The relation of early positive emotional memories to women's social safeness: The role of shame and fear of receiving compassion. *Women & Health, 59*(4), 420-432.

Vîslă, A., Allemand, M., & Flückiger, C. (2023). Within- and between-patients associations between self-efficacy, outcome expectation, and symptom change in cognitive behavioral therapy for generalized anxiety disorder. *Journal of Clinical Psychology, 79*(1), 86-104.

Wong, J., Gordon E. A., & Heimberg, R. G. (2014). Cognitive-behavioral models of social anxiety disorder. In J. W. Weeks (Ed.), *The Wiley-Blackwell handbook of social anxiety disorder* (pp. 3-23). Wiley-Blackwell.

Zaider, T. I., Heimberg, R. G., & Iida, M. (2010). Anxiety disorders and intimate relationships: A study of daily processes in couples. *Journal of Abnormal Psychology, 119*(1), 163-173.

Leitura recomendada

Hofmann, S. G., Sawyer, A. T., Witt, A. A., & Oh, D. (2010). The effect of mindfulness-based therapy on anxiety and expression: A meta-analytic review. *Journal Consulting Clinical Psychology, 78*(2), 169-183.

13

A relação terapêutica na terapia cognitivo-comportamental para transtornos do humor

Donna M. Sudak
Avi Davis
Kanan Barot
Sara Mateo

O sucesso da terapia cognitivo-comportamental (TCC) depende da qualidade da relação terapêutica. Boa parte dos dados que temos sobre a importância da aliança na TCC foram obtidos junto a pacientes com transtornos do humor. As evidências indicam que fatores comuns (por exemplo, empatia, genuinidade, respeito e escuta atenta) têm uma relação substancial com os resultados da terapia. Uma teoria conhecida popularmente como "hipótese do pássaro Dodô"* sugere que todas as psicoterapias, independentemente de sua teoria e sua técnica, produzem resultados aproximadamente equivalentes. Essa hipótese, proposta pela primeira vez por Franz Rosenzweig, em 1936, tem sido respaldada desde então por diversas metanálises (Ahn & Wampold, 2001; Howard et al., 1997) que destacam a importância de fatores comuns compartilhados por diferentes terapias e a primazia da aliança como um fator na produção de resultados positivos. Há controvérsia quanto a essa conclusão devido à metodologia desses estudos, pois as análises incluem pacientes com diagnósticos diversos e mensuram tanto a qualidade da aliança quanto o resultado obtido pelos pacientes ao final da terapia.

Tang e DeRubeis (1999) chegaram a diferentes conclusões sobre a interação entre a implementação efetiva de estratégias de mudança pelo terapeuta e a qualidade da

---

* Dodô é um personagem do livro *Alice no País das Maravilhas*, de Lewis Carroll. Na história, ao ser questionado sobre quem seria o vencedor de uma competição, Dodô afirma que todos ganharam e devem ser premiados. No caso das psicoterapias, o pressuposto é de que todas seriam "vencedoras", isto é, igualmente efetivas.

relação terapêutica. Nesse estudo, "avanços repentinos" foram definidos como reduções significativas e repentinas em sintomas depressivos ocorridas entre duas sessões consecutivas de terapia. "Sessões críticas" foram definidas como sessões que precederam os avanços repentinos. As sessões críticas foram significativamente diferentes das não críticas no que diz respeito à natureza do conteúdo discutido, à profundidade do trabalho terapêutico e à aliança. Outro aspecto notável é que uma aliança mais forte foi mensurada após essas sessões. A ocorrência de avanços repentinos predisse melhores resultados de tratamento ao final da terapia. Esse achado levou à hipótese de que, quando um terapeuta intervém de modo efetivo em relação às preocupações do paciente, tanto a aliança quanto o paciente se beneficiam, o que contrasta com o argumento dos fatores comuns.

Claramente, são necessárias mais pesquisas sobre os elementos da aliança que facilitam a obtenção de resultados melhores e geram a recuperação de modo mais eficiente. Aspectos específicos da aliança podem ser fortalecidos para produzir melhores resultados na TCC para transtornos do humor. O modelo tripartido da relação terapêutica sugere que todas as relações psicoterapêuticas envolvem três elementos interconectados: a relação real, a aliança de trabalho e as configurações de transferência e contratransferência (Gelso, 2019). No contexto da psicoterapia para transtornos do humor, este capítulo se concentrará em explorar o fenômeno da aliança terapêutica, que tradicionalmente recebeu atenção significativa na TCC. Optamos pelo termo "aliança" a fim de manter a consistência terminológica entre os capítulos.

A ALIANÇA NO TRANSTORNO DEPRESSIVO MAIOR

Muitos pacientes com depressão precisam de coragem para dar início a uma terapia. O clínico perspicaz deve manter isso em mente, principalmente durante a primeira sessão. Muitos pacientes deprimidos têm pensamentos negativos não apenas sobre si mesmos, o mundo e o futuro, mas também sobre a terapia e o terapeuta. Logo, promover uma boa aliança é crucial. O terapeuta deve avaliar e identificar sintomas e focar pensamentos e comportamentos negativos, estabelecendo simultaneamente uma relação sólida com o paciente, uma vez que as ferramentas da TCC podem ser utilizadas com mais efetividade pelo paciente se houver confiança e apoio (Beck & Beck, 2021).

Definição das metas do tratamento

A definição de metas é uma ferramenta poderosa para a superação da depressão. Ela atenua a desesperança do paciente, identificando problemas de dimensão manejável que podem ser solucionados. O terapeuta pode então auxiliar o paciente a gerar soluções e avaliá-las e a planejar e especificar os passos para a sua implementação. A responsabilização e o encorajamento ajudam o paciente a aproveitar recursos internos e a iniciar atividades antes evitadas. O avanço evidencia que a mudança é possível, incute esperança e melhora a relação terapêutica. A aliança pode ser fortalecida quando o terapeuta mostra empatia, reconhece os desafios e discute as barreiras para a realização de tarefas (Sudak, 2006).

Intervenções durante as sessões

A terapia deve ser altamente colaborativa, com o compartilhamento da responsabilidade pela definição de metas e agenda e pelo fornecimento e recebimento de *feedback*. O terapeuta constrói o *rapport* e a confiança desde o primeiro contato ao fazer o paciente se sentir seguro, compreendido, ouvido e respeitado. A linguagem usada pelo terapeuta deve construir a ideia de trabalho em equipe e de responsabilidade e tomada de decisão compartilhadas (Wright et al., 2017).

Os processos de pensamento lentificados, a baixa concentração e a diminuição da memória comuns à depressão podem afetar a participação do paciente. Por isso, o terapeuta deve manter um nível de atividade apropriado. Ele pode ter de injetar energia, ânimo e um sentimento de esperança, especialmente quando o paciente estiver severamente deprimido e exibir retardo psicomotor e anedonia profundos. Entretanto, o terapeuta deve dosar o entusiasmo com acurácia para que o paciente acredite nas intervenções; para isso, ele deve estar atento à comunicação verbal e não verbal e obter *feedback* frequente, a fim de checar a compreensão e as reações do paciente (Sudak, 2006). O terapeuta demonstra comprometimento com o bem-estar e a recuperação do paciente por meio de comentários empáticos e de sua linguagem, seu tom de voz, sua expressão facial e sua linguagem corporal (Beck & Beck, 2021).

A psicoeducação, incluindo o compartilhamento confiante de dados que evidenciem que a TCC é efetiva para tratar transtornos do humor, pode estimular o vínculo do paciente com a terapia. A identificação das metas, dos pontos fortes e dos valores do paciente é parte essencial da construção da aliança, bem como da elaboração de um plano de tratamento acordado entre a dupla terapêutica e da promoção de um relacionamento de confiança (Wright et al., 2017).

A definição da agenda da sessão requer uma aliança razoavelmente forte e colaborativa. Um paciente especialmente desesperançoso pode ter dificuldade em definir itens para discussão, então o terapeuta pode gentilmente sugerir tópicos da sessão anterior, aqueles que dão continuidade ao plano de ação anterior ou a metas de tratamento prévias. Essa colaboração pode sinalizar o genuíno investimento do terapeuta e seu real interesse em ajudar o paciente (Wright et al., 2017).

A revisão do plano de ação fornece uma oportunidade para elogiar e validar o plano de ação colocado em prática entre as sessões. O terapeuta pode se mostrar curioso sobre a experiência do paciente e incentivá-lo a tirar conclusões e resumir as lições aprendidas por meio da tarefa. Se o paciente não conseguiu concluir o plano de ação, o terapeuta pode expressar compreensão, identificar obstáculos e trabalhar com o paciente para superá-los. Isso pode enriquecer a aliança com empatia, compreensão e encorajamento (Sudak, 2006).

Estratégias comportamentais

As estratégias comportamentais ajudam os pacientes a aumentar seu engajamento em tarefas recompensadoras e superar a evitação quando as atividades parecem assustadoras. Elas também podem reforçar comportamentos saudáveis e melhorar o autocuidado.

É importante reconhecer que o impacto positivo das estratégias comportamentais não está limitado ao comportamento. A implementação bem-sucedida de estratégias comportamentais favorece a mudança cognitiva. Por exemplo, pacientes que se beneficiam de estratégias comportamentais frequentemente desenvolvem um sentimento de otimismo e a esperança de que suas vidas podem ser diferentes, o que aumenta ainda mais seu comprometimento com esforços comportamentais. Outros se dão conta de que os desfechos desagradáveis que eles esperavam não ocorrem. Outros ainda percebem que têm a força e os recursos para resolver problemas em sua vida (Wenzel et al., 2016). Esse avanço facilita o engajamento no trabalho colaborativo de avaliação das cognições que se segue.

Ativação comportamental

A relação terapêutica é crucial para combater a desesperança e obter engajamento na ativação comportamental. A ativação comportamental é necessária para pacientes severamente deprimidos porque a exposição a atividades positivas e orientadas a objetivos tem um efeito antidepressivo relativamente direto, permitindo ao paciente prosseguir com a construção de habilidades mais complexas na TCC. O terapeuta deve colaborar e modificar as intervenções a fim de adequá-las ao nível de funcionamento do paciente. Por exemplo, os pacientes podem precisar dividir o dia em segmentos e monitorar poucas atividades por vez. A programação de atividades pode ser mais flexível, com planos alternativos como definir horários ou atividades diferentes quando obstáculos forem encontrados. A sensibilidade à dimensão e à dificuldade da tarefa é essencial para garantir o sucesso inicial. A atribuição de tarefas gradativas pode ser usada para gerenciar qualquer tendência a procrastinar ou evitar atividades com níveis mais altos de dificuldade percebida. Se existem pensamentos negativos automáticos sobre a atividade, eles devem ser abordados com estratégias de reestruturação cognitiva diretamente na sessão, mesmo se o paciente ainda não estiver pronto para usar registros de pensamento de forma independente (Wenzel et al., 2016).

Embora o conceito de ativação comportamental possa parecer simples, na prática esse processo pode ser bastante complexo. A ativação comportamental requer uma aliança sólida para que os pacientes experienciem o trabalho desenvolvido em sessão como um trabalho colaborativo, apropriando-se das mudanças que realizam. Por sua vez, os terapeutas devem estar cientes de pensamentos automáticos desfavoráveis que diminuam a motivação do paciente ou dificultem que ele continue o registro de atividades e tente realizar novas tarefas. Adicionalmente, os terapeutas podem empregar a resolução de problemas para ajudar os pacientes a identificar e superar obstáculos à implementação de atividades que eles esperam que lhes tragam alegria e prazer. Para prevenir recaídas e retrocessos, os terapeutas devem garantir que os princípios da ativação comportamental se tornem parte do repertório de comportamentos do paciente. O paciente pode, então, utilizar o conhecimento e as habilidades adquiridas para lidar com outros desafios e estressores que não foram o foco direto da sessão. Quando os pacientes consolidam esse aprendizado, junto à habilidade de avaliar cognições, eles estão prontos para seguir em direção ao fim do tratamento (Wenzel et al., 2016).

> **VINHETA CLÍNICA**
>
> John tem 18 anos, está no último ano do ensino médio e tem histórico de um ano de depressão. Antes de começar a terapia, John estava indo mal na escola e faltando a muitas aulas por semana. Ele procurou terapia porque foi informado de que poderia ter de repetir de ano caso suas notas não melhorassem.
>
> Na primeira sessão, John estava desesperançoso e expressou o pensamento de que era apenas "preguiçoso" e a crença de que não havia nada que ele pudesse fazer, pois era "tarde demais". Ele tinha medo de ir mal nas disciplinas e se sentia constrangido porque seus amigos estavam se dando bem na escola. John também relatou pouca energia, falta de motivação, isolamento social e anedonia.
>
> A terapeuta começou encorajando John com psicoeducação sobre depressão, particularmente relacionando essa condição à crença do paciente de que era preguiçoso. Ela explicou o modelo de depressão da TCC, e isso ajudou John a entender a relação entre seus pensamentos sobre si mesmo e seus sentimentos e a compreender por que ele estava evitando seus amigos.
>
> John ficou surpreso e afirmou que pensava que tudo aquilo estava acontecendo porque ele era preguiçoso e estúpido. Ele expressou alívio ao saber que a depressão era a causa. A terapeuta evidenciou para John que ele estava indo bem na escola antes de desenvolver depressão. John sorriu e disse: "É, acho que sim".
>
> Como John tinha uma depressão severa, fazia sentido realizar exercícios de ativação comportamental desde a primeira sessão. A terapeuta perguntou sobre as atividades de que ele costumava gostar. John disse que nada importava para ele há tanto tempo que ele não conseguia pensar em nenhuma atividade. Ela demonstrou empatia e compreensão e explicou que a depressão severa pode dificultar que as pessoas se lembrem de atividades prazerosas. John contou que parara de sair com seus amigos. Além disso, parara de jogar *videogame*, algo que ele realmente gostava de fazer com seus amigos nos finais de semana.
>
> Após explicar os fundamentos da ativação comportamental, a terapeuta e John planejaram colaborativamente uma atividade, elaborada para ser simples e viável. John queria comprar um café e passar um tempo com sua namorada após a escola, algo que ele estava evitando, mas disposto a tentar, uma vez que sua namorada lhe dava muito apoio e sabia sobre a sua depressão. Os planos de ação para a ativação comportamental atribuídos nas sessões subsequentes envolveram ir à casa de um amigo para jogar,

(Continua...)

> comprar um *videogame* novo e ligar para um colega a fim de perguntar sobre algumas atividades perdidas na escola. Com o passar do tempo, John foi capaz de notar que seu humor melhorava quando ele realizava essas atividades, e ele demonstrou mais entusiasmo com os planos de ação da terapia. John era pontual e comparecia a todas as sessões. Quando solicitado a fornecer *feedback*, ele falou: "A terapia faz eu me sentir melhor, isso ajuda". A terapeuta continuou a demonstrar cuidado e curiosidade genuína, o que ajudou John a combater sua depressão.
>
> Em poucos meses, John relatou melhora na frequência à escola, no humor e na vida social. Ele tinha mais energia e esperança; havia se candidatado a uma universidade e recebido uma carta de aceite.

A ALIANÇA NO TRANSTORNO BIPOLAR

As evidências indicam que, no contexto do transtorno bipolar, uma boa relação terapêutica aumenta a eficácia da terapia e contribui para a motivação e o engajamento do paciente, inclusive com a diminuição do autoestigma, das atitudes negativas em relação à medicação e da ocorrência de sintomas maníacos (Strauss & Johnson, 2006). Estudos indicam que ensinar pacientes com transtorno bipolar a identificar sintomas iniciais de recaída e buscar tratamento melhora o funcionamento social e no trabalho (Perry et al., 1999).

As primeiras sessões de terapia

A primeira sessão de terapia educa tanto o paciente quanto o terapeuta:

> Os pacientes fornecem informações sobre seu histórico pessoal e o curso de sua doença. Os terapeutas, por sua vez, oferecem informações sobre o transtorno bipolar e sobre o objetivo e a aplicação da terapia cognitiva para esse transtorno, inclusive indicando o que os pacientes podem razoavelmente esperar (Newman et al., 2002, pp. 192).

Portanto, o paciente descreve seus sintomas, e o terapeuta começa a educá-lo quanto à doença e ao seu tratamento. Devem ocorrer discussões abertas sobre as responsabilidades de cada um na terapia e a importância da colaboração e da comunicação honesta e aberta para lidar com essa doença extraordinária. Essa sessão também pode ser utilizada para avaliar a compreensão do paciente sobre a TCC e para definir expectativas para as sessões seguintes. Isso é demonstrado na vinheta clínica ao final desta seção.

Com frequência, os pacientes são educados sobre o transtorno bipolar quando a sua habilidade de processar informações está comprometida (por exemplo, quando estão gravemente doentes) e cognitivamente prejudicada, devido tanto à lentificação do pensamento quanto ao processamento dependente do humor na depressão, ou quando eles experienciam distraibilidade ou comprometimento cognitivo mais grave decorrente de mania. Logo, cada encontro terapêutico deve ser encarado como uma oportunidade para educar e responder a questões. Esforços para educar serão mais bem-sucedidos com repetição e provisão de informações em múltiplas formas (por exemplo, folhetos e vídeos) e em quantidades gerenciáveis (Juruena, 2012). A relação terapêutica melhora quando o terapeuta investiga o conhecimento do paciente sobre a doença e seus pensamentos relacionados ao tratamento.

Uma abordagem adicional eficaz para melhorar a aliança é a utilização de ferramentas de monitoramento de longo prazo (Baldassano, 2005). Uma dessas ferramentas consiste no método do gráfico de vida (LCM™, do inglês *life chart method*), inicialmente utilizado por Kraepelin e depois adaptado por Leverich e Post (Honig et al., 2001). Os gráficos de vida (LC™, do inglês *life charts*) são registros prospectivos e retrospectivos do humor, com registros correspondentes de sintomas associados, estressores, mudanças em medicamentos e tratamentos e de hábitos de vida, como sono, atividades e uso de substâncias. Essa importante ferramenta educacional pode ampliar a compreensão tanto do terapeuta quanto do paciente sobre a doença (Denicoff et al., 2000). O LCM™ tem alta confiabilidade e validade e assegura uma avaliação precisa de sintomas depressivos e maníacos (Denicoff et al., 1997). Isso é particularmente vantajoso se múltiplos terapeutas estiverem envolvidos. Criar um LC™ pode ajudar o paciente a se sentir mais bem compreendido, aumentar a sua habilidade de encarar a doença com objetividade e auxiliar na identificação de padrões e na obtenção de conclusões sobre comportamentos e episódios. Isso é especialmente útil quando o paciente descobre uma relação entre um comportamento que poderia ser modificado (não tomar a medicação, por exemplo) e um episódio de humor (Leverich & Post, 2018). Ao final desta seção, é apresentado um exemplo de LC™.

Manutenção da aliança

No transtorno bipolar, desafios únicos surgem durante episódios de humor. Em episódios de depressão, a aliança às vezes é dificultada pela falta de motivação para participar da terapia. A ativação comportamental é uma intervenção comumente utilizada nesse contexto (veja a seção sobre depressão para obter mais informações sobre questões relativas à aliança que surgem com a ativação comportamental). Pacientes com transtorno bipolar são conhecidos por se engajar em atividades para "recuperar" o tempo perdido em um episódio de depressão, o que resulta em distúrbios do sono que podem precipitar um episódio maníaco. Uma abordagem colaborativa auxilia esses pacientes a planejar suas atividades com cuidado e moderação (Newman, 2021).

Pacientes com transtorno bipolar muitas vezes têm dificuldade para entender e aceitar a sua condição (Cassidy, 2010). Isso se torna mais difícil durante episódios maníacos ou hipomaníacos. Alguns pacientes podem até reconhecer seu diagnóstico, mas têm dificuldade para renunciar à perspectiva de experienciar hipomania. Os pacientes podem encarar os episódios hipomaníacos como períodos de extrema produtividade ou como uma compensação pelo tempo perdido em episódios depressivos. Uma aliança construtiva evita disputas de poder com o paciente e inspira *insight* por meio da entrevista motivacional (Newman, 2021). Os terapeutas podem negociar gentilmente os planos de tratamento, enfatizando medidas de segurança efetivas, ao mesmo tempo que incorporam um trabalho em direção às metas pessoais do paciente.

Adicionalmente, a criação de um plano de tratamento bem elaborado, com um roteiro claro das metas, estratégias e intervenções a serem utilizadas no processo de tratamento, ajuda a estabelecer um senso de direção e estrutura. Em geral, um plano de tratamento tem muitas funções, incluindo: definir o problema ou a enfermidade, descrever o tratamento oferecido por um profissional de saúde, criar um cronograma para o avanço e identificar os objetivos e as metas do tratamento (Ackerman, 2023). Registrar colaborativamente as metas e os planos estabelecidos, incluindo os planos que o paciente utilizará durante as fases prodrômicas ou iniciais de um episódio de humor, e fazer referência a eles costuma fortalecer a relação terapêutica e o comprometimento do paciente com esses planos de tratamento (Stubbe, 2015). Estratégias iniciais de intervenção podem ser incluídas, a exemplo da "regra do *feedback* de duas pessoas", segundo a qual os pacientes devem testar novas ideias com ao menos dois indivíduos confiáveis antes de implementá-las. Outras intervenções podem incluir a "regra de esperar 48 horas antes de agir", segundo a qual o paciente deve aguardar 48 horas antes de colocar em prática uma ideia ousada, arriscada ou pouco usual. Durante essas 48 horas, os pacientes também podem implementar a regra do *feedback* de duas pessoas (Newman et al., 2002). Outro aspecto do plano de tratamento pode ser o uso do LCM™, mencionado anteriormente, para ajudar a monitorar recaídas. Organizar e registrar os planos de tratamento quando os pacientes estão com um humor eutímico pode fortalecer a relação terapêutica. Um aspecto importante da TCC para transtorno bipolar consiste em desenvolver a habilidade do paciente de monitorar sintomas, o que aumenta o seu engajamento e a sua autonomia e promove a colaboração (Cohen et al., 2013). Isso pode reduzir a severidade do episódio e minimizar suas consequências práticas. Uma relação terapêutica em que o paciente participa ativamente de seu cuidado pode tornar isso possível.

> **VINHETA CLÍNICA**
>
> A senhora Smith é uma mulher de 32 anos que está comparecendo à segunda sessão com seu novo terapeuta (após mudar de estado). Ela havia trabalhado com a mesma pessoa por cinco anos depois de seu episódio inicial de transtorno bipolar e está ansiosa devido à transferência do cuidado. Este é um exemplo de uma das sessões iniciais.
>
> Terapeuta — Obrigado por ter vindo me ver hoje. Espero conversar livremente com você enquanto estivermos juntos e quero que você se sinta confortável para fazer o mesmo. Você pode estar segura de que tudo o que falarmos durante nossas sessões é confidencial, a não ser que eu tenha uma razão para acreditar que você ou outra pessoa esteja em perigo. O que traz você aqui hoje?

(Continua...)

Nesse momento, os pacientes geralmente discutem a natureza da sua doença e outras preocupações que possam ter. Os terapeutas podem concluir a sessão definindo as expectativas para os encontros seguintes.

Terapeuta — Nas nossas próximas sessões, vou perguntar a você sobre aspectos como seu humor e seus padrões de sono. Nós também vamos discutir as tarefas que você tiver completado desde a semana anterior, que podem ajudá-la a entender melhor seus problemas de humor. Além disso, vou solicitar o seu *feedback* sobre as nossas sessões, e espero que você me permita fornecer um *feedback* também. Desse modo, nós poderemos ter certeza de que estamos alinhados e aproveitaremos ao máximo este tratamento. O que você acha?

Nas sessões seguintes, o terapeuta trabalha com a senhora Smith para desenvolver um LC™, de modo a compreender melhor a história da paciente com o transtorno bipolar e criar um ambiente em que ela se sinta ouvida.

Terapeuta — Eu agradeceria se você pudesse me instruir a respeito da sua experiência com o transtorno bipolar. Isso me ajudaria a entender como seus humores têm se apresentado ao longo da sua vida e qual é a sua percepção sobre outros fatores que podem ter impactado seu humor. Nós podemos registrar o seu histórico em um documento chamado "gráfico de vida". Vamos começar verificando como está o seu humor agora e depois podemos explorar episódios do passado. Como você descreveria o seu humor neste momento?

Paciente — Bem, meu humor está estável neste momento. Eu estou até surpresa, tenho lidado muito bem com a mudança, considerando o quão estressante ela tem sido.

Terapeuta — Fico feliz em saber disso. Quando foi a última vez que você notou que seu humor estava depressivo ou maníaco?

Paciente — Bem, mais ou menos um mês atrás, quando comecei a encaixotar a mudança; notei que eu não estava dormindo o suficiente, estava tendo apenas cerca de cinco horas de sono por noite. Eu estava literalmente ficando acordada para encaixotar a mudança depois de trabalhar o dia todo. Eu me sentia produtiva e terminei de encaixotar tudo naquela semana, na verdade [risos].

Terapeuta — Havia algum outro fator estressor?

Paciente — Na verdade, não. Eu só estava superansiosa com a mudança. Meus amigos estavam me chamando para sair quase todas as noites, e eu não podia recusar! Seriam meus últimos encontros com eles. Acho que eu estava apenas fazendo muita coisa.

Terapeuta — Entendi, havia muita coisa acontecendo. Como esse episódio se resolveu?

Paciente — Meu psiquiatra prescreveu uma medicação para me ajudar a dormir um pouco mais e fiquei bem em alguns dias. Acho que o remédio se chamava quetiapina. Ele era um acréscimo ao meu lítio habitual.

Terapeuta — Bem, fico feliz que isso tenha funcionado. Você pode me falar sobre seu episódio de humor anterior a esse?

Ao final da sessão, um LC™ retrospectivo (Leverich & Post, 2018) foi elaborado. A Figura 13.1 mostra um exemplo de um LC™ preenchido.

(Continua...)

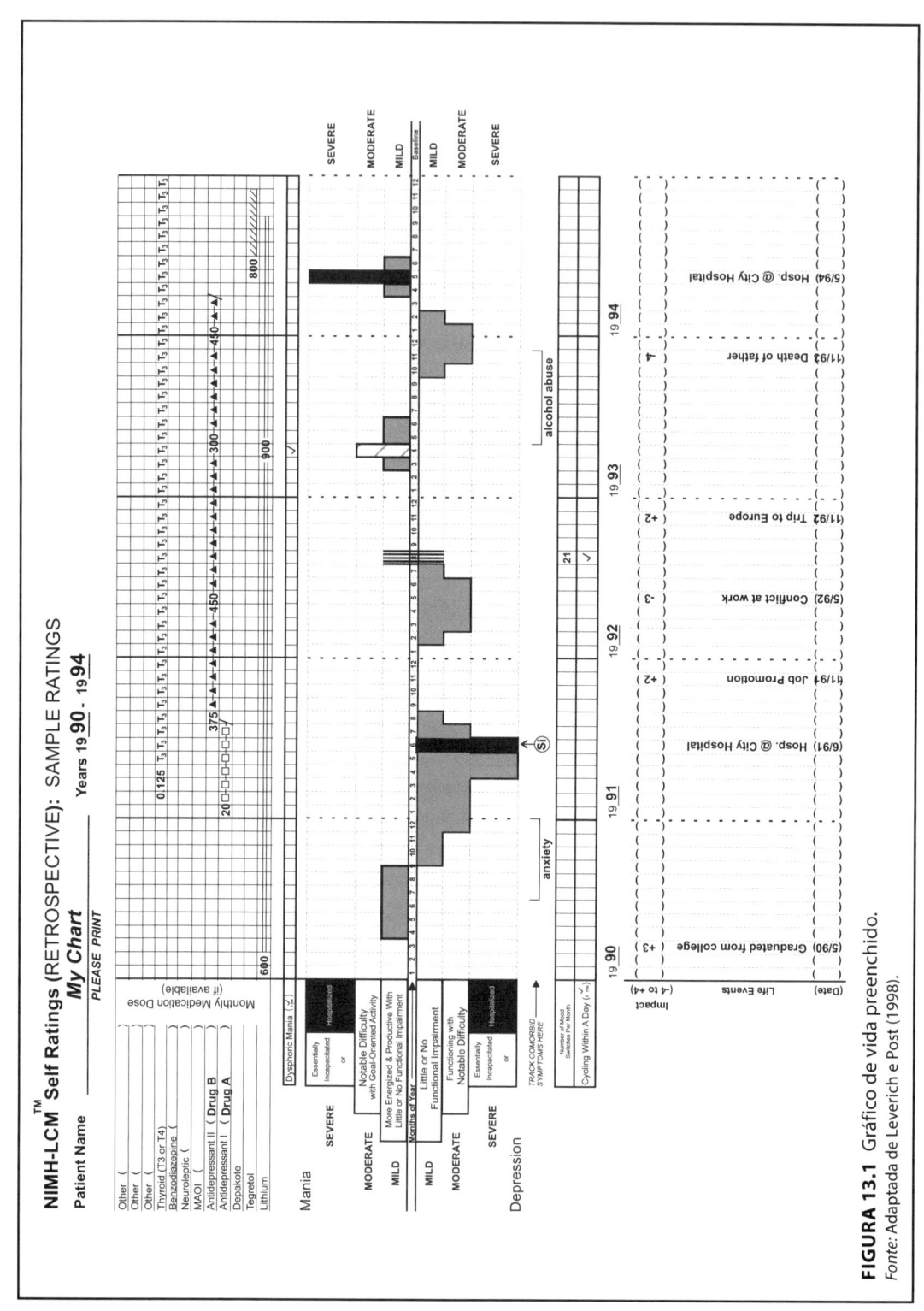

FIGURA 13.1 Gráfico de vida preenchido.
Fonte: Adaptada de Leverich e Post (1998).

(Continua...)

> Depois de alguns anos sendo acompanhada por seu novo terapeuta, a senhora Smith se mostra insatisfeita com seus medicamentos e reclama de que eles não estão funcionando.
>
> Paciente — Sabe, faz muitos anos que eu fui diagnosticada com transtorno bipolar. Eu estou tomando todos os meus remédios, mas eu não pareço estar melhorando. Já faz tanto tempo desde a última vez que eu me senti realmente bem, sabe? Sinto como se algo estivesse me impedindo de ser produtiva. Eu posso fazer muito mais, eu sei disso! E eu já fiz mais no passado! Lembra quando eu disse para você que eu terminei minha dissertação de mestrado em uma semana? Minha vida seria muito melhor se eu pudesse fazer esse tipo de coisa novamente. Agora, me sinto sem inspiração e desanimada o tempo todo. Nunca vou ser capaz de conquistar algo na minha vida se eu continuar desse jeito.
>
> Terapeuta — É compreensível que você se sinta assim, muitas pessoas na sua situação se sentiriam desse modo. Ao longo do tempo que passamos juntos, identificamos alguns pensamentos que podem estar contribuindo para as suas dificuldades atuais. Você disse que nunca conseguirá conquistar nada nesse estado, mas apenas duas semanas atrás você me contou que foi promovida no trabalho. O que isso revela sobre você? Houve outras instâncias em que você foi bem-sucedida no passado? Quando você ficou orgulhosa de algo que fez?
>
> Paciente — Bem, talvez haja algumas coisas. O time de futebol da minha sobrinha, que eu treinei, chegou às semifinais nesta temporada.
>
> Terapeuta — Uau, isso é ótimo! Como você acha que a manutenção de um humor estável ajudou você a conquistar isso?
>
> Paciente — Acho que consigo comparecer ao trabalho todo dia pontualmente e me manter tranquila em situações tensas. Ficar tranquila também tem me ajudado a treinar as crianças, me parece. Eu não sou hospitalizada há algum tempo.
>
> Terapeuta — Sim, eu concordo. Olhando para trás no gráfico de vida em que estamos trabalhando, vemos que seu humor permaneceu estável no último ano. O fato de você não ter sido hospitalizada permitiu que comparecesse a todos os jogos da temporada, e parece que seu desempenho constante no trabalho a conduziu à sua promoção. O que você acha de seguir nessa trilha e continuar com a medicação e a terapia?
>
> Paciente — Sim, acho que não estou indo tão mal quanto imaginava.

A ALIANÇA NO ATENDIMENTO A PACIENTES COM COMPORTAMENTO SUICIDA

É difícil pensar em um contexto em que seja mais importante cultivar uma aliança consistente do que na psicoterapia com pacientes em risco de suicídio. A qualidade da relação talvez seja um dos mais importantes motivadores para os pacientes suportarem experiências dolorosas enquanto se esforçam para melhorar sua vida. Ao menos uma revisão sistemática mostrou uma correlação entre a aliança e a redução de comportamentos suicidas (Dunster-Page et al., 2017). A aliança também tem influência na avaliação da necessidade de diferentes níveis de cuidado. Por exemplo, se o paciente não consegue manter acordos, apesar de haver uma boa aliança, o terapeuta pode ter de considerar isso ao determinar o nível de cuidado recomendado para ele.

Definição da agenda da sessão

A aliança entre o terapeuta e o paciente com comportamento suicida é afetada pela necessidade de vigilância em relação ao comprometimento do paciente com a segurança. Em cada sessão, a definição da agenda deve acontecer somente após o terapeuta avaliar o paciente quanto a mudanças no comportamento suicida em relação à semana anterior e quanto ao seu comprometimento com o plano de segurança. Alguns métodos de registro (por exemplo, um cartão diário, como recomendado na terapia comportamental dialética) podem oferecer um modo mais eficiente de reportar dados e ajudar o terapeuta a se concentrar no material mais importante a discutir.

Durante a ponte com a sessão anterior, o terapeuta deve avaliar o risco atual de suicídio. Se isso não estiver claro nos dados mantidos pelo paciente, as seguintes questões devem ser consideradas: qual é a intensidade do desejo de morrer? Em que medida o paciente acredita que a vida não vale a pena? Qual é a intenção e o plano? Houve alguma prática comportamental (ou seja, algum comportamento ou tentativa)? Quão significativos são os pensamentos de desesperança?

Em acréscimo, o terapeuta deve avaliar o uso atual de substâncias, devido à conexão desse uso com a impulsividade e o comportamento suicida. A adesão a outros tratamentos, incluindo medicamentos e cuidados médicos, também deve ocorrer antes da definição da agenda, pois lapsos nesses aspectos são preocupações significativas e gerariam discussões na sessão. Por fim, o terapeuta deve revisar o plano de segurança e solucionar problemas relacionados a ele.

A agenda, embora seja colaborativa, deve se concentrar em manter o paciente seguro e priorizar problemas relacionados à intensificação do comportamento suicida. Durante a primeira sessão com o paciente, deve ser feito um acordo para priorizar qualquer comportamento suicida em detrimento de outras questões. Outros itens da agenda a serem considerados incluem os eventos que poderiam conduzir a uma crise suicida (definidos com base nas crises anteriores) e a identificação de medidas concretas para lidar com eles. Para além desses problemas, o terapeuta deve destacar os aspectos positivos da semana ou os desafios que o paciente tentou enfrentar, pedindo a ele que conclua essas tentativas para desenvolver esperança e um senso de autoeficácia.

Desenvolvimento da relação terapêutica

A gravidade da situação de pacientes suicidas muitas vezes requer uma abordagem mais diretiva e implica a necessidade de enfatizar pensamentos, emoções e comportamentos que podem levar a situações perigosas. Além disso, o terapeuta deve permanecer como uma presença calma. Validar a dor do paciente mantendo a esperança de que as coisas vão mudar é vital para o processo. Devido à preocupação com o bem-estar do paciente, muitos terapeutas entram em contato para tratar de ausências nas sessões. Todos os terapeutas devem chamar a atenção para a importância de o paciente comparecer às sessões desde o início da terapia, devendo ainda definir preocupações relacionadas ao comparecimento ao tratamento. Isso é extremamente importante. Pacientes com risco de morrer por suicídio muitas vezes têm dificuldades significativas para comparecer às sessões. A resolução proativa de quaisquer obstáculos desde o início é crucial.

Apesar da ansiedade associada ao trabalho com pacientes que têm comportamento suicida, a relação e a conceitualização saem ganhando quando o terapeuta aborda o ponto de vista do paciente com curiosidade. É comum conduzir rapidamente a conversa para maneiras de ajudar o paciente a resolver dificuldades e se manter seguro, evitando uma compreensão mais completa dos pensamentos e comportamentos que desencadeiam uma crise suicida, mas, uma vez que você tenha um entendimento mais completo da situação, pode ter mais sucesso na busca por soluções (Wenzel et al., 2009).

A transparência no que diz respeito à confidencialidade e às razões de se considerar uma hospitalização deve ficar evidente desde o início da relação terapêutica. As preocupações do paciente sobre esse assunto costumam estar associadas ao encobrimento de pensamentos suicidas. Além disso, é vital evidenciar o óbvio, mas pouco compreendido fato de que o terapeuta não é clarividente e não pode oferecer ajuda se o paciente não disser a verdade. Idealmente, você trabalhará para estabelecer contato com a rede de apoio do paciente e, se possível, engajará essas pessoas como aliadas na assistência ao paciente durante qualquer crise. Barreiras a isso devem ser abordadas ativamente. Quando um paciente tiver apoio limitado, aborde as razões disso e priorize a busca ou a estruturação de uma rede de apoio mais consistente.

Gerenciamento da desesperança

A desesperança é um componente-chave do risco de suicídio (Beck, 1986). O terapeuta deve saber como alavancar a relação a fim de modificar a desesperança central em pacientes em risco. Com frequência os pacientes ficam desesperançados com relação à própria terapia. Um entendimento detalhado das experiências de tratamento anteriores do paciente, bem como das ideias que ele pode ter sobre a terapia, ajudará o terapeuta a mirar a desinformação e as distorções cognitivas ao mesmo tempo que cultiva um senso realista do que o tratamento pode fazer. Os terapeutas podem munir os pacientes com motivos pelos quais eles acreditam na sua melhora — por exemplo, discutindo estudos que mostram a efetividade da TCC para tratar a sua condição. Para alguns pacientes, um plano que detalhe o que poderá ser feito caso a TCC não funcione, e que indique por que essa terapia é diferente das outras experimentadas no passado, proporciona tranquilidade e conforto.

Uma descrição do plano específico para o tratamento também aumenta a esperança. Por exemplo, informar aos pacientes que a terapia vai ajudá-los a identificar problemas a serem resolvidos, a trabalhar em metas que são importantes para eles, a identificar obstáculos que surgirem e a elaborar um plano de gerenciamento pode ensiná-los a abordar os problemas de outras maneiras no futuro. Quando pequenas tarefas comportamentais demonstram a habilidade de mudar e ajudam o paciente com uma meta importante, a esperança aumenta. A cada passo que o paciente dá em direção à recuperação, o terapeuta pode perguntar: "O que o fato de você ter feito isso revela sobre você?".

O terapeuta também pode apresentar aos pacientes motivos para eles terem esperança com base em sua história pessoal. Conquistas anteriores e quaisquer qualidades pessoais específicas, ou habilidades de lidar com adversidades ou resolver problemas, podem ser discutidas. O terapeuta deve ajudar o paciente a identificar pontos fortes, memórias positivas e crenças centrais positivas que ele tenha. Se o terapeuta conhece outros momentos da vida do paciente em que ele teve sucesso, pode ajudá-lo a descrever o seu melhor momento ou a usar imagens mentais para conectar-se com experiências e relacionamentos positivos (Mann et al., 2021).

Por fim, há outra relação fundamental para o terapeuta que trabalha com pacientes com pensamentos suicidas significativos: a relação com um colega ou supervisor de confiança. A orientação mais importante ao lidar com esses pacientes é: "Nunca se preocupe sozinho". É crucial consultar um colega sobre a avaliação de riscos, o planejamento do tratamento e a qualidade da aliança. Nós muitas vezes temos pontos cegos ao lidar com esses pacientes devido às nossas reações — ansiedade ou raiva, por exemplo. Esses pensamentos e emoções intensos podem ser uma consequência da resposta normal a encontros clínicos tão difíceis, ou tal contratransferência pode decorrer de crenças do terapeuta sobre como os pacientes "deveriam ser". Uma relação duradoura com um paciente também pode impedir os terapeutas de perceber o significado de certos comportamentos dele. Analisar as informações com outros terapeutas nos protege de nossos próprios vieses e pode salvar vidas.

CONSIDERAÇÕES FINAIS

O sucesso da TCC para transtornos do humor depende muito da qualidade da aliança. Essa aliança é crucial para o gerenciamento e a atenuação dos pensamentos e comportamentos suicidas que podem ocorrer nesses transtornos. Já que o humor depressivo pode afetar a resolução de buscar ajuda, um plano estruturado com reformulação cognitiva pode ajudar o paciente a se comprometer com o processo terapêutico. Tarefas que conduzem à conquista de metas pequenas, mas significativas, demonstram que o progresso é possível e que o esforço é válido. Nesse contexto, o terapeuta se torna um professor e guia confiável para o paciente.

A natureza imprevisível do transtorno bipolar torna o desenvolvimento de uma conexão forte entre terapeuta e paciente mais desafiador. A presença constante do terapeuta aumenta a efetividade do tratamento, a motivação do paciente e o seu engajamento, com uma importância adicional na orientação antecipatória e no planejamento para o agravamento. A educação é primordial, com ferramentas de monitoramento de longo prazo (por exemplo, LC™) demonstrando a importância de monitorar sintomas. Há ainda a delicada tarefa de viabilizar a autonomia ao mesmo tempo que se promove a segurança e se minimizam as consequências negativas das mudanças de humor. Esse equilíbrio é fundamental para melhorar a qualidade de vida do paciente e também para que ele atinja suas metas pessoais.

A aliança pode ser mais desafiadora no caso de pacientes com comportamento suicida, devido ao nível de desesperança que eles experienciam e ao grau de ansiedade experienciado pelo terapeuta. A luta para continuar a encontrar motivos para viver é muitas vezes desencorajadora, e o terapeuta frequentemente precisa "emprestar" esperança ao paciente. Os pacientes bipolares podem exigir muito do terapeuta quando as circunstâncias do transtorno mental implicam consequências significativas na vida e uma erosão do apoio social. Quando o suicídio é uma preocupação contínua, a adesão ao tratamento e a criação e o monitoramento de planos de segurança são vitais.

RESUMO

- A qualidade da aliança entre o paciente e o terapeuta é crucial para o sucesso da TCC para transtornos do humor, e fatores comuns como empatia, genuinidade, respeito e escuta atenta influenciam os desfechos terapêuticos.
- O papel do terapeuta na promoção de confiança, colaboração, empatia e apoio é crucial para o estabelecimento de uma relação terapêutica sólida. A definição de metas, as intervenções durante as sessões e as estratégias comportamentais desempenham papéis importantes no estabelecimento e na manutenção da aliança, com ênfase particular na ativação comportamental para pacientes severamente deprimidos.
- A imprevisibilidade inerente ao transtorno bipolar impõe um desafio único para o estabelecimento de uma relação terapêutica consistente, em especial quando o transtorno tem implicações profundas na vida do sujeito. Contudo, a presença inabalável de um terapeuta pode aumentar significativamente a eficácia do tratamento por reduzir o estigma associado ao diagnóstico, promovendo uma maior aceitação deste e das intervenções psicofarmacológicas, o que gera, em última instância, melhores resultados para o tratamento.
- O estabelecimento de uma aliança pode envolver dificuldades específicas no trabalho com pacientes que apresentam comportamento suicida, principalmente devido ao seu profundo sentimento de desesperança. Nesses casos, é imperativo que o terapeuta inculque esperança, promova a adesão ao tratamento e crie e monitore planos de segurança.
- Estudos apontam para uma correlação significativa entre a força da aliança e a redução de comportamentos suicidas. Consequentemente, a relação terapêutica assume um papel vital na motivação de indivíduos com risco de suicídio para que enfrentem as experiências angustiantes e persigam ativamente seu crescimento pessoal e sua recuperação.

REFERÊNCIAS

Ackerman, C. E. (2023). *Mental health treatment plans: Templates, goals & objectives.* https://positivepsychology.com/mental-health-treatment-plans/

Ahn, H.-n., & Wampold, B. E. (2001). Where oh where are the specific ingredients? A meta-analysis of component studies in counseling and psychotherapy. *Journal of Counseling Psychology, 48*(3), 251-257.

Baldassano, C. F. (2005). Assessment tools for screening and monitoring bipolar disorder. *Bipolar Disorders, 7*(Suppl 1), 8-15.

Beck, A. T. (1986). Hopelessness as a predictor of eventual suicide. *Annals of the New York Academy of Sciences, 487*, 90-96.

Beck, J. S., & Beck, A. T. (2021). *Cognitive behavior therapy: Basics and beyond* (3rd ed). The Guilford Press.

Cassidy, F. (2010). Insight in bipolar disorder: Relationship to episode subtypes and symptom dimensions. *Neuropsychiatric Disease and Treatment, 6*, 627-631.

Cohen, J. S., Edmunds, J. M., Brodman, D. M., Benjamin, C. L., & Kendall, P. C. (2013). Using self-monitoring: Implementation of collaborative empiricism in cognitive-behavioral therapy. *Cognitive and Behavioral Practice, 20*(4), 419-428.

Denicoff, K. D., Leverich, G. S., Nolen, W. A., Rush, A. J., McElroy, S. L., Keck, P. E., ... Post, R. M. (2000). Validation of the prospective NIMH-Life-Chart Method (NIMH-LCM-p) for longitudinal assessment of bipolar illness. *Psychological Medicine, 30*(6), 1391-1397.

Denicoff, K. D., Smith-Jackson, E. E., Disney, E. R., Suddath, R. L., Leverich, G. S., & Post, R. M. (1997). Preliminary evidence of the reliability and validity of the prospective life-chart methodology (LCM-P). *Journal of Psychiatric Research, 31*(5), 593-603.

Dunster-Page, C., Haddock, G., Wainwright, L., & Berry, K. (2017). The relationship between therapeutic and patient's suicidal thoughts, self-harming behaviors and suicide attempts: A systematic review. *Journal of Affective Disorders, 223*, 165-174.

Gelso, C. J. (2019). *The therapeutic relationship in psychotherapy practice: An integrative perspective.* Routledge.

Honig, A., Hendriks, C. H., Akkerhuis, G. W., & Nolen, W. A. (2001). Usefulness of the retrospective life-chart method manual in outpatients with a mood disorder: A feasibility study. *Patient Education and Counseling, 43*(1), 43-48.

Howard, K. I., Krause, M. S., Saunders, S. M., & Kopta, S. M. (1997). Trials and tribulations in the meta-analysis of treatment differences: Comment on Wampold et al. (1997). *Psychological Bulletin, 122*(3), 221-225.

Juruena, F. M. (2012). Cognitive-behavioral therapy for the bipolar disorder patients. In I. R. de Oliveira (Ed.), *Standard and innovative strategies in cognitive behavior therapy* (pp. 77-98). InTechOpen.

Leverich, G. S., & Post, R. M. (2018). Life charting of affective disorders. *CNS Spectrums, 3*(5), 21-37.

Mann, J. J., Michel, C. A., & Auerbach, R. P. (2021). Improving suicide prevention through evidence-based strategies: A systematic review. *American Journal of Psychiatry, 178*(7), 611-624.

Newman, C. F. (2021). Bipolar disorder. In A. Wenzel (Ed.), *Handbook of cognitive behavioral therapy: Applications* (pp. 207-245). American Psychological Association.

Newman, C. F., Leahy, R. L., Beck, A. T., Reilly-Harrington, N. A., & Gyulai, L. (2002). *Bipolar disorder: A cognitive therapy approach.* American Psychological Association.

Perry, A., Tarrier, N., Morriss, R., McCarthy, E., & Limb, K. (1999). Randomized controlled trial of efficacy of teaching patients with bipolar disorder to identify early symptoms of relapse and obtain treatment. *BMJ, 318*(7177), 149-153.

Strauss, J. L., & Johnson, S. L. (2006). Role of treatment alliance in the clinical management of bipolar disorder: Stronger Alliances prospectively predict fewer manic symptoms. *Psychiatry Research, 145*(2-3), 215-223.

Stubbe, D. (2015). Communication commentary: Bipolar disorder: The roller coaster ride: Optimizing the therapeutic alliance with patients with bipolar disorder. *FOCUS, 13*(1), 54-56.

Sudak, D. M. (2006). *Cognitive Behavioral Therapy for Clinicians*. Lippincott Williams and Wilkins.

Tang, T. Z., & DeRubeis, R. J. (1999). Sudden gains and critical sessions in cognitive-behavioral therapy for depression. *Journal of Consulting and Clinical Psychology, 67*(6), 894-904.

Wenzel, A., Brown, G. K., & Beck, A. T. (2009). *Cognitive therapy for suicidal patients: Scientific and clinical applications*. American Psychological Association.

Wenzel, A., Dobson, K. S., & Hays, P. A. (2016). *Cognitive behavioral therapy techniques and strategies*. American Psychological Association.

Wright, J. H., Brown, G. K., Thase, M. E., & Basco, M. R. (2017). *Learning cognitive-behavioral therapy: An illustrated guide* (2nd ed.). American Psychological Association.

14

A relação terapêutica na prática clínica com pacientes dependentes químicos

Renata Brasil Araujo
Rodrigo Pereira Pio

O trabalho do psicoterapeuta com pacientes dependentes químicos é avaliado por muitos profissionais da saúde como uma batalha *a priori* perdida que requer muita tolerância à frustração. Isso ocorre, em parte, porque os estudos demonstram haver altas taxas de recaída no uso de substâncias psicoativas por esses pacientes. No entanto, deve-se destacar que essas taxas, que variam entre 50 e 60% em um ano, tendem a ser inferiores àquelas de pacientes que fazem tratamento para doenças crônicas como asma e hipertensão, que são, respectivamente, de 60 a 70% no mesmo período (McLellan et al., 2000), sendo que esses pacientes não são tão rechaçados pelos profissionais. Logo, além das recaídas, há outros aspectos envolvidos na construção de uma imagem negativa para o tratamento dos dependentes químicos, e a relação terapêutica é um dos mais destacados entre eles.

No tratamento de dependentes químicos, a terapia cognitivo-comportamental (TCC) utiliza-se, principalmente, das abordagens da entrevista motivacional (Miller & Rollnick, 2013), de princípios da terapia cognitiva (como proposta por Aaron Beck) e do modelo de prevenção da recaída de Marlatt e Gordon (1993). Podem ser utilizadas também outras abordagens, como a terapia do esquema com duplo foco, a terapia comportamental dialética e a terapia de aceitação e compromisso, porém esses não são os tratamentos de primeira escolha (Araujo, 2021).

Independentemente do modelo de tratamento utilizado, a avaliação do estágio motivacional do dependente químico quanto à mudança do comportamento aditivo é o ponto de partida para se refletir a respeito da relação terapêutica e de todo o processo de tratamento. De acordo com Prochaska e DiClemente (1983), o paciente transita por vários estágios motivacionais: pré-contemplação (ou pré-ponderação), quando ele não se dá conta de que seu comportamento é um problema; contemplação (ou ponderação), em que está ambivalente quanto à mudança; determinação (ou preparação), quando decidiu mudar; ação, quando está fazendo algo concreto em prol da mudança; e manutenção, quando a mudança já ocorreu e se está prevenindo recaídas.

Obviamente, em termos de relação terapêutica, lidar com um dependente químico que não quer tratar o seu uso de substâncias é um desafio muito maior do que lidar com quem já interrompeu o consumo e tem uma crítica satisfatória dos prejuízos que esse comportamento lhe gera. No entanto, devemos lembrar que o processo de transição pelos estágios motivacionais é extremamente dinâmico, evoluindo sob a forma de uma espiral: se por um lado os pacientes aprendem a cada etapa, podendo evoluir, por outro podem regredir motivacionalmente (Miller & Rollnick, 2013). Tendo em vista os desafios inerentes ao tratamento, o objetivo deste capítulo é apresentar aspectos teóricos e práticos da relação terapêutica com pacientes dependentes químicos de acordo com as TCCs e a entrevista motivacional.

IMPACTO DA RELAÇÃO TERAPÊUTICA NO TRATAMENTO DE DEPENDENTES QUÍMICOS

O projeto MATCH (acrônimo em língua inglesa para *Matching Alcoholism Treatments to Client Heterogeneity*), com resultados divulgados a partir de 1997, foi um dos maiores estudos já realizados para identificar o tratamento mais adequado a cada perfil de pacientes com transtorno por uso de álcool (TUA). O estudo teve como objetivo principal comparar os efeitos da TCC com aqueles da entrevista motivacional e do método dos 12 passos (fundamentado nos grupos de autoajuda Alcoólicos Anônimos). Como resultado final, pouca diferença foi observada entre as opções terapêuticas, sendo que qualquer tratamento teve resultados melhores do que nenhum tratamento (Project Match Research Group, 1997).

Como parece haver pouca diferença entre as diversas abordagens terapêuticas utilizadas no tratamento de dependência química, infere-se que fatores que elas têm em comum são os principais responsáveis pela melhora clínica do paciente. Entre esses fatores, está a relação terapêutica, forte preditor de desfechos no tratamento de transtorno por uso de substância (TUS) (Meier et al., 2005). Assim, a relação terapêutica se torna um pilar de todas as formas de psicoterapia, sendo que uma aliança sólida se mostra soberana a qualquer técnica terapêutica específica para o paciente dependente químico (Dumitru & Cozman, 2012).

Os benefícios da relação terapêutica saudável são robustos em usuários tanto de maconha quanto de tabaco, álcool ou cocaína. Em relação a pacientes dependentes de álcool, melhores avaliações da relação terapêutica no início do tratamento foram eficazes em predizer maior tempo de abstinência e menor frequência de recaídas após um ano de acompanhamento (Ilgen, McKellar et al., 2006). O paciente alcoolista é capaz de perceber as características provenientes do estilo do terapeuta logo cedo, independentemente da abordagem de tratamento, sendo que essa percepção prematura pode causar um impacto significativo numa única sessão (Davies, 1981).

Em alguns subgrupos, a aliança pode se tornar ainda mais essencial para um desfecho positivo. Por exemplo, jovens costumam apresentar menores níveis de motivação, assim, sem o desenvolvimento de uma relação terapêutica saudável, as chances de adesão e engajamento ao tratamento caem drasticamente (Petry & Bickel, 1999). Em uma amostra de jovens, foi observado que uma melhor aliança (avaliada pelo paciente) está relacionada a uma menor frequência de uso de substância e a menos comprometimento funcional causado por esse uso em todos os meses do primeiro ano de tratamento (Diamond et al., 2006).

Em um estudo que avaliou a aliança e a severidade de sintomas em pacientes dependentes de opioides, verificou-se que a aliança influenciou positivamente a adesão dos pacientes com sintomas mais graves, mas não esteve associada a desfechos positivos (como completar o tratamento) em pacientes com menos sintomas psiquiátricos (Petry & Bickel, 1999). Esses resultados demonstram que é nas situações de maior risco que a aliança se faz mais necessária, como se pacientes menos graves já tivessem estratégias de adesão suficientes, enquanto pacientes graves se beneficiam mais de uma aliança forte com seus terapeutas.

CARACTERÍSTICAS QUE PREDIZEM A RELAÇÃO TERAPÊUTICA COM DEPENDENTES QUÍMICOS

Quando se trata de classificar uma relação, uma combinação de fatores vai influenciar direta ou indiretamente os desfechos obtidos. É importante avaliar quais são esses fatores e em que medida cada um deles é capaz de predizer se a relação terapêutica vai se desenvolver de forma satisfatória ou não. Nesse sentido, a capacidade dos dependentes químicos para estabelecer relações interpessoais saudáveis (Kokotovic & Tracey, 1990), sua habilidade para copiar estratégias de enfrentamento de seus terapeutas e um maior suporte social foram preditores de um melhor vínculo terapeuta-paciente (Meier et al., 2005).

A motivação é uma das principais características intrínsecas ao paciente que vão favorecer a relação e garantir mais abertura e prontidão para a proposta da terapia (Miller & Rollnick, 2013). No entanto, outros fatores também devem ser citados como facilitadores desse processo, como o perfeccionismo adaptativo do paciente — sua capacidade de se esforçar ao máximo de acordo com a necessidade — e seu juízo crítico a respeito do comportamento-problema (Oliver et al., 2001).

Um estudo realizado com adolescentes usuários de álcool observou que aqueles que não confiavam em outras pessoas e não se importavam em ter outros à sua volta criaram um vínculo terapêutico mais frágil com seus terapeutas. Por outro lado, como ocorre com adultos, pacientes que tinham melhor suporte social, ambiente propício para a recuperação e o desenvolvimento, juízo crítico sobre o TUS e compreensão a respeito de seus riscos apresentaram melhores índices na aliança com seus terapeutas. Além disso, adolescentes que apresentaram um número maior de razões para abandonar o uso de álcool também evoluíram para uma aliança mais sólida (Garner et al., 2008).

No *setting* terapêutico com pacientes dependentes químicos, as condições determinadas pelo terapeuta também influenciam o modo como a relação terapêutica vai se desenvolver. Um estudo verificou que terapeutas mais jovens e com menos experiência de trabalho tendem a avaliar as relações terapêuticas com seus pacientes de forma mais positiva. Também foi verificado que, quando terapeuta e paciente eram do mesmo sexo e da mesma raça/etnia, havia maior chance de adesão do paciente ao tratamento. Nessa mesma lógica, terapeutas com histórico de drogadição (sem estar em uso) foram capazes de estabelecer um melhor vínculo terapêutico (Meier et al., 2005). Por último, Dumitru e Cozman (2012) avaliaram que terapeutas com menores níveis de estresse relacionado ao trabalho mantinham níveis mais altos de empatia com seus pacientes.

Em geral, os estudos demonstram que características relacionadas ao terapeuta têm maior impacto na formação da aliança terapêutica do que características relacionadas ao paciente. Ademais, a maioria dos estudos indica que o julgamento do terapeuta quanto à relação tem maior peso como preditor de prognóstico do que a avaliação do paciente, independentemente das características deste (Daniels et al., 2017). Assim, se o terapeuta souber adaptar-se ao contexto, fazendo uma avaliação realista do paciente, que tem suas dificuldades e desafios, conseguirá estabelecer um vínculo forte com ele.

Apesar de a motivação do paciente ser um forte preditor da formação de vínculo (Garner et al., 2008), como já mencionado, no contexto da dependência química, em geral, os pacientes que comparecem à consulta são levados por terceiros ou não alcançaram um nível ideal de motivação. Assim, uma relação terapêutica saudável se torna ainda mais necessária no caso de pacientes com baixa confiança ou pouco motivados (Ilgen, McKellar et al., 2006). Um estudo com dependentes de álcool comprovou que os pacientes que formaram uma aliança sólida, mesmo pouco motivados, igualaram suas chances de abstinência em um ano às daqueles que estavam motivados no início do tratamento; além disso, superaram as chances de abstinência da amostra de pacientes pouco motivados que não formaram vínculos. Isso revela que a qualidade da relação terapêutica pode ser menos importante no caso de pacientes com maiores níveis de motivação no começo do tratamento, sendo os pacientes menos motivados mais suscetíveis a influências externas e mais necessitados de uma relação terapêutica satisfatória (Ilgen, Tiet et al., 2006).

Em contrapartida, é importante notar que nem todos os estudos identificaram fatores associados ou causais para o desenvolvimento de uma relação terapêutica saudável. Por exemplo, Meier et al. (2005) observaram que fatores relacionados às características do terapeuta não foram conclusivos para predizer a aliança, quando avaliados por pacientes e por terapeutas. Dessa forma, o estado atual do conhecimento sugere a necessidade de estudos adicionais para uma melhor compreensão dos fatores associados ao paciente e ao terapeuta na predição do estabelecimento de uma relação terapêutica forte com dependentes químicos.

PRINCIPAIS DESAFIOS PARA O VÍNCULO COM O PACIENTE DEPENDENTE QUÍMICO

Desenvolver uma relação terapêutica adequada pode ser desafiador, principalmente quando se trata de pacientes dependentes químicos. Durante algum tempo, o alcoolismo foi entendido como um fenômeno decorrente da personalidade do indivíduo, como um pilar de um diagnóstico fenomenológico. Posteriormente, a ideia da existência de uma personalidade alcoolista em comum foi refutada pela ampla maioria dos estudiosos da área, não tendo sido encontrado nenhum traço de personalidade que consiga predizer o alcoolismo em um indivíduo (Miller, 1976). Terapeutas identificaram que a negação do transtorno se apresenta mais como uma recusa em admitir problemas, sendo uma característica presente em vários pacientes e não devendo ser confundida com um traço de personalidade, pois pode ser encontrada tanto em alcoolistas quanto em não alcoolistas (Chess et al., 1971). Pode-se compreender o fenômeno da negação por meio do conceito de reatância psicológica, que é um padrão de comportamento e emoção que ocorre quando um indivíduo percebe que a sua liberdade pessoal está sendo reduzida ou ameaçada, de modo que ele tende a se defender (Miller & Rollnick, 2013). No entanto, é preciso salientar que a ausência de negação tampouco deve predizer um bom prognóstico, já que muitos alcoolistas que nunca deixaram de beber eram capazes de identificar o problema (Polich et al., 1980).

Francis et al. (2005) verificaram que pacientes atores (em uma situação experimental na qual simulavam uma entrevista inicial de tratamento para o tabagismo), quando adotavam uma postura mais resistente, acarretavam nos terapeutas o dobro de comportamentos confrontativos, colocando a aliança em risco. Quando a resistência do paciente é duradoura, o terapeuta passa a avaliá-lo de forma mais negativa. Na realidade, o paciente pode indiretamente estimular o terapeuta a criar uma rejeição pela terapia, levando-o a negligenciar dificuldades ocorridas durante o processo terapêutico e até a se abster de discutir o caso com outros colegas. Como antídoto, é necessário fazer com que os terapeutas realizem discussões clínicas semanais com outros colegas de trabalho, para que novas ideias sejam introduzidas e para revigorar o entusiasmo pela relação com o paciente (Patterson & Forgatch, 1985).

Muitos pacientes dependentes químicos estão inseridos em um contexto social conflitivo, de vulnerabilidade social e pouco suporte familiar (Meier et al., 2005), o que pode perturbar o bom vínculo, tornando necessário o suporte do serviço social. Do mesmo modo, o uso frequente de ordens judiciais para tratamento, as falhas nas tentativas de abstinência prévias, o baixo *insight* quanto ao transtorno (Joe et al., 1999), o início precoce do uso da substância (Stanis & Andersen, 2014), as preocupações quanto ao estigma de ser dependente químico, a menor acessibilidade a tratamentos e a vergonha de estar indo para a consulta (Substance Abuse and Mental Health Services Administration [SAMHSA], 2006) podem ser fatores desafiadores para os profissionais, devendo ser minimizados com uma postura terapêutica empática e com a demonstração de confiança e validação por parte do terapeuta (Miller & Rollnick, 2013).

Nem todos os pacientes estarão motivados ou apresentarão juízo crítico sobre o TUS no início do tratamento, e alguns, mesmo após anos de terapia, permanecerão ambivalentes quanto ao risco real associado ao transtorno. Contudo, a realização da entrevista motivacional pode fortalecer os pontos estratégicos de motivação e realçar o comprometimento com a mudança, não devendo esse desafio desestimular os terapeutas que tratam essa clientela (Miller et al., 1993).

Outro possível desafio é a necessidade de manejo de comorbidades psiquiátricas, que são muito prevalentes em pacientes usuários de substâncias e podem tornar muito complexo o processo terapêutico (Araujo, 2021). Espectros paranoides ou franca psicose podem ocorrer mesmo após meses de abstinência. Ainda assim, foi demonstrado que pacientes psicóticos usuários de maconha podem desenvolver uma aliança forte e que, nesse caso, conseguem obter maiores benefícios da terapia e melhores níveis de funcionamento, sendo esse um fator a ser levado em conta pelos terapeutas que tratam essa clientela (Berry et al., 2016).

POSTURA TERAPÊUTICA

Ao investigar o tratamento de dependentes químicos, alguns estudos buscaram identificar a postura terapêutica mais apropriada para o seu manejo. Nesse contexto, a entrevista motivacional apresentou uma forma inovadora de cuidado, proporcionando um aconselhamento que evita as confrontações provocadas pela resistência do paciente e reflete a respeito da sua ambivalência, de modo a estimular a motivação para a mudança do comportamento dependente. O terapeuta deve manter uma postura compreensiva mesmo quando a resistência do paciente é desafiadora, pois foi identificado que, quanto mais ele realizar interrupções, argumentações, evitações ou rejeições durante a terapia inicial, maior será a chance de o paciente estar ingerindo álcool após um ano de tratamento. Portanto, essas estratégias não devem ser utilizadas na prática clínica (Miller et al., 1993).

O comportamento do terapeuta tem impacto duradouro no modo como o paciente agirá na relação terapêutica. Patterson e Forgatch (1985) realizaram um estudo no qual terapeutas que atendiam familiares de crianças socialmente agressivas assumiam dois tipos de postura, uma mais confrontativa e outra mais motivacional. Os resultados demonstraram que os familiares reagiam de forma mais desobediente quando os terapeutas tinham uma postura mais confrontativa e educativa; por outro lado, se comportavam de forma mais harmônica quando os consultores tinham uma postura mais facilitadora e apoiadora, comprovando a importância da postura do terapeuta para o sucesso do tratamento.

A relação entre confrontação e resistência se mostra, portanto, um caminho de duas vias: se uma delas se intensifica, a outra responde negativamente, intensificando-se também. A única forma de mudar a situação é uma das partes não responder à altura — ou seja, os terapeutas devem estar treinados e preparados para não confrontar a resistência de seus pacientes, para não colocar em risco a aliança e o sucesso do tratamento (Amrhein et al., 2003).

Assim, a melhor postura que o terapeuta que atende dependentes químicos pode adotar para reforçar a aliança é ser guiado pelo espírito da entrevista motivacional: ele deve evocar as razões do paciente para mudar e investir em aceitação, compaixão e colaboração (Miller & Rollnick, 2013). Essa postura empática e colaborativa também é indicada ao serem utilizados modelos de tratamento como a terapia cognitiva, a prevenção de recaída ou a terapia do esquema com duplo foco (Araujo, 2021). A empatia, porém, não deve ser confundida com uma identificação entre terapeuta e paciente ou com o fato de ambos terem compartilhado as mesmas experiências; trata-se de uma habilidade de escuta reflexiva que esclarece e amplifica a experiência do próprio indivíduo, sem a imposição do material do terapeuta ao paciente (Miller & Rollnick, 2013).

COMO DESENVOLVER A RELAÇÃO TERAPÊUTICA COM DEPENDENTES QUÍMICOS

Um passo importante, sem dúvida, se dá antes mesmo do início do tratamento, quando o terapeuta avalia seus pensamentos automáticos depois que um dependente químico agenda a sua primeira consulta com ele. Essa autoavaliação servirá para detectar alguns tipos de preconceito que terapeutas costumam ter no atendimento dessa clientela. A seguir, no Quadro 14.1, são apresentadas algumas perguntas que ajudam o terapeuta a se avaliar quanto a esses aspectos.

QUADRO 14.1 Autoavaliação de preconceitos dos terapeutas quanto ao tratamento de dependentes químicos

	Verdadeiro	Falso
Pacientes dependentes químicos são pouco motivados.		
Dependentes químicos, de forma geral, são mais resistentes do que os outros pacientes.		
Dependentes químicos são muito negadores.		
É desestimulante atender pacientes dependentes químicos pouco motivados, pois o terapeuta não tem muito o que fazer.		
Para que se possa ajudar verdadeiramente um paciente dependente químico, ele deve admitir sua condição.		
Indivíduos dependentes químicos precisam de muita força de vontade.		
Se quisermos ajudar um dependente químico, temos de confrontá-lo fortemente para quebrar sua resistência.		

Caso muitas afirmativas sejam consideradas verdadeiras nesse questionário de autoavaliação, é importante compreender o motivo disso — como falta de informação ou ativação de crenças centrais ou esquemas do terapeuta. Adicionalmente, deve-se avaliar se essas crenças contraindicariam o atendimento desse tipo de paciente, pois, como foi pontuado neste capítulo, a postura do terapeuta é um fator decisivo para o sucesso do tratamento (Miller & Rollnick, 2013). Obviamente, fazer terapia individual, supervisionar os casos e amparar-se na literatura disponível (teoria) pode ajudar os terapeutas a se tornarem aptos a oferecer tratamento para esse e outros tipos de pacientes desafiadores. Porém, em alguns casos, o mais adequado — tanto ética quanto tecnicamente — será o encaminhamento dos pacientes a outros profissionais (Klein et al., 2010).

Podemos assinalar também que alguns fatores merecem ser trabalhados para a construção de uma aliança sólida: o simples fato de discutir os objetivos e as expectativas da terapia no início do tratamento já se mostrou uma ferramenta eficaz para o estabelecimento da relação paciente-terapeuta. Com isso, o profissional já conseguirá comparar as expectativas do paciente com suas próprias, a fim de que ambos possam discutir que papel cada um terá durante o andamento das sessões e como alcançar as metas terapêuticas sem riscos para o paciente (Kokotovic & Tracey, 1990).

Durante a entrevista diagnóstica do paciente, a qual deve incluir uma avaliação não só da dependência química, mas também de comorbidades psiquiátricas, deve ser identificado o estágio motivacional no qual ele se encontra (Araujo, 2021). Se o paciente estiver nos estágios de pré-contemplação ou de contemplação (pouco motivado) (Prochaska e DiClemente, 1983), todo o processo terapêutico deve ser fundamentado na entrevista motivacional, e o terapeuta deve ter um cuidado especial para não confrontar o paciente, para não estimular a reatância psicológica (Araujo, 2021; Miller & Rollnick, 2013). Porém não se pode nunca negligenciar os riscos, e, em algumas situações, os pacientes deverão ser encaminhados para um tratamento mais complexo e protetivo mesmo contra a sua vontade, como é o caso da internação para desintoxicação daqueles que apresentam ideação suicida (Araujo, 2021). Esse encaminhamento, no entanto, deve ser feito de forma ética e motivadora, devendo igualmente ser essa a postura do terapeuta durante toda a etapa na qual o dependente químico estiver internado (Araujo, 2021; Miller & Rollnick, 2013). A vinheta clínica a seguir ilustra essa abordagem.

> **VINHETA CLÍNICA**
>
> Terapeuta — Pelo que diz, você está com dificuldades de controlar seu uso de cocaína e percebendo sua vida de forma desesperançosa, sem enxergar uma saída, por isso pensa em morrer. Porém eu, que estou de fora, consigo enxergar que essa fase vai passar e que agora você precisa de apoio e proteção para superá-la. Como combinamos no início do tratamento, uma situação como essa, na qual a sua vida está em perigo, requer que eu chame a sua esposa para que discutamos, nós três juntos, a necessidade de uma internação. Não vou deixá-lo sozinho e desamparado.

Muitos dependentes químicos não se consideram como tal. Assim, quando vão à consulta, normalmente — mesmo em um contexto ambulatorial — o fazem de forma involuntária e com baixa motivação para mudanças (Prochaska & DiClemente, 1983). Miller e Rollnick (2013) observaram que é útil realizar com esses pacientes uma avaliação detalhada (*check-up*) durante a entrevista motivacional, não apenas com objetivo diagnóstico, mas também para fornecer o *feedback* dos resultados encontrados na bateria de exames e testes realizada. Essa técnica é capaz de estimular os pacientes, motivando-os, a partir da identificação de seus prejuízos, a dar os primeiros passos em busca de ajuda sem violar sua autoimagem.

VINHETA CLÍNICA

Paciente — Eu não queria estar aqui. Eu não acho que tenho problemas com o álcool. Minha mãe que implica comigo porque eu saio muito com meus amigos e bebemos um pouco.

Terapeuta — Sinto muito por nós nos conhecermos assim, em uma situação na qual você não gostaria de estar. Queria que você me contasse exatamente o que está acontecendo que motivou sua mãe a trazê-lo aqui hoje.

Paciente — Eu bebo algumas cervejas nos finais de semana e às vezes no meio da semana. Tive dois acidentes de carro e alguns "apagões", mas isso não me torna um alcoolista!

Terapeuta — Você percebe alguns prejuízos no seu uso de álcool, mas não se considera dependente.

Paciente — Sim, exatamente isso!

Terapeuta — Alguns pacientes que vieram para a terapia contra vontade devido ao uso de álcool, como você, decidiram aproveitar, já que estavam aqui, para refletir a respeito desse uso a fim de decidir o que fazer, independentemente do que seus familiares queriam. O que você acha?

Caso o paciente esteja no estágio de determinação ou no de ação, pode-se utilizar técnicas da terapia cognitiva, que pressupõe uma forte aliança e o empirismo colaborativo (como detalhado no Capítulo 4). Assim, é possível auxiliar o paciente a compreender, por meio da descoberta guiada, suas crenças nucleares e aditivas e o papel do uso de substâncias psicoativas como uma estratégia compensatória para lidar com seus conflitos. A vinheta clínica a seguir ilustra esse processo. Observe que a relação terapêutica nesses estágios é caracterizada por menor oposição do paciente e que o terapeuta pode ter um papel mais psicoeducativo e racional (Araujo, 2021).

VINHETA CLÍNICA

Terapeuta — Pelo que estou lendo aqui nas suas anotações da semana, você usou cocaína na situação em que teria que se apresentar para os pais da sua namorada... O que passou pela sua cabeça naquele momento?

(Continua...)

> Paciente — Que eu precisava de algo que me desse coragem.
> Terapeuta — Você parece ter uma crença aditiva que se ativou quando você se sentiu inseguro. Trata-se de uma crença aditiva que chamamos de antecipatória, pois ela antecipa que algo de positivo ocorrerá com o uso da droga — nesse caso, sentir-se corajoso.

Já no estágio da manutenção, pode-se utilizar o modelo de prevenção da recaída de Marlatt e Gordon (1993). Por meio dele, são identificadas situações de risco de recaída no uso de substâncias psicoativas, elaboradas estratégias de enfrentamento a essas situações e definidas mudanças no estilo de vida necessárias para que o paciente permaneça estável. Assim, o terapeuta, tendo em atendimento um paciente mais estável e colaborativo, poderá utilizar mais técnicas comportamentais e diretivas elaboradas durante as consultas (Araujo, 2021).

> **VINHETA CLÍNICA**
>
> Terapeuta — Como você diz, é fácil se manter em abstinência durante uma internação, pois a droga não está disponível. Agora, após a sua alta, vamos identificar as situações que podem lhe oferecer risco de recaída e juntos elaboraremos estratégias de enfrentamento que o ajudem a permanecer sem usar o *crack*.

Porém, às vezes, por terem algum transtorno de personalidade, por serem refratários ou por terem dificuldades particulares no estabelecimento da relação terapêutica, os pacientes deverão ser tratados com outras modalidades de tratamento, como a terapia do esquema com duplo foco. Nessa abordagem, são empregadas técnicas experienciais específicas que trabalhem questões infantis dos esquemas iniciais desadaptativos com repercussão no *setting* terapêutico (Araujo, 2021).

Deve-se destacar que o paciente pode transitar pelos estágios motivacionais durante o tratamento. O terapeuta precisa estar atento a isso, revisando constantemente a sua forma de trabalhar e, em consequência, a relação terapêutica, de modo que não haja entraves no processo clínico (Araujo, 2021; Miller & Rollnick, 2013). Levando em consideração os desafios que a dependência química implica, foi formulada uma série de situações especiais nas quais é possível driblar a resistência imposta pelo paciente independentemente do seu estágio motivacional, criando uma boa relação terapêutica. Durante a recuperação dos pacientes, os profissionais passam a ser decisivos para a constituição de um melhor suporte social, e diversas técnicas podem ser adotadas para a formação de um vínculo sólido entre paciente e terapeuta. Por exemplo, levar o paciente para fora do consultório, em um ambiente de jogos e hidroginástica, auxilia a metacomunicação e facilita a aproximação, reduzindo os níveis de defesa de ambas as partes. Experiências compartilhadas de lazer, atividades prazerosas ou mesmo de relaxamento podem ser ainda mais interessantes quando há muita resistência do paciente, proporcionando vivências singulares e oportunizando ao paciente a expressão de seus sentimentos ao terapeuta (Karkow et al., 2005).

CONSIDERAÇÕES FINAIS

A relação terapêutica no tratamento de dependentes químicos é um desafio importante para os terapeutas, pois o uso de substâncias psicoativas está associado a uma série de preconceitos advindos tanto dos pacientes quanto de quem os trata. Conhecer esses preconceitos, portanto, é necessário para o estabelecimento de uma aliança satisfatória. Devemos lembrar que ter sucesso terapêutico não significa necessariamente se manter em total abstinência, pois, em muitos casos, a redução de danos será o alvo a ser atingido, devendo as expectativas ser alinhadas entre terapeuta e paciente no início do tratamento e durante o processo motivacional.

Junto a isso, a adoção, durante todas as etapas da terapia, de uma postura empática, não confrontativa e que leve em conta o diagnóstico e o estágio motivacional do paciente é um norteador importante para o estabelecimento de um bom vínculo e para que possamos, de fato, ajudar esses indivíduos na sua busca por felicidade.

RESUMO

- Muitos profissionais acreditam que o atendimento a dependentes químicos requer muita tolerância à frustração, e isso repercute diretamente na relação terapêutica.
- Não há uma personalidade aditiva. Os pacientes costumam negar que utilizam substâncias psicoativas por conta do mecanismo de reatância psicológica, que não é específico dos dependentes químicos.
- A entrevista motivacional, a TCC (como formulada por Aaron Beck) e o modelo de prevenção da recaída são as abordagens terapêuticas mais utilizadas pelos terapeutas cognitivo-comportamentais no atendimento a essa clientela.
- Independentemente do modelo de tratamento utilizado, deve-se dar especial atenção à relação terapêutica, por seu forte impacto nos resultados.
- Entre os fatores que influenciam a aliança, destacam-se: o suporte social, a motivação do paciente para a mudança, a sua capacidade de estabelecer relações interpessoais saudáveis e a sua habilidade de desenvolver estratégias adaptativas a partir de seu terapeuta.
- Tanto as características e a postura do paciente quanto as do terapeuta interferem na relação terapêutica com dependentes químicos.
- O terapeuta deve ser empático e não confrontativo para não gerar reatância em seus pacientes.
- O terapeuta deve examinar previamente suas expectativas quanto ao atendimento dos dependentes químicos e avaliar os objetivos do paciente, o seu estágio motivacional e a presença de comorbidade psiquiátrica.

REFERÊNCIAS

Amrhein, P. C., Miller, W. R., Yahne, C. E., Palmer, M., & Fulcher, L. (2003). Client commitment language during motivational interviewing predicts drug use outcomes. *Journal of Consulting and Clinical Psychology, 71*(5), 862-878.

Araujo, R. B. (Org.). (2021). *Guia teórico-prático de terapias cognitivo-comportamentais para os transtornos do exagero*. Sinopsys.

Berry, K., Gregg, L., Lobban, F., & Barrowclough, C. (2016). Therapeutic alliance in psychological therapy for people with recent onset psychosis who use cannabis. *Comprehensive Psychiatry, 67*, 73-80.

Chess, S. B., Neuringer, C., & Goldstein, G. (1971). Arousal and field dependency in alcoholics. *Journal of General Psychology, 85*(1), 93-102.

Daniels, R. A., Holdsworth, E., & Tramontano, C. (2017). Relating therapist characteristics to client engagement and the therapeutic alliance in an adolescent custodial group substance misuse treatment program. *Substance Use & Misuse, 52*(9), 1133-1144.

Davies, P. (1981). Expectations and therapeutic practices in outpatient clinics for alcohol problems. *Addiction, 76*(2), 159-173.

Diamond, G. S., Liddle, H. A., Wintersteen, M. B., Dennis, M. L., Godley, S. H., & Tims, F. (2006). Early therapeutic alliance as a predictor of treatment outcome for adolescent cannabis users in outpatient treatment. *American Journal on Addictions, 15*(1), 26-33.

Dumitru, V. M., & Cozman, D. (2012). The relationship between stress and personality factors. *Human & Veterinary Medicine, 4*(1), 34-39.

Francis, N., Rollnick, S., McCambridge, J., Butler, C., Lane, C., & Hood, K. (2005). When smokers are resistant to change: Experimental analysis of the effect of patient resistance on practitioner behaviour. *Addiction, 100*(8), 1175-1182.

Garner, B. R., Godley, S. H., & Funk, R. R. (2008). Predictors of early therapeutic alliance among adolescents in substance abuse treatment. *Journal of Psychoactive Drugs, 40*(1), 55-65.

Ilgen, M. A., McKellar, J., Moos, R., & Finney, J. W. (2006). Therapeutic alliance and the relationship between motivation and treatment outcomes in patients with alcohol use disorder. *Journal of Substance Abuse Treatment, 31*(2), 157-162.

Ilgen, M. A., Tiet, Q., Finney, J., & Moos, R. H. (2006). Self-efficacy, therapeutic alliance, and alcohol-use disorder treatment outcomes. *Journal of Studies on Alcohol, 67*(3), 465-472.

Joe, G. W., Simpson, D. D., & Broome, K. M. (1999). Retention and patient engagement models for different treatment modalities in DATOS. *Drug and Alcohol Dependence, 57*(2), 113-125.

Karkow, M. J., Caminha, R. M., & Benetti, S. P. da C. (2005). Mecanismos terapêuticos na dependência química. *Revista Brasileira de Terapias Cognitivas, 1*(2), 123-134.

Klein, R. H., Bernard, H. S., & Schermer, V. L. (Eds.). (2010). *On becoming a psychotherapist: The personal and professional journey*. Oxford University Press.

Kokotovic, A. M., & Tracey, T. J. (1990). Working alliance in the early phase of counseling. *Journal of Counseling Psychology, 37*(1) 6-21.

Marlatt, A., & Gordon, J. (1993). *Prevenção da recaída: Estratégia e manutenção no tratamento de comportamentos aditivos*. Artes Médicas.

McLellan, A. T., Lewis, D. C., O'Brien, C. P., & Kleber, H. D. (2000). Drug dependence, a chronic medical illness. *JAMA, 284*(13), 1689-1695.

Meier, P. S., Donmall, M. C., Barrowclough, C., McElduff, P., & Heller, R. F. (2005). Predicting the early therapeutic alliance in the treatment of drug misuse. *Addiction, 100*(4), 500-511.

Miller, W. R. (1976). Alcoholism scales and objective assessment methods: A review. *Psychological Bulletin, 83*(4), 649-674.

Miller, W. R., & Rollnick, S. (2013). *Motivational interviewing: Helping people change* (3rd ed.). Guilford Press.

Miller, W. R., Benefield, R., & Tonigan, J. S. (1993). Enhancing motivation for change in problem drinking: A controlled comparison of two therapist styles. *Journal of Consulting and Clinical Psychology, 61*(3), 455-61.

Oliver, J., Hart, B., Ross, M., & Katz, B. (2001). Healthy perfectionism and positive expectations about counseling. *North American Journal of Psychology, 3*(1), 229-242.

Patterson, G. R., & Forgatch, M. S. (1985). Therapist behavior as a determinant for client noncompliance: a paradox for the behavior modifier. *Journal of Consulting and Clinical Psychology, 53*(6), 846-851.

Petry, N. M., & Bickel, W. K. (1999). Therapeutic alliance and psychiatric severity as predictors of completion of treatment for opioid dependence. *Psychiatric Services, 50*(2), 219-227.

Polich, J. M., Armor, D. J., & Braiker, H. B. (1980). Patterns of alcoholism over four years. *Journal of Studies on Alcohol, 41*(5), 397-416.

Prochaska, J. O., & DiClemente, C. C. (1983). Stages and processes of self-change of smoking: Toward an integrative model of change. *Journal of Consulting and Clinical Psychology, 51*(3), 390-395.

Project MATCH secondary a priori hypotheses. Project MATCH Research Group. (1997). *Addiction (Abingdon, England), 92*(12), 1671–1698.

Stanis, J., & Andersen, S. (2014). Reducing substance use during adolescence: A translational framework for prevention. *Psychopharmacology, 231*(8), 1437-1453.

Substance Abuse and Mental Health Services Administration (SAMHSA). (2006). *Results from the 2005 National Survey on Drug Use and Health: National findings*. SAMHSA. NSDUH Series H-30, DHHS Publication No. SMA 06-4194.

15

A relação terapêutica na prática clínica com pacientes sobreviventes de traumas

Christian Haag Kristensen
Luiziana Souto Schaefer

> *Talvez em nenhum outro transtorno comportamental esteja a inseparabilidade da relação e do método (de tratamento) em forma tão convincente como no trauma. O mundo se torna inseguro; um ser humano trai a confiança fundamental; o sono repousante se transforma em pesadelos; as relações próximas se tornam ácidas e ansiosas; a vida cotidiana se torna uma ameaça contínua. Os tratamentos curam traumas ou os relacionamentos curam pessoas traumatizadas? "Ambos!" deveria ser a resposta imediata e a resposta baseada em evidências!*
>
> Norcross, 2013, epub, tradução nossa.

O tratamento com os sobreviventes de traumas representa um desafio mesmo para os terapeutas mais experientes. As especificidades da experiência traumática e os fatores individuais e ambientais podem resultar em diferentes quadros sintomatológicos, impactando a visão dos pacientes sobre si e sobre o mundo. As principais teorias psicológicas tomam as experiências abusivas e traumáticas como hipóteses explicativas centrais para o desenvolvimento de diferentes desfechos clínicos ao longo da vida. Além disso, a alta prevalência da vivência de situações traumáticas, mesmo na infância, aumenta a probabilidade de que o terapeuta se depare com esses pacientes em sua prática clínica.

Pacientes que foram expostos a traumas graves, traumas de natureza interpessoal e/ou situações traumáticas repetidas e prolongadas representam desafios para a prática clínica, seja pela gravidade dos sintomas, seja pela elevada prevalência de comorbidades. Tais pacientes podem apresentar mais dificuldades no estabelecimento da relação de confiança, na autorregulação emocional e na tolerância à frustração em comparação com pacientes que não passaram por essas experiências (Cloitre et al.,

2011; Keller et al., 2010). Ainda, esses indivíduos são mais propensos a apresentar ideação suicida, desesperança e comportamentos de automutilação. Em conjunto, esses fatores podem implicar desafios para a psicoterapia, em geral, e para o estabelecimento de uma relação terapêutica consistente, em particular.

Depois de mais de três décadas avaliando e tratando pacientes expostos a estressores traumáticos, temos clareza sobre o quão desafiadores esses casos se mostram para a prática clínica e o estabelecimento de uma relação profissional que seja, efetivamente, terapêutica. Para além da prática clínica privada, estamos envolvidos em contextos institucionais de atenção a sobreviventes de traumas, como o Ambulatório do Núcleo de Estudos e Pesquisa em Estresse e Trauma da Pontifícia Universidade Católica do Rio Grande do Sul (Nepte-PUCRS) e o Instituto Geral de Perícias do Estado do Rio Grande do Sul, serviços de referência nacional na avaliação e no atendimento de indivíduos, de todas as faixas etárias, expostos a estressores potencialmente traumáticos. Essa imensa diversidade de casos nos permitiu testemunhar, em primeira mão, o impacto do trauma na saúde física e mental das pessoas. Tendo em vista que estamos envolvidos em contextos de formação de psicoterapeutas, também se tornaram evidentes os efeitos cumulativos, nos profissionais de saúde mental, das avaliações e dos atendimentos a pacientes com transtornos relacionados a traumas e estressores. Como será visto neste capítulo, fenômenos como trauma secundário e trauma vicário podem impor ao terapeuta uma importante carga para a saúde mental, além de claramente apresentarem potencial para interferir de forma negativa na capacidade do clínico de estabelecer uma relação de ajuda com o paciente.

Em nossa prática, verificamos que um expressivo contingente de pacientes apresenta histórico de trauma de natureza interpessoal. Na infância e na adolescência, as diferentes formas de maus-tratos, como negligências e abusos, são, infelizmente, muito prevalentes. Também na vida adulta, os traumas mais prevalentes são aqueles de natureza interpessoal; e são eles (particularmente os que envolvem alguma forma de agressão sexual) que apresentam maior risco condicional para o desenvolvimento de transtorno de estresse pós-traumático (TEPT) (Kessler et al., 2017). A exposição a estressores traumáticos pode afetar profundamente o sistema de crenças, modificando a forma como um indivíduo pensa sobre si mesmo, sobre os outros e sobre o mundo, bem como as suas crenças relacionadas à autorresponsabilização pela ocorrência do evento (Sbardelloto et al., 2013), e afetando a sua capacidade de estabelecer uma relação de confiança e intimidade com outra pessoa. Ainda, outras reações e sintomas (por exemplo, evitação, alterações negativas no humor, alterações em reatividade) que vão compor os quadros diagnósticos dos transtornos relacionados a traumas e estressores interferem no funcionamento social e relacional. Se o prejuízo devido ao trauma ocorre com frequência no funcionamento interpessoal, é justamente no contexto de construção de uma relação terapêutica segura que se estabelece a possibilidade de ajuda efetiva. Ainda que possamos reconhecer as especificidades técnicas das diferentes psicoterapias, acreditamos que há algo que transcende as diferentes abordagens e que se expressa em bons terapeutas de trauma na forma de sentenças como: "Eu estou aqui com você", "Eu genuinamente me importo", "Eu quero entender o seu sofrimento" e "Eu quero ajudar você a superar isso".

Assim, não é surpresa verificar a associação positiva entre uma relação terapêutica consistente e o sucesso no tratamento de pacientes sobreviventes de traumas (Cloitre et al., 2004). O objetivo deste capítulo é identificar os fatores e processos que impactam o estabelecimento de uma relação entre o paciente e seu terapeuta. Para tanto, serão explorados os efeitos da exposição a estressores traumáticos, o modo como a relação terapêutica é implicada no tratamento de sobreviventes de traumas e os efeitos do trabalho com esses pacientes no psicoterapeuta. Esperamos que, ao final da leitura, o psicoterapeuta tenha não apenas um mapa conceitual dos principais fenômenos transferenciais e contratransferenciais, mas também as ferramentas necessárias para estabelecer uma aliança colaborativa e uma relação baseada em realismo e autenticidade no contexto de ajuda aos sobreviventes de traumas.

ESTRESSORES TRAUMÁTICOS, TEPT E TEPT COMPLEXO

Estima-se que aproximadamente três quartos da população geral passará por algum evento traumático ao longo da vida (Kessler et al., 2017). Eventos traumáticos são situações que desencadeiam sentimentos de medo, impotência ou horror. Esses eventos podem ser experimentados diretamente (sofrer uma lesão grave ou receber uma ameaça de morte, por exemplo) ou indiretamente (testemunhar outros indivíduos sendo seriamente feridos, mortos ou ameaçados de morte, ou ter conhecimento dos eventos que ocorreram a membros da família ou amigos íntimos, por exemplo). Situações como combate, violência sexual e catástrofes naturais ou provocadas pelo homem são alguns exemplos de eventos traumáticos (American Psychiatric Association [APA], 2023). Para um exame mais aprofundado das definições de trauma psicológico — e suas implicações para a prática clínica —, sugerimos a leitura de Rigoli et al. (2019).

A partir da vivência de eventos traumáticos, o indivíduo pode manifestar diferentes reações, como: baixa autoestima, autoculpa, desesperança, expectativas de rejeição, preocupação com o perigo, alterações do humor e ansiedade (por exemplo, pânico, fobias, depressão, raiva ou agressividade), distúrbios de identidade, dificuldades na regulação emocional, somatização, dificuldades interpessoais crônicas, dissociação, uso de substâncias, comportamento sexual compulsivo, suicídio, autoagressão e comportamento alimentar compulsivo e purgativo (ver Schaefer et al., 2012). Entre os transtornos mentais, o TEPT é o mais frequente, com prevalência ao longo da vida em torno de 9%, e com prevalência de 12 meses de cerca de 4%.

Para além do TEPT, outros transtornos mentais são elencados na 5ª edição do *Manual diagnóstico e estatístico de transtornos mentais* (DSM-5, na sigla em inglês) como transtornos relacionados a trauma e estressores: transtorno de apego reativo, transtorno de interação social desinibida, transtorno de estresse agudo, transtornos de adaptação (em seus diferentes subtipos), outro transtorno relacionado a trauma e a estressores especificado, e transtorno relacionado a trauma e a estressores não especificado. Na 11ª edição da *Classificação internacional de doenças* (CID-11; World Health Organization [WHO], 2022), inclui-se ainda o transtorno de estresse pós-traumático complexo (TEPT complexo) e o transtorno de luto prolongado (posteriormente incluído na revisão do texto do DSM-5 [DSM-5-TR; APA, 2023]). Para o psicoterapeuta interessado no diagnóstico diferencial e nas técnicas de avaliação desses quadros, sugere-se a leitura de Bolaséll et al. (2023). Hoje se compreende que a exposição a estressores, de forma aguda ou crônica, está associada não apenas aos transtornos mencionados, mas também à manifestação de outros transtornos mentais e desfechos negativos na saúde mental e física. Dito isso, é importante explicitarmos que o foco deste capítulo será delimitado ao exame da relação terapêutica no contexto da psicoterapia para os quadros de TEPT e TEPT complexo em adultos.

O TEPT, conforme o DSM-5, caracteriza-se pela manifestação, por mais de um mês após a exposição ao estressor traumático, de sintomas nos agrupamentos de: intrusão; evitação; alterações negativas na cognição e no humor; e alterações marcantes na excitação e na reatividade (APA, 2023). O TEPT complexo é um transtorno que pode se desenvolver após a exposição a um evento (ou uma série de eventos) de natureza extremamente ameaçadora ou horrível — frequentemente, eventos prolongados ou repetitivos dos quais a fuga é difícil ou mesmo impossível. Exemplos de eventos incluem tortura, escravidão, campanhas de genocídio, violência doméstica prolongada e abuso sexual ou físico infantil repetido. O TEPT complexo, conforme descrito na CID-11, caracteriza-se por sintomas de TEPT em três agrupamentos (reexperiência, evitação e percepções persistentes de ameaça) e por graves e persistentes: (1) problemas na regulação dos afetos; (2) crenças sobre si mesmo como diminuído, derrotado ou sem valor, acompanhadas de sentimentos de vergonha, culpa ou fracasso relacionados ao evento traumático; e (3) dificuldades em manter relacionamentos e em se sentir próximo de outros (WHO, 2022).

O TEPT é um transtorno mental que apresenta elevada comorbidade, em especial com transtornos de ansiedade, transtornos do humor e transtornos por uso de substâncias. Nessas situações, é comum que os indivíduos apresentem uma piora na sintomatologia a longo prazo, sintomas de TEPT mais severos e um maior prejuízo no funcionamento. A presença de psicopatologias em comorbidade com o TEPT representa um grande desafio clínico, podendo alterar a expressão, o curso e o prognóstico, além de implicar desafios para o estabelecimento de uma relação terapêutica. Em particular, quando o transtorno por uso de substância está presente em comorbidade com o TEPT, estratégias terapêuticas específicas precisam ser empregadas, com repercussões na relação terapêutica (conforme detalhado no Capítulo 14).

Os principais modelos teóricos para o TEPT enfatizam o processamento cognitivo (ver revisão em Rigoli et al., 2016) e os conteúdos da cognição, em particular as cognições pós-traumáticas, como fatores no desenvolvimento, na manutenção e no agravamento da sintomatologia pós-traumática. Notavelmente, o processamento da experiência traumática pode acarretar o rompimento de crenças prévias sobre o *self* e o mundo/outros, bem como o desenvolvimento de crenças de autorresponsabilização pela ocorrência do trauma (Sbardelloto et al., 2013). Dessa forma, o TEPT parece estar diretamente relacionado à sensação presente de ameaça, contexto em que as interpretações negativas sobre os pensamentos intrusivos e a raiva impedem que o indivíduo entenda aquele trauma como um acontecimento negativo isolado do passado.

Apesar da elevada prevalência, estima-se que seja um transtorno subdiagnosticado. Entre os motivos para tanto, destacam-se os processos relacionados à evitação cognitiva, afetiva e comportamental e o extremo sofrimento associado aos sintomas de revivência e de reatividade e alerta. Tanto a elevada sintomatologia quanto as estratégias desadaptativas para lidar com o trauma e com as reações pós-traumáticas contribuem para que o indivíduo com TEPT ou TEPT complexo postergue ou evite buscar ajuda. É justamente nesse contexto que a relação terapêutica será ainda mais fundamental para a adesão ao processo terapêutico. Outro aspecto que contribui para o subdiagnóstico do TEPT está relacionado à baixa atenção dada pelos profissionais de saúde à investigação do histórico de trauma. Na prática, o paciente passa por muitos profissionais, ao longo de anos, sendo tratado para sintomas mais proeminentes (p. ex., dificuldade para dormir, irritabilidade, ansiedade) sem que o diagnóstico de TEPT seja estabelecido, visto que a exposição a estressores traumáticos não é realizada. Nesse contexto, quando o terapeuta recebe o sobrevivente de trauma nas primeiras consultas, ele precisa estar atento a crenças desadaptativas que se estruturaram ou foram reforçadas nessa peregrinação por serviços e consultórios médicos e psicológicos: "Ninguém pode me ajudar", "Eu nunca vou ficar melhor", "Eu já tentei vários tratamentos e nunca me senti melhor". Para o estabelecimento de uma aliança forte, sugere-se que o terapeuta inclua estratégias de engajamento que favoreçam a adesão à psicoterapia, como técnicas de entrevista motivacional (Taylor, 2006).

Na prática clínica com sobreviventes de traumas, as estratégias cognitivas e comportamentais desadaptativas empregadas pelos pacientes impõem muitos desafios ao psicoterapeuta. Com frequência, os pacientes sentem a necessidade de obter certeza ou segurança, junto ao terapeuta, de que o evento estressor não será experienciado novamente. É fundamental que o clínico, nessas situações, possa compreender e examinar os sentimentos contratransferenciais, evitando prometer ao paciente algo que está fora da sua esfera de controle. É fácil imaginar o potencial de ruptura na relação terapêutica caso o paciente experimente um novo evento traumático após um falso reasseguramento por parte do psicoterapeuta. Outra questão central na psicoterapia com sobreviventes de traumas é a confiança. Entre os pacientes que sofreram traumas de natureza interpessoal, em especial entre aqueles que foram expostos a situações de maus-tratos de forma crônica, os prejuízos são notáveis, havendo imensa dificuldade em estabelecer uma relação de confiança e intimidade com outra pessoa. A relação terapêutica necessitará, inevitavelmente, ser construída de forma gradual, em bases genuínas (visando ao estabelecimento de uma relação real) e com o constante monitoramento da aliança entre terapeuta e paciente. Esses pontos foram apresentados para ilustrar algumas das especificidades da relação terapêutica no tratamento de sobreviventes de traumas. A seguir, vamos explorar o processo de psicoterapia com sobreviventes de traumas, priorizando a abordagem da terapia cognitivo-comportamental focada no trauma (TCC-FT) para, na sequência, aprofundarmos as implicações desse contexto na relação terapêutica.

A PSICOTERAPIA COM SOBREVIVENTES DE TRAUMAS: IMPLICAÇÕES PARA A RELAÇÃO TERAPÊUTICA

Logo após a exposição a um evento traumático, a maioria dos indivíduos apresenta um conjunto de reações agudas de estresse que se mantêm ao longo dos primeiros dias. Há evidências acumuladas de que, nesse período, uma intervenção imediata, como os primeiros socorros psicológicos, pode reduzir a intensidade das manifestações iniciais, favorecendo que o indivíduo reestabeleça, parcialmente, seu nível anterior de funcionamento e sua rede de apoio social. Ainda que não sejam uma modalidade de psicoterapia *per se*, os primeiros socorros psicológicos oferecem, em suas diferentes modalidades, a possibilidade de promoção de resiliência e facilitação do processo de recuperação imediatamente após a exposição ao estressor traumático. Nessa relação de ajuda, o profissional deve assumir uma postura não confrontativa, evitando julgar, minimizar ou corrigir o relato do indivíduo, ou mesmo demandar do sobrevivente um relato verbal. O profissional deve, sim, exercer uma atitude empática, buscando reconhecer como válida a experiência subjetiva do indivíduo e, se necessário, empregando estratégias para estabilizar o estado emocional dele.

Quando essas reações agudas de estresse são mantidas, causando sofrimento e prejuízo ao indivíduo, é possível estabelecer um diagnóstico de transtorno mental, sendo recomendável a intervenção na forma de psicoterapia. A descrição aprofundada sobre a TCC-FT está além do escopo deste capítulo. Recomendamos, para o clínico interessado, consultar Tractenberg et al. (2019). De forma breve, incluímos na TCC-FT abordagens empiricamente validadas como a terapia cognitiva para o TEPT, a terapia de exposição prolongada, a terapia do processamento cognitivo e a dessensibilização e reprocessamento por movimentos oculares (EMDR, na sigla em inglês). Esses são considerados tratamentos de primeira linha para o TEPT, gerando significativa melhora em termos de redução de sintomas e funcionamento geral dos pacientes (Murray et al., 2022).

Entre os diferentes protocolos de intervenção que podem ser abrigados sob o guarda-chuva da TCC-FT, evidenciam-se elementos recorrentes: (a) psicoeducação; (b) estratégias de adesão ao tratamento; (c) técnicas de regulação emocional; (d) exposição prolongada; (e) reestruturação cognitiva; e (f) prevenção à recaída. Conforme descrito em Tractenberg et al. (2019), esses elementos têm sido combinados em um protocolo de tratamento para o TEPT empregado no Ambulatório do Nepte-PUCRS, que é um centro de referência no Brasil para a atenção terciária em saúde mental a sobreviventes de traumas.

De forma mais flexível, na prática clínica, o psicoterapeuta deverá selecionar as técnicas a partir da conceitualização cognitiva do caso. Na conceitualização cognitiva com sobreviventes de traumas, indica-se atenção aos seguintes aspectos (conforme Taylor, 2006): (a) problemas atuais e história de problemas; (b) crenças funcionais e disfuncionais; (c) gatilhos e contexto de problemas; (d) estratégias de *coping* adaptativas e desadaptativas; (e) experiências de aprendizagem (que contribuíram para as crenças disfuncionais); (f) hipótese de trabalho (incluindo fatores predisponentes, precipitantes, perpetuadores e de proteção); (g) objetivos do tratamento e intervenções; e (h) obstáculos ao tratamento e potenciais soluções. Não é demais enfatizarmos a importância das entrevistas iniciais, nas quais o psicoterapeuta avalia o caso e desenvolve a conceitualização cognitiva.

Nas situações em que o indivíduo busca ou é encaminhado para a psicoterapia, é importante que, durante as entrevistas iniciais, o terapeuta investigue o histórico de exposição a estressores traumáticos vivenciados ao longo da vida do paciente, para além daquela situação inicialmente associada com a sintomatologia atual. Caso seja identificada a ocorrência de algum trauma, é importante assegurar que a situação traumática não está em curso. Além disso, existem situações em que é necessário o encaminhamento aos órgãos oficiais de investigação (denúncia e proteção), como a Polícia Civil e o Ministério Público, por exemplo, no caso de vítimas de crimes. Portanto, o profissional deve se certificar de que foram tomadas todas as providências e encaminhamentos necessários, considerando as peculiaridades de cada caso, a fim de que sejam garantidos os cuidados básicos de saúde e proteção e seja evitada a revitimização (Schaefer et al., 2012). A relação terapêutica com o sobrevivente de trauma já se estabelece desde os primeiros contatos — por vezes, antes mesmo da primeira consulta —, ao telefone ou por meio de troca de mensagens, por exemplo. A forma respeitosa e cuidadosa como o terapeuta se apresenta e inicia a primeira consulta visando a identificar o motivo da busca pelo tratamento é central para o estabelecimento da aliança. O terapeuta deve estar atento aos mecanismos de evitação do paciente, ao mesmo tempo que explora, de forma gradual e empática, não apenas os sintomas atuais, mas também o histórico de exposição a estressores, dentro dos limites de uma consulta inicial, que, na maior parte das vezes, se caracteriza ainda por uma fase preliminar de avaliação do caso. Obviamente, espera-se que essa primeira consulta (ou as consultas iniciais) tenha um efeito terapêutico. O terapeuta deve prover um ambiente acolhedor, seguro e validante para a experiência do paciente. Ainda, na abordagem da TCC-FT, pode iniciar com a psicoeducação sobre o TEPT e, em algumas situações, introduzir recursos não farmacológicos para o paciente reduzir sintomas de excitação e reatividade fisiológica (por exemplo, técnicas de relaxamento ou respiração diafragmática). E, como mencionado anteriormente, o terapeuta deve estar atento a crenças ambivalentes do paciente sobre a psicoterapia; quando indicado, deve trabalhar no fortalecimento de crenças adaptativas e empregar estratégias da entrevista motivacional. A percepção do paciente de que o terapeuta é uma figura protetora e segura, que compreende e o auxilia a compreender a natureza dos seus problemas (por meio da psicoeducação, por exemplo), e de que dispõe de técnicas e recursos efetivos para reduzir o seu sofrimento, contribui fundamentalmente para o estabelecimento de uma aliança entre a dupla terapêutica desde a primeira consulta.

É possível, e até mesmo esperado, que ocorra uma intensificação da sintomatologia nas sessões iniciais da TCC-FT. É necessário compreendermos que no TEPT, essencialmente, ocorre uma constante tensão entre memórias e pensamentos intrusivos (que caracterizam a revivência ou reexperiência do trauma), simultânea a esforços deliberados para evitar situações ou pensamentos (ou lembranças e emoções) associados ao trauma. Quando, então, o paciente é convidado de forma sistemática a acessar a emoção (p. ex., medo, vergonha, culpa) representada na forma de estruturas cognitivas de memória (que incluem representações dos estímulos, das respostas e do significado associado com a emoção particular) (Riggs et al., 2020), é provável que haja um aumento na frequência ou mesmo na intensidade de alguns sintomas. Para cultivar o início de uma relação terapêutica com base sólida, o terapeuta deve informar ao paciente sobre essa possibilidade. Costumamos explicitar ao paciente o seguinte: "Vai piorar um pouco antes de melhorar, mas isso é esperado, e eu vou estar aqui com você para ajudá-lo nesse processo". Caso o terapeuta não proceda assim, o agravamento momentâneo dos sintomas pode levar à quebra da confiança e, por conseguinte, à ruptura da relação terapêutica, colocando em sério risco a continuidade do tratamento.

À medida que o tratamento avançar no modelo da TCC-FT, é provável que terapeuta e paciente optem por iniciar a exposição prolongada à memória do trauma (ou alguma outra técnica de acesso e trabalho com a memória traumática) (Taylor, 2006; Tractenberg et al., 2019). Após a psicoeducação sobre a exposição prolongada, durante as sessões (ou seja, *in vitro*), o paciente, de forma sistemática e repetida, revisita a memória traumática (exposição por imagens mentais), e a isso se segue a discussão sobre a experiência, para facilitar o processamento emocional. Essa narrativa é gravada, e o paciente deve escutar o relato gravado como tarefa de casa, entre as sessões. Adicionalmente, a partir de uma hierarquia construída anteriormente, o paciente realiza, de forma gradual e como tarefa de casa, a exposição a situações (ou atividades, objetos, pessoas) que disparam memórias e emoções perturbadoras associadas ao trauma (exposição *in vivo*) (Riggs et al., 2020).

Muitos terapeutas temem que estimular o paciente constantemente a recuperar as memórias traumáticas resulte numa piora da sua sintomatologia (Murray et al., 2022). Entretanto, a exposição a esse conteúdo traumático, seja por meio da escrita ou da fala, é uma das técnicas mais eficazes para a redução do quadro sintomatológico pós-traumático (Riggs et al., 2020). Inclusive, quando os pacientes são consultados após essa exposição, eles referem que, ainda que ela tenha sido difícil, o resultado compensou o esforço. Por isso, é fundamental que os pacientes sejam psicoeducados no início do tratamento sobre os fatores de manutenção dos sintomas pós-traumáticos, incluindo o papel das memórias não processadas e da evitação. Para que esse resultado seja alcançado, é de suma importância que terapeuta e paciente desenvolvam uma relação terapêutica consistente e colaborativa, em que o paciente se sinta no controle do processo, amparado e confiante no profissional.

Para tanto, o terapeuta precisa ter clareza sobre suas próprias crenças a respeito da natureza do sofrimento do paciente e sobre o caráter racional dos procedimentos baseados em exposição prolongada. Por exemplo, se o terapeuta conceber essa intervenção como algo que vai gerar muito sofrimento para o paciente, de modo que talvez fosse melhor auxiliá-lo a deixar a situação traumática para trás, é provável que a exposição não seja proposta no tratamento. Outras vezes, os obstáculos podem ser elementos da própria relação terapêutica. Por exemplo, o terapeuta, ao perceber a intensa emoção ativada na sessão, experiencia em contratransferência a necessidade imediata de reduzir o desconforto do paciente e abrevia ou interrompe a exposição, prejudicando o processo terapêutico. Isso nos indica que, para além do conhecimento das técnicas, o autoconhecimento (também referido como *self-insight*) é fundamental para o terapeuta. No contexto do manejo da contratransferência, o *self-insight* se refere tanto aos aspectos de *insight* cognitivo quanto aos de *insight* integrativo, que combina a autocompreensão intelectual com a consciência emocional (Gelso, 2019). Como veremos posteriormente neste capítulo, o trabalho com sobreviventes de traumas demanda que o profissional esteja em (ou tenha realizado) psicoterapia, supervisão e/ou autoprática/autorreflexão.

Outra concepção equivocada é a de que alguns traumas não deveriam ser revividos. Alguns terapeutas acabam resistindo a trabalhar certos tipos de traumas, como agressões sexuais, lutos traumáticos, traumas de infância, traumas múltiplos ou prolongados, situações traumáticas em que a culpa foi do paciente ou ocasiões em que o paciente apresentou lacunas de memória ou perda de consciência em relação ao evento traumático. Nesses casos, algumas técnicas podem ser levadas em consideração para facilitar o trabalho com as memórias traumáticas, por exemplo: construir uma linha do tempo, utilizar a reestruturação cognitiva e buscar a aceitação do trauma como um fato passado (ver Murray et al., 2022).

No contexto da terapia de exposição a memórias traumáticas, Cloitre et al. (2004) identificaram que a força da aliança estabelecida nas fases iniciais do tratamento de mulheres sobreviventes de abuso sexual na infância foi preditora da redução dos sintomas pós-traumáticos. No trabalho com as memórias traumáticas, o psicoterapeuta precisa estar atento aos riscos de rupturas na aliança. As rupturas são fenômenos praticamente inevitáveis no curso de uma psicoterapia. Não podemos senão concordar com Safran e Muran (2000, p. 237) quando afirmam que "tanto o cliente quanto o terapeuta se tornam parceiros em uma dança interpessoal que, em graus variados, reencena padrões não saudáveis que são característicos para o cliente". O desafio não é evitar a ruptura na aliança, e sim repará-la quando ela ocorre. É importante termos presente que, especialmente entre os sobreviventes de traumas de natureza interpessoal, a confiança é um tema nuclear. Logo, não é surpresa que McLaughlin et al. (2014), examinando padrões de aliança na terapia de exposição para o TEPT em uma amostra de adultos expostos em sua maioria a traumas violentos de natureza interpessoal, tenham demonstrado que a experiência de rupturas na aliança sem reparação estava associada a piores resultados no tratamento.

Em associação aos procedimentos de exposição ou de forma independente, as técnicas voltadas à reestruturação cognitiva são aspectos centrais da TCC-FT (Tractenberg et al., 2019). Essas técnicas objetivam identificar e modificar pensamentos e crenças distorcidas ou desadaptativas que se desenvolvem ou se intensificam após o trauma, englobando crenças sobre si (*self*) e sobre o mundo (e as outras pessoas) e crenças de autorresponsabilização. Brady et al. (2015) observaram que a aliança (em particular os componentes relacionados à concordância sobre objetivos e tarefas) foi preditora de melhor resultado na terapia cognitiva para o TEPT, na qual predominam técnicas de reestruturação. Em outro estudo, nessa mesma abordagem terapêutica, a aliança no início do tratamento foi um dos preditores para o resultado da psicoterapia (Beierl et al., 2021). Verificou-se uma relação recíproca entre a aliança e a mudança de sintomas de TEPT nos pacientes durante o tratamento; ou seja, a mudança nos escores de avaliação da aliança predisse a mudança nos sintomas, mas os escores também foram influenciados por alterações nos sintomas dos pacientes.

Na revisão sistemática de Ellis et al. (2018), conclui-se que a aliança, para além da redução de sintomas de TEPT, apresentou associação com menores sintomas de depressão no pós-tratamento, maior adesão às tarefas de casa e apoio social positivo relacionado ao trauma. Estudos também concluíram que pacientes com histórico de trauma severo que apresentavam transtornos dissociativos foram capazes de estabelecer conexões interpessoais de confiança (Cronin et al., 2014) e que a presença de histórico de abuso sexual na infância não foi preditiva de uma aliança mais fraca no início da psicoterapia (Keller et al., 2010). Estudos dessa natureza sugerem que talvez não seja a exposição ao evento traumático *per se* que imponha dificuldades para a construção da aliança, mas que o trauma pode levar a diagnósticos comórbidos, com sintomas associados potencialmente atuando como uma forte barreira para o estabelecimento da aliança (Ellis et al., 2018).

Esforço crescente tem sido empregado para a adaptação da TCC-FT ao formato *on-line*. Com relação à construção da relação terapêutica, não há consenso entre os resultados de diferentes pesquisas que compararam tratamentos *on-line* a tratamentos presenciais com sobreviventes de traumas. Por exemplo, um estudo que comparou a terapia presencial com a terapia por videoconferência não encontrou diferenças significativas entre as pontuações de ambas, sugerindo que a aliança pode ser construída por meio de aplicativos de telessaúde (Germain et al., 2010). No entanto, em outro estudo, foi encontrado um nível mais baixo de aliança no grupo que realizou a terapia por videoconferência (Greene et al., 2010).

De forma geral, em diferentes abordagens terapêuticas que podem ser abrigadas sob o guarda-chuva da TCC-FT, os estudos revisados indicam que a qualidade da relação terapêutica é um preditor importante para o resultado da psicoterapia. Entre os componentes da relação terapêutica, maior ênfase tem sido dada à aliança e, em algum grau, aos aspectos transferenciais (e contratransferenciais), e — surpreendentemente — verifica-se uma menor exploração da relação real em pesquisas (ver revisão em Ellis et al., 2018). Usamos essa expressão de forma intencional, visto que a relação real consiste em aspectos absolutamente centrais na psicoterapia com sobreviventes de traumas: realismo e genuinidade, compreendidos também nas suas dimensões de magnitude e valência (Gelso, 2019; adicionalmente, ver Capítulo 1 deste livro). Entendemos que, no estabelecimento de uma relação de ajuda com sobreviventes de traumas, é fundamental que o psicoterapeuta seja autêntico, expressando suas reações de forma genuína e adequada à narrativa do paciente. O excesso de neutralidade do profissional pode resultar no distanciamento emocional, enfraquecendo o vínculo de confiança e a relação real estabelecida entre psicoterapeuta e paciente. Em especial com vítimas de traumas, esse distanciamento emocional pode reforçar a autoimagem negativa dos pacientes, bem como a sua visão de que o mundo é um lugar perigoso e de que as pessoas não são confiáveis (Ellis et al., 2018).

> **VINHETA CLÍNICA**
>
> Maira, 45 anos, sofreu maus-tratos de forma repetida durante a infância e a adolescência. Tendo crescido em uma zona rural, em uma casa relativamente afastada de outras, foi sexualmente abusada pelo padrasto entre os 6 e os 13 anos. Nesse período, por diversas vezes, era fisicamente agredida pelo padrasto e pelos irmãos mais velhos. As agressões verbais eram corriqueiras. Em pelo menos três situações, foi acorrentada em um galpão (em uma delas, lembra de ter ficado dois dias sem água e comida). Na segunda sessão, após relatar essas experiências para o terapeuta, Maira começa a chorar.
>
> Maira — [Soluçando, em lágrimas] Desculpe, eu... eu nunca contei isso para ninguém.
>
> Terapeuta — Maira, obrigado por ter conseguido compartilhar isso comigo. [Silêncio] Como você está se sentindo agora, após ter me contado o que aconteceu com você?
>
> Maira — É estranho... Estou muito triste, mas acho que também aliviada. Eu carrego isso sozinha há tantos anos, e agora, ter conseguido falar para alguém... [Silêncio]
>
> Terapeuta — [Com os olhos marejados] Maira, eu me emocionei agora. Eu fico tentando imaginar tudo pelo que você passou. Nenhuma criança jamais deveria passar por isso...
>
> Maira — [Chorando] Sim, era como um pesadelo.
>
> Terapeuta — E penso que você confiar em mim a ponto de conseguir me contar tudo isso é algo muito importante na nossa relação.
>
> Maira — Sim... Eu preciso, eu quero tentar contar com alguém na vida.

Ao longo desta seção, procuramos explorar diferentes aspectos da relação terapêutica no tratamento de sobreviventes de traumas. Optamos por apresentar os componentes da relação terapêutica de forma integrada à descrição dos principais elementos na TCC-FT, fundamentalmente, por acreditarmos na epígrafe escolhida para este capítulo, que trata da inseparabilidade da relação e do método de tratamento. Experienciar certos eventos, como sofrer múltiplos abusos ao longo da infância e da adolescência, ser sequestrado e torturado, ou mesmo ver seu filho ser assassinado na sua frente, entre tantos outros eventos terríveis, pode fragmentar nossas crenças mais fundamentais sobre o mundo e nosso senso de identidade (Janoff-Bulman,

1992). É justamente no contexto de uma relação terapêutica que se dá o processo de reconstrução e ressignificação dessas crenças destroçadas. Para muitos sobreviventes, essa é a mais importante oportunidade (e para alguns, a única) de dar sentido às suas experiências, de falar e ser compreendido e acolhido e de se envolver em uma relação de cuidado e profundo respeito no processo de reconstrução de uma narrativa mais adaptativa sobre si mesmo e sobre o mundo (Murphy & Joseph, 2013).

É indispensável que as sessões de psicoterapia proporcionem um ambiente seguro, confiável e sensível, já que se solicita aos pacientes que relatem eventos dolorosos de sua vida, abandonando suas estratégias cognitivas e comportamentais de evitação que os afastam de memórias e sensações intoleráveis relacionadas à situação traumática experienciada. É essencial conduzir o processo terapêutico num ritmo tolerável e empático com o paciente, encorajando-o a apontar os momentos que considera desgastantes e retrocedendo quando ele assinalar (Taylor, 2006). O Quadro 15.1 sintetiza algumas das principais estratégias do terapeuta para favorecer a relação terapêutica com sobreviventes de trauma.

QUADRO 15.1 Comportamentos e atitudes do terapeuta para favorecer a relação terapêutica

- Desde os primeiros contatos (e ao longo de todo o tratamento), transmita uma atitude de respeito, compaixão, atenção, apoio e empatia; evite julgamentos, comparações e críticas.
- Seja genuíno na relação e mostre-se coerente e consistente nas interações com o paciente.
- Transmita um senso de otimismo realista, mas não dê falsas esperanças nem faça promessas que não seja possível cumprir; lembre-se de que sobreviventes de trauma interpessoal frequentemente desenvolvem a expectativa de que sua confiança será traída.
- Estabeleça fronteiras interpessoais claras na psicoterapia e defina os limites de uma experiência emocional corretiva, mas não confunda isso com uma postura distante ou de neutralidade (lembre-se de que, para pacientes sobreviventes de negligência severa na infância, o distanciamento pode ser uma recapitulação da experiência de abandono).
- Procure validar e normalizar os sentimentos e as emoções do paciente; procure facilitar a expressão emocional e, quando necessário, atue como um sistema corregulatório dos estados afetivos experienciados pelo paciente.
- Procure identificar (a partir da narrativa do paciente) e reforçar crenças funcionais, estratégias de enfrentamento adaptativas e fatores de proteção.
- Permaneça atento e estimule o paciente a automonitorar estratégias compensatórias e comportamentos desadaptativos, especialmente aqueles relacionados aos mecanismos de evitação cognitiva e comportamental.
- Solicite *feedback* do paciente a cada sessão e de forma regular ao longo do tratamento.
- Monitore a aliança para gerenciar tensões e possíveis rupturas; quando elas ocorrerem, empregue esforços deliberados para a reparação.
- Realize o automonitoramento dos potenciais efeitos cumulativos da exposição repetida a relatos de eventos estressores na psicoterapia com sobreviventes de traumas.

Fonte: Adaptado de Chu (1988) e Meichenbaum (2013).

O tratamento com sobreviventes de trauma envolve o trabalho com aspectos dolorosos da experiência traumática, por meio de narrativas, imagens, pensamentos e estratégias de enfrentamento relacionados ao conteúdo do trauma. O terapeuta que está junto ao paciente, sendo exposto a esse conteúdo traumático durante as sessões, pode acabar desenvolvendo comportamentos evitativos e distanciamento emocional, reforçando, consequentemente, os sentimentos de rejeição, abandono, inibição e desconexão emocional, tão presentes no paciente. Por outro lado, os terapeutas podem se mostrar exageradamente curiosos pelas narrativas dos pacientes, não respeitando os sinais de cansaço e/ou sofrimento excessivo (Ellis et al., 2018). Em nossa prática clínica e como supervisores, frequentemente identificamos os efeitos, nos terapeutas, da exposição aos relatos de trauma dos pacientes. A próxima seção explora em maior profundidade esse processo, com foco na descrição do trauma vicário.

TRAUMATIZAÇÃO VICÁRIA E OS EFEITOS DA EXPOSIÇÃO AO TRAUMA NOS PROFISSIONAIS

O trabalho dos psicoterapeutas exige, além de sólida formação acadêmica, terapia pessoal e supervisão contínua. Se ouvir o sofrimento de pacientes por anos já demanda muito emocionalmente, essa tarefa torna-se ainda mais exigente quando o psicoterapeuta se depara, de forma repetida, com relatos de vítimas de traumas (Barros, 2022), sobretudo traumas de natureza interpessoal.

Em 1990, McCann e Pearlman descreveram pela primeira vez o trauma vicário. Os autores definiram o trauma vicário como um efeito psicológico específico e profundo que atingia psicoterapeutas (psicólogos e psiquiatras) que atendiam sobreviventes de violência sexual (Mccann & Pearlman, 1990). Os efeitos desse processo decorriam da exposição contínua aos relatos de crueldade humana, seguida pela empatia do profissional com o conteúdo traumático do paciente. A partir disso, foram observadas repercussões nos aspectos profissionais, pessoais e éticos do terapeuta, resultando em uma transformação da experiência interna, com efeitos em sua identidade, sua visão de mundo, suas necessidades psicológicas, suas crenças e seu sistema de memória. Entende-se o trauma vicário como um efeito transformativo cumulativo em psicoterapeutas, sendo um trauma psicológico indireto para os profissionais que ficam na posição de testemunhas impotentes do trauma, o que, por si só, é traumático (Barros, 2022).

É importante destacar que o trauma vicário ultrapassa a capacidade empática do profissional, podendo alterar seus esquemas cognitivos de segurança, confiança, poder e intimidade e afetando, consequentemente, seu rendimento ocupacional, seu aprendizado e seu bem-estar. Os autores apontaram que o trauma vicário pode ser leve e temporário ou grave e persistente (Mccann & Pearlman, 1990).

O impacto da exposição contínua a esses relatos de situações traumáticas pode ser tão significativo que esse fator foi incluído no critério A do diagnóstico de TEPT nas versões mais recentes do DSM. Contudo, é importante ressaltar que, para receber esse diagnóstico, o profissional, além de ter sido exposto repetidamente aos relatos de um tipo de evento traumático, precisa apresentar um conjunto de sintomas que configuram o TEPT (APA, 2023).

Ao mesmo tempo, é importante diferenciar o trauma vicário de condições como a síndrome de *burnout* e a fadiga por compaixão. Ao passo que o trauma vicário é consequência da exposição contínua dos terapeutas ao material traumático dos pacientes, resultando em rupturas no quadro de referência dos profissionais, a síndrome de *burnout* é a exaustão emocional que decorre de uma alta demanda de trabalho e de condições desfavoráveis de suporte. O profissional acometido pelo *burnout* pode manifestar diminuição na satisfação com o trabalho e despersonalização das experiências dos pacientes. A fadiga por compaixão, por sua vez, é uma condição caracterizada pela diminuição gradual da compaixão ao longo do tempo, ou seja, ocorre uma diminuição do interesse do terapeuta em ser empático. Os profissionais podem apresentar sintomas como: desesperança, anedonia, estresse e ansiedade constantes, alterações no sono, pesadelos e atitude negativa generalizada, o que acarreta a diminuição da produtividade e da capacidade de concentração, bem como o desenvolvimento de sentimentos de incompetência e insegurança (Barros, 2022; Zhang et al., 2018). Por fim, embora o trauma vicário e a contratransferência possam estar associados, esta tradicionalmente é vista como uma reação do terapeuta ou uma distorção ante o material apresentado pelo paciente, ao passo que o trauma vicário altera os esquemas cognitivos do terapeuta e tem efeitos nas emoções, no funcionamento e nas relações interpessoais.

O terapeuta que experiencia trauma vicário se encontra em uma condição de elevado risco, podendo interferir muito negativamente na relação terapêutica e prejudicar seu paciente (Hesse, 2002). Não apenas seu senso de identidade pessoal, mas sua identidade profissional (p. ex., "Eu não sou competente, eu simplesmente não tenho recursos para ajudar este paciente"), sua autoestima (p. ex., "Que valor eu tenho se eu não consigo ajudar outras pessoas?") e mesmo sua visão de mundo (p. ex., "As pessoas são cruéis"; "O mundo é um lugar terrível") podem ser profundamente afetadas. O terapeuta nessa condição pode, a fim de compensar o senso de vulnerabilidade e desamparo, sentir que precisa ter controle sobre o processo de recuperação do paciente, direcionando seus esforços a dar conselhos práticos, em vez de auxiliar o paciente a compreender e processar suas emoções negativas. O exame de todas as implicações pessoais, práticas e éticas associadas ao trauma vicário obviamente está além do escopo deste capítulo, mas sugerimos ao psicoterapeuta interessado no tema consultar Barros (2022) e Hesse (2002).

CONSIDERAÇÕES FINAIS

Cada vez mais se tem enfatizado os aspectos da construção da relação terapêutica para o tratamento bem-sucedido de sobreviventes do trauma, para além de um repertório de técnicas e protocolos de tratamento baseado em evidências. O conhecimento científico dos elementos e processos envolvidos na construção da relação terapêutica é essencial para aprofundar a capacidade dos terapeutas de tratar eficazmente os indivíduos que podem ter vivenciado as rupturas relacionais presentes em muitos tipos de trauma interpessoal (Ellis et al., 2018). No entanto, somente o conhecimento científico sobre o tema é insuficiente. Entendemos que o psicoterapeuta que se propõe a estabelecer uma relação genuína com o paciente, pautada pelo calor humano, deve exercitar com frequência o autocuidado, a partir de uma constante autorreflexão sobre a prática. Por exemplo, ele deve estar atento aos efeitos cumulativos da exposição frequente a relatos que narram a tragédia no limite da experiência humana.

Nesse sentido, a supervisão dos casos, a discussão com colegas e a terapia pessoal são fundamentais para uma boa prática profissional. A partir dos dados da literatura e de nossa prática como psicoterapeutas e supervisores, estamos convictos de que, nos transtornos relacionados a trauma e estressores, como em nenhum outro transtorno mental, a relação terapêutica é indissociável das técnicas. Em síntese, na psicoterapia com sobreviventes de traumas, a relação é o tratamento.

RESUMO

- Pacientes que foram expostos a traumas graves, traumas de natureza interpessoal e/ou situações traumáticas repetidas e prolongadas representam desafios para a prática clínica, em geral, e para o estabelecimento de uma relação terapêutica consistente, em particular.
- O prejuízo devido ao trauma ocorre frequentemente no funcionamento interpessoal; é justamente no contexto de construção de uma relação terapêutica segura que se estabelece a possibilidade de ajuda efetiva.
- A TCC-FT inclui diferentes etapas e procedimentos técnicos. Este capítulo explora a indissociabilidade entre a relação terapêutica e as técnicas na psicoterapia de sobreviventes de trauma.
- A relação terapêutica deve ser construída de forma gradual, em bases genuínas (visando ao estabelecimento de uma relação real) e com o constante monitoramento da aliança entre terapeuta e paciente.
- As rupturas na aliança que ficam sem reparação estão associadas a piores resultados no tratamento de sobreviventes de traumas.
- É fundamental que o psicoterapeuta esteja atento e realize o automonitoramento dos efeitos decorrentes da exposição aos relatos de trauma narrados pelos pacientes.

REFERÊNCIAS

American Psychiatric Association (APA). (2023). *Manual diagnóstico e estatístico dos transtornos mentais:* DSM-5-TR (5. ed. rev.). Artmed.

Barros, A. (2022). Trauma vicário e suas implicações nos técnicos que trabalham com abuso sexual infantojuvenil. In A. Rios, & L. S. Schaefer (Eds.), *Perícia médico-legal e criminal em casos de violência sexual contra crianças e adolescentes* (pp. 404-415). Mizuno.

Beierl, E. T., Murray, H., Wiedemann, M., Warnock-Parkes, E., Wild, J., Stott, R., ... Ehlers, A. (2021). The relationship between working alliance and symptom improvement in cognitive therapy for posttraumatic stress disorder. *Frontiers in Psychiatry, 12*, 602648.

Bolaséll, L. T., Abadi, A., Brunnet, A. E., & Kristensen, C. H. (2023). Técnicas de avaliação em casos de suspeita de transtornos especificamente associados ao estresse. In S. E. S. de Oliveira, & C. M. Trentini (Eds.), *Avanços em psicopatologia: Avaliação e diagnóstico baseados na CID-11* (pp. 207-223). Artmed.

Brady, F., Warnock-Parkes, E., Barker, C., & Ehlers, A. (2015). Early in-session predictors of response to trauma-focused cognitive therapy for posttraumatic stress disorder. *Behaviour Research and Therapy, 75*, 40-47.

Chu, J. A. (1988). Ten traps for therapists in the treatment of trauma survivors. *Dissociation, 1*(4), 24-32.

Cloitre, M., Courtois, C. A., Charuvastra, A., Carapezza, R., Stolbach, B. C., & Green, B. L. (2011). Treatment of complex PTSD: Results of the ISTSS expert clinician survey on best practices. *Journal of Traumatic Stress, 24*(6), 615-627.

Cloitre, M., Stovall-Mcclough, K. C., Regina, M., & Chemtob, C. M. (2004). Therapeutic alliance, negative mood regulation, and treatment outcome in child abuse-related post-traumatic stress disorder. *Journal of Consulting and Clinical Psychology, 72*(3), 411-416.

Cronin, E., Brand, B. L., & Mattanah, J. F. (2014). The impact of the therapeutic alliance on treatment outcome in patients with dissociative disorders. *European Journal of Psychotraumatology, 5*, 1-9.

Ellis, A. E., Simiola, V., Brown, L., Courtois, C., & Cook, J. M. (2018). The role of evidence-based therapy relationships on treatment outcome for adults with trauma: A systematic review. *Journal of Trauma & Dissociation, 19*(2), 185-213.

Gelso, C. J. (2019). *The therapeutic relationship in psychotherapy practice: An integrative perspective.* Routledge.

Germain, V., Marchand, A., Bouchard, S., Guay, S., & Drouin, M.-S. (2010). Assessment of the therapeutic alliance in face-to-face or videoconference treatment for posttraumatic stress disorder. *Cyberpsychology, Behavior, and Social Networking, 13*(1), 29-35.

Greene, C. J., Morland, L. A., Macdonald, A., Frueh, B. C., Grubbs, K. M., & Rosen, C. S. (2010). How does tele-mental health affect group therapy process: Secondary analysis of a noninferiority trial. *Journal of Consulting and Clinical Psychology, 78*(5), 746-750.

Hesse, A. R. (2002). Secondary trauma: How working with trauma survivors affects therapists. *Clinical Social Work Journal, 30*(3), 293-309.

Janoff-Bulman, R. (1992). *Shattered assumptions: Towards a new psychology of trauma.* Free Press.

Keller, S. M., Zoellner, L. A., & Feeny, N. C. (2010). Understanding factors associated with early therapeutic alliance in PTSD treatment: Adherence, childhood sexual abuse history, and social support. *Journal of Consulting and Clinical Psychology, 78*(6), 974-979.

Kessler, R. C., Aguilar-Gaxiola, S., Alonso, J., Benjet, C., Bromet, E. J., Cardoso, G., ... Koenen, K. C. (2017). Trauma and PTSD in the WHO world mental health surveys. *European Journal of Psychotraumatology, 8*(Supl. 5), 1353383.

Mccann, L. I., & Pearlman, L. A. (1990). Vicarious traumatization: A framework for understanding the psychological effects of working with victims. *Journal of Traumatic Stress, 3*(1), 131-149.

McLaughlin, A. A., Keller, S. M., Feeny, N. C., Youngstrom, E. A., & Zoellner, L. A. (2014). Patterns of therapeutic alliance: Rupture-repair episodes in prolonged exposure for posttraumatic stress disorder. *Journal of Consulting and Clinical Psychology, 82*(1), 112-121.

Meichenbaum, D. (2013). The therapeutic relationship as a common factor: Implications for trauma therapy. In D. Murphy, & S. Joseph (Eds.), *Trauma and the therapeutic relationship: Approaches to process and practice.* Bloomsbury.

Murphy, D., & Joseph, S. (2013). Putting the relationship at the heart of trauma therapy. In D. Murphy, & S. Joseph (Eds.), *Trauma and the therapeutic relationship: Approaches to process and practice*. Bloomsbury.

Murray, H., Grey, N., Warnock-Parkes, E., Kerr, A., Wild, J., Clark, D. M., & Ehlers, A. (2022). Ten misconceptions about trauma-focused CBT for PTSD. *The Cognitive Behaviour Therapist, 15*, e33.

Norcross, J. C. (2013). Foreword. In D. Murphy, & S. Joseph (Eds.), *Trauma and the therapeutic relationship: Approaches to process and practice*. Bloomsbury.

Riggs, D. S., Tate, L., Chrestman, K, & Foa, E. B. (2020). Prolonged exposure. In D. Forbes, J. I. Bisson, C. M. Monson, & L. Berliner (Eds.), Effective treatments for PTSD. *Practice guidelines from the International Society of Traumatic Stress Studies* (3rd ed., pp. 188-209). Guilford.

Rigoli, M. M., de Oliveira, F. R., Bujak, M. K., Volkmann, N. M., & Kristensen, C. H. (2019). Psychological trauma in clinical practice and research: An evolutionary concept analysis. *Journal of Loss and Trauma, 24*(7), 595-608.

Rigoli, M. M., Silva, G. R., Oliveira, F. R. D., Pergher, G. K., & Kristensen, C. H. (2016). O papel da memória no transtorno de estresse pós-traumático: Implicações para a prática clínica. *Trends in Psychiatry and Psychotherapy, 38*(3), 119-127.

Safran, J. D., & Muran, J. C. (2000). Resolving therapeutic alliance ruptures: Diversity and integration. *Journal of Clinical Psychology, 56*(2), 233-243.

Sbardelloto, G., Schaefer, L. S., Lobo, B. O. M., Caminha, R. M., Kristensen, C. H. (2013). Processamento cognitivo no transtorno de estresse pós-traumático: Um estudo teórico. *Interação em Psicologia, 16*(2), 261-269.

Schaefer, L. S., Lobo, B. O. M., & Kristensen, C. H. (2012). Reações pós-traumáticas em adultos: Como, por que e quais aspectos avaliar? *Temas em Psicologia, 20*(2), 459-478.

Taylor, S. (2006). *Clinician's guide to PTSD: A cognitive-behavioral approach*. Guilford.

Tractenberg, S. G., Silva, G. R., Kristensen, C. H., & Grassi-Oliveira, R. (2019). Terapia cognitivo-comportamental no tratamento dos transtornos relacionados a trauma e a estressores. In A. V. Cordioli, & E. H. Grevet (Eds.), *Psicoterapias: Abordagens atuais* (4. ed., pp. 601-618). Artmed.

World Health Organization (WHO). (2022). *International classification of diseases: ICD-11* (11th ed.). WHO.

Zhang, Y., Zhang, C., Han, X., Li, W., & Wang, Y. (2018). Determinants of compassion satisfaction, compassion fatigue and burn out in nursing: A correlative meta-analysis. *Medicine (Baltimore), 97*(26), e11086.

16

A relação terapêutica na prática clínica com pacientes com transtornos da personalidade

Eliane Mary de Oliveira Falcone
Angela Donato Oliva
Evlyn Rodrigues Oliveira

A construção de uma boa aliança por meio de escuta empática, genuinidade, acolhimento e compreensão acurada das queixas do paciente desempenha um importante papel no processo psicoterápico, contribuindo para uma boa adesão à terapia e para a mudança. No entanto, essas habilidades podem ser insuficientes e desafiadoras na relação com pacientes que apresentam transtorno da personalidade (TP), uma vez que eles levam para a relação terapêutica as estratégias interpessoais disfuncionais (p. ex., desqualificar, desconfiar, desafiar, manipular, seduzir, ofender, demandar) que utilizam nos seus contextos interacionais, as quais costumam ser impermeáveis às tentativas acolhedoras do terapeuta. Tais padrões interpessoais podem ativar raiva, medo, insegurança, tédio, retraimento ou confusão no terapeuta, com risco de prejuízos para a aliança, bem como para a saúde e o bem-estar da díade (Davis & Beck, 2017; Falcone, 2011; Falcone & Oliveira, 2020; Okamoto et al., 2019).

Por outro lado, quando trabalhados adequadamente, os padrões interpessoais disfuncionais dos indivíduos com TP manifestados no contexto terapêutico podem oferecer uma rica oportunidade. Afinal, nesse contexto os indivíduos podem tomar consciência dos efeitos negativos desses padrões sobre as outras pessoas, bem como das suas consequências interacionais (p. ex., abandono, solidão, rejeição, perda de emprego, etc.), as quais contribuem para a manutenção de seu sofrimento. Por meio de uma combinação de empatia e de confronto interpessoal, o terapeuta ajuda o paciente a refletir sobre os prós e os contras de manter esses padrões, bem como de desenvolver uma autoconsciência a respeito deles (Falcone & Macedo, 2012; Falcone & Oliveira, 2020; Young et al., 2008).

O estilo interpessoal dos pacientes com TP é recriado na relação com o terapeuta, o qual necessita estar atento às próprias emoções e pensamentos ativados, usando essa informação construtivamente durante o confronto empático. Lidar com esses desafios pode gerar estresse no clínico, especialmente quando ele atende uma quantidade considerável de pacientes com TP. Por outro lado, o exercício frequente de atividade clínica produz, no terapeuta, crescimento pessoal significativo, indicado pela elevação da autoconsciência, da assertividade, da autoestima, da sensibilidade e da autorreflexão (Falcone, 2006, 2011; Mahoney, 1998; Pereira et al., 2023). Assim, a relação terapêutica se constitui como um processo essencial e desafiador no tratamento de indivíduos com TP; nesse processo, a pessoa do profissional influencia a pessoa do paciente e vice-versa, promovendo mudança para a díade (Bennett-Levy & Thwaites, 2007; Leahy, 2008; Okamoto et al., 2019).

Com base na perspectiva evolucionista, na teoria do apego e na abordagem dos esquemas cognitivos, pretende-se discutir, neste capítulo, como se estruturam a personalidade e seus transtornos. Em seguida, será abordado o tratamento dos padrões interacionais disfuncionais do TP por meio da relação terapêutica, assim como o seu impacto na pessoa do terapeuta.

PERSONALIDADE E SEUS TRANSTORNOS

A personalidade é compreendida como um conjunto de características ou qualidades específicas de uma pessoa que são relativamente estáveis ao longo do tempo e que determinam seus pensamentos, seus sentimentos e suas ações em diferentes contextos (Gazzaniga & Heatherton, 2005; Gerring & Zimbardo, 2005; Pervin & John, 2004). Quando essas características "afetam negativamente os relacionamentos interpessoais causando sofrimento à pessoa, ou, no geral, interrompem as atividades da vida cotidiana, elas recebem o *status* de transtornos da personalidade" (Barlow & Durand, 2017, p. 457). Segundo a quinta edição do *Manual diagnóstico e estatístico de transtornos mentais* (DSM-5, na sigla em inglês), o TP corresponde a um padrão persistente de emoções, cognições e comportamentos que resulta em um sofrimento emocional duradouro para a pessoa afetada e/ou para outros, podendo causar dificuldades no trabalho e nos relacionamentos (American Psychiatric Association [APA], 2022).

Compreender o funcionamento cognitivo de indivíduos com TP é crucial para a intervenção clínica e requer conhecer como a personalidade é estruturada. A partir das contribuições da perspectiva evolucionista, da genética do comportamento, das neurociências, da teoria do apego e de algumas formulações ancoradas nas teorias cognitivas, todas elas fundamentadas em uma quantidade considerável de pesquisas, é possível reconhecer como se estruturam a personalidade e os seus transtornos (Falcone, 2014).

Contribuições da perspectiva evolucionista e da genética comportamental

A psicoterapia contemporânea busca entender como os seres humanos evoluíram como sistemas biológicos, gerando motivações e emoções estratégicas. A compreensão evolucionista dos transtornos mentais como conexão social e inteligência social fornece bases essenciais para a psicoterapia (Kirby & Gilbert, 2017). Sintomas mentais são reações adaptativas que podem se tornar patológicas em contextos seguros. Comportamentos que permitiram a sobrevivência e a reprodução deixaram traços em nossa arquitetura mental, de modo que nossas respostas emocionais são influenciadas por sistemas de crenças construídos ao longo do desenvolvimento, e os traços de personalidade refletem essas estruturas subjacentes e moldam nossas interações sociais (Beck et al., 2017). A vulnerabilidade cognitiva pode ser compreendida como a predisposição à ativação de crenças disfuncionais, resultando em síndromes específicas. Essa vulnerabilidade é construída por meio da interação de predisposições individuais e situações de vida. Em resumo, as estratégias comportamentais, cognitivas e emocionais desenvolvidas para satisfazer nossas necessidades básicas podem se tornar disfuncionais, levando aos transtornos mentais (Oliva, 2015, 2018).

Geneticistas do comportamento (Dunn & Pluming, 1990, como citado em Pervin & John, 2004) avaliaram as contribuições do ambiente compartilhado (convivência com os irmãos, como resultado de crescer na mesma família) e do ambiente não compartilhado (convivência com colegas na escola e outros ambientes fora da família, bem como padrões parentais diferentes de cada pai/mãe com cada filho). Os resultados apontaram que as experiências únicas que os irmãos têm dentro e fora da família parecem ser muito mais importantes para o desenvolvimento da personalidade do que as experiências compartilhadas. Por outro lado, experiências precoces extremamente favoráveis ou adversas também podem alterar o temperamento emocional. Uma criança sociável poderá se sentir retraída frente a um padrão parental crítico, assim como uma criança tímida poderá se tornar mais sociável em um ambiente familiar amoroso e acolhedor (Young et al., 2008). O desenvolvimento de uma personalidade patológica costuma estar ligado a eventos traumáticos como violência ou abuso, assim como a padrões frequentes de reações negativas ou inadequadas dirigidas a uma criança, conforme sugere uma revisão de estudos realizada por Genderen et al. (2012). Assim, os padrões parentais desempenham um importante papel na formação da personalidade, saudável ou patológica, em fases precoces do desenvolvimento.

Estilos de apego e os esquemas nos transtornos da personalidade

A teoria do apego, desenvolvida inicialmente por Bowlby (2001), tem sido aplicada na psicologia clínica para entender a estrutura da personalidade e seus transtornos. Ela está relacionada aos modelos interpessoais (Safran, 2002) e de esquemas (Young et al., 2008). As primeiras experiências com os cuidadores moldam as expectativas das crianças, resultando em modelos internos de funcionamento. Expectativas positivas levam a um estilo de apego seguro, enquanto expectativas negativas levam a um estilo de apego inseguro (Bowlby, 2001). Por sua vez, padrões disfuncionais de parentalidade, como negligência e rejeição, podem causar problemas de vínculo. Esses padrões promovem ansiedade e inibição emocional, resultando em formas patológicas de vinculação. As experiências precoces moldam as estruturas cognitivas subjacentes, que influenciam as experiências e emoções ao longo da vida. Esses modelos internos atuam como mapas cognitivos e emocionais, orientando a percepção, a interpretação e o comportamento das pessoas nos contextos interacionais.

Os esquemas podem ser compreendidos como "estruturas cognitivas que servem como base para classificar, categorizar e interpretar as experiências" (Pretzer & Beck, 2004, p. 271). Eles consistem em percepções, emoções e ações, assim como em significados atribuídos a elas. Funcionam como filtros por meio dos quais as pessoas ordenam, interpretam e predizem o mundo. Os modelos internos de funcionamento podem ser compreendidos como esquemas interpessoais, uma vez que "esse tipo de esquema constitui uma representação generalizada de relacionamento do eu com o outro, de natureza intrinsecamente interacional" (Safran, 2002, p. 75).

Os esquemas interpessoais moldam estratégias que visam a facilitar a previsão de interação com o outro. Embora essas estratégias tenham sido adaptativas para a criança, elas podem ser inadequadas na vida adulta. Assim, uma criança que é frequentemente criticada e/ou punida na sua infância poderá desenvolver estratégias de subserviência e de obediência para prevenir rejeição ou punição. Embora adaptativas para aquele contexto familiar (evitação de punições), tais estratégias vão adquirir um caráter desadaptativo na vida adulta, quando essa pessoa passará a repeti-las para evitar ser rejeitada ou punida (Safran, 2002).

A partir da observação dos padrões interacionais de pacientes com TP, Young et al. (2008) identificaram 18 esquemas iniciais desadaptativos (EIDs). Além desses esquemas, foram descritas estratégias disfuncionais de enfrentamento, denominadas "estilos de enfrentamento" e "modos de esquema" (para uma revisão mais detalhada, ver Falcone, 2011, 2014; Genderen et al., 2012; Lockwood & Perris, 2012; Young et al., 2008), que são fundamentais para a compreensão de como os EIDs se formam e se mantêm ao longo da vida de uma pessoa.

Pacientes com TP apresentam esquemas desadaptativos, os quais são mais evidentes em seus comportamentos interpessoais. Embora desejando o vínculo com outras pessoas, esses pacientes se retraem, sufocam, controlam, manipulam, rejeitam, agridem ou humilham, provocando a rejeição e o abandono daqueles que são importantes para eles (Leahy, 2008). Assim, os padrões interacionais disfuncionais e os esquemas característicos dos TPs são baseados em modelos de relacionamentos, os quais se tornam consistentemente confirmados pelas consequências interpessoais do comportamento, criando um ciclo cognitivo interpessoal (Leahy, 2008; Okamoto et al., 2019; Safran, 2002; Young et al., 2008). Essa compreensão é fundamental na relação terapêutica com esses pacientes, uma vez que o terapeuta deve agir de forma não complementar aos padrões esquemáticos dos sujeitos.

A RELAÇÃO TERAPÊUTICA COMO RECURSO DE MUDANÇA

Pacientes com TP costumam procurar terapia pelas suas dificuldades em lidar com a ansiedade ou a depressão, e não devido aos seus padrões interacionais disfuncionais. Em uma revisão de estudos realizada por Ventura (2001), constatou-se que a prevalência média de TP em pacientes com transtorno de pânico, fobia social, transtorno de ansiedade generalizada e transtorno obsessivo-compulsivo variou de 50 a 60%. Nos estudos com depressão, a prevalência de TP foi de 30 a 40%, sugerindo que, em geral, cerca da metade dos pacientes com transtornos alimentares, de ansiedade e do humor apresenta algum tipo de TP (Ventura, 2001). Geralmente, o terapeuta, ao usar a terapia cognitivo-comportamental (TCC) padrão com esses pacientes, encontrará algumas dificuldades no manejo terapêutico. Isso ocorrerá porque os pacientes com TP vão recriar, na sessão, os seus estilos interacionais disfuncionais, comportando-se com o terapeuta de um modo guiado pelos seus esquemas e resistindo à agenda da terapia (Leahy, 2008; Falcone & Oliveira, 2020).

Pacientes dependentes costumam buscar reasseguramento, pedindo conselhos ao terapeuta sobre o que dizer a um amigo que pede ajuda com frequência, que tipo de produto comprar, quando tirar férias, etc. Além disso, mostram-se extremamente obedientes na terapia, mas logo se ressentem das sugestões (vistas como imposições) do terapeuta sobre a realização de tarefas. Como consequência, ficam magoados e começam a se distanciar, desmarcando as sessões com frequência. Já os narcisistas costumam se sentir humilhados no papel de pacientes, bem como ao falar sobre as suas vulnerabilidades. Para manter a autoestima elevada, eles usam estratégias de enfrentamento que incluem: desqualificar a terapia e o terapeuta, falar sobre suas conquistas (em vez de suas dificuldades), corrigir a fala do terapeuta, afirmar que a terapia não está adiantando, etc.

Por sua vez, pacientes paranoicos vão desconfiar das intenções do terapeuta, preocupados com a possibilidade de suas sessões serem gravadas ou com as anotações feitas durante a sessão. Além disso, vão omitir informações relevantes para o processo terapêutico e poderão questionar diretamente o terapeuta sobre a honestidade dele. Pacientes com transtorno evitativo também podem omitir informações relevantes, temendo a crítica e a rejeição do terapeuta. Pacientes *borderline* oscilam entre confiar no terapeuta, manifestando carinho, e mostrar-se raivosos. Eles podem se tornar excessivamente apegados, demandando conversas ao telefone ou faltando às sessões, cobram atenção e tempo do terapeuta além do razoável e costumam revelar algo grave geralmente perto do término da sessão, para manter o terapeuta mais tempo junto a si (Falcone, 2006; Falcone & Macedo, 2012; Falcone & Oliveira, 2020; Leahy, 2008).

Os terapeutas podem se sentir frustrados, inseguros, incapazes, inadequados e incompreendidos pelos seus pacientes, em razão das dificuldades para estabelecer uma aliança com eles ou para dar seguimento ao processo terapêutico. No entanto, a resistência e as reações negativas desses pacientes têm mais a ver com seus esquemas e estratégias interacionais disfuncionais do que com as habilidades, a confiabilidade ou a competência do clínico. Além disso, elas constituem uma oportunidade para conhecer e mudar o estilo interpessoal disfuncional do paciente (Oliveira et al., 2020; Rocha et al., 2017). Assim, as emoções negativas do terapeuta, ativadas pelos comportamentos de seu paciente, constituem uma oportunidade para verificar como este se comporta com as outras pessoas em seu contexto interacional, promovendo a autoconsciência (Falcone & Macedo, 2012; Falcone & Oliveira, 2020, Leahy, 2008).

O trabalho mais relevante na relação com pacientes com TP acontece quando os seus padrões interacionais desadaptativos são identificados e abordados durante a sessão, por meio do *feedback* relacional fornecido pelo terapeuta. Isso permite ao paciente aumentar a sua autoconsciência sobre seus estilos recorrentes e, a partir daí, mudá-los (Behary & Davis, 2017; Falcone & Macedo, 2012; Falcone & Oliveira, 2020; Oliveira et al., 2020). Esse processo é realizado por meio da confrontação empática, em que o terapeuta aponta o comportamento disfuncional do paciente naquele momento, validando as suas razões, bem como o seu caráter adaptativo na infância, e, em seguida, ajudando-o a refletir sobre os ganhos e perdas de manter essas estratégias em suas relações interpessoais (Young et al., 2008). O diálogo a seguir ilustra como uma terapeuta reage às suspeitas infundadas de uma paciente com TP paranoide.

VINHETA CLÍNICA

No dia anterior à sessão, ambas se encontraram casualmente em um café. A paciente entrou e viu a sua terapeuta com duas amigas, tomando um café. A terapeuta também a viu e cumprimentou-a com um aceno. A paciente saiu do café rapidamente. No início da sessão, a terapeuta pergunta como foi a semana.

Paciente — Normal. [Responde sem olhar diretamente para a terapeuta, com uma expressão fechada.]

Terapeuta — Você parece triste ou, quem sabe, chateada. Quer falar sobre isso?

Paciente — Não estou certa se posso confiar em você. Como ter certeza de que você vai manter sigilo sobre nossas conversas?

Terapeuta — Bem, não temos absoluta certeza de que seremos traídos por pessoas em quem confiamos. Mas podemos considerar algumas evidências de que algumas pessoas são confiáveis. Por exemplo, algum fato sugere que vou desrespeitar o meu compromisso ético revelando o que os meus pacientes me dizem durante a sessão?

Paciente — Ontem você estava no café, conversando com duas pessoas, e me viu. Depois, vocês ficaram rindo e senti que estavam falando sobre mim.

Terapeuta — Ah, entendi. Acreditar que eu estava me divertindo ao expor você para aquelas pessoas deve ter sido muito duro. Posso imaginar o seu sofrimento. E compreendo também por que você está relutando em fazer revelações nesta sessão, já que se sente traída pela sua terapeuta. Você tem uma história de abusos familiares físicos e verbais na infância, sem contar o *bullying* sofrido na escola. Então, a desconfiança é a sua estratégia de proteção. Você aprendeu que não podia confiar nas pessoas à sua volta. E, naquela fase de sua vida, confiar era mesmo arriscado [validação empática].

(Continua...)

> A paciente ouve emocionada, olhando para o chão.
>
> Terapeuta — Precisamos, no entanto, refletir sobre o papel da desconfiança em sua vida atual. É verdade que algumas pessoas não são confiáveis. Outras são confiáveis, e outras ainda, parcialmente confiáveis. E como podemos saber em quem confiar? Desconfiando de todas as pessoas? Testando e confrontando as contradições delas? Será que essa estratégia está funcionando para você? [confronto]. Proponho avaliarmos isso neste momento. Que vantagens você vê em se manter desconfiando das pessoas?
>
> Paciente — Eu posso evitar que elas me prejudiquem.
>
> Terapeuta — Alguma outra vantagem?
>
> Paciente — Assim eu não me decepciono.
>
> Terapeuta — E quais são as consequências que você tem enfrentado por desconfiar das pessoas?
>
> Paciente — Eu ofendo as pessoas e elas ficam magoadas.
>
> Terapeuta — Mais alguma consequência?
>
> Paciente — [Após uma pausa.] Eu fico só.
>
> Terapeuta — Então, parece que a sua desconfiança está lhe gerando mais perdas do que ganhos, né? O que você acha de revermos esse seu padrão de desconfiança, começando pela sua terapia? Vamos analisar as vantagens e desvantagens de confiar em sua terapeuta? E depois podemos combinar como lidar com a criança abusada que se mantém presente em sua vida atual. Pode ser?

O exemplo a seguir mostra como uma terapeuta lidou com uma reação agressiva inesperada de uma paciente com TP dependente.

> **VINHETA CLÍNICA**
>
> Após ouvir por um tempo as autoverbalizações negativas de sua paciente, a terapeuta tentou manejar o autocriticismo que parecia estar afetando o seu humor e gerando sofrimento. Ela fez isso oferecendo dados teóricos e empíricos para validar a sugestão de que a paciente estava agindo de forma severa consigo mesma. Entretanto, a paciente a interrompeu com a seguinte afirmação:
>
> Paciente — Lá vem você com suas teorias [A fala veio acompanhada de um gesto com um dos braços, sugerindo afastamento, como um sinal de rejeição à fala da terapeuta.]
>
> A revelação inesperada gerou surpresa e indignação na terapeuta, que considerou aquela reação injusta, dado o seu empenho em aliviar o sofrimento da paciente. Nesse momento de possível ruptura da aliança, ela entendeu que deveria colocar os seus sentimentos temporariamente de lado e focar o entendimento daquela reação aparentemente injustificada. O diálogo a seguir demonstra como a experiência foi reveladora para a díade.
>
> Terapeuta — Como você me percebeu quando estava me ouvindo falar sobre ser severa consigo mesma?

(Continua...)

Paciente — Fria. Distante.

Terapeuta — Agora eu entendi. Você precisava se sentir compreendida em seu sofrimento, e eu não fui suficientemente empática. Em vez de validar os seus sentimentos, eu comecei a explicar por que você estava sofrendo. Por essa razão, você me sentiu fria e distante [validação empática]. E, ao se sentir invalidada, você invalidou também a minha fala, com seu gesto e seu questionamento às minhas teorias. Foi isso?

A paciente acena afirmativamente.

Terapeuta — Prometo que vou ficar mais atenta a esses momentos. Por outro lado, creio que isso também reflete o seu padrão de se comunicar quando não se sente compreendida ou validada nas suas interações com os outros. Por exemplo, você queria que eu estivesse próxima e fosse acolhedora naquele momento, mas sua reação verbal e corporal [imita o movimento do braço da paciente] foi de me aproximar ou de me afastar? [confronto].

Paciente — De afastar.

Terapeuta — Isso. Foi o que eu senti. E foi desconfortável para mim. Mas eu sou sua terapeuta e posso entender a coerência interna de seu gesto. Entretanto, eu me pergunto como as pessoas de suas relações se sentem quando você reage assim. Será que elas vão entender o que eu entendi? Ou será que elas vão se sentir gratuitamente agredidas?

Paciente — Sim. Isso aconteceu ontem, com um primo.

Terapeuta — Foi o que pensei. O lado positivo dessa experiência foi podermos identificar o que aconteceu e modificar um padrão. Então, se acontecer de você se sentir incompreendida durante a sessão, você pode apontar isso diretamente, dizendo: "Estou sentindo você fria e distanciada" ou "Não sinto você conectada comigo neste momento". Isso pode me ajudar a me conectar melhor com você. Pode ser assim?

A paciente acena afirmativamente.

Terapeuta — Vale também apontar, nas suas interações, que está se sentindo incompreendida, em vez de desconsiderar a fala da outra pessoa. O que acha?

Paciente — Sim.

O diálogo promoveu alívio para a paciente, que passou a prestar mais atenção nos seus padrões revelados em suas relações pessoais (autoconsciência), bem como para a terapeuta, que transformou o momento de tensão daquela sessão em uma descoberta construtiva, ajudando a aumentar a autoconsciência da paciente e preservando a aliança.

Pacientes narcisistas costumam ser os mais difíceis de tratar e aqueles com os quais é mais complicado estabelecer uma boa aliança. Estudos revelam que pacientes narcisistas tendem a eliciar mais raiva e menos amabilidade, empatia e acolhimento em seus clínicos (Tanzilli et al., 2017). O padrão de arrogo utilizado por esses pacientes costuma ser manifestado em terapia para encobrir a vulnerabilidade. Assim, verbalizações abusivas — desqualificar e corrigir a fala do terapeuta, dizer que está pagando por um tratamento que não funciona, etc. — são comuns durante as sessões. Na interação com esses pacientes, os terapeutas costumam se sentir desvalorizados, inadequados, incompetentes, rejeitados ou manipulados (Young et al., 2008).

O terapeuta precisará impor limites ao comportamento abusivo de seus pacientes. Caso contrário, esse comportamento tenderá a se intensificar. Em casos extremos em que o abuso se torna insuportável para o terapeuta, este deve encerrar o contrato terapêutico, uma vez que não conseguirá ajudar o paciente (Leahy, 2008). Entretanto, geralmente é possível ajudar os pacientes narcisistas a se tornarem autoconscientes de seus padrões arrogantes. Em um caso publicado (Falcone & Macedo, 2012), a terapeuta conseguiu lidar eficazmente com os padrões de arrogo de seu paciente por meio de confrontação empática. A seguir, são apresentados alguns exemplos de confrontação empática advindos desse caso. No primeiro exemplo, a terapeuta responde a uma manifestação arrogante do paciente:

> Eu sei que esta forma de se comportar com as pessoas e comigo neste momento representa uma estratégia que você usa para se proteger e se sentir valorizado. Mas, quando você age assim comigo, eu me desconcentro do meu trabalho de apoiar você e, como qualquer ser humano, eu procuro me proteger e acabo me distanciando de você. Você necessita se sentir compreendido e, para que eu possa manter uma boa conexão com você, eu preciso ser respeitada, assim como você também precisa (Falcone & Macedo, 2012, p. 653).

Em resposta a um discurso inflado, a confrontação empática foi realizada da seguinte maneira:

> Para que eu possa entender e ajudar você, eu preciso entrar em contato com suas vulnerabilidades, com aquilo que está fazendo você sofrer. Eu quero apoiar você na sua dor, em vez de ficar competindo com você. Suas declarações autoelogiosas são estratégias que você usa para se defender, mas não o ajudam a superar os seus problemas (Falcone & Macedo, 2012, p. 653-654).

AUTOCUIDADO E AUTOPRÁTICA EM TERAPIA

Se, por um lado, o exercício da psicoterapia no atendimento a indivíduos com TP produz estresse no terapeuta, por outro lado, a experiência acumulada no tratamento desses pacientes proporciona crescimento pessoal considerável. Em uma revisão sobre o tema, Mahoney (1998) encontrou vários efeitos da prática clínica, como elevação da autoconsciência, da assertividade, da autoestima, da capacidade reflexiva e da flexibilidade emocional. Para o autor, a prática em lidar com os desafios da psicoterapia gera um desenvolvimento psicológico acelerado.

Em revisão mais recente, Dawson (2018) observou que os anos de experiência clínica estão positivamente associados ao aumento da confiança, à percepção do domínio da habilidade clínica, à redução do estresse e da ansiedade, bem como a melhoras no raciocínio clínico e na tomada de decisões. Além disso, em um dos estudos, os terapeutas identificaram a experiência do contato com os pacientes como a influência mais positiva em seu desenvolvimento profissional, seguida da supervisão formal e da terapia pessoal.

Em síntese, lidar com os desafios envolvidos na relação com pacientes difíceis produz no terapeuta, além do domínio técnico inerente à experiência clínica, crescimento pessoal intensivo. Diante das tensões envolvendo o manejo da resistência do paciente, o terapeuta precisa desenvolver recursos para regular as suas emoções e superar dificuldades pessoais por meio da autoconsciência e da autorreflexão.

Se o exercício da profissão produz conhecimento e experiência no terapeuta, como afirmam os estudos, esse conhecimento pode ser potencializado por meio de supervisão baseada em evidências. Padesky (2023, p. XI) afirma que "uma das melhores formas de aprender terapia cognitivo-comportamental (TCC) é usá-la na sua própria vida". Ela declara que utilizava os princípios da terapia cognitiva em si mesma, sendo ela a sua primeira paciente. Posteriormente, passou a incluir esse recurso em seus programas de treinamento e *workshops* (Padesky, 2023). Beck (2019 apud Rodrigues, 2022) também revelou prestar atenção aos seus próprios pensamentos automáticos em situações nas quais sentia ansiedade, raiva ou tristeza.

Em geral, os terapeutas se submetem à psicoterapia como forma de superar os seus problemas pessoais. A partir dessa experiência, eles podem desenvolver a autorreflexão, que os torna mais hábeis para entender a si mesmos e, consequentemente, aos seus pacientes. Entretanto, essas conquistas pessoais podem ser insuficientes para as demandas de habilidades conceituais e técnicas envolvidas na sua prática clínica (Rodrigues, 2022). A partir dessas constatações, surge o programa de autoprática/autorreflexão para terapeutas, com o objetivo de promover uma interligação entre as dimensões pessoais e profissionais, por meio da autorreflexão. O programa inclui 12 módulos e contém duas partes. A primeira focaliza a identificação dos modos antigos ou desadaptativos de ser. A segunda promove a criação e o fortalecimento de novos modos de ser (para uma revisão mais detalhada, ver Bennett-Levy et al., 2023; Rodrigues, 2022).

CONSIDERAÇÕES FINAIS

O exercício da psicoterapia é desafiador, e o domínio do conhecimento teórico e técnico na prática clínica torna-se mais difícil quando o terapeuta está lidando com pacientes com TP. Dessa forma, habilidades interpessoais são fundamentais para o trabalho com esses pacientes. A capacidade do terapeuta de empatizar é tão importante quanto a de confrontar os padrões interpessoais disfuncionais para aumentar a autoconsciência e promover mudanças nos indivíduos com TP. Empatizar envolve compreender e validar o fato de o paciente ser como é, ou seja, implica entender que suas reações hostis, manipuladoras, arrogantes, desconfiadas, etc. têm origens antigas e serviram a uma função que foi adaptativa em seu passado, embora se mostre disfuncional no presente. Confrontar envolve ajudar o paciente a perceber e a mudar seus padrões disfuncionais no momento atual, para que ele entenda as razões de ser hostilizado, abandonado e rejeitado, construindo relações mais saudáveis.

Devemos considerar que o terapeuta também tem uma história que pode levá-lo a desenvolver padrões disfuncionais e, assim, reagir de forma pessoal aos desafios de seu paciente. Desse modo, ele necessita, além dos conhecimentos teóricos e técnicos, aprender a reconhecer e a regular as suas emoções, por meio da autoconsciência e da autorreflexão. Mas é no encontro com o seu paciente que ele tem a oportunidade de aumentar a sua autoconsciência e de crescer. Como disse Leahy (2008), durante a psicoterapia, terapeuta e paciente são ambos pacientes. A utilização, pelo terapeuta, dos recursos da terapia em si mesmo, além da terapia pessoal aliada à supervisão baseada em evidências, é recomendável para potencializar os recursos terapêuticos.

RESUMO

- Um TP corresponde a um padrão persistente de emoções, cognições e comportamentos que resulta em um sofrimento emocional duradouro para a pessoa afetada e/ou para outros.
- Pacientes com TP costumam levar para a relação terapêutica as suas estratégias interpessoais disfuncionais.
- Os padrões interpessoais disfuncionais do paciente costumam ativar emoções desagradáveis no terapeuta, com risco de prejuízos para a aliança, bem como para a saúde e o bem-estar da díade.
- Por meio de uma combinação de empatia e de confronto interpessoal, o terapeuta auxilia na autoconsciência e na mudança dos padrões do paciente.
- A relação terapêutica se constitui como um processo essencial e desafiador, em que ambos se influenciam, o que é tanto difícil quanto fundamental para a mudança.
- Lidar com os desafios envolvidos na relação com pacientes difíceis produz no terapeuta, além do domínio técnico inerente à experiência clínica, crescimento pessoal intensivo, com aumento da autoconsciência, da assertividade, da autoestima, da capacidade reflexiva e da flexibilidade emocional, por exemplo.
- A capacidade do terapeuta de "empatizar" é tão importante quanto a de confrontar os padrões interpessoais disfuncionais do paciente.
- A utilização, pelo terapeuta, dos recursos da terapia em si mesmo, além da terapia pessoal aliada à supervisão baseada em evidências, é recomendável para potencializar os recursos terapêuticos.

REFERÊNCIAS

American Psychiatric Association (APA). (2022). *Diagnostic and statistical manual of mental disorders: DSM-5-TR* (5th ed.). American Psychiatric Association.

Barlow, D. H., & Durand, V. M. (2017). *Psicopatologia: Uma abordagem integrada* (2. ed.). Cengage Learning.

Beck, A. T., Davis, D. D., & Freeman, A. (Eds.). (2017). *Terapia cognitiva dos transtornos da personalidade* (3. ed.). Artmed.

Behary, W. T., & Davis, D. D. (2017). Transtorno da personalidade narcisista. In A. T. Beck, D. D. Davis, & A. Freeman (Eds.), *Terapia cognitiva dos transtornos da personalidade* (3. ed., pp. 248-268). Artmed.

Bennet-Levy, J., Thwaites, R., Haarhoff, B., & Perry, H. (2023). *Experimentando a terapia cognitivo-comportamental de dentro para fora: Um manual de autoprática/autorreflexão para terapeutas.* Artmed.

Bennett-Levy, J., & Thwaites, R. (2007). Self and self-reflection in the therapeutic relationship: A conceptual map and practical strategies for the training, supervision and self-supervision of interpersonal skills. In P. Gilbert, & R. L. Leahy (Eds.), *The therapeutic relationship in the cognitive behavioral psychotherapies* (pp. 255-281). Routledge.

Bowlby, J. (2001). *Formação e rompimento dos laços afetivos* (3. ed.). Martins Fontes.

Davis, D. D., & Beck, J. S. (2017). A aliança terapêutica com pacientes portadores de transtornos da personalidade. In A. T. Beck, D. D. Davis, & A. Freeman (Eds.), *Terapia cognitiva dos transtornos da personalidade* (3. ed., pp. 106-118). Artmed.

Dawson, G. C. (2018). Years of clinical experience and therapist professional development: A literature review. *Journal of Contemporary Psychotherapy, 48*(2), 89-97.

Falcone, E. M. O. (2006). A dor e a delícia de ser um terapeuta: Considerações sobre o impacto da psicoterapia na pessoa do profissional de ajuda. In H. J. Guilhardi, & N. C. de Aguirre (Eds.), *Sobre comportamento e cognição: Expondo a variabilidade* (pp. 135-145). ESETec.

Falcone, E. M. O. (2011). Relação terapêutica como ingrediente ativo de mudança. In B. Rangé (Ed.), *Psicoterapias cognitivo-comportamentais: Um diálogo com a psiquiatria* (2. ed., pp. 145-154). Artmed.

Falcone, E. M. O. (2014). Terapia do esquema. In W. V. Melo (Ed.), *Estratégias psicoterápicas e a terceira onda em terapia cognitiva* (pp. 264-288). Sinopsys.

Falcone, E. M. O., & Macedo, T. F. (2012). Quando o espelho não reflete a imagem idealizada. In C. B. Neufeld (Ed.), *Protagonistas em terapias cognitivo-comportamentais: Histórias de vida e de psicoterapia* (pp. 641-657). Sinopsys.

Falcone, E. M. O., & Oliveira, E. R. (2020). "Com quem você pensa que está falando?" Os desafios no tratamento de indivíduos narcisistas e suas implicações para a relação terapêutica. In M. R. Carvalho, E. M. O Falcone, L. E. N. Malagris, & A. D. Oliva (Eds.), *Produções em terapia cognitivo-comportamental: Integração e atualização* (pp. 331-343). Artesã.

Gazzaniga, M. S., & Heatherton, T. F. (2005). *Ciência psicológica: Mente, cérebro e comportamento.* Artmed.

Genderen, H. V., Rijkeboer, M., & Arntz, A. (2012). Theoretical model: Schemas, coping styles, and modes. In M. van Vreeswijk, J. J. Broersen, & M. Nardot (Eds.), *The Wiley-Blackwell handbook of schema therapy: Theory, research and practice* (pp. 27-39). Wiley-Blackwell.

Gerring, R. J., & Zimbardo, P. G. (2005). *A psicologia e a vida* (16. ed.). Artmed.

Kirby, J. N., & Gilbert, P. (2017). The emergence of the compassion focused therapies. In P. Gilbert (Ed.), *Compassion: Concepts, research and applications* (pp. 258-285). Routledge.

Leahy, R. L. (2008). *Superando a resistência em terapia cognitiva.* Médica Paulista.

Lockwood, G., & Perris, P. (2012). A new look at core emotional needs. In M. van Vreeswijk, J. J. Broersen, & M. Nardot (Eds.), *The Wiley-Blackwell handbook of schema therapy: Theory, research and practice* (pp. 41-66). Wiley-Blackwell.

Mahoney, M. J. (1998). Processos humanos de mudança: As bases científicas da psicoterapia. In A. T. Beck, D. D. Davis, & A. Freeman (Eds.), *Terapia cognitiva dos transtornos da personalidade* (3. ed., pp. 147-169). Artmed.

Okamoto, A., Dattilio, F. M., Dobson, K. S., & Kazantzis, N. (2019). The therapeutic relationship in cognitive–behavioral therapy: Essential features and common challenges. *Practice Innovations*, 4(2), 112-123.

Oliva, A. D. (2015). Origens evolutivas dos transtornos mentais e terapia cognitivo-comportamental. In Federação Brasileira de Terapias Cognitivas, C. B. Neufeld, E. M. O. Falcone, & B. Rangé (Eds.), *PROCOGNITIVA: Programa de atualização em terapia cognitivo-comportamental, ciclo 2,* (pp. 09-60). Artmed Panamericana.

Oliva, A. D. (2018). Manual de psicologia evolucionista: Origens evolutivas dos transtornos psicológicos. In M. E. Yamamoto, & J. V. Valentova (Eds.), *Modularidade Mental* (pp. 98-118). EDUFRN.

Oliveira, E. R., Krieger, S., Viegas, M. P., D'Augustin, J. F., & Falcone, E. M. O. (2020). Déficits de empatia em indivíduos com transtorno de personalidade. In M. R. Carvalho, E. M. O. Falcone, L. E. N. Malagris, & A. D. Oliva (Eds.), *Produções em terapia cognitivo-comportamental* (pp. 239-251). Artesã.

Padesky, C. A. (2023). Apresentação. In J. Bennet-Levy, R. Thwaites, B. Haarhoff, & H. Perry, *Experimentando a terapia cognitivo-comportamental de dentro para fora: Um manual de autoprática/autorreflexão para terapeutas.* Artmed.

Pereira, G. L., Sanchez, C. T., Alonso-Vega, J., Echevarría-Escalante, D., & Froxán-Parga, M. X. (2023). ¿Qué sabemos sobre las variables que subyacen a la actuación del terapeuta altamente eficaz? Una revisión sistemática. *Anales de Psicología*, 39(1), 10-19.

Perving, L. A., & John, O. P. (2004). *Personalidade: Teoria e pesquisa.* Artmed.

Pretzer, J., & Beck, J. S. (2004). Cognitive therapy of personality disorders: Twenty years of progress. In R. L. Leahy (Ed.), *Contemporary cognitive therapy: Theory, research, and practice* (pp. 299-318). Guilford.

Rocha, L. F. D. D., Oliveira, E. R., & Kappler, S. R. (2017). A contratransferência na terapia cognitivo-comportamental: Uma revisão da literatura brasileira. *Revista Brasileira de Terapias Cognitivas*, 13(2), 104-112.

Rodrigues, C. F. V. (2022). Aprendendo a terapia cognitiva de dentro para fora: Contribuições do modelo de autoprática e autorreflexão. In Federação Brasileira de Terapias Cognitivas, C. B. Neufeld, E. M. O. Falcone, & B. P. Rangé (Eds.), *PROCOGNITIVA Programa de Atualização em Terapia Cognitivo-Comportamental: ciclo 9* (pp. 35-71). Artmed Panamericana.

Safran, J. D. (2002). *Ampliando os limites da terapia cognitiva: O relacionamento terapêutico, a emoção e o processo de mudança.* Artmed.

Tanzilli, A., Muzi, L., Ronningstam, E., & Lingiardi, V. (2017). Countertransference when working with narcissistic personality disorder: An empirical investigation. *Psychotherapy*, 54(2), 184-194.

Ventura, P. (2001). Transtorno de personalidade limítrofe (borderline). In B. Rangé (Ed.), *Psicoterapias cognitivo-comportamentais: Um diálogo com a psiquiatria* (pp. 372-382). Artmed.

Young, J. E., Klosko, J. S., & Wheishaar, M. E. (2008). *Terapia do esquema: Guia de técnicas cognitivo-comportamentais inovadoras.* Artmed.

17

A relação terapêutica na prática clínica ante o processo de morte e de luto

Caroline Santa Maria Rodrigues
Débora S. de Oliveira
Laura Teixeira Bolaséll

Na prática clínica com pacientes enlutados, somos convidados a um encontro humano permeado por diversos sentimentos provenientes de uma visão de mundo que foi assolada pela imprevisibilidade de uma perda. Nesse contexto, enquanto terapeutas, precisamos refletir sobre o nosso lugar e o lugar de nossos pacientes na relação humana, ficando atentos a quem nos tornamos diante de cada outro, e diante do sofrimento do outro, pois a cada escuta e a cada história nos tornamos únicos na relação que se estabelece. É fundamental, mais do que dominar as técnicas da terapia do luto, refletir a respeito do que fazemos com elas e considerar a estrutura relacional mais ampla que fornece sustentação para a terapia do luto se tornar responsiva.

Dessa forma, o objetivo deste capítulo é discorrer a respeito da relação terapêutica com foco em enlutados, utilizando para isso perspectivas de diferentes correntes sobre o processo de luto. Partiremos da concepção de que as intervenções profissionais poderão assumir o caráter de *apoio*, de *aconselhamento* e de *atuação terapêutica* (Barbosa, 2016). Muitos enlutados responderão bem ao *apoio* recebido de familiares e amigos, bem como à ajuda prática representada por informações a respeito do processo vivenciado. Já outros necessitarão de *aconselhamento*, recebendo orientações para o enfrentamento do luto ofertadas por conselheiros — isto é, não necessariamente por profissionais do campo de saúde mental. Uma minoria necessitará de intervenção especializada para se restabelecer após a perda. Abordaremos a relação terapêutica de forma ampla e com foco principalmente na intervenção especializada, mas as orientações fornecidas também podem ser utilizadas por conselheiros.

LUTO E A RELAÇÃO DE AJUDA

Perder um ente querido causa impacto significativo em todos os envolvidos — dos pontos de vista emocional, físico, cognitivo e comportamental —, sendo um processo transacional que ocorre ao longo do tempo (Walsh & McGoldrick, 1998). Não há uma forma única e certa de enfrentar a morte e o luto, mas há uma forma singular de experienciar a perda reconstruindo o sentido da vida e da morte. O processo decorrente de uma perda é chamado de "luto" e consiste na reconstrução de uma vida — e, mais ainda, de uma identidade pessoal e social que se encontra modificada pela perda. Trata-se, portanto, de um processo individual, e não de um processo igualitário ou normativo para todas as pessoas (Neimeyer & Keesee, 1998).

Contudo, a morte e a perda são tabus em nossa sociedade. Trata-se de temas que, por serem evitados, talvez causem maior impacto na população. Os enlutados constroem o significado de uma perda em sua rede social com a influência de sua família, sua comunidade e sua cultura (Milman & Neimeyer, 2022), e a desatenção de nossa cultura em relação à morte (Walsh & McGoldrick, 1998) contribui para que existam barreiras à construção de significados, favorecendo, por vezes, que o processo de luto não seja vivenciado de forma natural. Nesse contexto, o terapeuta se torna figura essencial, possivelmente a única com disponibilidade para escutar o sofrimento do enlutado. Por isso, o profissional necessita assumir uma postura humilde e colocar-se na posição de aprendiz, propondo-se a compreender as particularidades da realidade de perda e despindo-se do seu conhecimento prévio e especializado na temática do luto. Ou seja, é necessário libertar-se de pressupostos e não partir da suposição de que se sabe o suficiente sobre a pessoa (enlutada) ou o assunto (luto). É importante escutar com disponibilidade, respeito e tolerância, de modo a compreender a necessidade por trás do que está sendo dito.

O processo de luto, decorrente de uma perda significativa, é eminentemente um processo de interferência relacional em que há quebra do vínculo, da relação com o objeto perdido. Por isso, o fator mais importante para a eficácia de todas as formas de intervenção no luto é a possibilidade de ocorrer um verdadeiro encontro com empatia e compaixão, um encontro que ofereça ao enlutado uma experiência elaborativa (Hoyt & Larson, 2010; Jordan & Neimeyer, 2003; Wampold, 2010).

Ao longo do processo terapêutico, é necessário que o profissional assuma uma postura ativa de abertura e exploração do mundo individual do paciente, apresentando interesse genuíno em conhecer a sua relação com o ente querido perdido, para assim poder entender minimamente o significado da perda e a dimensão das mudanças vividas. Por outro lado, o paciente deve permitir que o terapeuta, com sua postura interessada e atuante, adentre e tome conhecimento de sua individualidade. Responder às necessidades emocionais do enlutado também significa fazer com que ele se sinta valorizado. Por meio da validação (de seus sentimentos, afetos, comportamentos), da legitimação (de necessidades do luto) e da normalização (de falhas e dificuldades), é possível afirmar e significar a existência do enlutado na relação e, assim, fazê-lo sentir que é parte importante dela. Além disso, o reconhecimento de seus esforços, a compreensão de seus comportamentos e o respeito pelo que faz são elementos essenciais para o incremento da sua autoestima, possibilitando que se sinta à vontade no processo terapêutico.

Para que o enlutado não se sinta inadequado, diferente ou deslocado devido ao que está sentindo, para que não acredite ser o único a passar por aquela situação, é importante que o profissional, por meio da mutualidade, aja de forma a confirmar a história pessoal compartilhada. Se o paciente sente que está na presença de alguém que é semelhante, que tem uma existência humana similar, o processo de morte e de luto se torna mais humano e singular. Também é relevante fazer com que o enlutado se sinta importante, isto é, fazer com que perceba que consegue despertar a atenção e o interesse do profissional pelo que está expressando. O profissional deve assumir uma postura atenta, demonstrando que o que o paciente compartilha é um sofrimento genuíno que reverbera no *setting*.

VINHETA CLÍNICA

Maria, 68 anos, recebeu a notícia do falecimento de seu marido, João, que estava internado há algumas semanas no hospital. O atendimento psicológico acontece ainda na enfermaria, onde Maria se encontra em pé ao lado do leito em que está o corpo de João. Ela olha fixamente para o marido.

Terapeuta — Maria, sou psicóloga. A enfermeira acabou de me avisar do falecimento do seu marido. Estou aqui para acompanhá-la no que você precisar e se assim desejar. Sinta-se à vontade para dividir comigo o que está pensando.

Maria olha para a terapeuta e torna a olhar para João. Ela está com um terço nas mãos.

Paciente — Graças a Deus ele morreu!

Terapeuta — Está bem! Quer dividir comigo o sentimento que leva você a ter esse pensamento?

Paciente — Foram 48 anos de casamento, 48 anos sendo agredida em silêncio. Cumpri a minha parte. Até que a morte nos separe. Mantive minha palavra perante a Deus.

Terapeuta — Compreendo. Não deve ter sido nada fácil...

Maria olha para a terapeuta.

Paciente — Você deve pensar que sou uma péssima esposa por me sentir aliviada e agradecer a Deus pela morte do meu marido.

Terapeuta — De forma alguma. Ao contrário, compreendo seu sentimento como legítimo. O luto é um processo que desperta diversos sentimentos, de acordo com a relação que temos com a pessoa que perdemos. Sentir-se aliviada faz de você uma pessoa humana reagindo à relação que vocês tiveram ao longo destes anos. Está tudo bem você se sentir assim!

O paciente enlutado que busca compreensão e suporte para o seu sofrimento necessita ser recebido por um profissional sensível à sua complexa vivência de perda, alguém disposto a estabelecer uma relação genuína, compassiva e empática (Worden, 2013). A postura ativa do profissional deve estar presente não só no momento inicial de adentrar a individualidade do paciente, mas também ao longo de todo o processo terapêutico. O enlutado precisa sentir que o profissional apresenta curiosidade, intuição, antecipação, explicação, envolvimento genuíno e interesse em reconhecer e satisfazer suas necessidades relacionais. Em alguns casos, a postura passiva do enlutado está vinculada à necessidade de que o outro tome a iniciativa e se aproxime, fazendo com que ele se sinta reconhecido e validado em suas necessidades relacionais.

Por fim, mas não menos importante, o enlutado precisa sentir que tem permissão para dar e receber amor — por meio do sentimento de gratidão calado ou então agradecendo, dando afeto ou fazendo algo pelo profissional. Caso isso não ocorra, pode haver dificuldade no acesso à intimidade reparadora do processo de morte e de luto.

RELAÇÃO TERAPÊUTICA ANTE O PROCESSO DE MORTE E DE LUTO

A partir dos estudos teóricos e da nossa prática clínica, propomos uma forma esquemática de compreender a relação terapêutica nesse contexto. No processo de morte e de luto, há um encontro de dois mundos distintos, com histórias, valores e *backgrounds* culturais diferentes que necessitam estar em sintonia. O mundo do enlutado é composto por suas concepções, seus valores e seus princípios (influenciados por diversos sistemas que os atravessam — familiar, social, cultural, espiritual, etc.), bem como por suas necessidades relacionais. Já o mundo do terapeuta é constituído pelo conhecimento adquirido sobre o processo de luto e por suas próprias concepções a respeito da vida e da morte, suas estratégias de enfrentamento (autocuidado, espiritualidade, etc.) e suas competências desenvolvidas para trabalhar com enlutados (teoria, supervisão, cursos de formação, etc.). É nesse encontro, por meio de compaixão, conscientização, sincronização, indagação, sustentação emocional e implicação, que a relação terapêutica se torna potente para a ressignificação do luto.

Na Figura 17.1, representamos de forma esquemática a relação terapêutica estabelecida com o enlutado, por meio de seus componentes e dos fatores que a atravessam. Entendemos que o processo terapêutico eficaz depende dessa engrenagem formada pelo enlutado, pelo terapeuta e por suas especificidades. A engrenagem em movimento é a relação terapêutica acionada adequadamente, o que ocorre quando utilizamos os componentes que lubrificam e viabilizam a fluidez do processo. Compreender o processo de luto é o primeiro passo para que se atinja uma relação de presença constante, sensível e sintonizada, fornecendo resposta recíproca a cada necessidade apresentada. A dor do luto é carregada por uma experiência visceral, muitas vezes ocasionando vulnerabilidade física, emocional e social. Por isso, é necessário que o enlutado se sinta protegido, isto é, em segurança. Proporcionar que ele seja es-

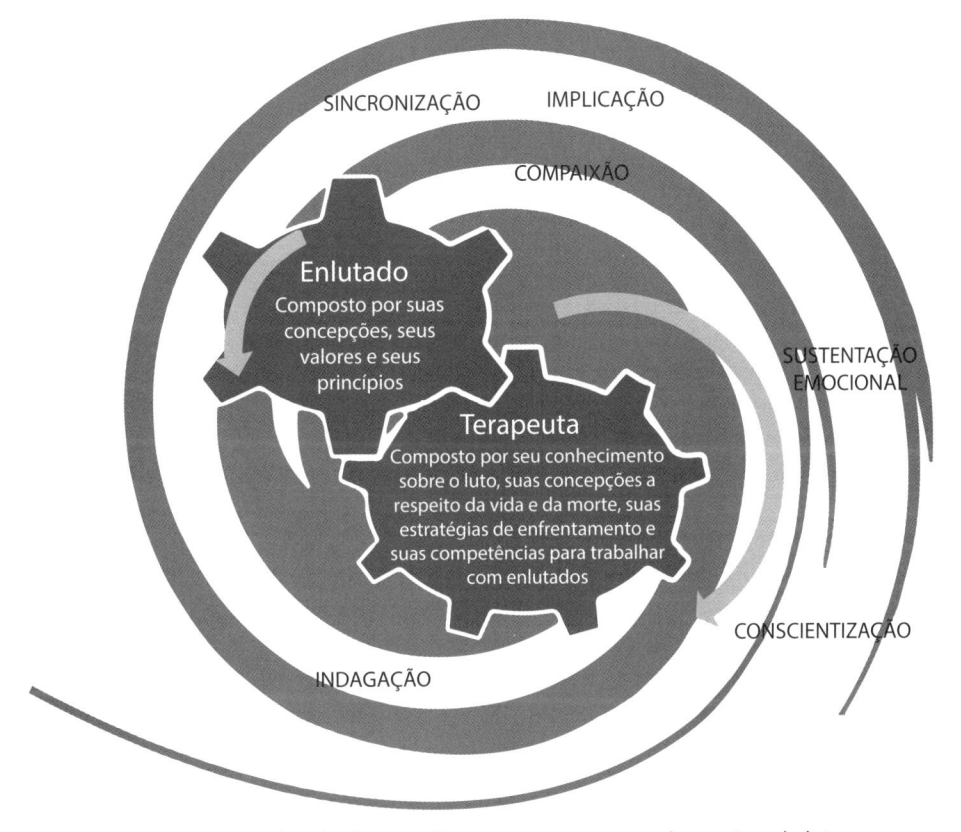

FIGURA 17.1 Esquema da relação terapêutica ante o processo de morte e de luto.

cutado e aceito em suas necessidades vai oportunizar que se expresse de forma livre, confiando ao profissional seus sentimentos, pensamentos, comportamentos e fantasias. Dessa forma, construir uma relação previsível e congruente com uma postura forte e, ao mesmo tempo, calma, que protege o enlutado e devolve a ele a percepção de controle da sua própria vida, é fundamental.

Sustentação emocional

Sustentar emocionalmente implica entrar em contato com as emoções do enlutado. Devemos senti-las dentro de nós e construir uma identificação transitória com o outro, mas sem que isso leve a uma atuação em busca da resolução imediata dessas emoções. Os enlutados podem apresentar dificuldades em experienciar, descrever, explorar e integrar emoções, tendo problemas para reconhecê-las e distingui-las dos pensamentos e das sensações corporais e para encontrar palavras pertinentes para expressá-las. Diante da perda, os mecanismos de regulação emocional do enlutado, que possibilitam a identificação, a avaliação, a compreensão e a modelação das reações emocionais, podem se tornar desadaptativos.

> **VINHETA CLÍNICA**
>
> Fábio, 29 anos, recebeu a notícia do falecimento de sua esposa, Alice, que estava internada há algumas semanas no hospital. O acompanhamento ocorreu durante e após a comunicação de falecimento realizada pela equipe médica.
>
> Paciente — [Falando num tom de voz sem alteração.] É isso, doutor, que você tem para me dizer?
>
> O paciente começa a caminhar a passos largos pelo corredor do hospital sem dar ouvidos ao terapeuta, até que, em um ato impensado, passa a dar socos na parede.
>
> Terapeuta — Por favor, Fábio, vamos conversar. [O terapeuta inicia a contenção física, contendo o paciente por meio da técnica do abraço de urso.] Em silêncio, Fábio desaba no choro, seu corpo amolece ao sentar-se no chão. O terapeuta senta-se junto a ele e, em silêncio, sustenta a dor pela sua perda.
>
> Paciente — Não posso acreditar. Em menos de três anos, eu perdi todos. Primeiro minha mãe, no ano passado meu pai e agora ela. Como vou continuar a viver?

Considerando o luto um processo adaptativo frente à perda, cuja manifestação mais evidente é a dor emocional, é fundamental que na relação terapêutica o manejo das emoções esteja presente, favorecendo a nomeação, a expressão, a exploração, a validação e a integração emocional (Barbosa, 2016). Essa será a única forma de contribuir para o processamento e a regulação emocional do enlutado. A sustentação visa a auxiliar o indivíduo a não atuar e a atingir a integração emocional por meio de identificações empáticas passageiras com o enlutado, permitindo pensar e utilizar essas emoções para refletir.

Implicação

Esse componente, necessário para a relação terapêutica, consiste no comprometimento contínuo com o processo de reorganização do enlutado, sendo importante que a implicação respeite as necessidades relacionais do paciente, as quais podem se transformar ao longo do tempo. A implicação requer que o profissional esteja disponível em momentos difíceis, como datas significativas ou etapas importantes do processo de luto (p. ex., rituais de despedida, realização do inventário, audiências), que tenha interesse genuíno no que se passa com o outro e que tenha zelosa preocupação com o enlutado. Segundo Barbosa (2016), a implicação será atingida quando considerarmos fatores como a *presença*, o *reconhecimento*, a *validação* e a *normalização*.

A *presença* é a capacidade de ser receptivo aos afetos do enlutado, de ser tocado e ainda assim permanecer capaz de sentir e refletir. Ela expressa o contato interno e o externo, por meio de comunicação verbal e não verbal, bem como de respostas refletidas e em sintonia com as expressões do enlutado, respeitando e potencializando a sua integridade e proporcionando uma conexão interpessoal segura. O *reconhecimento* diz respeito à investigação, delicada e respeitosa, pertinente e oportuna, que nos permite compreender, por meio do que o paciente nos traz, a função psicológica do comportamento, para que possamos ir em busca de ressignificar o processo vivido. Nesse contexto, é fundamental que estejamos atentos ao material que o paciente nos disponibiliza por meio das sensações somáticas, dos estados afetivos, do sistema de crenças, dos comportamentos e das necessidades relacionais. A *validação* tem como objetivo valorizar a singularidade do enlutado. Para isso, será fundamental mostrar que o padrão de resposta diante da perda está relacionado a algo significativo da sua experiência. Quando conseguimos fazer com que o enlutado perceba que o tempo e o modo das vivências têm uma função psicológica importante e que se relacionam aos aspectos significativos do luto, conseguimos diminuir a sua tendência a minimizar ou até a negar internamente o significado dessa experiência, aliviando a sua sensação de inadequação.

Apesar de diversos sentimentos serem esperados, é sabido que o mais comum é o de tristeza (Worden, 2013). Ainda assim, é frequente a invalidação do sofrimento, justamente devido à dificuldade da sociedade em lidar com a finitude, a morte e o luto. Dessa forma, o profissional precisa ficar atento, sendo continente e construindo um espaço seguro para que o enlutado se sinta acolhido e validado em suas emoções.

Também precisamos considerar a necessidade de validar sentimentos não tão compreendidos pela sociedade, como é o caso dos sentimentos de alívio, libertação ou culpa. Muitas vezes, o enlutado, por acompanhar o sofrimento prolongado de seu ente querido, experimenta alívio após a sua morte, compreendendo que o sofrimento vivido foi interrompido por ela, o que proporciona inclusive melhora no enfrentamento do luto, caso seja validado. No entanto, o risco de experienciar esse sentimento sem validação é que apareça a culpa, por meio de julgamentos morais, ocasionando mais dor e dificuldade na ressignificação do luto.

> **VINHETA CLÍNICA**
>
> Joana, 82 anos, busca atendimento psicológico após ficar viúva de seu marido, que conviveu com uma doença degenerativa por mais de 20 anos. Ela esteve ao seu lado durante todo o tratamento.
>
> Paciente — Eu estou aqui pois tenho dúvidas, não sei se vivo um processo de luto ou se estou negando essa dor. Eu me sinto bem na maior parte do tempo. No entanto, acho estranho não sentir a tristeza que eu deveria sentir no processo de luto. Por vezes, eu me sinto até aliviada [fala de forma envergonhada].
>
> Terapeuta — Considerando que você viveu a maior parte do seu casamento acompanhando o sofrimento dele pela doença, e também o seu próprio sofrimento diante do acompanhamento da dor dele, não é esperado que agora você se sinta aliviada?
>
> Paciente — Pois é, posso dizer que minha vida não foi nada fácil. A descoberta da doença foi após cinco anos de casada. A bem dizer, eu convivi mais com ele doente e sofrendo do que com ele saudável. Meu casamento foi bem diferente do que eu imaginara. Sofri muito ao longo desses anos, chorava escondida para ele não ver. Posso dizer que me deixei de lado por longos anos para priorizar as necessidades dele.
>
> Terapeuta — Então, diante de tudo o que você viveu, é natural você se sentir aliviada. Esse sentimento é reflexo da história de vocês.

A normalização tem um efeito similar ao da validação, pois busca proporcionar que o enlutado sinta que o que está acontecendo é esperado e que ele não está adoecendo. Nesse caso, não se trata de simplificar a sua preocupação, mas de psicoeducar com presença e reconhecimento por parte do terapeuta. É necessário que o profissional esteja disponível para compartilhar o seu conhecimento sobre o luto, de modo que, por meio da psicoterapia e da relação de troca com ele, o paciente possa construir os significados necessários para as modificações em sua identidade e em sua vida a partir de sua perda (Franco, 2021).

No acompanhamento de enlutados, é muito comum que o paciente se questione sobre as oscilações vivenciadas no seu dia a dia: ora ele se sente muito conectado com a perda, a saudade e o vazio de sua vida sem a presença do ente querido, ora se sente motivado com as atividades de seu cotidiano. Em alguns momentos, escutamos frases como: "Será que estou ficando louco?", "Não vejo meus familiares oscilando ou manifestando tanto sofrimento como eu". Frente a essas indagações, a normalização por meio da psicoeducação sobre as reações de luto pode beneficiar o paciente, assim como a validação, que vai reconhecer a singularidade da sua experiência de luto e sofrimento.

Conscientização

"Conscientização" é o termo que utilizamos para nos referirmos à qualidade da interação e da comunicação que vamos estabelecer com o enlutado na relação terapêutica. Manter nossa atenção de modo que tenhamos consciência de nós mesmos durante o encontro com o enlutado implica que a relação se construa por meio de um processo *de-para*. A consciência a respeito de si e do outro é fundamental para estabelecer uma autêntica aceitação de si mesmo, proporcionando um encontro sensível (Barbosa, 2016). Assim, o profissional atende o enlutado a partir de seu próprio senso de identidade, por meio da leitura de suas próprias respostas, a nível cognitivo, emocional e físico (Neimeyer, 2012). A relação construída, como base estrutural do processo terapêutico, suporta tudo o que acontece e o que aconteceu, proporcionando segurança para confiar, sentir, recordar, experimentar novos comportamentos e integrar tudo o que se é verdadeiramente e tudo o que se pode vir a ser.

Sincronização

A sincronização é a capacidade de nos relacionarmos de forma harmônica com o enlutado, tornando-nos capazes de detectar estados e necessidades, bem como de responder de forma mínima e coerente a ele. Numa analogia, associamos a sincronia a uma dança com o enlutado: devemos identificar o ritmo escolhido por ele e responder com a execução de passos coerentes. É fundamental desenvolver a sincronização, buscando estar de acordo com os estados somáticos, emocionais, cognitivos ou comportamentais congruentes com as necessidades relacionais do paciente. A sincronia permitirá que o profissional se desloque para "dentro" do paciente, de modo que a intervenção chegue às necessidades específicas e aos processos que estão ocorrendo com ele. O profissional que sincroniza sentindo, por exemplo, a tristeza e sua dor insuportável, bem como antecipando esse estado emocional e sendo capaz de validar as palavras ou gestos do paciente, é capaz de confirmar a sua qualidade afetiva, refletindo o seu sentir e proporcionando confiança.

As especificidades do luto e suas diferentes manifestações por vezes podem se refletir na sincronia com o paciente. Casos de lutos não reconhecidos, por exemplo, em que o direito de sofrer pela perda e enlutar-se não é reconhecido ou autorizado socialmente (Doka, 1989, 2002), podem representar um desafio para a relação terapêutica. Tal especificidade decorre, principalmente, de circunstâncias consideradas, em dado contexto social e/ou cultural, menos importantes ou não passíveis de expressão de sofrimento, como perda de animais de estimação, abortos (espontâneos ou não), suicídios, homicídios relacionados ao crime (p. ex., tráfico de drogas) e perda de ex-cônjuges. Considerando que o terapeuta também se encontra num dado contexto social e cultural, ele pode sentir dificuldade de sincronizar ou até mesmo de empatizar com seu paciente. Será necessário, então, que se proponha a compreender a importância e o significado da perda em questão na vida do enlutado, podendo traçar assim conexões com seu sofrimento. Para Neimeyer e Jordan (2022), analisar as falhas da empatia na desqualificação do luto não reconhecido pode auxiliar no desenvolvimento de uma relação terapêutica de maior amparo e conexão.

Outra manifestação que pode dificultar a sincronia com o enlutado é a expressão de sentimentos como alívio e libertação após uma perda. No contexto cultural ocidental, em que se trata a morte como tabu, expressões como a de alívio podem provocar estranhamento ou até desconforto emocional no terapeuta. Assim, é imprescindível que ele se proponha a olhar para si e a exercitar a desconstrução da ideia de que suas crenças a respeito da morte e do luto são as únicas verdadeiras, buscando compreender a dimensão da experiência de perda em questão no contexto da história de vida singular do seu paciente. A supervisão, assim como a psicoterapia, é um espaço com potencialidade para tais reflexões e desconstruções.

> **VINHETA CLÍNICA**
>
> Em um momento de supervisão, a terapeuta reconhece a dificuldade de empatizar com o sofrimento de uma paciente que vivencia o adoecimento de seu cachorro de estimação e expressa importante sofrimento emocional frente à possibilidade de perda. No espaço da supervisão, a terapeuta sente-se confortável para reconhecer a ausência de relações como essa em sua própria história de vida, bem como o papel e o significado dado aos animais no seu contexto familiar, o qual é diferente do de sua paciente. Racionalmente, a terapeuta compreende a dimensão da relação de sua paciente com o *pet* e, como forma de buscar sincronia e conexão emocional mais significativa, imagina como seria essa experiência para uma amiga muito próxima, com quem convive, que tem uma relação significativa com seu *pet*.

Indagação

O processo de indagação convida o enlutado, de forma respeitosa, com interesse genuíno e constante atenção à sincronia, a explorar e aprofundar sua experiência pessoal. Isso vai além do questionamento da entrevista clínica. A ideia é fazer com que o paciente se dê conta do seu universo íntimo inexplorado para que aprofunde o nível de conhecimento e de relação consigo próprio. O profissional deve adotar uma atitude colaborativa e não diretiva, a fim de apenas orientar o processo. Trata-se de uma ferramenta utilizada para conduzir o paciente pelo território da sua experiência íntima. Além de levá-lo ao desenvolvimento do conhecimento a respeito da perda, essa ferramenta também o conduzirá ao passado e à relação de ajuda estabelecida com o próprio profissional. A indagação se estabelece através das portas de entrada abertas pelo enlutado: somática, emocional, cognitiva e comportamental.

Muitas vezes, a experiência de perda fará com que o enlutado tenha a sensação de que já não reconhece o mundo onde se encontra e até de que a sua vida não tem mais sentido. Tal sensação normalmente se deve ao fato de que uma perda pode romper com as concepções prévias a respeito do mundo, da vida e até de si mesmo (Neimeyer & Jordan, 2002). Por meio da indagação, terapeuta e paciente iniciam uma jornada de descoberta do significado desse mundo e dessa identidade modificados, permitindo que se inicie o processo de reconstrução.

Compaixão

É frequente o desenvolvimento de saturação profissional devido ao trabalho constante de acolher o sofrimento dos enlutados, com implicações graves à saúde, que assumem a forma de *burnout*, fadiga de compaixão e/ou trauma secundário. Por isso, entendemos que, mais do que empatia, precisamos ter compaixão:

> A compaixão nos leva a compreender o sofrimento do outro e a transformá-lo. Por isso precisamos ir além da empatia. Todos nós precisamos de pessoas capazes de entender nossa dor e de nos ajudar a transformar nosso sofrimento em algo que faça sentido (Arantes, 2016, pp. 55).

É com a compaixão que compreendemos o sofrimento do outro sem que sejamos contaminados por ele, pois conseguimos ir ao encontro do outro utilizando-nos de quem somos e do que somos capazes, mas sem desrespeitar nossos limites (Arantes, 2016). Diante de um enlutado, é fundamental que possamos nos colocar no seu lugar a partir da sua concepção de mundo, desenvolvendo a capacidade de observar como ele se expressa verbal e não verbalmente. Também é necessário que possamos observar as nossas próprias sensações, nos perguntando como seria experienciar aquela perda (Barbosa, 2016). No entanto, precisamos respeitar nossos limites, entendendo o impacto que cada atendimento tem em nós — isto é, precisamos nos conhecer, compreendendo o quanto nos dispomos a nos colocar no lugar do outro. Algumas vezes, são necessários momentos de pausa para que possamos identificar o que nos recarrega e seguir.

RELAÇÃO TERAPÊUTICA COM PACIENTES EM CUIDADOS PALIATIVOS EXCLUSIVOS

O cuidado paliativo, segundo a Organização Mundial da Saúde (OMS), é uma abordagem que visa a melhorar a qualidade de vida de pacientes e familiares que enfrentam uma doença que ameaça a vida (World Health Organization [WHO], 2020). Ele é realizado por meio do tratamento da dor e de sintomas físicos, sociais, psicológicos e espirituais. O cuidado paliativo pode ser ofertado juntamente ao cuidado curativo, porém, quando já não há alternativas de tratamento, diz-se que o paciente se encontra em cuidados paliativos exclusivos.

Apesar de esse *status* não significar que o paciente se encontra em fase final de vida, ele pode se conectar com a possibilidade de sua morte, o que merecerá atenção no processo terapêutico. Frente a esse cenário, o terapeuta precisa ter disponibilidade emocional para acompanhá-lo em seu processo de finitude e considerá-lo em sua integralidade, acolhendo emoções expressas, respeitando valores e validando a sua dignidade (D'Alessandro et al., 2020; Matioli & Costa, 2021).

Embora não exista literatura específica a respeito da relação terapêutica com pacientes em cuidados paliativos, estudos apontam para algumas habilidades e ferramentas necessárias aos profissionais que trabalham com a finitude, a morte e o luto: (1) dispor de conhecimento técnico; (2) ter conhecimento da sua própria história de dificuldades e perdas e de como as enfrentou, sendo importante compreender que sua forma de enfrentamento não será igual à dos pacientes e famílias que acompanhará; (3) construir uma relação de suporte com a sua equipe de trabalho; (4) falar sobre o luto no dia a dia e reconhecer os lutos vividos no seu trabalho, como o luto pela morte de um paciente; (5) manter atenção constante para não agir de maneira automática no cuidado com o paciente; (6) avaliar constantemente a disponibilidade emocional para o cuidado (Kovács, 2011).

Com base nessas habilidades, entende-se que a relação terapêutica no contexto de cuidados paliativos exclusivos será marcada por uma abertura para conversar sobre a morte e tudo o que a envolve, quando tal interesse for manifestado. Antes disso, o terapeuta deve estar atento aos limites emocionais indicados pelo paciente, que sinaliza quando é permitido avançar na temática. Com atenção e cuidado, o terapeuta deve demonstrar interesse pelas percepções do paciente a respeito do seu corpo e da sua história, considerando sentimentos e dificuldades expressos, ouvindo, acolhendo e respeitando seus valores. Também é importante que expresse suas emoções despertadas de forma genuína, buscando uma relação leve e prazerosa com o paciente.

> **VINHETA CLÍNICA**
>
> Olga, 74 anos, paciente oncológica, ao compreender que já se encontrava em processo ativo de morte (quando se inicia a falência múltipla de órgãos sem que seja possível empregar medidas curativas), em um atendimento psicológico durante a internação hospitalar, compartilhou suas percepções sobre estar vivendo os seus últimos dias de vida ("aguardando a morte chegar").
>
> Paciente — Você deve estar surpresa comigo.
> Terapeuta — Por quê?
> Paciente — Porque estou falando abertamente sobre a morte.
> Terapeuta — Você acha que eu não estou confortável?
> Paciente — Nunca tinha conseguido conversar com alguém sobre a minha morte.
> Terapeuta — Eu me sinto confortável. Entendo que nossa vida é finita e que falar sobre isso seja difícil para muitas pessoas... então eu considero um ato de coragem que você se proponha a refletir sobre a sua própria finitude. Obrigada por confiar em mim para compartilhar os seus pensamentos sobre o fim da sua vida.
>
> As duas terminaram o atendimento com um abraço apertado, sabendo que seria o último e que haviam compartilhado o que Olga sentia de mais íntimo em relação ao fim da sua vida.

Em alguns casos, o terapeuta pode se ver no papel de dar continuidade a alguns desejos do paciente e ser a sua voz, finalizando algumas comunicações, relatando sentimentos que o paciente planejava expressar para algum membro da família ou até mesmo expondo seus desejos de fim de vida, como velório e destino do corpo (p. ex., cremação). O desempenho de tal papel é permitido nessa relação terapêutica.

> **VINHETA CLÍNICA**
>
> Dora, 35 anos, foi atendida duas vezes em sua internação hospitalar. Ela estava apresentando piora progressiva e realizando sua última tentativa de quimioterapia no tratamento de câncer de mama metastático. A paciente havia solicitado atendimento psicológico para organizar os seus cuidados e desejos de final de vida. Estava consciente de sua baixa qualidade de vida e falava abertamente sobre o fim de sua vida, que, ela acreditava, aconteceria na internação atual. Dora lamentava intensamente não estar presente na vida de seus filhos e refletia sobre os seus últimos desejos e sobre o que gostaria de deixar para eles e para seu marido. Ela pensava em escrever uma carta, mas não tinha certeza de que essa seria a atitude correta.
>
> No atendimento, a terapeuta buscou conhecer a sua história e estimulou uma reflexão sobre o que era importante para que Dora pudesse viver esse período com o máximo de sentido possível. Ao longo dos dois atendimentos, foi planejado o desenvolvimento de um material em que a paciente deixaria recados e desejos. No entanto, no dia seguinte, quando haveria a gravação e a posterior produção desse material, a paciente apresentou piora súbita, sendo necessário iniciar sedação para o seu conforto.

(Continua...)

> A terapeuta foi tomada por um sentimento de tristeza e frustração, questionando-se se deveria ter esperado até o dia seguinte, mesmo sabendo que não tivera tempo hábil em sua agenda. Ela refletiu sobre seu papel em relação às informações expressas pela paciente a que tinha acesso. Contar para o marido o que Dora planejava falar na gravação seria uma quebra de sigilo? Entendeu que não, uma vez que a paciente já tinha a intenção de dizer aquilo.
>
> Assim, a terapeuta decidiu se tornar a voz da paciente naquele momento, pegando na sua mão e dizendo: "Oi, Dora, aqui é a sua psicóloga. Lembra que a gente tinha combinado de gravar aquelas respostas? Infelizmente, a gente não conseguiu, mas estou aqui com o seu marido e peço licença a você para contar aquelas coisas que você planejava gravar". Contou sobre a tristeza de Dora por não ver os filhos crescerem e sobre o seu desejo de que todos fossem felizes e não paralisassem suas vidas. Contou que Dora sabia que aquela casa cheia de homens ficaria bagunçada, mas que também sabia que conseguiriam se organizar de alguma forma. Por fim, disse que Dora amava a todos com todo o seu coração. Em seguida, o marido da paciente pôde expressar o quanto a amava, entre lágrimas. O atendimento foi seguido por agradecimentos e uma sensação de paz e dever cumprido ("dentro do possível") por parte da psicóloga, que, claro, terminou a conversa com lágrimas nos olhos.

Outro aspecto importante na abordagem dos cuidados paliativos são as dimensões de espiritualidade e religiosidade. A relação terapêutica na prática clínica envolvendo o processo de luto deve propiciar uma escuta atenta, empática e sem julgamento, de modo a abordar a espiritualidade e a religiosidade como dimensões importantes a serem consideradas, uma vez que representam fatores protetivos e estratégias de enfrentamento relevantes diante de um evento estressor. Ao conhecer e identificar as necessidades e as crenças espirituais e religiosas do paciente e de seus familiares, o terapeuta oportuniza o fortalecimento dos vínculos e garante a eles a liberdade de vivenciar a perda e a morte de modo condizente com suas experiências.

RELAÇÃO TERAPÊUTICA NO ATENDIMENTO FAMILIAR

Nos casos de cuidados paliativos exclusivos, a relação terapêutica também deve considerar o intenso sofrimento dos familiares do paciente, compreendendo as suas diferentes e singulares reações psíquicas, já que eles também estão vivendo o processo de morte e de luto (Matioli & Costa, 2021). Enquanto vivenciam sua conexão com a finitude, os familiares do paciente podem experienciar um processo de luto antecipatório, o qual consiste em um luto que antecede a perda de fato (Worden, 2013). O terapeuta se encontrará em meio ao círculo familiar, cuidando do paciente, mas também de sua família. A relação terapêutica, nesse caso, permitirá a nomeação das vivências do paciente para seus familiares, de forma a auxiliá-los a compreender e respeitar as necessidades de seu ente querido. Em contrapartida, ela também colaborará para que o paciente possa dimensionar sua experiência emocional para os seus familiares.

Nesse contexto, a relação terapêutica no atendimento familiar está vinculada ao desenvolvimento de uma aliança, que envolve a empatia pelas histórias familiares, mas também o estilo pessoal do terapeuta, o seu conhecimento teórico, bem como o momento do seu ciclo vital e do ciclo vital da família que ele atende (Marin & Oliveira, 2012; Simon, 1995). Para Boscolo e Bertrando (2013), à medida que o terapeuta empatiza com a família, cria um modelo interno dela, influenciado por suas próprias premissas, preconceitos e teorias. Com a construção desse modelo interno, o terapeuta estará em condições de compreender de modo mais empático, na relação terapêutica, as dores e os dilemas da família no processo de morte e de luto.

Na prática clínica, muito se discute a respeito das reações individuais de enlutados e pessoas em fase final de vida. Contudo, quando do impacto da morte e de sua iminência, é preciso contemplar tanto o contexto familiar quanto as relações terapeuta-família e terapeuta-paciente enlutado. Frente a qualquer evento estressor, como a morte, as famílias vivenciam mudanças significativas, alterando sua estrutura, especialmente no que tange aos papéis que os membros desempenham, às suas regras de funcionamento e ao seu padrão comunicacional, o que também reflete seu vínculo com o ente querido.

> **VINHETA CLÍNICA**
> Uma família, ao perder a figura parental, estava em discordância sobre o que fazer com suas cinzas: mãe e filhos pensavam em destinos diferentes. Tal fato fez emergirem conflitos homéricos e despertou outros não resolvidos entre os irmãos e seus pais. Diante de situações críticas, os membros tendiam a romper seu convívio familiar. Nesse momento tão delicado e complexo, não estava sendo diferente. Depois de muita discussão, a terapeuta se mostrou atenta aos seus próprios sentimentos e pensamentos e, em vez de tentar encontrar um único destino, na relação terapêutica, contemplando a mutualidade mas também o afeto e a compaixão a cada vínculo, oportunizou que o processo de terapia promovesse o respeito aos diferentes sentidos e destinos das cinzas daquele pai.

Nesse último caso, a relação terapêutica única com cada membro familiar que fazia o luto por aquele pai oportunizou que suas vontades, seus destinos e uma relação singular pudessem ser respeitados, considerados e validados. Encontrar um único lugar para as cinzas do pai não fazia sentido para a família. Conflitos tanto interpessoais quanto transgeracionais não resolvidos permeavam a decisão sobre o ritual fúnebre. A escolha do que fazer merecia cuidadosa avaliação, que dependia de uma conexão profunda com dores singulares, da confiança e do respeito ao contato relacional, bem como de uma postura cordial com as demandas individuais que se apresentavam em sessão.

A relação terapêutica deve contemplar não apenas os padrões transacionais existentes entre os membros presentes na sessão, mas também as relações do passado ou as ameaças de perda do futuro. Os legados da perda, os mitos familiares, entre outros fenômenos transgeracionais, encontram eco em padrões de interação estabelecidos entre os sobreviventes, inclusive em gerações posteriores (Rubin et al., 2012; Walsh & McGoldrick, 1998).

Nesse contexto, a relação terapêutica centra-se na multidimensionalidade das relações de cada membro da família com o falecido e daquelas estabelecidas entre os sobreviventes — ou seja, no sistema familiar como um todo (Rubin et al., 2012). Embora todos os membros vivenciem o processo de luto, cada um o experimenta de maneira diferente. O luto na família é paralelo ao processo individual de perda. Assim, a perspectiva sistêmica permite ampliar a lente na relação terapêutica para que se possa contemplar não apenas o indivíduo enlutado, mas toda a família enlutada. Uma relação de confiança terapêutica permite considerar os diferentes significados atribuídos à perda, bem como acolher as diversas formas de enfrentamento de cada membro (Kissane & Hoogle, 2022).

"Dançar" com a família de forma harmônica, considerando o ritmo escolhido por cada membro ante o processo de morte e de luto, pode nos auxiliar a construir uma resposta mais empática. Assim, ajudamos a família a desenvolver mecanismos de regulação emocional, de modo a obter maior integração e saúde emocional, respeitando a singularidade de cada membro. A relação terapêutica na prática clínica deve oportunizar que a família recupere seu senso de continuidade e de movimento do passado em direção ao futuro, por meio da aceitação da perda e da modificação dos padrões associados a ela. O estabelecimento de uma aliança de confiança — a criação de um ambiente seguro para a exploração da singularidade de cada membro — pode nos auxiliar a lidar com a multidimensionalidade presente na relação terapêutica com a família, bem como reforçar os próprios recursos familiares (Kissane & Hoogle, 2022).

CONSIDERAÇÕES FINAIS

A relação terapêutica deve considerar que o processo de luto não envolve unicamente a ruptura do vínculo com o ente perdido, mas também rompe com todo o senso de segurança, seja concreta ou simbólica, que indivíduo e família tinham em sua vida. Romper vínculos é uma das experiências mais dolorosas e significativas: ela desafia crenças, visões de mundo e toda uma identidade. Logo, o terapeuta deve estar atento às suas intervenções, de modo a ser responsivo e dar suporte às necessidades do contexto.

Considerando que a relação terapêutica ante o processo de morte e de luto será construída a partir do encontro entre o mundo do terapeuta e o mundo do paciente, propusemos, ao longo deste capítulo, uma forma esquemática de compreender essa relação a partir da literatura científica e de nossa prática clínica, tanto no consultório como no ambiente hospitalar. O modelo compreende componentes que se atravessam, convergem e viabilizam o processo terapêutico com fluidez, tornando a relação terapêutica mais potente para a ressignificação do luto. Além disso, destaca habilidades e competências necessárias ao terapeuta que deseja trabalhar com a demanda de luto.

Diante da imprevisibilidade devastadora de uma perda, também podemos nos sentir impotentes enquanto terapeutas. Quando isso ocorre, precisamos fortalecer nossa competência reforçando a conexão humana. Um dos maiores riscos do terapeuta é se deixar tomar pela relação, perdendo o distanciamento necessário para pensar as diferenças. Nesse contexto, o trabalho de supervisão tem a função de produzir hipóteses não só sobre o paciente, mas também sobre o terapeuta. Diante disso, refletir sobre o lugar do terapeuta e de seus pacientes nessa relação torna-se fundamental para fornecermos um ambiente de sustentação. Assim, para que a relação terapêutica ocorra com maior eficácia, é preciso que o profissional atente ao seu autocuidado por meio de terapia e supervisão. Isso é essencial para prevenir o desgaste laboral proveniente da disponibilidade, da receptividade e da acessibilidade intelectual e emocional amplamente exigidas de quem cuida psicologicamente dos outros, em especial em situações como as de morte e de luto.

RESUMO

- Na relação terapêutica com o paciente enlutado, o terapeuta deve se colocar na posição de aprendiz, propondo-se a compreender as particularidades da realidade do seu paciente e evitando supor que sabe o suficiente sobre a pessoa (enlutada) ou o assunto (luto).
- A relação terapêutica no contexto do luto é marcada pelo encontro de dois mundos: o do paciente e o do terapeuta. Tal encontro deve ser atravessado pela sustentação das emoções do paciente, pela implicação e pela conscientização, bem como por sincronia, indagação e compaixão. Assim se forma o modelo da relação terapêutica com enlutados.
- Ao terapeuta que deseja trabalhar com pacientes que enfrentam a finitude da vida, é necessário: dispor de conhecimento técnico; ter conhecimento acerca da sua própria história de perdas; desenvolver uma relação de suporte com a sua equipe de trabalho; falar sobre o luto no dia a dia; atentar ao funcionamento automático no cuidado com o paciente; e avaliar frequentemente a disponibilidade emocional para o cuidado.
- A relação terapêutica com toda a família deve disponibilizar espaço para a expressão emocional de todos os seus membros, bem como para o compartilhamento das diferentes experiências.

REFERÊNCIAS

Arantes, A. C. Q. (2016). *A morte é um dia que vale a pena viver: E um excelente motivo para se buscar um novo olhar para a vida*. Casa da Palavra.

Barbosa, A. (2016). *Fazer o luto*. Faculdade de Medicina da Universidade de Lisboa.

Boscolo, L., & Bertrando, P. (2013). O terapeuta. In L. Boscolo, & P. Bertrando, *Terapia sistêmica individual: Manual prático na clínica* (pp. 86-109). Artesã.

D'Alessandro, M. P. S., Pires, C. T., & Forte, D. N. (Coords.). (2020). *Manual de cuidados paliativos*. Hospital Sírio-Libanês/Ministério da Saúde.

Doka, K. J. (1989). *Loss: Sadness and depression* (Vol. 3). Basic Books.

Doka, K. J. (2002). *Disenfranchised grief: New directions, challenges and strategies for practice*. Research Press.

Franco, M. H. P. (2021). *O luto no século 21: Uma compreensão abrangente do fenômeno*. Summus.

Hoyt, W. T., & Larson, D. G. (2010). What have we learned from research on grief counseling? A response to Schut and Neimeyer. *Bereavement Care*, 29(1), 10-13.

Jordan, J. R., & Neimeyer, R. A. (2003). Does grief counseling work? *Death Studies*, 27(9), 765-786.

Kissane, D., & Hooghe, A. (2022). family therapy for the bereaved. In R. A. Neimeyer; D. Harris; H. Winokuer, & G. Tornton (Eds.), *Grief and bereavement in contemporary society bridging research and practice* (pp.287-302). Routledge.

Kovács, M. J. (2011). Cuidando do cuidador profissional. In L. Bertachin, & L. Pessino (Eds.), *Encanto e responsabilidade no cuidado da vida: Lidando com desafios éticos em situações críticas e de final de vida* (pp. 71-103). Paulinas.

Marin, A. M., & Oliveira, D. S. (2012). Ciclo de vida da família e do terapeuta: Implicações para a terapia familiar sistêmica. *Pensando Famílias*, 16(1), 217-228.

Matioli, A., & Costa, P. (2021). O processo do luto no contexto dos cuidados paliativos. In G. Kreuz, & J. Netto (Eds.), *Múltiplos olhares sobre morte e luto: Aspectos teóricos e práticos* (pp. 141-150). CRV.

Milman, E., & Neimeyer, R. A. (2022). Da perda ao ganho: Construindo significado ao luto. In A. B. Zilberman, R. F. Kroeff, & J. I. Gaitán (Orgs.), *O processo psicológico do luto: Teoria e prática* (pp. 113-128). CRV.

Neimeyer, R. A. , & Jordan, J. (2002). Disenfranchisement and empathic failure: Grief therapy and co-construction of meaning. In J. Kenneth, & K. Doka (Eds.), (Ed.), *Disenfranchised grief* (pp. 95-117). Research Press.

Neimeyer, R. A., & Keesee, N. J. (1998). Dimensions of diversity in the reconstruction of meaning. In K. J. Doka & J. D. Davidson (Eds.), *Living with grief: Who we are, how we grieve* (pp. 223-237). Hospice Foundation of America.

Neimeyer, R. A. (2012). Presence, process, and procedure: A relation frame for technical proficiency in grief therapy. In R. A. Neimeyer (Ed.), *Techniques of grief therapy: Creative practices for counseling the bereaved* (pp. 3-11). Taylor & Francis.

Rubin, S. S., Malkinson, R., & Witztum, A. E. (2012). *Working with the bereaved: Multiple lenses on loss and mourning*. Taylor & Francis.

Simon, R. M. (1995). Questões do ciclo de vida familiar no sistema de terapia. In B. Carter, & M. McGoldrick (Orgs.), *As mudanças no ciclo de vida familiar* (pp. 97-105). Artes Médicas.

Walsh, F., & McGoldrick, M. (1998). A perda e a família: Uma perspectiva sistêmica. In F. Walsh, & M. McGoldrick, *Morte na família: Sobrevivendo às perdas* (pp. 27-55). Artmed.

Wampold, B. E. (2010). The research evidence for the common factors models: A historically situated perspective. In B. L. Duncan, S. D. Miller, B. E. Wampold, & M. A. Hubble (Eds.), *The heart and soul of change: Delivering what works in therapy* (2nd ed., pp. 49-81). American Psychological Association.

Worden, J. W. (2013). *Aconselhamento do luto e terapia do luto: Um manual para profissionais da saúde mental*. Roca.

World Health Organization (WHO). (2020). *Global atlas of palliative care* (2nd ed.). https://cdn.who.int/media/docs/default-source/integrated-health-services-(ihs)/csy/palliative-care/whpca_global_atlas_p5_digital_final.pdf?sfvrsn=1b54423a_3

Leituras recomendadas

Barbosa, A. (2010). Ética relacional. In A. Barbosa, & I. Galriça Neto (Eds.), *Manual de cuidados paliativos* (2. ed., pp. 11-23). Núcleo de Cuidados Paliativos/Centro de Bioética/Faculdade de Medicina da Universidade de Lisboa.

Colombo, S. (2009). O papel do terapeuta em terapia familiar. In L. C. Osório, & M. E. Valle (Eds.), *Manual de terapia familiar* (Vol. 1, pp. 443-459). Artmed.

Cukier, R. (2002). A fadiga do psicoterapeuta: Estresse pós-traumático secundário, *Revista Brasileira de Psicodrama, 10*(1), 55-65.

Doka, K. (2022). Luto não reconhecido. In A. B. Zilberman, R. F Kroeff, & J. I. Gaitán (Orgs.), *O processo psicológico do luto: Teoria e prática* (pp. 31-36). CRV.

Elkaim, M. (2000). *Terapia familiar em transformação*. Summus.

Franco, M. H. P. (2015). A teoria do apego e os transtornos mentais do luto não reconhecido. In G. Casellato (Ed.), *O resgate da empatia: Suporte psicológico ao luto não reconhecido* (pp. 217-228). Summus.

Kauffman, J. (2012). The empathic Spirit in grief therapy. In R. A. Neimeyer (Ed.), *Techniques of grief therapy: Creative practices for counseling the bereaved* (pp. 12-15). Taylor & Francis.

Lomando, E., & Sigaran, C. (2018). *Terapia dos movimentos sistêmicos*. Arte em Livros.

Nomen, L. (2008). La posicíon del profesional y las características específicas de la relación asistencial. In L. N. Martín (Ed.), *Tratando el proceso de duelo y de morir* (pp. 29-39). Pirámide.

Nunes, O., Brites, R., & Hipólito, J. (2021). O autocuidado dos psicólogos em situações de luto. In S. Gabriel, M. Paulino, & T. Baptista (Eds.), *Luto manual de intervenção psicológica* (pp. 399-410). Pactor.

Seger, A., & Nascimento, I. (2022). Luto antecipatório e espiritualidade. In A. B. Zilberman, R. F. Kroeff, & J. I. Gaitán (Orgs.), *O processo psicológico do luto: Teoria e prática* (pp. 89-104). CRV.

18
A relação terapêutica na psiquiatria clínica

Julio Carlos Pezzi
Rodrigo Grassi-Oliveira

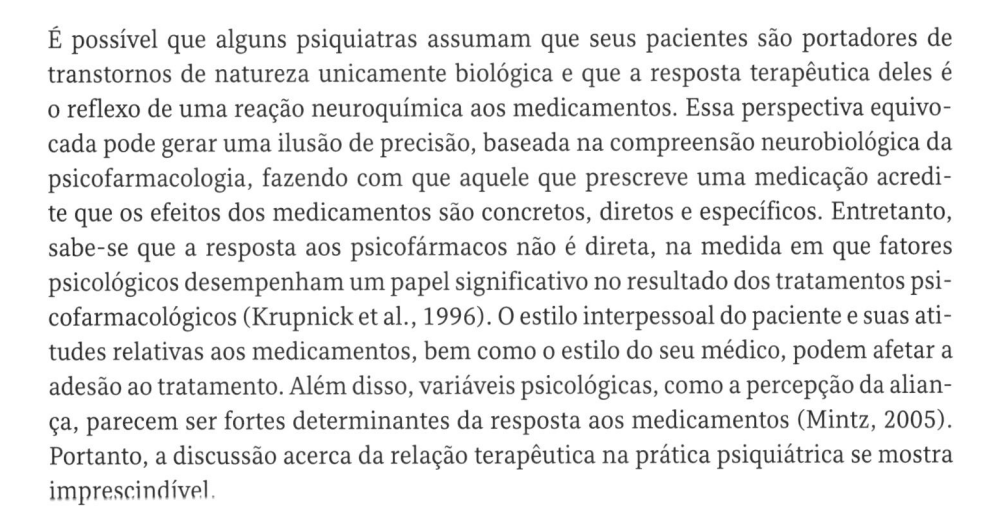

É possível que alguns psiquiatras assumam que seus pacientes são portadores de transtornos de natureza unicamente biológica e que a resposta terapêutica deles é o reflexo de uma reação neuroquímica aos medicamentos. Essa perspectiva equivocada pode gerar uma ilusão de precisão, baseada na compreensão neurobiológica da psicofarmacologia, fazendo com que aquele que prescreve uma medicação acredite que os efeitos dos medicamentos são concretos, diretos e específicos. Entretanto, sabe-se que a resposta aos psicofármacos não é direta, na medida em que fatores psicológicos desempenham um papel significativo no resultado dos tratamentos psicofarmacológicos (Krupnick et al., 1996). O estilo interpessoal do paciente e suas atitudes relativas aos medicamentos, bem como o estilo do seu médico, podem afetar a adesão ao tratamento. Além disso, variáveis psicológicas, como a percepção da aliança, parecem ser fortes determinantes da resposta aos medicamentos (Mintz, 2005). Portanto, a discussão acerca da relação terapêutica na prática psiquiátrica se mostra imprescindível.

FATORES INERENTES AO TRATAMENTO FARMACOLÓGICO E A RELAÇÃO TERAPÊUTICA

Existem alguns fatores intrínsecos ao tratamento medicamentoso que influenciam a aliança na psiquiatria. A seguir, será destacado o impacto dos efeitos placebo e nocebo, bem como a adesão ao tratamento.

Efeitos placebo e nocebo

Os efeitos placebo e nocebo merecem ser discutidos pois são eventos psicobiológicos atribuíveis ao contexto terapêutico. Conceitualmente, o efeito placebo seria o benefício provocado por uma substância (ou intervenção) inativa, enquanto o efeito nocebo seria a indução de danos verdadeiros ou percebidos após a administração de algo inerte. Essas são variáveis que impactam a relação médico-paciente, bem como o adequado manejo farmacológico (Chavarria et al., 2017). Logo, assim como a psicoterapia, o manejo psicofarmacológico é carregado de subjetividade (Mintz, 2005).

Um estudo randomizado controlado foi conduzido para investigar se a aliança médico-paciente em um tratamento psicofarmacológico para depressão teria efeito sobre a resposta tanto à medicação ativa quanto ao placebo, ou se a aliança seria apenas um resultado secundário de uma resposta ao tratamento eficaz (Zilcha-Mano et al., 2015). Os resultados sustentam que a aliança médico-paciente pode prever mudanças sintomáticas, especialmente durante a fase intermediária do tratamento, que é quando também ocorreu a maior redução dos sintomas. O efeito da aliança na redução dos sintomas é um efeito interno, próprio do paciente, o que significa que um incremento na aliança ao longo do tratamento prediz uma maior redução dos sintomas a longo prazo. Além disso, esse efeito não pode ser atribuído a níveis sintomáticos prévios, reduzindo assim o risco de causalidade reversa. Os achados do estudo sugerem que o aprimoramento da aliança pode ser um ingrediente importante para a mudança terapêutica.

Ainda, é sugerido que alguns mecanismos potenciais podem explicar o efeito da aliança no resultado do tratamento. Primeiro, a aliança pode fornecer as condições nas quais a farmacoterapia pode ser efetivamente implementada. Especificamente, a aliança pode ajudar a criar um ambiente de apoio e colaboração no qual a adesão ao tratamento seja aprimorada. Tal ambiente ajudaria o terapeuta a abordar e resolver as preocupações do paciente, como o medo de se tornar dependente de medicamentos, a resistência e a desmoralização em relação aos efeitos tardios ou variáveis de medicamentos ou placebos e a dificuldade de tolerar os desconfortos dos efeitos colaterais (Krupnick et al., 1996). Um segundo mecanismo potencial é a formação de uma aliança benevolente e útil que pode ser terapêutica por si só. Outra possível explicação sugerida é que a aliança e a mudança sintomática não podem ser totalmente separadas; por exemplo, ainda nesse estudo, a maior parte do efeito da aliança no resultado ocorreu quando os antidepressivos começaram a mostrar seus efeitos, embora o maior efeito ainda tenha ocorrido quando nenhuma medicação ativa foi administrada (condição placebo) (Zilcha-Mano et al., 2015).

O efeito nocebo é igualmente importante e clinicamente relevante, tanto quanto o efeito placebo, embora haja menos pesquisas realizadas nesse campo. O entendimento dos mecanismos neurobiológicos é limitado, principalmente devido a restrições éticas. Na verdade, enquanto a indução de respostas de placebo é ética em muitas situações, a indução de respostas de nocebo representa um procedimento estressante e ansiogênico, porque expectativas negativas de piora dos sintomas induzidas verbalmente podem levar a uma piora real. Portanto, o estudo do efeito nocebo é o estudo do contexto psicossocial negativo em torno do paciente e do tratamento, e sua investigação neurobiológica é a análise dos efeitos desse contexto negativo no cérebro e no corpo do paciente (Colloca et al., 2008).

Técnicas de imagem cerebral têm sido fundamentais para a compreensão dos efeitos das expectativas negativas na percepção da dor, por exemplo. Nesses estudos, nenhuma substância inerte é utilizada, sendo que o pesquisador apenas utiliza sugestões verbais. Ao usar essa abordagem experimental, foi demonstrado que expectativas negativas podem resultar na amplificação da dor, e regiões do cérebro como o córtex cingulado anterior, o córtex pré-frontal e a ínsula foram ativadas durante a antecipação da dor. Os níveis aumentados de ansiedade (relacionados a um possível aumento da dor) podem aumentar o processamento perceptual, levando o paciente a perceber estímulos táteis não dolorosos como dolorosos e estímulos dolorosos de baixa intensidade como mais dolorosos.

Do ponto de vista evolutivo, as vias de nocebo (respostas aversivas) e placebo (respostas de segurança) podem representar dois contextos opostos que coexistem no organismo. Nocebos podem induzir respostas inatas de curto prazo que visam a aprimorar o processamento perceptual e antecipar resultados negativos, o que ajuda a iniciar reações comportamentais potencialmente defensivas. Por outro lado, respostas de longo prazo baseadas em aprendizado podem favorecer a consolidação de resultados esperados, com a redução da gravidade dos sintomas. Do ponto de vista clínico, esses resultados têm implicações importantes para a prática diária. Se sugestões verbais são realmente poderosas em provocar uma resposta negativa, é lícito pensar que as palavras e atitudes do profissional de saúde podem induzir imediatamente um agravamento dos sintomas (Colloca et al., 2008).

Adesão ao tratamento e relação terapêutica

A adesão é definida como a extensão em que o comportamento de um paciente coincide com a prescrição do profissional de saúde. Um grande desafio no campo da psiquiatria tem sido entender por que os pacientes podem ou não aderir à medicação e a outras recomendações de tratamento. Existem fatores de risco relacionados à má adesão ao tratamento, os quais precisam ser discutidos para aprimorar a aliança. Alguns desses fatores são abordados a seguir (Julius et al., 2009).

- **Fatores de risco relacionados ao paciente:** de forma geral, pacientes com transtorno bipolar jovens, solteiros, do sexo masculino e com menor nível de educação parecem estar em maior risco de má adesão à medicação (Sajatovic et al., 2007). Essas variáveis não foram demonstradas como significativamente correlacionadas à adesão entre pacientes com outros diagnósticos psiquiátricos. Outros autores também relataram uma associação entre idade mais jovem e má adesão à medicação em pacientes com doenças psicóticas (Becker et al., 2007). O transtorno por uso de substâncias comórbido parece ter um

impacto importante na adesão à medicação em todos os grupos diagnósticos (Julius et al., 2009).
- **Fatores de risco psicológicos:** os fatores de risco psicológicos mais consistentes para a não adesão são a falta de *insight*, a negação da doença e a atitude negativa em relação à medicação, que se traduz na falta de convicção de que a medicação trará algum benefício (Olfson et al., 2006). Além disso, outro autor sugere que transtornos afetivos e crenças familiares sobre a doença e/ou sobre o papel dos medicamentos podem ter um impacto significativo na adesão do paciente (Sher et al., 2005). Os sintomas psicóticos, bem como a sua gravidade, parecem ter um papel apenas parcial, ainda inconclusivo, na adesão.
- **Fatores de risco relacionados a fármacos:** a maioria dos estudos aponta que os pacientes relatam que efeitos colaterais têm uma influência negativa em sua adesão à medicação. Um estudo em pacientes com esquizofrenia e condições clínicas comórbidas (diabetes e hipertensão) discute que os pacientes preferiram tomar medicamentos para suas outras condições clínicas em vez do antipsicótico prescrito (Piette et al., 2007). Ainda, parece que os antipsicóticos atípicos cursam com uma aderência melhor quando comparados aos típicos, o que poderia também estar relacionado à tolerabilidade aos efeitos adversos. Além disso, outro estudo envolvendo diversas especialidades médicas (excetuando a psiquiátrica) e a experiência clínica do paciente sugere uma correlação negativa entre a posologia de doses e a adesão, com cronogramas de doses mais complexos associados a níveis reduzidos de adesão (Osterberg & Blaschke, 2005).
- **Fatores de risco social e ambiental**: é nesse tópico que fica mais evidente a importância da qualidade da aliança como um fator que pode afetar a adesão. Nos estudos de Frank e Gunderson (1990), foi constatado que pacientes com esquizofrenia que construíram uma relação terapêutica positiva com seus terapeutas nos primeiros seis meses de tratamento apresentaram maior probabilidade de permanecer em psicoterapia e seguir corretamente suas prescrições medicamentosas, e, no seguimento, obtiveram melhores resultados após dois anos, utilizando menos medicação do que os pacientes que não estabeleceram essa relação terapêutica precoce (Frank & Gunderson, 1990). Ainda nesse estudo, foi observado que 74% dos pacientes com alianças pobres com seu médico avaliadas aos seis meses não conseguiam aderir ao tratamento por um ano e meio.

São discrepantes as percepções de pacientes e médicos sobre fatores de risco para a má adesão. Gardner et al. (2007) entrevistaram pacientes e psiquiatras, pedindo aos pacientes que classificassem potenciais fatores de risco por ordem de importância e perguntando aos psiquiatras como seus pacientes classificariam esses fatores. Tanto pacientes quanto médicos concordaram que o perfil de efeitos colaterais de um medicamento é o fator mais significativo que afeta a adesão. No entanto, os médicos previram que os pacientes classificariam o custo como o segundo fator mais importante, mas os pacientes classificaram as precauções específicas do medicamento e a experiência do médico como os fatores mais importantes seguintes, considerando o custo apenas o nono fator em ordem de importância (Gardner et al., 2007; Julius et al., 2009).

Outros fatores influenciam a adesão. Pacientes em situações de vida independente parecem estar em maior risco de não aderência. Por outro lado, um estudo mostrou que pacientes vivendo em uma pensão ou instituição de longa permanência recebiam apenas 60% de seus medicamentos prescritos. O cuidado de um cônjuge parece ser uma variável importante na previsão da adesão de um paciente aos antidepressivos. A falta de planejamento de alta hospitalar tem impacto negativo na adesão. Além disso, uma comunicação inadequada pode resultar em falta de conhecimento e compreensão do diagnóstico e da prescrição. Por exemplo, em um relato, Makaryus e Friedman (2005) indicaram que somente 28% dos pacientes eram capazes de identificar corretamente os nomes de seus medicamentos, enquanto apenas 42% conseguiam nomear seus diagnósticos. Adicionalmente, somente 14% dos pacientes foram capazes de listar quaisquer efeitos colaterais associados aos medicamentos prescritos quando receberam alta hospitalar.

RELAÇÃO TERAPÊUTICA E RESULTADO DO TRATAMENTO PSICOFARMACOLÓGICO

Há uma ampla gama de psicofármacos que têm se mostrado efetivos para o tratamento de transtornos psiquiátricos. No entanto, a participação, o engajamento e a aderência dos pacientes aos tratamentos propostos são componentes essenciais à efetividade. A adesão ao tratamento é complexa em populações psiquiátricas, pois os problemas de saúde mental podem ser gerados, por exemplo, pela baixa percepção da gravidade ou pela baixa motivação para cumprir os regimes de tratamento (Julius et al., 2009; Totura et al., 2018). Estudos foram conduzidos com o objetivo de avaliar as interações médico-paciente em diversos campos da medicina, incluindo na psiquiatria. Por exemplo, em estudos de médicos generalistas e especialistas (incluindo medicina de família, medicina interna e oncologia), uma relação médico-paciente positiva e a comunicação médico-paciente foram correlacionadas com uma variedade de resultados de saúde, incluindo diminuição de sintomas depressivos leves, insônia, melhora do *status* funcional, diminuição da pressão arterial, melhora dos níveis glicêmicos e melhora do controle da dor (Street et al., 2009).

De fato, a relação terapêutica pode ter uma importância ainda maior na psiquiatria do que na medicina geral. A eficácia do tratamento psicofarmacológico depende da adesão do paciente ao medicamento fora das sessões de tratamento, tornando o papel da relação terapêutica crucial nesse sentido. Alguns medicamentos psiquiátricos levam tempo para apresentar efeito terapêutico evidente, e muitos têm efeitos colaterais. Já que a conformidade com a medicação é responsabilidade do paciente adulto, o desenvolvimento da aliança parece ser um fator especialmente relevante para gerenciar expectativas de eficácia e efeitos colaterais que possam comprometer a adesão ao tratamento. Uma relação terapêutica forte pode, portanto, encorajar a disposição do paciente para continuar usando medicamentos, apesar dos efeitos colaterais desagradáveis ou da falta de efeito terapêutico imediato.

Uma metanálise examinando a relação terapêutica na gestão de medicamentos psiquiátricos indicou que uma relação médico-paciente de maior qualidade estava relacionada a melhores resultados no tratamento de saúde mental (Totura et al., 2018). Em oito estudos empíricos, foi encontrado um tamanho de efeito compatível com aquele descrito na literatura sobre aliança na psicoterapia de adultos e crianças, sugerindo que a aliança é tão importante na adesão à farmacoterapia quanto na psicoterapia. Além disso, o tamanho do efeito sugere que há considerável variabilidade na associação entre a relação terapêutica e o sucesso na gestão de medicamentos psiquiátricos (Totura et al., 2018).

É POSSÍVEL AVALIAR A RELAÇÃO MÉDICO-PACIENTE?

Alguns estudos exploraram alternativas para estudar a relação terapêutica em saúde mental de forma mais objetiva, sendo o DIALOG uma delas. Nessa intervenção, apoiada por tecnologias (como *tablets* e computadores), os médicos apresentam regularmente aos pacientes 11 perguntas fixas sobre a sua satisfação com: (1) saúde mental, (2) saúde física, (3) situação profissional, (4) acomodação, (5) atividades de lazer, (6) amizades, (7) relacionamento com seu parceiro/família, (8) segurança pessoal, (9) medicação, (10) ajuda prática recebida e (11) reuniões com profissionais de saúde mental. Os pacientes fornecem suas respostas usando uma escala Likert de 7 pontos (1 = não poderia ser pior; 7 = não poderia ser melhor), além de elencar necessidade de ajuda adicional em cada área.

Estudos randomizados controlados por placebo foram conduzidos no sistema de saúde inglês, em que essa tecnologia foi implementada no serviço público de atendimento psiquiátrico, principalmente direcionada a pacientes graves. Após 12 meses de acompanhamento, foi observado que o grupo que recebeu a intervenção, em comparação ao grupo que não a recebeu, apresentou melhora significativa na qualidade de vida subjetiva, na satisfação com o tratamento e na adesão a ele (Priebe et al., 2017). Esse tipo de avaliação é importante em contextos de pesquisa em saúde mental, bem como na avaliação de serviços, sendo um método para avaliar a relação terapêutica com confiabilidade e validade suficientes (Priebe & McCabe, 2008).

O PAPEL DA ALIANÇA NA PRESCRIÇÃO ADEQUADA

A fim de aperfeiçoar a aliança, atendendo melhor aos objetivos do paciente, é necessária não somente uma avaliação diagnóstica, pensando na prescrição em si, mas também uma avaliação mais abrangente do funcionamento do paciente. São variáveis a serem consideradas no momento de prescrever (ou não) um medicamento:

estilo de apego, conflitos, crenças disfuncionais, questões importantes de desenvolvimento, atitudes conscientes e implícitas sobre medicamentos, padrões interpessoais típicos e o lugar do papel de doente na vida do paciente. A avaliação desses aspectos pode permitir que o prescritor antecipe e lide com problemas potenciais na prescrição de psicofármacos.

Tal avaliação também alerta o paciente de que o médico está interessado em todos os aspectos da sua vida, e não apenas nos seus sintomas. Isso, por si só, pode melhorar a aliança, aumentando a probabilidade de que o paciente leve preocupações à atenção do médico antes que elas surjam comportamentalmente como não conformidades com os medicamentos, ou como outros problemas. É necessário atentar-se ainda mais a pacientes que tiveram falhas em tentativas anteriores de usar medicamentos (Mintz, 2005). Uma ilustração sobre a função de uma avaliação mais compreensiva é apresentada na vinheta clínica a seguir.

> **VINHETA CLÍNICA**
>
> Jorge, 39 anos, apresenta em uma primeira consulta psiquiátrica sintomas claros de transtorno depressivo maior. O psiquiatra, ao longo da entrevista, identifica que o funcionamento interpessoal do paciente é sugestivo do domínio de esquemas iniciais desadaptativos de desconexão/rejeição. Sabendo que experiências de rejeição e abuso/negligência precoces podem levar ao desenvolvimento de uma crença subjacente de que os outros não são confiáveis, de que a intimidade é perigosa e de que não se pode contar com outras pessoas, o psiquiatra adota uma estratégia adicional de manejo, além da prescrição farmacológica. A fim de evitar problemas de conformidade ao tratamento proposto, o psiquiatra realiza esforços no sentido de estabelecer uma boa aliança com o paciente, tomando por base a comunicação clara e sincera, o estabelecimento de objetivos comuns e a formação de um bom vínculo. Ainda, levando em consideração as estratégias desadaptativas associadas ao domínio de desconexão/rejeição, o psiquiatra aborda diretamente questões e dúvidas do paciente em torno da confiança e dos medos de ser prejudicado, que poderiam se manifestar como reações nocebo. Por fim, o psiquiatra solicita o *feedback* do paciente, explorando possíveis resistências.
>
> De mais a mais, é importante entender que o médico é propenso a agir inconscientemente por meio do regime medicamentoso do paciente. Durante uma investigação mais alongada, ele pode reconhecer que suas razões conscientes para prescrever (ou não prescrever) nem sempre são a verdadeira razão. A prescrição de medicamentos pode servir a uma infinidade de funções defensivas que dizem respeito a preocupações humanas universais, incluindo o estabelecimento de um senso de controle, o gerenciamento de sentimentos de impotência, o controle do afeto e da expressão da transferência do paciente, ou a promoção sutil da dependência do paciente para evitar experiências de perda. Quando a contratransferência desempenha um papel importante na prescrição, o resultado não é promissor. Primeiro, porque é provável que a prescrição não aborde o problema real do paciente. Depois, porque o paciente é sensível (mesmo que não de forma consciente) a essa dinâmica, podendo confluir à submissão autodestrutiva ou à resistência, incorrendo em lutas de poder, por exemplo. Ser capaz de

(Continua...)

> reconhecer o próprio papel nessas situações pode permitir que o médico se afaste de tais engajamentos infrutíferos e estabeleça uma aliança baseada no objetivo compartilhado de tratar os efetivos problemas do paciente. Por fim, cabe relembrar que o trabalho em conjunto com outras disciplinas e profissionais pode ser extremamente útil (Mintz, 2005).

FORMATOS DE ATENDIMENTO PSIQUIÁTRICO

Além dos fatores inerentes ao tratamento já levantados (como adesão e efeitos placebo e nocebo), existe também a forma como o psiquiatra pode exercer sua prática. São diversas as possibilidades de combinações de tratamentos. O paciente pode optar por psicoterapia como tratamento único, não querendo tratamento psicofarmacológico. Ainda, pode optar por um tratamento combinado de psicoterapia e psicofarmacologia com um psiquiatra. Em outros casos, quando os pacientes não têm recursos financeiros ou logísticos para arcar com a psicoterapia, podem optar por receber apenas tratamento farmacológico, já que ele é mais facilmente acessado na rede pública ou por meio de plano de saúde. Ademais, é crucial que haja compreensão da dinâmica da relação entre o paciente e o psicoterapeuta, ou da tríade paciente-psicoterapeuta-psicofarmacoterapeuta, já que, se essa relação for considerada inexistente ou pouco compreendida, o tratamento poderá fracassar (Saffer, 2007). A seguir, são discutidas as duas práticas mais usualmente observadas.

O modelo de dois profissionais: o psiquiatra e o psicoterapeuta

Nessa modalidade de atendimento, um psiquiatra realiza a prescrição de medicações, de forma independente ou colaborativa, enquanto outro profissional conduz a psicoterapia (Saffer, 2007). Dessa triangulação, podem surgir alguns desafios. Isso se expande quando há envolvimento de uma equipe multidisciplinar. Os dois (ou mais) profissionais podem não trabalhar no mesmo serviço e, logo, nunca ter se encontrado. Em alguns casos, o paciente pode exigir confidencialidade, esforçando-se para impedir que os profissionais conversem um com o outro. De mais a mais, raramente o tempo gasto nesse diálogo é remunerado, o que desincentiva a comunicação regular. Na ausência de comunicação, no entanto, podem ocorrer variações na divisão que podem prejudicar o tratamento. Uma atenção cuidadosa à dinâmica dessa situação é essencial para preservar a viabilidade do atendimento (Gabbard & Kay, 2001).

Quando ocorre uma cisão, uma separação entre os profissionais, pode acontecer de um ser idealizado enquanto o outro é invalidado. Quem prescreve uma medicação pode ser visto como aquele que apressa o paciente na consulta, sem ouvi-lo como um psicoterapeuta, podendo, portanto, tornar-se o membro desvalorizado dessa equipe. Por outro lado, em alguns casos, o farmacoterapeuta pode ser considerado alguém genuinamente interessado no alívio dos sintomas, em contraste com o psicoterapeuta, que apenas escuta e tenta entender as comunicações do paciente enquanto o sofrimento continua. De qualquer forma, quando não há contato entre os dois profissionais, se ocorre uma reclamação sobre um profissional para o outro e o relato do paciente não é interpretado, pode-se levar o profissional idealizado a entrar em conluio com o paciente, desvalorizando o profissional não idealizado. Essa dissociação, obviamente, é prejudicial a todos os envolvidos e representa grandes riscos à aliança (Gabbard, 2007; Saffer, 2007).

A comunicação entre os dois profissionais é essencial quando se desenvolve uma cisão dessa natureza, e é necessária a compreensão da transferência e da contratransferência. Em outras palavras, todos os psiquiatras devem ser capazes de entender que um padrão relacional estabelecido com figuras de apego no passado é trazido para o presente. Esses estilos de apego e padrões de funcionamento podem ou não refletir as características reais do psiquiatra envolvido na divisão. Se ambos os membros da equipe de tratamento puderem conversar sobre o que está acontecendo, a cisão poderá ser administrada de uma forma que acabará beneficiando o paciente. Na situação ideal, eles deveriam conversar no início de sua colaboração e concordar em entrar em contato caso alguma dissonância surgisse. Além disso, cabe lembrar que o consentimento do paciente deve ser obtido desde o início para que os profissionais possam falar livremente um com o outro.

Finalmente, deve haver um entendimento de que nenhum dos profissionais ficará preso se sentir que sua relação de trabalho não é viável. Qualquer profissional tem autonomia para retirar-se do tratamento, desde que acordos alternativos sejam feitos com um substituto, em um processo de transferência de cuidados (Gabbard, 2007).

O modelo de tratamento combinado: o psiquiatra-psicoterapeuta

Os psiquiatras que optam por conduzir a psicoterapia ao mesmo tempo que prescrevem medicamentos encontram um conjunto diferente de obstáculos. Por exemplo, os significados da medicação para o paciente podem ser explorados juntamente a outras questões da psicoterapia (Gabbard & Kay, 2001). As transferências desenvolvidas em relação aos medicamentos podem se assemelhar àquelas desenvolvidas em relação ao terapeuta, de modo que fundamentos semelhantes possam ser examinados. Os psicofármacos são idealizados da mesma forma que os terapeutas, e ambos podem falhar. Ainda, se o psiquiatra estiver conduzindo uma terapia cognitiva, fenômenos como crenças centrais disfuncionais e pensamentos automáticos podem ser examinados como possíveis contribuintes para a não adesão à medicação, da mesma forma que são avaliados como contribuintes para outros problemas na vida do paciente (Gabbard, 2006).

O psiquiatra que administra ambos os tratamentos deve ter a capacidade de flexibilizar entre a psicoeducação sobre efeitos colaterais e comorbidades médicas e o domínio de fantasias, significados, crenças centrais e pensamentos automáticos. Embora o psiquiatra esteja no papel de colaborador em ambas as situações, o tipo de perícia pode ser muito diferente para o paciente. É importante que o psiquiatra trace um plano terapêutico que contemple isso. Por exemplo, certos pacientes ansiosos e obsessivos podem dominar a sessão com discussões detalhadas sobre os efeitos colaterais e as sensações somáticas que os preocupam. Nessa situação, a discussão sobre a medicação pode servir como resistência, impedindo o exame de questões intrapsíquicas. O oposto também pode ocorrer, como no caso em que o paciente se envolverá em discutir questões do trabalho ou conflitos familiares, deixando a medicação de fora da sessão. Em ambos os casos, talvez seja preciso definir um período da consulta para discutir questões referentes à medicação, para depois examinar as questões relacionadas à demanda psicoterapêutica. Em outras situações, o paciente pode estar com a medicação em nível terapêutico ideal, a ponto de a discussão sobre psicofármacos se tornar irrelevante (Gabbard, 2007).

Outra questão a ser levantada é relativa ao encerramento de uma das modalidades de tratamento. Por um lado, há os transtornos psiquiátricos crônicos, que precisam da manutenção contínua de psicofármacos. Em outras situações, como no caso de um paciente em primeiro episódio depressivo, é razoável supor que o tratamento farmacológico será realizado em um tempo mais breve do que a psicoterapia. Então, é necessário atentar às demandas que podem aparecer nesse contexto: o paciente que não quer parar a medicação para não perder o contato com o psiquiatra, a dificuldade para o encerramento da relação psicoterapêutica, entre outros aspectos.

ALIANÇA NO TELEATENDIMENTO EM PSIQUIATRIA

É indiscutível que o atendimento a distância se tornou uma solução irrevogável, muito impulsionado pela pandemia de covid-19. Há vantagens associadas ao uso da telemedicina nos serviços de saúde mental, incluindo a melhoria da acessibilidade e da flexibilidade dos serviços psiquiátricos, a redução de custos relacionados ao transporte e ao tempo, a diminuição do estigma, o estímulo à autonomia do paciente, além da possibilidade de engajamento de pessoas com alguma dificuldade que curse com desafios em comparecer às consultas presenciais (Shaker et al., 2022). Também há algumas possíveis desvantagens da telemedicina, que incluem preocupações com a segurança dos dados, obstáculos técnicos, questões sobre a eficácia das intervenções baseadas em telemedicina, dúvidas sobre os grupos de pacientes para os quais a telemedicina é mais adequada e preocupações quanto ao estabelecimento de uma boa aliança entre o médico e o paciente (Cowan et al., 2019; Shaker et al., 2022).

A relação terapêutica no contexto da psicoterapia *on-line* é abordada no Capítulo 8. Nesta seção, exploramos em maior profundidade os aspectos relacionados à telepsiquiatria. As pesquisas têm evidenciado que as barreiras à adoção da telepsiquiatria identificadas pelos médicos ou pelas organizações de saúde são diferentes na perspectiva dos pacientes. Apesar de algumas preocupações serem compartilhadas por ambos, os médicos geralmente são mais relutantes em relação ao processo do que os pacientes, sendo talvez essa resistência o que pode estar retardando a aceitação ainda mais ampla do atendimento a distância. Os profissionais com frequência parecem temer em especial a impossibilidade de estabelecer uma conexão com os pacientes tão facilmente quanto ocorreria em consultas presenciais

(Glass & Bickler, 2021). Já os pacientes, após superar a apreensão e o medo iniciais, costumam relatar aumento do conforto e satisfação ao utilizar essa modalidade de atendimento, principalmente com o passar do tempo (Cowan et al., 2019).

Outra preocupação gira em torno da eficácia do tratamento. Em uma metanálise envolvendo 2.350 pacientes, 26 ensaios clínicos randomizados foram incluídos, e não foi constatada inferioridade do aconselhamento psiquiátrico remoto, considerando-se tanto a avaliação diagnóstica quanto a eficácia do tratamento. Foi observado alto grau de consistência entre as avaliações psiquiátricas realizadas remotamente e aquelas realizadas em ambiente presencial. Além disso, o aconselhamento psiquiátrico remoto demonstrou eficácia comparável à daquele realizado em ambiente presencial (Drago et al., 2016).

Uma revisão recente sugere que o gerenciamento remoto de quadros demenciais pode atingir um nível de precisão diagnóstica e satisfação do paciente e do cuidador comparável ao atingido nas consultas presenciais. No entanto, fatores como função cognitiva reduzida, confusão e deficiências sensoriais podem reduzir a qualidade das teleconsultas para esses pacientes, pois eles podem achar difícil se envolver com seu médico usando um formato virtual. Nessas situações, pode ser fundamental a participação de um cuidador responsável que possa ajudar na dinâmica das consultas, bem como fornecer informações objetivas sobre o caso (Hong et al., 2021).

Permanecem dúvidas sobre a aplicabilidade mais ampla dessa modalidade de atendimento a todo o espectro de transtornos mentais. Para alguns transtornos, como transtornos de personalidade, esquizofrenia e transtornos por uso de substâncias, parece ser mais evidente a necessidade de consultas presenciais. A qualidade, a eficácia e a aceitação do teleatendimento podem ser aprimoradas pelo treinamento de médicos e pacientes. Há necessidade de programas de treinamento telepsiquiátrico direcionados e baseados em evidências para aumentar a eficácia clínica e os resultados de saúde em pacientes com transtornos mentais (Hong et al., 2021).

CONSIDERAÇÕES FINAIS

Há uma célebre frase da psiquiatra Kay Jamison, registrada em sua autobiografia, que diz:

> Nenhum comprimido tem condições de me ajudar com o problema de não querer tomar comprimidos. Da mesma forma, nenhuma quantidade de sessões de psicoterapia pode, isoladamente, evitar minhas manias e depressões. Eu preciso dos dois. É estranho dever a vida a comprimidos, a nossas próprias idiossincrasias e teimosias e a esse relacionamento singular, estranho e essencialmente profundo chamado psicoterapia (Jamison, 1996, pp. 105-106).

Em nossa experiência clínica como psiquiatras e psicoterapeutas, nos deparamos com frequência com pacientes para os quais o tratamento indicado é tanto farmacológico quanto psicológico. Mesmo nos casos nos quais a prescrição de psicofármacos é indicada como intervenção única, essa não é necessariamente uma atividade simples ou puramente objetiva. Infelizmente, em muitos cenários de formação profissional, observamos que os programas de treinamento em psiquiatria não fornecem as condições necessárias para que o psiquiatra em formação desenvolva todas as competências para contemplar a dinâmica envolvida na relação médico-paciente.

Ao longo deste capítulo, buscamos explorar os efeitos placebo e nocebo associados à prática da psiquiatria clínica. O psiquiatra, no curso de sua atuação profissional, deve estar atento aos potenciais efeitos da relação terapêutica que gradualmente se estabelece entre ele e o paciente. É fundamental que o psiquiatra esteja atento e monitore problemas de comunicação, especialmente quando o tratamento envolve colaboração em equipes multiprofissionais. Enquanto algumas condutas podem contribuir para a não adesão ao tratamento, outras estratégias, como a psicoeducação, a compreensão mais abrangente sobre a natureza dos problemas do paciente (não restrita aos sintomas atuais) e o estabelecimento de uma aliança forte, podem resultar em intervenções terapêuticas mais eficazes.

> **RESUMO**
>
> - Fatores psicológicos influenciam o tratamento psicofarmacológico, tornando a discussão acerca da relação terapêutica em psiquiatria fundamental.
> - Os efeitos placebo e nocebo são fenômenos comuns na relação terapêutica e devem ser considerados pelos profissionais de saúde mental. Ambos são influenciados pelas crenças do paciente no tratamento e pela qualidade da relação terapêutica.
> - A adesão ao tratamento está relacionada à adequada educação do paciente e ao modo como ele participa das decisões sobre medicamentos. Nesse processo, o estabelecimento de uma aliança sólida entre o psiquiatra e o paciente é fundamental para uma intervenção eficaz.

REFERÊNCIAS

Becker, M. A., Young, M. S., Ochshorn, E., & Diamond, R. J. (2007). The relationship of antipsychotic medication class and adherence with treatment outcomes and costs for Florida Medicaid beneficiaries with schizophrenia. *Administration and Policy in Mental Health*, 34(3), 307-314.

Chavarria, V., Vian, J., Pereira, C., Data-Franco, J., Fernandes, B. S., Berk, M., & Dodd, S. (2017). The placebo and nocebo phenomena: Their clinical management and impact on treatment outcomes. *Clinical Therapeutics*, 39(3), 477-486.

Colloca, L., Sigaudo, M., & Benedetti, F. (2008). The role of learning in nocebo and placebo effects. *Pain*, 136(1-2), 211-218.

Cowan, K. E., McKean, A. J., Gentry, M. T., & Hilty, D. M. (2019). Barriers to use of telepsychiatry: Clinicians as gatekeepers. *Mayo Clinic Foundation*, 94(12), 2510-2523.

Drago, A., Winding, T. N., & Antypa, N. (2016). Videoconferencing in psychiatry, a meta-analysis of assessment and treatment. *European Psychiatry*, 36, 29-37.

Frank, A. F., & Gunderson, J. G. (1990). The role of the therapeutic alliance in the treatment of schizophrenia. Relationship to course and outcome. *Archives of General Psychiatry*, 47(3), 228-236.

Gabbard, G. O. (2006). The rationale for combining medication and psychotherapy. *Psychiatric Annals, 36*(5), 315-319.

Gabbard, G. O. (2007). Psychotherapy in psychiatry. *International Review of Psychiatry, 19*(1), 5-12.

Gabbard, G. O., & Kay, J. (2001). The fate of integrated treatment: Whatever happened to the biopsychosocial psychiatrist? *The American Journal of Psychiatry, 158*(12), 1956-1963.

Gardner, D. M., MacKinnon, N., Langille, D. B., & Andreou, P. (2007). A comparison of factors used by physicians and patients in the selection of antidepressant agents. *Psychiatric Services, 58*(1), 34-40.

Glass, V. Q., & Bickler, A. (2021). Cultivating the therapeutic alliance in a telemental health setting. *ontemporary Family Therapy, 43*(2), 189-198.

Hong, J. S., Sheriff, R., Smith, K., Tomlinson, A., Saad, F., Smith, T., ... Cipriani, A. (2021). Impact of COVID-19 on telepsychiatry at the service and individual patient level across two UK NHS mental health Trusts. *Evidence-based Mental Health, 24*(4), 161-166.

Jamison, K. R. (1996). *Uma mente inquieta: Memórias de loucura e instabilidade de humor*. Martins Fontes.

Julius, R. J., Novitsky, M. A., Jr., & Dubin, W. R. (2009). Medication adherence: A review of the literature and implications for clinical practice. *Journal of Psychiatric Practice, 15*(1), 34-44.

Krupnick, J. L., Sotsky, S. M., Simmens, S., Moyer, J., Elkin, I., Watkins, J., & Pilkonis, P. A. (1996). The role of the therapeutic alliance in psychotherapy and pharmacotherapy outcome: Findings in the National Institute of Mental Health Treatment of Depression Collaborative Research Program. *Journal of Consulting and Clinical Psychology, 64*(3), 532-539.

Makaryus, A. N., & Friedman, E. A. (2005). Patients' understanding of their treatment plans and diagnosis at discharge. *Mayo Clinic Foundation, 80*(8), 991-994.

Mintz, D. L. (2005). Teaching the prescriber's role: The psychology of psychopharmacology. *Academic Psychiatry, 29*(2), 187-194.

Olfson, M., Marcus, S. C., Wilk, J., & West, J. C. (2006). Awareness of illness and nonadherence to antipsychotic medications among persons with schizophrenia. *Psychiatric Services, 57*(2), 205-211.

Osterberg, L., & Blaschke, T. (2005). Adherence to medication. *The New England Journal of Medicine, 353*(5), 487-497.

Piette, J. D., Heisler, M., Ganoczy, D., McCarthy, J. F., & Valenstein, M. (2007). Differential medication adherence among patients with schizophrenia and comorbid diabetes and hypertension. *Psychiatric Services, 58*(2), 207-212.

Priebe, S., Golden, E., Kingdon, D., Omer, S., Walsh, S., Katevas, K., ... McCabe, R. (2017). *Effective patient-clinician interaction to improve treatment outcomes for patients with psychosis: A mixed-methods design*. NIHR Journals Library.

Priebe, S., & McCabe, R. (2008). Therapeutic relationships in psychiatry: The basis of therapy or therapy in itself? *International Review of Psychiatry, 20*(6), 521-526.

Saffer, P. L. (2007). O desafio da integração psicoterapia-psicofarmacoterapia: Aspectos psicodinâmicos. *Revista de Psiquiatria do Rio Grande do Sul, 29*(2), 223-232.

Sajatovic, M., Valenstein, M., Blow, F., Ganoczy, D., & Ignacio, R. (2007). Treatment adherence with lithium and anticonvulsant medications among patients with bipolar disorder. *Psychiatric Services, 58*(6), 855-863.

Shaker, A. A., Austin, S. F., Sorensen, J. A., Storebo, O. J., & Simonsen, E. (2022). Psychiatric treatment conducted via telemedicine versus in-person consultations in mood, anxiety and personality disorders: a protocol for a systematic review and meta-analysis. *BMJ Open, 12*(9), e060690.

Sher, I., McGinn, L., Sirey, J. A., & Meyers, B. (2005). Effects of caregivers' perceived stigma and causal beliefs on patients' adherence to antidepressant treatment. *Psychiatric Services*, 56(5), 564-569.

Street, R. L., Jr., Makoul, G., Arora, N. K., & Epstein, R. M. (2009). How does communication heal? Pathways linking clinician-patient communication to health outcomes. *Patient Education and Counseling*, 74(3), 295-301.

Totura, C. M. W., Fields, S. A., & Karver, M. S. (2018). The role of the therapeutic relationship in psychopharmacological treatment outcomes: A meta-analytic review. *Psychiatric Services*, 69(1), 41-47.

Zilcha-Mano, S., Roose, S. P., Barber, J. P., & Rutherford, B. R. (2015). Therapeutic alliance in antidepressant treatment: cause or effect of symptomatic levels? *Psychotherapy and Psychosomatics*, 84(3), 177-182.

19

Perspectivas futuras da relação terapêutica no contexto das psicoterapias

Ricardo Wainer
Leonardo Mendes Wainer

A relação terapêutica (RT) é um fator que sempre esteve presente nos contextos de psicoterapia (Ardito & Rabellino, 2011). Pode-se encontrar diversas definições de RT na literatura; contudo, uma definição possível é: a relação de colaboração entre paciente e terapeuta no trabalho conjunto para superar o sofrimento e os comportamentos desadaptativos do paciente (Bordin, 1979). A RT é um conceito que apresenta certa centralidade nas psicoterapias, e sua evolução está correlacionada com os desenvolvimentos da própria psicologia clínica. No decorrer do tempo, as técnicas e a relação entre terapeuta e paciente se alteraram, refletindo a evolução de modelos psicoterapêuticos e da própria sociedade. Dessa forma, para analisar perspectivas futuras da RT, faz-se necessário olhar para a evolução desse fator terapêutico ao longo do tempo.

EVOLUÇÃO DO CONCEITO

Analisando a história da psicologia clínica, podemos iniciar a análise da evolução da RT a partir da psicanálise, com Freud. Entre as concepções estabelecidas da psicanálise, pode-se perceber que a RT se mostrava fundamental na técnica e na compreensão de caso. O profissional deveria estabelecer uma postura de neutralidade, e muito da intervenção clínica dependia de processos transferenciais e contratransferenciais. Outro ponto relevante da RT que se originou a partir de estudos analíticos é o conceito de experiência emocional corretiva (Alexander & French, 1965). As experiências emocionais corretivas são vivências em que o paciente pode, na RT, experienciar, de modo distinto do que ocorreu em sua tenra infância, condições afetivas e de continência favoráveis, proporcionadas pelo profissional. Assim, ele pode ressignificar situações emocionais do passado que geraram ativações emocionais negativas. Essas experiências dos pacientes no ambiente terapêutico proporcionariam e facilitariam melhoras clínicas para os indivíduos.

Posteriormente, com o advento da psicologia clínica humanista de Rogers (1951), houve mudanças significativas na postura dos psicoterapeutas e, consequentemente, na RT. Rogers, na terapia centrada no paciente, aponta para a importância de uma postura de aceitação incondicional, de empatia e de congruência dos clínicos. Essa postura aumentou o contato emocional do profissional na RT, destacando a crucialidade da simetria entre paciente e terapeuta para a obtenção da "tendência atualizante" fundamental ao crescimento e à mudança clínica (Ardito & Rabellino, 2011). Ainda, podemos mencionar como a Gestalt (Perls et al., 1951), outra abordagem humanista, introduziu alterações na concepção de RT, apresentando a possibilidade de o psicoterapeuta ter intervenções de confrontação com o paciente em busca das mudanças clínicas necessárias. Essa possibilidade técnica é percebida posteriormente em outras abordagens, como a terapia racional emocional comportamental (Ellis, 1957), a terapia do esquema (TE; Young et al., 2008) e a terapia comportamental dialética (DBT, na sigla em inglês; Linehan, 1993).

Na década de 1960, com a revolução cognitiva (Neisser, 1967), evidenciaram-se mudanças significativas de paradigmas científicos na psicologia, impulsionando evoluções no contexto clínico. Nesse período histórico, pode-se apontar o surgimento das psicoterapias cognitivas, em especial da terapia cognitiva (Beck, 1979) e da terapia racional emocional comportamental (Ellis, 1957). A terapia cognitiva apresentou o conceito de empirismo colaborativo para a RT. O empirismo colaborativo pode ser caracterizado como a postura colaborativa do paciente e do terapeuta na busca de alternativas e soluções para as demandas apresentadas em sessão. Esse conceito implica a postura ativa dos integrantes do processo terapêutico (paciente e terapeuta) (Beck, 2021). Essa alteração na RT foi muito importante, na medida em que desenvolveu um maior senso de agência do paciente sobre seu processo psicoterapêutico e implicou que o profissional tivesse uma postura ativa para compreender as problemáticas dos seus pacientes.

Dado o rigor metodológico da terapia cognitiva e os diversos estudos que mostram a sua eficácia, esse modelo foi categorizado como o padrão-ouro para diversas demandas clínicas. Contudo, algumas dessas demandas clínicas não apresentavam todos os ganhos terapêuticos preconizados com a terapia cognitiva e, consequentemente, outros modelos clínicos derivados da abordagem de Beck se desenvolveram. Entre essas psicoterapias, a DBT e a TE se destacam pelas alterações da postura terapêutica dos clínicos. A DBT busca equilibrar duas ideias ou conceitos aparentemente opostos, ajudando o paciente a regular suas emoções e desenvolver a autorreflexão. Assim, o profissional usa confrontações e uma postura irreverente como ferramentas para facilitar a compreensão e a responsabilização dos indivíduos por suas ações, auxiliando a mudança comportamental. É importante frisar que a postura e os comportamentos de confrontação da DBT não são agressivos ou de julgamento (Linehan, 1993).

Já a TE entende que a RT é um dos fatores mais relevantes para a mudança clínica dos pacientes. Dessa forma, a RT é uma postura, mas também uma técnica (Young et al., 2008). Na TE, compreende-se que, para haver mudança terapêutica, o profissional precisa suprir necessidades básicas emocionais que não foram atendidas pelos cuidadores na infância do sujeito (Young et al., 2008). Esse suprimento de necessidades emocionais básicas do paciente pelo terapeuta se chama "reparentalização limitada" e será ajustado a cada paciente.

Transpondo as abordagens psicoterapêuticas específicas, é relevante mencionar as evidências na literatura que apontam que a RT é um fator comum associado às mudanças clínicas e que a qualidade do vínculo entre profissional e paciente é um dos maiores preditores de resultados positivos para diversos tratamentos (Ardito & Rabellino, 2011; Horvath et al., 2011). Outro ponto que se faz relevante no desenvolvimento e na evolução da RT é o advento dos atendimentos *on-line* (teleatendimentos). Existem evidências que sustentam a eficácia de intervenções psicoterapêuticas em ambientes *on-line* (Simpson & Reid, 2014). Com a pandemia do SARS-CoV-2, o número de atendimentos virtuais aumentou de forma exponencial, o que levanta questionamentos sobre os impactos do *setting* virtual na psicoterapia.

A literatura aponta para várias evidências que sugerem que a RT no ambiente virtual pode ser tão satisfatória quanto no *setting* "tradicional", levando em consideração que o clínico precisará adequar suas intervenções e ter conhecimentos técnicos (familiarizados) para lidar com dificuldades que podem emergir (Simpson & Reid, 2014). Ainda, estudos evidenciam a importância da disseminação dos teleatendimentos para aumentar o acesso a recursos de saúde mental por populações antes não contempladas (Wright et al., 2019). Contudo, é relevante mencionar que a terapia no *setting* virtual não é indicada para algumas condições, como: pacientes com grave risco de suicídio, altos índices de autolesão ou de agressões com terceiros e transtornos mentais de alta severidade (American Psychological Association [APA], 2013).

Ao olharmos para o passado e para o presente, podemos compreender como diversos fatores (sociais, psicoterapêuticos e tecnológicos) foram fundamentais no desenvolvimento do que chamamos de RT. A RT está em constante atualização, e isso se deve aos movimentos científicos atrelados às psicoterapias. Dessa forma, para pensarmos no futuro da RT e nas perspectivas desse campo, vários aspectos precisam ser levados em consideração. Esses pontos serão abordados no decorrer deste capítulo.

FUTURO DAS PSICOTERAPIAS E DA RELAÇÃO TERAPÊUTICA

Desde o início dos tempos, os seres humanos são fascinados pela previsão do futuro. Na cultura popular, não faltam exemplos, como os livros *1984*, de George Orwell, e *O guia do mochileiro das galáxias*, de Douglas Adams, além de filmes como

De volta para o futuro. No campo das psicoterapias, prever o futuro depende de diversas variáveis, visto que mudanças teóricas e técnicas costumam derivar de avanços culturais, sociais e tecnológicos. Todas essas variáveis dificultam a elaboração de predições acuradas sobre o futuro das psicoterapias e, consequentemente, da RT. Ademais, existem evidências de que os seres humanos têm dificuldade em prever o futuro com acurácia, especialmente quando nos referimos a vieses individuais, questões afetivas, julgamentos e tomadas de decisões (Hoerger et al., 2012; Loewenstein et al., 2003).

Ainda assim, existem pesquisas que estudam os possíveis desfechos e evoluções do campo da psicoterapia. Norcross et al. (2022) publicaram um estudo de Delphi cujo objetivo era fazer levantamentos dos caminhos futuros da psicologia clínica. Entre os resultados obtidos no estudo, alguns aspectos relacionados à RT se destacam. Por exemplo, os cenários previstos que mais impactam a RT são: psicoterapeutas vão personalizar a psicoterapia levando em conta as identidades culturais dos pacientes (por exemplo, raça/etnia, orientação sexual); psicoterapeutas vão cada vez mais personalizar o processo terapêutico considerando as características transdiagnósticas; psicoterapeutas dedicarão maiores períodos do processo clínico ao trabalho de fortalecimento de pontos fortes do indivíduo (em vez de focar unicamente o âmbito psicopatológico); e, por fim, a inteligência artificial (IA) e a aprendizagem de máquina (*machine learning*) melhorarão a escolha de tratamentos para uma prática baseada em evidências.

RELAÇÃO TERAPÊUTICA E PERSONALIZAÇÃO DO PROCESSO PSICOTERÁPICO PARA QUESTÕES DE IDENTIDADE

Ao pensarmos na RT, almejamos desenvolver uma relação pautada em empatia, afeto e cuidado. Contudo, a falta de adequação do profissional às características individuais de identidade do paciente pode gerar resultados adversos. Esses resultados adversos podem se relacionar à falta de compreensão, pelo profissional, dos contextos culturais e de gênero dos pacientes, gerando efeitos iatrogênicos no processo clínico (Owen, Wong & Rodolfa, 2009; Sue et al., 2022). Portanto, fica evidente a necessidade de os profissionais personalizarem a terapia levando em conta a individualidade do paciente.

A individualização da psicoterapia quanto às questões de identidade está relacionada com benefícios significativos durante o processo clínico. Pacientes que experienciam uma terapia que leva em consideração suas questões identitárias apresentam um aumento de sua satisfação com o tratamento e obtêm melhores resultados nos desfechos analisados e uma melhoria geral da saúde mental (Griner & Smith, 2006). Ainda, práticas clínicas que consideram os aspectos identitários reduzem a probabilidade de microlesões e de comportamentos inadequados dos profissionais que podem ser violentos para seu paciente.

Ademais, personalizar a terapia considerando a identidade cultural de um paciente pode ajudar a garantir que o terapeuta forneça cuidados culturalmente sensíveis. Isso significa levar em consideração as experiências e os desafios únicos que pacientes de diferentes origens culturais podem enfrentar. Por exemplo, pacientes de comunidades marginalizadas podem sofrer discriminação ou preconceito em sua vida diária, o que pode ter um impacto significativo em sua saúde mental. Ao buscar compreender essas experiências e ajustar a terapia em conformidade, os psicoterapeutas podem fornecer cuidados mais eficazes (National Institute of Mental Health [NIMH], 2021). Assim, o psicoterapeuta pode fomentar e ajudar a construir confiança e empatia na RT. Em um ambiente de confiança e de segurança, em que os pacientes sentem que seu terapeuta entende e respeita suas origens culturais, há um aumento da probabilidade de os indivíduos compartilharem sentimentos e pensamentos. Por conseguinte, havendo um aprofundamento do vínculo terapêutico, aumentam as possibilidades de melhores desfechos clínicos (Sue, 2022).

Profissionais de saúde mental precisam, então, compreender como o contexto sociocultural em que o paciente está inserido pode influenciar negativamente sua saúde mental. Na literatura, podemos encontrar evidências de que populações de minorias sexuais, étnicas e de gênero apresentam desfechos psicológicos negativos frente a experiências generalizadas de preconceito contra o contexto em que vivem. Essas experiências preconceituosas envolvem, muitas vezes, uma série de comportamentos e atitudes hostis para com indivíduos, ações que derivam de concepções negativas e discriminativas sobre determinado grupo (Myers, 2014).

Compreender os impactos do ambiente nos nossos pacientes auxilia e modifica a postura clínica. O estudo de Cardoso et al. (2022) indica como o meio pode criar internalizações negativas, pervasivas e persistentes nos indivíduos que experienciam um ambiente preconceituoso e intolerante. A pesquisa trata de concepções clínicas da TE, mas tem um impacto profundo no papel da RT ao compreender que, no trabalho de reparentalização limitada (foco da RT na TE), o profissional precisará combater as internalizações negativas e discriminativas que o paciente vivenciou. Assim, além de avaliar e entender os impactos dessas mensagens ambientais, os psicoterapeutas precisarão individualizar o processo para uma confrontação (das internalizações) que seja congruente com a experiência idiossincrática dos seus pacientes.

Ainda se faz importante mencionar que, historicamente, o acesso à saúde não é equitativo, e algumas populações sofrem disparidades significativas na qualidade dos serviços e no próprio acesso a eles. Profissionais que buscam a personalização da terapia levando em conta a identidade cultural podem auxiliar na diminuição do estigma, aumentando a probabilidade de que um maior número de pessoas receba um tratamento mais adequado (Griner & Smith, 2006). Portanto, uma perspectiva futura plausível de RT envolverá que os psicoterapeutas individualizem a terapia considerando aspectos culturais e identitários. Além disso, para melhores práticas clínicas, novos estudos precisam ser feitos com populações que ainda não foram adequadamente pesquisadas.

RELAÇÃO TERAPÊUTICA E CARACTERÍSTICAS TRANSDIAGNÓSTICAS DOS PACIENTES

Quando pensamos em saúde mental e nos critérios diagnósticos utilizados para definir psicopatologias, percebemos que corriqueiramente os pacientes não se adequam de forma "perfeita" aos critérios diagnósticos, muitas vezes estabelecidos por ensaios clínicos randomizados (Frank & Davidson, 2014). De fato, ao analisarmos os indivíduos que buscam serviços de saúde mental, notamos que muitas pessoas vão apresentar sintomatologias de diversas psicopatologias e que, em muitos casos, não haverá diagnósticos categóricos "fechados". Na verdade, quando falamos de psicopatologias, as comorbidades costumam ser percebidas como algo comum, não como exceção (Kessler et al., 2005). Desse modo, os profissionais precisam buscar compreensões e formulações de caso que englobem as individualidades dos seus pacientes, o que demanda certa criatividade, bem como a compreensão das limitações da literatura disponível (Frank & Davidson, 2014).

Compreendendo essas condições que englobam o trabalho com saúde mental, é necessário entender que concentrar o trabalho psicoterapêutico em características transdiagnósticas — ou seja, mecanismos psicológicos comuns/divididos entre diferentes categorias diagnósticas (Frank & Davidson, 2014) — é essencial para uma terapia única e focada nos aspectos específicos do paciente. Dessa forma, a RT também se altera de maneira significativa. Antes, a RT poderia ser muito direcionada para aspectos protocolares ou transtorno-específica; agora (e no futuro), o foco transdiagnóstico pressupõe um olhar específico para a subjetividade dos pacientes.

Há evidências de que um foco terapêutico adaptado às preferências individuais, ao nível de reatividade/resistência e aos estágios de mudança do paciente está relacionado com uma postura de cuidado mais eficaz e, consequentemente, gera mais ganhos clínicos (Flückiger et al., 2018). Ainda, a aliança se altera positivamente, aumentando o vínculo da dupla e oferecendo maiores possibilidades de câmbio terapêutico.

Adicionalmente, ter a perspectiva transdiagnóstica de tratamento clínico auxilia os profissionais a avaliarem as oscilações de motivação do paciente e seus níveis de resistência ao tratamento (Dowd & Milne, 2019). Identificar esses fatores que interferem no processo clínico é fundamental na díade terapeuta-paciente, uma vez que o profissional poderá avaliar e agir sobre o que pode estar ocorrendo, criando um ambiente clínico pautado em empatia e colaboração (Flückiger et al., 2018).

Pensar no futuro da RT envolverá que clínicos entendam os fatores psicológicos subjacentes às queixas dos pacientes, uma vez que o perfil de atendimento psicoterapêutico mostra estar se movimentando para aspectos comuns de diferentes psicopatologias e de processos psicoterapêuticos (Frank & Davidson, 2014). Essas visões de organização do processo clínico envolvem, assim, um aumento da atenção direcionada à subjetividade e à individualidade dos pacientes.

RELAÇÃO TERAPÊUTICA E O FORTALECIMENTO DE PONTOS FORTES DO INDIVÍDUO

O foco em potencialidades e aspectos positivos dos pacientes não é necessariamente algo novo na psicologia. A psicologia positiva, desenvolvida na década de 1990, tinha como proposta expandir o trabalho da psicoterapia clínica, que focava prioritariamente o sofrimento e as psicopatologias (Seligman et al., 2006). A psicologia positiva propôs uma ênfase nas potencialidades, nas estratégias de *coping* adaptativas e no bem-estar dos indivíduos (Seligman et al., 2005). Essa proposta, revolucionária na época, foi muito importante, e os estudos na área descrevem que esse foco nos aspectos positivos apresenta evidências de efetividade no tratamento para uma gama de condições relacionadas à saúde mental (Seligman et al., 2006).

A perspectiva levantada no estudo de Norcross et al. (2022) sobre o aumento de abordagens psicoterápicas voltadas ao fortalecimento de pontos fortes dos indivíduos se relaciona de forma extremamente significativa com a RT. Muitas vezes, associamos o tratamento psicológico com transtornos mentais, sofrimento e dificuldades. Contudo, com o aumento da procura por atendimentos e a redução do estigma associado à psicoterapia, é possível imaginar cenários em que pacientes sem psicopatologias busquem a psicoterapia para o seu aprimoramento pessoal. Dessa maneira, o processo clínico tenderia a ser direcionado para a promoção da resiliência e de pontos fortes, aspectos clínicos que estão associados a menores recaídas em sintomatologias de transtornos mentais e melhoras gerais na saúde mental (Seligman et al., 2005).

A RT, em um contexto como esse, se alteraria para privilegiar um foco em processos de acompanhamento e fortalecimento dos indivíduos. A ênfase no cuidado, ou seja, o esforço do terapeuta para cuidar de um indivíduo que apresenta muitas adversidades psicológicas, é ajustada para a promoção da saúde. Assim, o foco terapêutico, a formulação de caso e, em última instância, as técnicas empregadas se alteram de forma substancial.

RELAÇÃO TERAPÊUTICA, INTELIGÊNCIA ARTIFICIAL E *CHATBOTS*

O desenvolvimento tecnológico é um dos fatores mais importantes nas mudanças da sociedade. Isso vale tanto para a Idade da Pedra, com o domínio do fogo, quanto para os dias atuais, com o aprimoramento de inteligências artificiais. Essas mudanças tecnológicas influenciam também o contexto das psicoterapias. Como mencionado anteriormente, atendimentos em plataformas virtuais, contato por mensagens de texto (ou até mesmo áudio) e intervenções baseadas na internet são práticas comuns entre a maior parte dos clínicos. Assim, a atenção às mudanças tecnológicas é uma necessidade de profissionais de saúde mental, especialmente para compreender o impacto que certas tecnologias podem ter na relação com seus pacientes.

Quando pensamos em aspectos tecnológicos, dois pontos se destacam: IA e *chatbots* (robôs de texto). A IA é descrita como um âmbito da ciência da computação que busca criar computadores e aplicações capazes de realizar tarefas que atualmente exigem inteligência humana, como reconhecimento de fala, aprendizado, raciocínio e percepção (APA, 2009). Muito se discute sobre como a IA vai modificar o campo da psicologia; contudo, muitas das compreensões de seu impacto são prospectivas. De qualquer forma, é esperado que a IA tenha um papel significativo no futuro da psicologia, sobretudo ao auxiliar no processo de tomada de decisões clínicas.

A IA poderá auxiliar na tomada de decisão clínica de formas significativas, uma vez que essa tecnologia poderá analisar grandes quantidades de informações em curto espaço de tempo, o que os seres humanos não conseguem fazer. Ademais, por meio de algoritmos e de *machine learning*, a IA será capaz de identificar padrões e prever resultados em cada caso específico. Isso levará a uma nova realidade, fazendo com que psicoterapeutas possam tomar decisões mais embasadas sobre quais tratamentos apresentam melhor chance de eficácia para determinado indivíduo (Aafjes-van Doorn et al., 2021). Dessa forma, tratamentos personalizados que se basearem em dados analisados por IA poderão fazer parte do arsenal de formulação de caso dos psicoterapeutas.

No que tange à RT, a possibilidade de existirem mecanismos auxiliares de formulação de caso é potencialmente poderosa, sendo que clínicos poderão entender de forma mais eficiente o caso que está sendo apresentado. Compreendendo a demanda de maneira mais rápida, o profissional poderá adequar sua postura na RT para que ela seja ainda mais terapêutica. Contudo, existem questionamentos importantes, por exemplo: em que medida a IA será capaz de compreender sentimentos humanos? Ela será capaz de empatizar com as vivências dos seres humanos? A empatia é um fator importante na RT, e isso é discutido em diversas abordagens clínicas (Beck, 2021; Young et al., 2008). A falta de empatia, ou a dificuldade de compreender o sofrimento humano, pode ser um fator limitante para essas tecnologias, demandando que os clínicos estejam atentos a possíveis falhas nas interpretações derivadas da IA.

Outra tecnologia com implicações importantes no futuro da psicologia são os *chatbots*. Existem aplicativos, como o Woebot Health, que utilizam IA, processamento de linguagem natural e pressupostos de terapia cognitivo-comportamental para fomentar e promover a saúde mental de seus usuários (Woebot, 2023). Alguns estudos apontam que a utilização de *chatbots* no tratamento de sintomas de transtornos do humor e de ansiedade apresenta resultados clínicos positivos (Ernsting et al., 2017; Fitzpatrick et al., 2017). Contudo, a utilização desse tipo de aplicação não tem como objetivo a substituição de psicoterapeutas humanos por robôs. Um estudo de Baumeister et al. (2014) reportou que indivíduos que tiveram interações com *chatbots* terapêuticos apresentaram maior propensão a buscar formas tradicionais de psicoterapia em comparação com indivíduos que não tiveram contato com essa tecnologia.

Quanto à RT, alguns estudos apontam que os usuários dos aplicativos acabaram por desenvolver um vínculo com o *chatbot*. Os usuários consideraram a interação empática e não julgadora, além de terem percebido uma sensação de conexão similar àquela experienciada com os terapeutas humanos (Fitzpatrick et al., 2017). Contudo, outro estudo apontou que os *chatbots* não foram capazes de replicar as nuances da interação interpessoal desenvolvida com um profissional humano. Ainda, os participantes desse estudo que utilizaram os aplicativos relataram se sentir menos compreendidos e validados do que em um *setting* de terapia usual (Torous et al., 2021).

Diante dessa realidade, percebe-se que a importância da RT não se altera. Os indivíduos nos estudos relatados precisaram se sentir validados, compreendidos e conectados. Isso é congruente com o modelo de RT proposto por Gelso (ver Capítulo 1), que inclui a relação real como um aspecto central e constitutivo da RT. Com o avanço da qualidade da IA, os aplicativos ficarão potencialmente mais poderosos, podendo ter mais nuances e habilidades. Contudo, questões importantes precisam ser levantadas, como: pacientes em situação de maior vulnerabilidade psíquica, ou com transtornos mentais severos, terão os mesmos benefícios? Pacientes com risco de suicídio ou autolesão se beneficiarão? De quem será a responsabilidade legal perante situações com esses comportamentos? Onde os dados dos indivíduos serão armazenados? Haverá supervisão das intervenções? Haverá uma empatia real por parte dos aplicativos? Como se estabelecerão o senso de genuinidade e o realismo — componentes da relação real — na interação com uma IA? Todas essas perguntas são de extrema relevância para o desenvolvimento e a evolução de tecnologias no contexto da RT.

O que fica claro no momento é que, em um futuro não tão distante, a utilização de IA, *machine learning* e *chatbots* poderá fazer parte de um tratamento psicológico adjunto à psicoterapia tradicional. O profissional precisará se esforçar para compreender o impacto dessas tecnologias de forma individual em sua prática, mas não se abstendo de utilizá-las para melhores desfechos no tratamento de seus pacientes.

CONSIDERAÇÕES FINAIS

A evolução do campo da psicoterapia segue um ritmo cadenciado e sempre influenciado pelo contexto, seja pelo surgimento de um novo paradigma teórico sobre a gênese e o desenvolvimento do psiquismo, seja por tecnologias e abordagens técnicas que inovem e promovam resultados diferenciados dos anteriores. Nesse bojo de mudanças, a RT tem se destacado como um fator central e imprescindível para transpor processos de resistência (naturais a toda psicoterapia), para aumentar a aderência ao tratamento e ainda para ganhos terapêuticos relevantes e duradouros.

A contemporaneidade tem se caracterizado por mudanças que beiram a ordem do instantâneo, bem como por uma quantidade de inovações tecnológicas que obriga os indivíduos a estarem em constante processo de adaptação. Isso acarreta diversos fenômenos, como: a volatilidade de valores e crenças individuais e grupais; a superficialidade e a falta de propósito; exigências cada vez maiores de resultados; e elevadas demandas em quase todos os contextos da vida das pessoas. Como consequência, temos um crescimento único na história do individualismo e da solidão, denotando a falta de conexões humanas reais e profundas.

As psicoterapias, buscando lidar com toda a complexidade desse "novo normal", têm na RT um ponto central para que o processo terapêutico proporcione experiências humanas intensas, pois são elas que catalisam os processos de evolução e integração dos seres humanos. O futuro da RT aponta para a maior e melhor habilitação dos psicoterapeutas para implementar uma aliança forte com seus pacientes, propiciando uma relação de alta conexão baseada num profundo entendimento das necessidades emocionais e relacionais de cada indivíduo.

RESUMO

- A evolução da RT ao longo do tempo se correlaciona às mudanças de paradigmas teóricos e técnicos na psicologia clínica, assim como às tendências socioculturais de cada período da história.
- São facilmente distinguíveis as diferentes posições e atitudes previstas para o paciente e o terapeuta na RT pelas diferentes abordagens psicoterápicas desde o surgimento da clínica psicológica.
- A melhor referência para pensar nas perspectivas futuras da RT são os estudos sobre os desfechos e as evoluções visualizadas para o campo da psicoterapia como um todo.
- A partir das tendências futuras da psicoterapia, pode-se inferir que haverá as seguintes mudanças na RT:
  - os psicoterapeutas vão personalizar cada vez mais a psicoterapia e sua RT de acordo com as identidades culturais dos pacientes (por exemplo, raça/etnia e orientação sexual);
  - o processo psicoterápico (e, por conseguinte, a RT) será mais conduzido pelas características transdiagnósticas do que pelo diagnóstico categorial;
  - os psicoterapeutas focalizarão mais seus recursos técnicos e a RT no intuito de fortalecer pontos fortes do indivíduo, buscando aumentar o bem-estar dele em vez de priorizar os seus aspectos psicopatológicos.
- O desenvolvimento e a naturalização do uso da inteligência artificial e da *machine learning* melhorarão a escolha de tratamentos para uma prática baseada em evidências, impactando também a RT.
- As demandas oriundas da complexidade e da velocidade das mudanças e do aumento das interações *on-line*, típicas da contemporaneidade, implicarão a necessidade de RTs que façam com que a experiência com o terapeuta gere um momento de conexão emocional real, forte e profunda. A intenção é buscar, entre outros pontos, reduzir a vivência cada vez mais típica de solidão e artificialização dos contatos humanos.

REFERÊNCIAS

Aafjes-van Doorn, K., Kamsteeg, C., Bate, J., & Aafjes, M. (2021). A scoping review of machine learning in psychotherapy research. *Psychotherapy Research, 31*(1), 92-116.

Alexander, F., & French, T. (1965). *Terapêutica psicoanalítica*. Paidós.

American Psychological Association (APA). (2009). *APA concise dictionary of psychology*. American Psychological Association.

American Psychological Association (APA). (2013). Guidelines for the practice of telepsychology. *American Psychologist, 68*(9), 791-800.

Ardito, R. B., & Rabellino, D. (2011). Therapeutic alliance and outcome of psychotherapy: Historical excursus, measurements, and prospects for research. *Frontiers in Psychology, 2*(270), 1-11.

Baumeister, H., Reichler, L., Munzinger, M., & Lin, J. (2014). The impact of guidance on Internet-based mental health interventions: A systematic review. *Internet Interventions, 1*(4), 205-215.

Beck, A. T. (1979). *Cognitive therapy of depression*. Guilford.

Beck, J. S. (2021). *Terapia cognitivo-comportamental: Teoria e prática*. Artmed.

Bordin, E. S. (1979). The generalizability of the psychoanalytic concept of the working alliance. *Psychotherapy: Theory, Research & Practice, 16*(3), 252-260.

Cardoso, B. L. A., Paim, K., Catelan, R. F., & Liebross, E. H. (2022). Minority stress and the inner critic/oppressive sociocultural schema mode among sexual and gender minorities. *Current Psychology, 42*, 19991-19999.

Dowd, H., & Milne, D. (2019). Therapeutic relationship: A contentious concept. In S. Goss, & K. H. Brown (Eds.), Handbook of clinical psychology (pp. 435-453). John Wiley & Sons.

Ellis, A. (1957). Rational psychotherapy and individual psychology. *Journal of Individual Psychology, 13*(1), 38-44.

Ernsting, C., Dombrowski, S. U., Oedekoven, M., Kanzler, M., Kuhlmey, A., & Gellert, P. (2017). Using smartphones and health apps to change and manage health behaviors: A population-based survey. *Journal of Medical Internet Research, 19*(4), e101.

Fitzpatrick, K. K., Darcy, A., & Vierhile, M. (2017). Delivering cognitive behavior therapy to young adults with symptoms of depression and anxiety using a fully automated conversational agent (Woebot): A randomized controlled trial. *JMIR Mental Health, 4*(2), e7785.

Flückiger, C., Del Re, A. C., Wampold, B. E., & Horvath, A. O. (2018). The alliance in adult psychotherapy: A meta-analytic synthesis. *Psychotherapy, 55*(4), 316-340.

Frank, R. I., & Davidson, J. (2014). *The transdiagnostic road map to case formulation and treatment planning: Practical guidance for clinical decision making*. New Harbinger.

Griner, D., & Smith, T. B. (2006). Culturally adapted mental health intervention: A meta-analytic review. *Psychotherapy: Theory, Research, Practice, Training, 43*(4), 531-548.

Hoerger, M., Quirk, S. W., Chapman, B. P., & Duberstein, P. R. (2012). Affective forecasting and self-rated symptoms of depression, anxiety, and hypomania: Evidence for a dysphoric forecasting bias. *Cognition & Emotion, 26*(6), 1098-1106.

Horvath, A. O., Del Re, A. C., Flückiger, C., & Symonds, D. (2011). Alliance in individual psychotherapy. *Psychotherapy, 48*(1), 9.

Kessler, R. C., Berglund, P., Demler, O., Jin, R., Merikangas, K. R., & Walters, E. E. (2005). A transdiagnostic approach to the prevention of depression and anxiety. *Journal of Clinical Psychiatry, 66*(10), 1289-1300.

Linehan, M. M. (1993). *Cognitive-behavioral treatment of borderline personality disorder*. Guilford.

Loewenstein, G., O'Donoghue, T., & Rabin, M. (2003). Projection bias in predicting future utility. *The Quarterly Journal of Economics, 118*(4), 1209-1248.

Myers, D. G. (2014). *Psicologia social* (10. ed.). AMGH.

National Institute of Mental Health (NIMH). (2021). *The NIMH Director's Innovation Speaker Series: Addressing Ethnoracial Disparities in Mental Health Risk, Assessment, and Service Delivery*. https://www.nimh.nih.gov/news/media/2021/the-nimh-directors-innovation-speaker-series-addressing-ethnoracial-disparities-in-mental-health-risk-assessment-and-service-delivery

Norcross, J. C., Pfund, R. A., & Cook, D. M. (2022). The predicted future of psychotherapy: A decennial e-Delphi poll. *Professional Psychology: Research and Practice, 53*(2), 109-115.

Owen, J., Wong, Y. J., & Rodolfa, E. (2009). Empirical search for psychotherapists' gender competence in psychotherapy. *Psychotherapy: Theory, Research, Practice, Training, 46*(4), 448.

Perls, F., Hefferline, R. F., & Goodman, P. (1951). *Gestalt therapy: Excitement and growth in the human personality*. Dell Publishing.

Rogers, C. R. (1951). *Client-centered therapy: Its current practice, implications, and theory*. Houghton Mifflin.

Seligman, M. E., Rashid, T., & Parks, A. C. (2006). Positive psychotherapy. *American Psychologist, 61*(8), 774-788.

Seligman, M. E., Steen, T. A., Park, N., & Peterson, C. (2005). Positive psychology progress: Empirical validation of interventions. *American Psychologist, 60*(5), 410-421.

Simpson, S. G., & Reid, C. L. (2014). Therapeutic alliance in videoconferencing psychotherapy: A review. *Australian Journal of Rural Health, 22*(6), 280-299.

Sue, D. W., Sue, D., Neville, H. A., & Smith, L. (2022). *Counseling the culturally diverse: Theory and practice*. John Wiley & Sons.

Torous, J., Bucci, S., Bell, I. H., Kessing, L. V., Faurholt-Jepsen, M., Whelan, P., ... Firth, J. (2021). The growing field of digital psychiatry: Current evidence and the future of apps, social media, chatbots, and virtual reality. *World Psychiatry, 20*(3), 318-335.

Woebot. (2023). *Our Solutions*. https://woebothealth.com/our-solutions/

Wright, J. H., Owen, J. J., Richards, D., Eells, T. D., Richardson, T., Brown, G. K., ... Ludman, E. (2019). Computer-assisted cognitive-behavior therapy for depression: A systematic review and meta-analysis. *The Journal of Clinical Psychiatry, 80*(2), 18r12475.

Young, J. E., Klosko, J. S., & Weishaar, M. E. (2008). *Terapia do Esquema: Guia de técnicas cognitivo-comportamentais inovadoras*. Artmed.

Índice

A

Adaptação do terapeuta ao paciente, 114
Adolescentes, 155-168
    aliança, 156-159
    avaliação da relação terapêutica, 166-167
    desafios na aliança, 159-166
    e psicoterapia, 156
    e saúde mental, 155-156
Afeto, 28-30, 64-66
Aliança de trabalho, 7-9, 36-38, 108-112, 129-130, 139-141, 156-166, 172-175, 200-212
    múltiplas alianças, 172-175
    rupturas e resoluções, 41-43, 67-69
Alta, 66, 118-119
Apego, 251-252
Atendimento familiar no luto e na morte, 275-277
Ativação comportamental, 202-204
Autocuidado, 30-32, 85-86, 257-258
Autoprática em terapia, 257-258
Autorrevelação, 62-64
Avaliação, 35-47, 150-151, 166-167
    da relação terapêutica, 35-47, 166-167
    escalas de, 150-151

B

Bipolar, transtorno *ver* Transtorno bipolar
Borderline ver Transtorno da personalidade
    borderline

C

Características transdiagnósticas dos pacientes, 300
Casais e famílias, 171-183
    influência do sistema, 176-179
    múltiplas alianças, 172-175
    postura do terapeuta, 179-182
    triangulações, 175-176
Chatbots, 301-303
Colaboração terapêutica, 40-41, 143-145
Comportamento suicida, aliança com pacientes, 209-212
    definição da pauta da sessão, 210
    desenvolvimento da relação terapêutica, 210-211
    gerenciamento da desesperança, 211-212
Confrontação empática, 77-78
Conscientização, 270
Consultoria por telefone, 97-98
Construção da relação com o paciente, 105-120
    fundamentação teórica, 106
    prática clínica e intervenções, 107-119
        adaptação do terapeuta a cada paciente, 114
        aliança e vínculo, 108-112
        alta, 118-119
        construção do *setting*, 112-113
        individualização do plano de tratamento, 113-114
        manejo de problemas, 115-118

manutenção da relação, 115-118
Contratransferência, 11-13, 39-40, 62, 70-71, 83-85, 130-131
    negativa, 70-71
Crenças disfuncionais, manutenção de, 72
Crises suicidas, manejo na DBT, 99-100
Cuidado(s), 26-27, 273-275
    paliativos exclusivos, 273-275

D

Dependentes químicos, tratamento 217-227
    desafios para o vínculo, 221-222
    desenvolvimento da relação terapêutica, 223-227
    impacto da relação terapêutica, 218-219
    postura terapêutica, 222-223
    preditores da relação terapêutica, 219-220
Desesperança, gerenciamento da, 211-212
Domínio da tecnologia, 125-126

E

Empatia, 25-26, 69-70
    falhas, 69-70
Empirismo colaborativo, 143-145
Escalas de avaliação, 150-151
Esquemas, 251-252
Estilo(s), 23-25, 251-252
    de apego, 251-252
    profissional, 23-25
Estratégias, 95-97, 201-202
    comportamentais, 201-202
    estilísticas na DBT, 95-97
Estresse, 30-32
Estressores traumáticos e TEPT, 233-236

F

Falhas na empatia, 69-70
Famílias *ver* Casais e famílias
Feedback, 58-59, 145-146
Flexibilidade, 22-23, 148-149
Formatos de atendimento psiquiátrico, 288-290
    modelo combinado: psiquiatra--psicoterapeuta, 289-290
    modelo de dois profissionais: psiquiatra e psicoterapeuta, 288-289
Fortalecimento de pontos fortes do indivíduo, 301
Frustração de objetivos terapêuticos, 72
Fundamentos transteóricos, 3-16
    conceito de relação, 3-4
    três faces da relação, 4-16
        aliança de trabalho, 7-9
        interação dos componentes da prática clínica, 13-15
        relação real, 5-7
        transferência e contratransferência, 9-13

G

Genética comportamental, 250-251
Gerenciamento da desesperança, 211-212

H

Humor, 149-150

I

Imediatismo, 148-149
Implicação, 268-270
Indagação, 272-273
Individualização da psicoterapia, 298
Informalidade, 149-150
Inteligência artificial, 301-303
Investigação do relacionamento, 43-46

J

Jovens e TCC, 139-151
    recomendações clínicas, 143-151
        colaboração, 143-145
        empirismo colaborativo, 143-145
        flexibilidade, 148-149
        humor, 149-150
        imediatismo, 148-149
        informalidade, 149-150
        ludicidade, 149-150
        obtenção de *feedback*, 145-146
        orientações sobre o modelo, 147-148
        ritmo, 146-147
        sensibilidade cultural, 147
        transparência, 148-149
        uso de escalas de avaliação, 150-151
    relação terapêutica, aliança e resultado do tratamento, 140-141

L

Ludicidade, 149-150
Luto e morte, 263-278
    relação de ajuda, 264-266
    relação terapêutica, 266-277
        conscientização, 270
        e pacientes em cuidados paliativos exclusivos, 273-275
        implicação, 268-270
        indagação, 272-273
        no atendimento familiar, 275-277
        sincronização, 270-271
        sustentação emocional, 267-268

M

Manutenção de crenças disfuncionais, 72
Morte *ver* Luto e morte

N

Não colaboração, 71-72
Nocebo, 282-283

O

Objetivos terapêuticos, frustração de, 72
Obtenção de *feedback*, 58-59, 145-146
On-line ver Psicoterapia *on-line*
Orientações sobre a TCC, 147-148

P

Personalização do processo psicoterápico, 298-299
Perspectiva(s), 250-251, 295-304
    evolucionista, 250-251
    da relação terapêutica, 295-304
        e características transdiagnósticas dos pacientes, 300
        e fortalecimento de pontos fortes do indivíduo, 301
        e personalização do processo psicoterápico para questões de identidade, 298-299
        evolução do conceito, 295-297
        futuro das psicoterapias, 297-298
        inteligência artificial e *chatbots*, 301-303
Placebo, 282-283
Plano de tratamento, individualização do, 113-114
Pontos fortes do indivíduo, fortalecimento de, 301
Postura terapêutica, 222-223
Prescrição, 286-288 *ver também* Psiquiatria clínica
Presença, 128-129
Psicoterapia *on-line*, 123-136
    construção do *setting*, 126
    domínio da tecnologia, 125-126
    relação terapêutica, 126-135
        aliança, 129-130
        contratransferência, 130-131
        desvantagens, 134-135
        presença, 128-129
        relação real, 131-132
        transferência, 130-131
        vantagens, 133-134
    sigilo e segurança dos dados, 126
Psiquiatria clínica, 281-292
    avaliação da relação médico-paciente, 286
    formatos de atendimento, 288-290
        modelo combinado: psiquiatra--psicoterapeuta, 289-290
        modelo de dois profissionais: psiquiatra e psicoterapeuta, 288-289
    papel da aliança na prescrição adequada, 286-288
    relação terapêutica e tratamento psicofarmacológico, 285-286
    teleatendimento, 290-291
    tratamento farmacológico e aliança, 281-285
        adesão ao tratamento e relação terapêutica, 283-285
        efeitos placebo e nocebo, 282-283

Q

Questões de identidade, 298-299

R

Regulação emocional, 28-30
Relação real, 5-7, 38-39, 131-132
Reparação parental limitada, 78-80
Resoluções da aliança, 41-43
Ritmo, 146-147
Rupturas na aliança, 41-43, 67-69
    manejo de, 41-43, 67-69

S

Saúde mental e adolescência, 155-156
Segurança de dados, 126
Self do terapeuta — estresse e autocuidado, 30-32
Sensibilidade cultural, 147
Setting, 57-58, 112-113, 126
    construção do, 112-113, 126
Sigilo, 126
Sincronização, 270-271
Sobreviventes de traumas, 231-245
    estressores traumáticos, TEPT e TEPT complexo, 233-236
    psicoterapia e implicações para a relação terapêutica, 236-242
    traumatização vicária, 242-244
Sustentação emocional, 267-268

T

Tecnologia, domínio da, 125-126
Teleatendimento, 97-98, 290-291
Terapeuta, 19-33, 179-182
    fundamentação teórica, 20-21
    postura do, 179-182
    prática clínica e intervenções, 22-32
        a pessoa por trás do, 32

afeto e regulação emocional, 28-30
cuidado, 26-27
empatia, 25-26
flexibilidade, 22-23
personalidade e estilo profissional, 23-25
self do terapeuta — estresse e autocuidado, 30-32
Terapia cognitivo-comportamental (TCC), 53-73
  com jovens, 139-151
    recomendações clínicas, 143-151
    relação terapêutica, aliança e resultados, 140-141
  desafios, 67-72
    contratransferência negativa, 70-71
    falhas na empatia, 69-70
    manejo de rupturas na aliança, 67-69
    manutenção de crenças disfuncionais, 72
    não colaboração, 71-72
  fundamentação teórica, 54-56
  para transtornos do humor, 199-213
  prática clínica e intervenções, 57-66
    afeto, 64-66
    alta, 66
    autorrevelação, 62-64
    contratransferência, 62
    feedback, 58-59
    setting, 57-58
    transferência, 60-61
    tratamento, 59-60
Terapia comportamental dialética (DBT), 89-101 *ver também* Transtorno da personalidade *borderline*
  estratégias estilísticas, 95-97
  relação terapêutica, 93-95, 97-100
    e manejo de crises suicidas, 99-100
    na consultoria por telefone, 97-98
Terapia do esquema (TE), 75-86
  desafios da relação terapêutica, 83-86
    autocuidado do terapeuta, 85-86
    contratransferência, 83-85
  fundamentação teórica, 76-80
    confrontação empática, 77-78
    reparação parental limitada, 78-80
  prática clínica e intervenções, 80-82
    construção da relação terapêutica, 80-82
Transferência, 9-11, 39-40, 60-61, 130-131
Transparência, 148-149
Transtorno bipolar, 204-209
  manutenção da aliança, 205-209
  primeiras sessões de terapia, 204-205

Transtorno da personalidade *borderline*, 91-93
  especificidades, 91
  padrões comportamentais, 91-93
Transtorno de estresse pós-traumático, 233-236
Transtorno depressivo maior, aliança, 200-204
  ativação comportamental, 202-204
  definição das metas do tratamento, 200
  estratégias comportamentais, 201-202
  intervenções durante as sessões, 201
Transtornos de ansiedade, 185-195
  prática clínica e intervenções, 188-193
Transtornos do humor e TCC, 199-213
  aliança, 200-212
    e pacientes com comportamento suicida, 209-212
    no transtorno bipolar, 204-209
      manutenção da aliança, 205-209
      primeiras sessões de terapia, 204-205
    no transtorno depressivo maior, 200-204
      ativação comportamental, 202-204
      definição das metas do tratamento, 200
      estratégias comportamentais, 201-202
      intervenções durante as sessões, 201
Transtornos de personalidade, 249-259
  autocuidado e autoprática em terapia, 257-258
  estilos de apego e esquemas, 251-252
  perspectiva evolucionista e da genética comportamental, 250-251
  relação terapêutica como recurso de mudança, 253-257
Tratamento psicofarmacológico *ver* Psiquiatria clínica
Traumas, sobreviventes de, 231-245
  estressores traumáticos, TEPT e TEPT complexo, 233-236
  psicoterapia e implicações para a relação terapêutica, 236-242
  traumatização vicária, 242-244
Triangulações, 175-176

U

Uso de escalas de avaliação, 150-151

V

Vicária, traumatização, 242-244
Vínculo, 108-112, 221-222